室内声音
定位技术研究

张磊　著

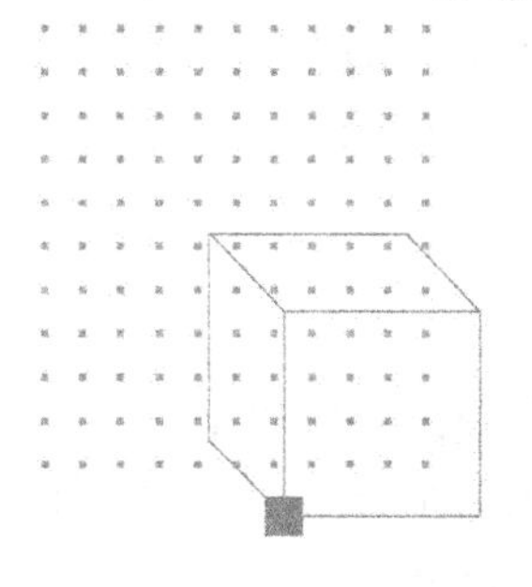

西北大学出版社
·西安·

图书在版编目(CIP)数据

室内声音定位技术研究 / 张磊著. — 西安 ：西北大学出版社，2023.11

ISBN 978-7-5604-5250-0

Ⅰ. ①室… Ⅱ. ①张… Ⅲ. ①定位系统 Ⅳ. ①P228

中国国家版本馆 CIP 数据核字(2023)第 219777 号

室内声音定位技术研究

SHI NEI SHENGYIN DINGWEI JISHU YANJIU

著　　者　张　磊
出版发行　西北大学出版社
地　　址　西安市太白北路 229 号
邮　　编　710069
电　　话　029-88302590
网　　址　http://nwupress.nwu.edu.cn
电子邮箱　xdpress@nwu.edu.cn
经　　销　全国新华书店
印　　装　陕西瑞升印务有限公司
开　　本　787mm×1092mm　1/16
印　　张　14.75
彩　　页　2
字　　数　356 千字
版　　次　2023 年 11 月第 1 版　2023 年 11 月第 1 次印刷
书　　号　ISBN 978-7-5604-5250-0
定　　价　50.00 元

前　言

面向智能体的室内位置服务具有广阔的市场应用前景，发展高精度的室内定位又具有重要的社会意义。尽管市场需求巨大，但目前尚没有一个成熟且完备的精准室内定位技术，国家及各大科技公司也投入大量的资金和研发力量以推动室内定位技术的发展和应用。基于声音的室内定位技术具有兼容性好、稳定性高、定位精度高以及成本低等优点而受到学术界及工业界的关注，但实际场景中仍面临着多径和遮挡现象的巨大挑战。

本书面向复杂室内环境中的智能体高精度定位需求，对量测估计、遮挡识别、遮挡定位、指纹定位、地图构建以及信标节点布局优化等关键技术的最新发展成果进行总结，为室内定位与导航领域提供新的方法和理论。本书适合从事室内定位技术和声学领域的研究者和从业工程师，以及具有类似背景对室内定位技术感兴趣的读者。

全书一共 8 章。第 1 章介绍了室内定位技术的基本概况，以及声音室内定位技术所面临的难点和挑战；第 2 章对声音在室内场景传播时所具有的相关特性进行了介绍；第 3 章对距离和速度测量值的估计方法进行了介绍；第 4 章着重解决遮挡识别问题；第 5 章和第 6 章重点解决遮挡场景中的高精度定位问题；第 7 章介绍了室内精确地图的快速构建方法；第 8 章对信标节点的布局优化问题进行了介绍。以此，本书涵盖了量测值估计方法、定位方法、地图构建方法以及信标节点的布局优化方法，全方位地对声音室内定位技术的最新研究成果进行介绍。

本书中不可避免涉及大量外国人名，对于通用译名如“卡尔曼”则直接加以使用，其他为避免引起混乱则保持使用外文名。除此之外，本书需要使用大量的符号以及上下脚标，为了便于理解，每一章独立进行编撰。因此，部分符号在不同章所代表的含义会有所不同，请读者留意甄别。受篇幅限制，本书仅对部分经典理论进行了阐述，对其他所涉及领域的相关理论则直接进行了引用，读者可通过参考文献进行扩展阅读。

室内定位技术是一个快速发展的技术领域，目前已成为一个涉及多领域的交叉学科，各类技术也均具有其独特的优点和应用场景，如群星闪耀夜空，罕有人士能够对其众多分支领域给予精深理解。声音技术更是有着久远的研究历史，笔者自认才疏学浅，仅略通皮毛，更兼时间和精力所限，书中疏漏之处在所难免，承蒙读者不吝赐教指正，不胜感激。

张　磊

2023 年 4 月

目　录

第1章　绪　论

基于位置信息的服务[1](location based services,LBS)在民用、工业和军事领域均有着重要应用,是空间地理信息的基本参量和智能手机的基本功能,也是未来智能系统发展与推广的基石。在室外空间,基于卫星的定位技术,如北斗、全球定位系统(global positioning system,GPS)、伽利略及格洛纳斯卫星定位系统,其技术的成熟及普适性推动LBS应用的迅速发展,为人们的出行和生活带来了诸多便利[2],并催生出许多具有广阔市场前景的应用,如高德地图导航、滴滴出行、大众点评等服务。伴随着国家城市化的进程,室内空间总面积也急剧增长,机场、高铁站、大型交通枢纽站、博物馆、购物中心等大型建筑的内部空间也变得越来越复杂和庞大,使得基于卫星的各类定位技术在室内场景中受到极大限制,定位与位置服务“最后一公里”问题日益突出[3]。

1.1　室内定位技术的发展及意义

智能移动终端已经非常普及,如智能手机、智能手环、平板电脑、智能音箱以及家用扫地机器人等。特别是智能手机,以其强大的信息处理能力、完善的硬件配置以及低廉的价格迅速成为人们生活中的必需品[4]。以智能终端为平台,基于室内人与设备位置信息所衍生出的服务和应用种类也越来越多,见图1.1,也成为互联网产业发展新的趋势。2015年,阿里巴巴集团推出“喵街”App,微信支付及腾讯地图联合北京西单大悦城推出“智慧Beacon飞”的应用,将室内位置信息与“互联网+”的理念相结合,开启了线上及线下融合的商业新模式。以智能移动终端为平台的室内基于位置的服务(indoor location based services,ILBS)成为该类应用未来发展的必然趋势。

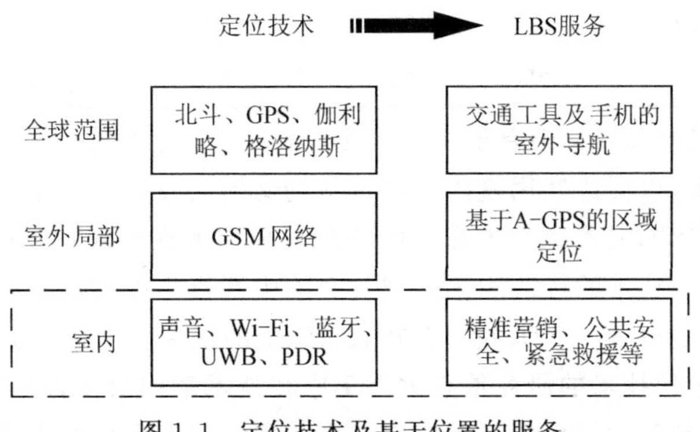

图1.1　定位技术及基于位置的服务

然而,尽管市场应用需求巨大,ILBS商业模式也逐渐成熟,但目前尚不存在一个成熟且完备的精准室内定位技术,各类技术在实际应用中均存在不同的技术瓶颈。国外的Apple、

Google、Silicon Labs 等公司，以及国内的阿里巴巴、百度、华为等科技巨头已经投入众多研发力量推动室内定位技术的发展。尽管如此，当前的定位技术在实际场景中的定位精度仅有 2～5 m[5]。同时，中国科技部于 2012 年印发的《导航与位置服务科技发展“十二五”专项规划》中给出了室内定位技术发展的方向[6]，并于 2013 年发布《室内外高精度定位导航白皮书》。2016 年，科技部设立了三个总预算为 1.071 亿元的重点专项，分别是《室内混合智能定位与室内 GIS 技术研究及示范应用》(项目编号：2016YFB0502000)、《室内混合智能定位与室内 GIS 技术》(项目编号：2016YFB0502100)以及《高可用高精度室内智能混合定位与室内 GIS 技术》(项目编号：2016YBF0502200)，旨在攻克室内定位所面临的技术难题，在实际场景中为用户提供优于 1 m 的室内定位与导航服务。因此，通过工业界与学术界科研力量的投入以及国家政策的支持，领先于世界发展室内定位技术已势在必行。

当前针对智能移动终端高精度室内定位的潜在解决方案包括：蓝牙技术、Wi-Fi 技术、超宽带技术(ultra-wide band，UWB)、行人航迹推算(pedestrian dead reckoning，PDR)技术以及声音技术等。根据文献[7-10]中所给出的数据，并结合当前市场商业报价，对各类技术进行总结和对比，见表 1.1。UWB 技术定位精度高且单信标节点的覆盖范围大，但成本较高且与手机不兼容，因而不具备应用普适性。声音技术的精度仅次于 UWB 技术，成本低，与手机完全兼容，且其主要器件均能国产化。由于该类技术的主要测量元件是扬声器或麦克风，使其能够兼容当前绝大多数的商用智能移动终端，因此具有较强的通用性和普适性，是智能移动终端高精度室内定位与导航最有潜力的解决方案。正是这些特性引起了国内外的学者和专家的关注，并在过去几年间相继开发了许多技术和原型系统[7,10-17]，做出了许多开拓性的研究。

表 1.1 当前主要室内定位技术理想性能对比

技术类型	精度(m)	维度	范围(m)	成本(元/m²)	芯片来源	手机兼容性
蓝牙	2.00～5.00	2D	10	1.60	进口	兼容
Wi-Fi	2.00	2D	20	—	进口	兼容
PDR	1.62	2D	—	—	国产	兼容
声音	0.10	3D	30	0.17	国产	兼容
UWB	0.01	3D	50	2.40	进口	不兼容

自 2014 年起，微软每年都会召集工业界及学术界的工程人员及研究学者，在 CPS Week 中举行室内定位大赛，以促进实用室内定位技术的交流与发展。基于 2016 及 2017 年两次评测所公布的结果[18,19]，各类型技术在相同评测环境中的性能对比见表 1.2。受限于实际场景的干扰因素，各类技术的性能均未达到各文献中所报告的精度。声音技术在实际评测中的最佳精度是 1.22 m，与 UWB 技术存在数量级上的差距。这是由于在过去的研究中，学者们针对声音室内定位技术的研究重点大都集中在技术架构层面，对于系统所面临的挑战在基础理论层面的研究相对较少，许多核心技术和理论问题有待研究和解决。如何提高该技术在实际场景中的性能，是当前需要攻克的难点。

表 1.2 微软室内定位大赛中各类技术的评测性能对比

技术类型	最高定位精度(m)	最差定位精度(m)
蓝牙	4.04	4.04
Wi-Fi	3.17	3.17
PDR	2.23	3.68
UWB	0.17	6.82
声音	1.22	6.28

因此,本书以声音室内定位技术为研究对象,以国家政策导引为依据,立足于该技术在实际场景中所面临的困难和挑战,面向智能移动终端在复杂室内环境中的实际定位需求,从系统基础特性出发,在基础理论层面研究强多径环境中的高精度时延估计、非视距识别、复杂环境中的非视距定位、实际场景的地图快速构建以及信标节点布局优化等关键问题,以突破声音室内定位技术所面临的技术瓶颈,为该类技术在实际场景中的推广铺平道路,推动室内定位技术及其行业的发展。

研究基于声音的智能移动终端高精度室内定位关键技术问题,其意义除了仅需极低的成本即可在复杂室内空间为智能手机提供精准定位、为盲人出行实现可靠的导航、为基于位置的商业应用提供可靠的技术支撑、为国家经济发展提供新的增长点之外,还具有以下重要社会意义。

(1)可提升公共安全及公共设施的运行效率。基于智能移动终端为用户提供室内定位与导航,能够有效提高大型交通枢纽、商业综合体等关键公共设施的运行效率,并及时预警可能的事件发生区域。同时在突发事件发生后,为人流疏导工作提供实时可靠的数据支撑,并为需要救援的重点人员提供可靠的位置信息,以有效降低事件所带来的损失。以2019年3月21日江苏响水县化工企业爆炸事故为例,若能通过智能手机或定制标签对人员进行定位,在事故发生后可有效掌握受困人员的位置信息,进而大大提高救援效率并降低人员伤亡率。

(2)是实现智慧城市的重要环节。基于室内人员的位置信息,结合大数据分析及移动群体感知技术,可以给人们的出行提供指导及数据支撑,为生活带来更为优质的体验。同时,结合“互联网+”的理念,又可以催生出许多新的行业和领域,如精准营销、智慧停车、智慧医疗、智慧场馆等。

(3)可推动生产设备网络化,生产数据可视化。工业物联网的提出给“中国制造2025”、工业4.0提供了一个新的突破口。通过定位技术,连接各种信息传感设备,实时采集任何需要监控、连接、互动的物体或过程的信息,推动信息化与工业化加速融合。在努力建设“中国制造2025”的现阶段,通过室内定位技术让整个生产流程可视化、可追踪化,促进互联网、物联网等信息技术在工业领域的应用,促进智慧生产的加速发展。

本书在国家自然科学基金《复杂室内环境中基于近超声的多智能体协同定位方法研究》(编号:62003053)与陕西省自然科学基金《复杂室内环境下基于声音的智能移动终端鲁棒非视距定位方法研究》(编号:2020JQ-389)的支持下,以实验室所开发的RA^2Loc廉价硬件实验平台,以及安卓端的通用软件平台为基础进行编撰,见图1.2。该硬件平台所选用的关键器件均为廉价的消费级MEMS麦克风与扬声器,信标节点(声源设备)整体成本为40元,标签节点（接收端设备）成本为 120 元，核心计算单元为国产新塘 Cortex - M4 系列 M485ZIDAE 单片机。

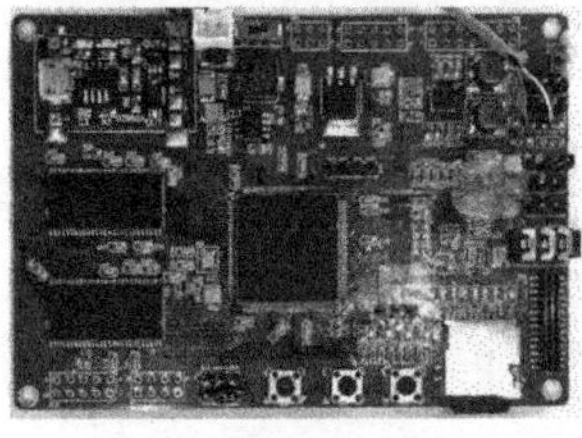
(a)初代原型系统

(b)RA²Loc基站节点

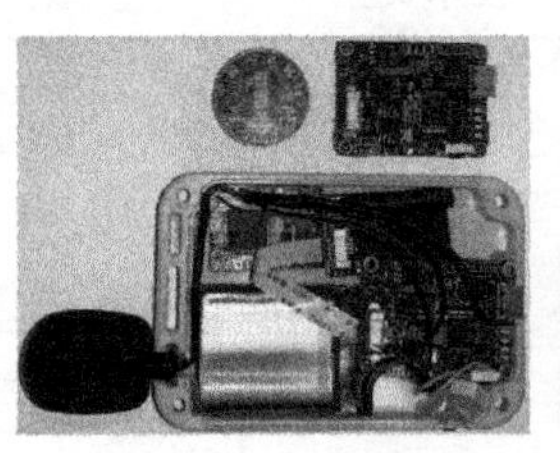
(c)RA²Loc标签节点

(d)RA²Loc手机端软件平台

图 1.2　实验平台

RA²Loc 工作在 16～23 kHz 的人耳不敏感声信号频段，以避免造成环境的声污染。信号的调制形式为线性调频信号（也称为 Chirp 信号）或复合双曲调频信号，并依据需求选取信号的频域带宽、时域带宽和参数。RA²Loc 的定位架构为被动式 TOA 定位架构，信标节点及信标节点通过无线网络进行时钟同步后，基于时分和频分在空间内广播声信号，以实现目标的定位和追踪。本书所阐述的方法均基于该廉价的实验平台，在较低的计算能力以及较差的器件性能的条件下，实现并攻克了声音室内定位系统的各关键技术，以确保所介绍的方法能够直接应用在各类型商用智能移动终端平台。

1.2　基于声音的室内定位系统

基于声音室内定位系统的主要技术架构包括：基于到达时间或飞行时间（time of arrival，TOA）、基于到达时间差（time difference of arrival，TDOA）以及基于到达角度（direction of arrival，DOA）。表 1.3 所示为自 2000 年伊始的 21 年间，各类文献所提出的基于声音室内定位技术的典型系统。下面依据不同的技术架构进行分述。

表 1.3　基于声音的室内定位典型系统

系统	时间	信号	带宽（kHz）	原理	精度（cm）	并发	定位频率（Hz）	状态	手机兼容性
Ruizhi[20]	2021	声波	15～21	TDOA	50	无限	—	运动	兼容
AALTS[21]	2019	声波	18～22	TDOA	49	无限	—	运动	兼容
ALPS - En[22]	2018	声波	20～21.5	TOA 与 TDOA	100	无限	2	运动	兼容
SAILoc[23]	2017	声波	1～3	TOA 与 DOA	60	有限	—	静止	兼容
OneBeep[15]	2016	声波	2～6	TOA	5	有限	—	运动	兼容
ALPS[24]	2015	声波	20～21.5	TOA 与 TDOA	30	无限	—	静止	兼容
ASSIST[12]	2015	声波	18～21	TDOA	26	有限	2	运动	兼容
Lopes[10]	2014	声波	18～22	TDOA	10	无限	2	运动	兼容
Guoguo[17]	2013	声波	17～22	TOA	25	无限	—	运动	兼容

续表

系统	时间	信号	带宽(kHz)	原理	精度(cm)	并发	定位频率(Hz)	状态	手机兼容性
BeepBeep[14]	2012	声波	2～6	TOA	3	有限	—	运动	兼容
Herbert[25]	2010	超声波	35～66	TDOA	1	无限	5	静止	不兼容
Prieto[26]	2009	超声波	25	TOA	1	有限	10	运动	不兼容
Beep[27]	2005	声波	4	TOA	60	有限	—	静止	兼容
Arabi[28]	2003	声波	—	DOA	90	有限	—	静止	兼容
Cricket[29]	2000	超声波	40	TOA	2	有限	1	运动	不兼容

基于DOA架构的声音室内定位系统相对较少。2003年,加拿大多伦多大学的Parham Aarabi利用10个包含2个麦克风的阵列,基于波束形成技术对目标进行DOA角度估计,进而对目标实现定位,实验室测试精度为90 cm。目标所发射的信号为任意的可听低频段声信号,不支持移动目标定位[28]。该系统为目前所知的基于DOA室内定位最初的系统报告,直至2017年,浙江大学的Li Guinan及Zhang Lei[23]提出了SAILoc架构,基于1～3 kHz声信号融合TOA与DOA技术,对室内目标进行位置估计,实现了60 cm的定位精度。

基于TDOA架构,葡萄牙阿威罗大学的Sergio I. Lopes等人[10]于2014年提出的一种被动TDOA定位系统。该系统经过无线时钟同步后,按照固定周期和时间间隔广播人耳不可感知的线性调频声信号,目标通过估算各信标节点信号的到达时间差来实现目标的位置估计,精度为10 cm。2015年,德国弗莱堡大学的Alexander Ens[12]采用了与阿威罗大学团队相反的方案设计了ASSIST系统,系统采用18～21 kHz的高频声信号,定位精度为26 cm。同时,又提出了节点位置自标定方法,以解决大规模系统布设时的信标节点位置量测问题。

基于TOA的架构是当前定位系统的主流架构。麻省理工学院的Nissanka B. Priyantha[29]于2000年以40 kHz的超声波设计出了著名的Cricket系统。在时钟同步后,通过计算超声波信号的飞行时间来获得声源与接收器间的距离,进而对目标位置进行估计,获得了较高的定位精度。该系统对基于声音的室内定位技术的发展具有重要的意义。加利福尼亚大学的Atri Mandal[27]于2005年所提出的Beep系统架构,为后续学者们的工作提供了重要参考。与Cricket系统架构所不同的是,Beep系统第一次基于手机可兼容的低频段声信号进行设计,所选用声信号调制方式为当前最多使用的线性调频信号(linear frequency modulation,LFM),也称Chirp信号,获得了60 cm的定位精度。加利福尼亚大学的Peng Chunyi与微软亚洲研究院的Shen Guobin等人[14]于2012年提出了BeepBeep系统,首次用基于双向交互的方式实现了免时钟同步的测距技术架构,基于低频声信号获得了3 cm的定位精度。2016年,南京大学的Tan Caiming等人[15]对BeepBeep架构进行优化,提出了仅需在定位伊始进行双向交互后即改为单次交互的oneBeep架构,定位精度为5 cm且能够实现运动目标的定位追踪。2013年,佛罗里达大学的Liu Kaikai等人[17]利用通信系统中的信号正交编码调制技术提出了Guoguo系统,取得了25 cm的定位精度,并首次将人耳不可感知的高频声信号作为测量介质,以避免给环境造成声污染。但对正交编码的声信号进行时延估计的稳定性较差,有效测距距离较短,一次定位所需时间较长。2015年,美国卡耐基梅隆大学的 Anthony Rowe 团队[24]基于 TDOA 及 TOA 架构设计出 ALPS 系统，该系统是当前针对室内定位问题研究较为全面的系统，在室内小场景中针对静态目标获得了 30 cm 的定位精度。该团队又于 2018 年基于室内平面地图对该系统进行改进，在室内遮挡环境实现了 1 m 的定位精度。

整体来看，针对声音室内定位技术的研究在 2014 年以前的成果大多为原理性的探索与尝试，而之后的重点则落在了该类技术的实用化研究。系统所选用声信号带宽大多为 18～22 kHz，该频段声信号人耳不可感知，且能够兼容智能手机。尽管各文献所报道的系统定位精度较高，但在实际场景中的定位性能却受到了极大的限制。以德国弗莱堡大学的 ASSIT 系统为例，在 2016 年的微软室内定位大赛中的实际评测精度仅为 1.80 m，从表 1.2 中也可以看出，基于声音的室内定位系统评测结果表现不佳。声技术在实际场景中的技术瓶颈逐渐受到关注，以美国卡耐基梅隆大学的 Anthony Rowe 团队为例，ALPS 系统针对非视距识别、非视距定位以及地图构建进行了探索性的研究，给出了部分解决方案，但其普适性和可推广性不足。为了使基于声音的室内定位系统能够真正地在实际场景中实现高精度的鲁棒定位，需要从理论层面对各关键技术进行突破。

1.3 关键技术及挑战

室内场景结构复杂且形式多样，室内空间封闭且呈现碎片化，室内布局及装饰物多种多样又呈现出较强的时变性。因此，声音在室内传播所具有的显著特性为：严重的多径传播及非视距现象。与无线信号相比，声信号的波长较短，穿透能力较弱，因此具有更强的室内多径传播效应。根据室内几何声学理论，声源所广播的声信号在经过墙壁和物体表面的折射与散射后，所接收到的声信号是多个声源信号的时延加权叠加和[30]。同时，复杂且碎片化的室内空间，加之物体及人员走动等因素，智能移动终端与信标间的视距传播路径往往由于遮挡现象而消失，称为非视距现象。从基础理论层面来看，多径传播及非视距现象是影响声音室内定位系统性能的两个最主要因素。

1.3.1 技术特征

从系统层面来看，严重的室内多径传播及非视距现象，使得当前各主要文献所报道的声音室内定位技术具有如下特征。

(1)定位精度高但位置更新速率低。基于声信号的测距能够获得较高的精度。声波在大气中以 340 m/s 的速度传播，当使用 20 kHz 信号测距时，在不使用超分辨率技术的情况下，其测距分辨率为声波波长，即 1.7 cm。这使得在理想情况下，声技术具有较高的定位精度。但室内多径传播现象严重，室内混响时间往往在 200 ms 附近，这就极大地限制了距离量测的更新频率，使得该类系统的位置更新速率较低，各文献中所报道的系统更新速率大都小于 5 Hz。

(2)系统定位性能依赖于单次距离量测的精度和稳定性。由于位置更新速率较低，基于声音的室内定位系统无法如 UWB 技术一般，通过提高距离量测的更新频率来累积信息量，再利用最优估计等方法来降低距离量测的不稳定性给定位性能所带来的影响，因此，该类系统的单次距离量测精度与稳定性直接决定了系统的性能。

(3)相较于静止类目标,运动型目标的定位性能较差。与静止类型的目标不同,由于声音传播速度较慢,运动目标在声信号量测中往往会产生一个较强的多普勒频移,进而给声信号测距引入一个正值或负值的偏差。同时,运动目标因为人体或其他环境因素往往会加剧非视距现象,进一步削弱了系统对该类型目标的定位性能。

(4)实际场景中的工作稳定性较差。在实际应用中,为了降低成本,往往在场景中尽可能少地布设信标节点。这使得单次定位所能使用的有效距离量测较少,同时产生非视距量测的概率增加,进而削弱了声技术在实际场景中的稳定性,致使定位异常点出现的概率较高,用户轨迹跳变性较强。

综上,严重的室内多径传播现象削弱了声音测距的精度和可靠性,非视距现象又给声音测距引入了巨大的量测误差,这就极大地影响了系统的定位精度。同时,严重的非视距现象使得位置估计算法可用的有效距离量测数量减少,进一步削弱了系统的定位精度和稳定性。从理论层面来看即是:如何在强多径传播环境中实现高精度的时延估计;如何获得非视距量测的先验知识(非视距量测的误差大小,抑或是判断是否为非视距量测);如何基于较少的视距距离量测实现鲁棒的位置估计;如何在复杂的室内环境中实现最优化的信标节点布局。

1.3.2　关键技术

1.3.2.1　关键技术1:强多径环境中的高精度时延估计

该类系统的工作性能极度地依赖于单次距离量测的精度和稳定性,使得在室内强多径环境中实现高精度的时延估计成为首要关键技术。室内强多径传播现象对于测距精度的影响主要是:携带着准确距离信息的第一径信号成分淹没在了能量较强的多径叠加成分中。由于信号成分间存在较强的相关性,使得第一径成分的探测和时延估计变得极其困难,如何在能量较强的多径成分中探测第一径成分以实现高精度的时延估计是该关键技术着重关注的问题。

1.3.2.2　关键技术2:复杂环境中的声信号非视距识别

作为时延估计目标的第一径信号成分,非视距现象使其能量急剧衰减,甚至消失,这就是给距离量测引入了较大的正向偏差,进而给位置估计带来较大偏差,甚至失效。抑制非视距现象对系统性能影响的解决方案包括:①对非视距量测的误差进行估计和补偿;②识别和剔除非视距量测,仅用有效视距量测进行位置估计。前者的信息损失量较小,但需要准确的声信道脉冲响应函数或环境先验信息,这在实际应用过程中往往难以实现。后者不依赖于环境的先验信息,仅在信号层面对非视距量测进行识别,是一种切实可行的解决方案。因此,在复杂环境中实现声信号的非视距识别是其第二类关键技术。

1.3.2.3　关键技术3:强遮挡环境中运动目标的鲁棒定位

产生特征(3)和(4)的主要原因在于运动目标的遮挡概率更高,以及出于经济性原因而无法在室内部署足够密度的信标,致使仅能在较少的视距距离量测条件下进行位置估计,这就成为该类技术从实验室走向实际应用途中需要面对的最现实问题,也是第一道关卡。当目标与信标间的视距量测不足时,目前尚不存在一种算法能够有效地实现高精度定位。因此，在强遮挡环境中针对强机动的运动目标实现鲁棒非视距定位是其第三类关键技术。

1.3.2.4 关键技术4:室内精细地图的快速动态构建

室内地图主要由室内行人路径网络和信息标记构成，是室内导航与应用的支撑性技术。室内空间及内饰物布局多种多样且呈现出较强的时变性，如何获取或快速构建室内地图是该类技术从实验室走向实际应用途中的第二道关卡。路径网络为路径规划和行人导航提供基础性的数据支撑。信息标记则帮助用户对环境进行辨识，如物体形状、房间名称、标志物信息等。当前大多数低成本地图的构建方法均仅能实现室内二值地图的构建，如何快速、自动、高效且低成本地构建室内精细地图，是室内定位技术发展与推广的技术瓶颈，也是其第四类关键技术。

1.3.2.5 关键技术5:复杂环境中的信标节点布局优化

在室内复杂环境中，遮挡往往会给测距引入一个较大的正偏差，这极大地削弱了系统的定位精度和稳定性。目前，改善室内遮挡环境下定位系统性能的解决途径包括：研究更好的遮挡定位算法；增加信标的部署密度。前者会提高计算复杂度，后者则会增加定位系统的整体成本。通过优化系统信标的布局方式，可以在不改变计算复杂度和部署成本的前提下，提高系统的定位性能。信标节点最优化布局问题是一个典型的组合优化问题，如何在复杂的室内环境中对信标节点布局进行优化，是第五类关键技术。

1.3.3 挑战

廉价的消费级MEMS麦克风、扬声器、信号采集模块及处理器，无论是其的器件性能还是算法处理资源，均受到极大限制，以本书中实验验证所使用的RA^2Loc平台的主要元器件为例，MEMS麦克风价格仅为1元，扬声器为2.6元，音频采集和播放芯片WM8978CGFEL的价格也仅为6.5元。因此，面向商用智能移动终端实现高精度的室内定位与导航，研究和攻克基于声音的室内定位四大关键技术具有许多难点和挑战，下面结合室内环境特点、系统特性以及硬件平台特性进行阐述。

1.3.3.1 挑战1:廉价的消费级元器件使得所采集的声信号完整度较差且存在严重畸变

与超声波、UWB等基于专用测距模块的技术不同，基于声音的低成本测距平台所能利用的元器件均为廉价消费级元器件。麦克风及扬声器多以通话或娱乐为目的进行选型和设计，频率响应大都集中在8 kHz以内，见图1.3(a)。文献[12]中的Fig.3对各类型手机的频响进行了测试，结论基本一致。为了避免声音污染，声音室内定位技术必须选用人耳不可感知的高频率声信号作为测量介质，这就使得智能移动终端所采集到的声信号能量较弱，且不同频段的能量衰减不尽相同，这就使得所采集到的声信号的时频域信息丢失严重。同时，智能移动终端的采样率多为44.1 kHz和48 kHz，当声信号频率接近香农采样定理的极限时，其波形会出现严重的锯齿状，所采集到的信号的时域波形信息丢失严重，进而引起严重的频域模糊。不同时延下的多径成分就变成了强相关的信号，进一步削弱了信号的完整度与独立程度。

消费级元器件的一致性及稳定性也往往较差，控制声信号播放与采样所使用的晶振也存在差异性较大且工作频率有较大浮动，这会直接体现在所采集声信号的时频分布上，见图

1.3。对于图1.3(b)和1.3(c)中16~21 kHz的Chirp信号,使用2部Google Nexus 4进行广播和采集实验,可以看到信号存在不同程度的畸变,不同的设备所引起的畸变程度也不一致。因此,在性能严重受限的消费级元器件上实现高精度的声音测距,存在巨大的困难和挑战。

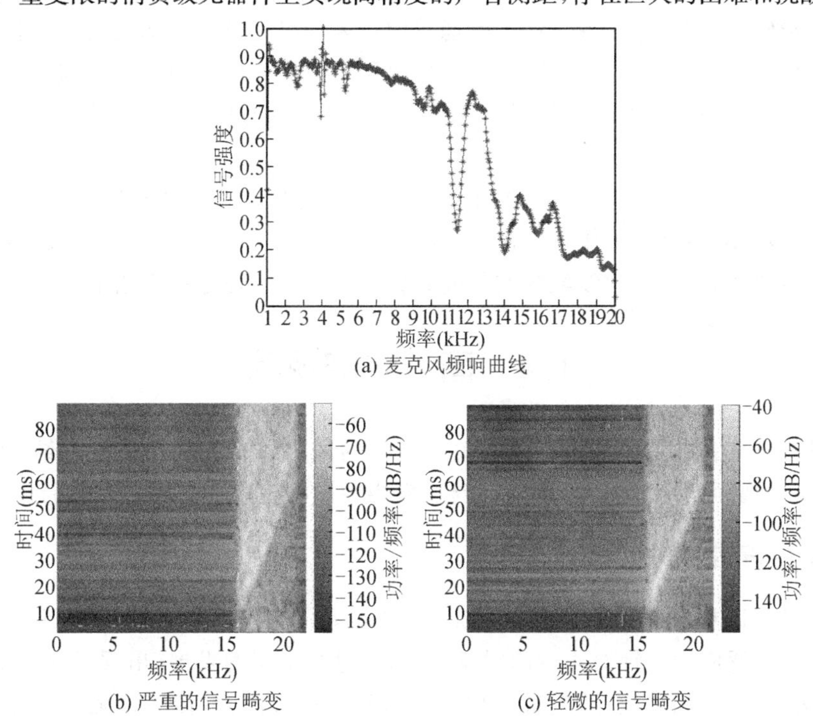

图1.3 频率曲线及信号畸变现象

1.3.3.2 挑战2:商用智能移动终端平台对算法复杂度的要求极其苛刻

商用智能移动终端往往是多任务的且能源受限,这就给定位系统的算法复杂度提出了极为苛刻的要求。较高的计算复杂度会占用终端较多的计算资源,同时也意味着更高的功耗以及更大的发热量,这会加剧终端的计算和能源负担,给用户的使用带来巨大的困扰。过高的计算复杂度,会使其无法在计算能力受限的终端平台上应用,这对基于声音的室内定位技术在实际场景中的推广是极为不利的。因此,如何针对商用智能移动终端,研究计算复杂度低、稳定性好的各类型算法,是当前不容忽视的难题,也是将系统从实验室推向实际应用的最主要挑战,也是算法可用性的试金石。

1.3.3.3 挑战3:过低的位置更新速率使得基于统计类方法无法应用

基于统计方法的鲁棒定位算法和非视距识别算法是当前最主要的估计方法,其算法的设计和应用基础极度依赖于历史距离量测的累积,并要求能够在较短时间内获得足够多的数据样本。然而,与UWB技术动辄上千赫兹的定位速率相比,声技术过低的位置更新速率使得基于统计方法的定位和非视距识别算法失去了数据基础而无法应用。因此,也就给强遮挡环境下的鲁棒定位以及复杂环境中的声信号非视距识别带来巨大困难和挑战。

1.3.3.4 挑战4:目标运动较强的随机性和机动性极大地削弱了系统性能

实际场景中,智能移动终端的携带者往往会在场景中做机动性较强的随机移动。由于声音定位系统的位置更新速率较低，在运动轨迹上就表现出了较强的随机性，可看作离散马尔科夫过程，即当前时刻的运动状态仅与上一时刻的位置有关，而与历史运动信息无关，这是其他类型技术所没有的技术难点。较强的机动性使得声音定位系统无法使用滤波和追踪算法来处理异常位置测量点，系统在实际场景中就表现出了较差的运动目标定位性能，极大地削弱了系统的定位精度和稳定性。同时，也给所采集的声信号引入了较强的多普勒频移，进而削弱了声音测距的精度和稳定性。因此，也就给实际场景中运动目标的高精度定位带来巨大挑战。

除了上述挑战之外，当前针对声技术所面临的问题及难点在基础理论层面的研究成果相对较少，给该领域的研究工作带来极大挑战。因此，本书对近些年来各类关键技术最新的研究进展进行整理和总结，为领域内的研究者提供基础性的理论和方法工具。

1.4　国内研究现状

本节对基于声音的室内定位系统各关键技术的国内外研究现状进行总结，主要包括信号时延估计、非视距识别、非视距 TOA 定位、室内地图构建以及信标节点布局优化。

1.4.1　室内声信号时延估计

信号时延估计是定位流程的第一个阶段，在雷达、声呐、地震学、地球物理学、超声波及通信领域得到广泛应用。针对声音的时延估计，经过几十年的发展，出现了大量的算法和方法，如互相关、广义互相关、在适应最小均方差时延估计方法、多传感器融合算法、多信道互相关方法、自适应特征值分解算法等[31]。

互相关算法是最直接也是最早开发的一类时延估计算法，通过检测所获得的两个信号互相关函数(cross - correlation function，CCF)对两个信号中相同的成分进行检测，通常以 CCF 的最大值作为时延估计结果，算法复杂度低，计算效率高。广义互相关(generalized cross - correlation，GCC)[32]由 C. Knapp 和 G. Carter 于 1976 年提出，利用快速傅立叶变换能够快速获得两个信号的互相关谱。GCC 不仅仅是互相关的广义形式，更是引入了一种信息合作机制来提高时延估计的性能，一经提出就在各领域内得到广泛应用。同时，加权函数的引入使得 GCC 变成了一种频域处理方法，不同加权函数的选取能够有效提高该方法对不同类型信号的适应性。常用的加权函数有平滑相干变换(smoothed coherence transform，SCOT)[33]、Roth 处理器[34]、Echart 滤波器[32]、相位变换(phase transform，PHAT)[35]等。基于 GCC 的方法目前是大多数基于声音的室内定位系统所使用的时延估计方法，但受到室内多径因素的影响，其性能往往较差，鲁棒性不高。

基于最小均方算法(least mean square，LMS)的自适应时延估计方法于 1981 年由 F. Reed 等[36]提出，与以互相关为基础的方法相比，LMS 方法通过最小化两个信号间的均方差来进行时延估计。该方法无须信号的先验知识，但在处理具有多径成分的信号时性能较差。

在强多径环境中，通过布设多个传感器来获得冗余信息，可有效提高基于 GCC 机制的时延估计方法性能，即基于多传感器融合对室内声信号进行时延估计[37,38]。Chen Jingdong[39]从空间线性预测与插值理论导出了一种平方多信道互相关因子方法(squared multi - channel cross-correlation coefficient,MCCC),通过多个信道的信息来对室内含有多径成分的信号进行时延估计,该方法可以将其看作多传感器信息融合的一种推广。同时,若在进行时延估计前对信号加入预白噪化过程,此时的MCCC算法可以看作PHAT算法的广义形式。

上述各类算法从一定程度上满足了现有室内定位时延估计的需求,但是由于挑战1的存在,使得上述方法应用在室内强多经条件下的声信号高精度测距中时,会存在如下问题。

问题1:相较于互相关技术,最小均方类型的时延估计方法稳定性较差。基于多传感器信息融合的技术会带来巨大的计算负担,同时给商用智能移动终端增加额外的传感器往往是不现实的。基于多信道的MCCC算法仅适用于阵列架构,不适用于TOA与TDOA的系统架构。

问题2:从目前的系统来看,大多数的室内声音定位系统均采用GCC方法,通常又称为匹配滤波(match filtering,MF),并辅以固定阈值来对室内声信号进行时延估计,其精度和稳定性取决于第一径成分探测策略。但在室内强多径条件下,第一径成分能量往往较弱,固定阈值法就变得不再可靠。同时,信号的畸变使得MF估计器的输出结果存在较大偏差,进而影响测距精度。需要一种新的方法来克服挑战1给MF估计器带来的影响。

1.4.2　声信号非视距识别

在蜂窝移动网络及超宽带技术等无线通信领域中,非视距路径的识别技术已经具有丰富的研究成果与方法[40,41]。这些方法大致分为:基于距离量测统计的识别方法[42,43],基于多类量测一致性判别方法[44],以及基于信道特征的识别方法[45-48]。然而,对于声信号的非视距识别刚处于起步阶段,仅有少量的前瞻性成果。在水下定位领域,Roee Diamant、Hwee-Pink Tan及Lutz Lampe[49]提出一种基于多类量测一致性判别的方法,通过信号衰减强度与距离量测的一致性判别对水下声信号的非视距路径进行分类识别。在室内定位领域,美国卡耐基梅隆大学的ALPS系统基于声信号及蓝牙信号的距离和信号强度提取特征,并利用支持向量机分类器实现了优于80%的识别准确度[24]。但由于挑战1和挑战3的存在,当前非视距识别算法应用在基于声音的室内定位系统中时,会存在如下问题:

问题3:基于距离量测统计的识别方法不具备所需的数据基础,而水声领域中基于多类量测一致性判别的方法无法直接应用在复杂的室内环境和廉价的商用智能移动终端平台上。若将TOA量测与所接收信号强度(received signal strength,RSS)作为该方法的判别,通过实际测试发现,不同的声源设备及不同的智能移动终端所采集的信号强度均无法保持一致。基于声信号及蓝牙信号的距离和RSS对非视距量测进行识别,其性能会随着距离的增加而急剧下降。因此,如何在室内复杂场景中实现高精度的声信号非视距识别仍然是个开放问题。

1.4.3　非视距TOA定位

图1.4所示为当前文献中主要基于TOA的非视距定位方法总结。其估计器大都基于最大似然估计与最小二乘估计,基于对量测不同类型的假设,辅以不同类型的处理手段,会得到不同的非视距定位方法。下面结合该图对各类方法进行阐述。

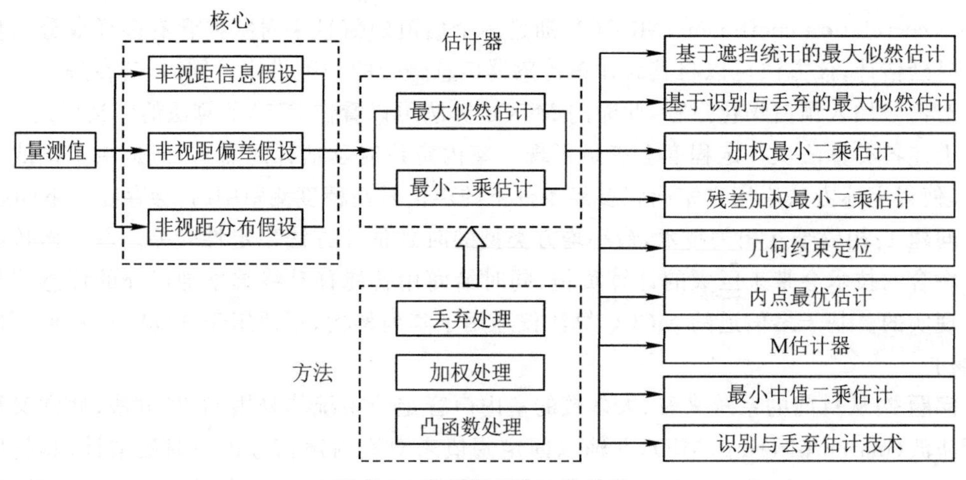

图 1.4 非视距定位方法总结

基于遮挡统计特性的最大似然估计方法[50]假设遮挡偏差符合某个参数已知的指数分布,从而通过最大化某个目标函数来对位置进行估计。遮挡偏差的概率密度函数对其精度影响较大,因此常常通过对大量的量测数据进行统计来获得该指数分布的参数。基于识别与丢弃的最大似然估计方法[51]基于每个测量点的历史量测数据统计其概率分布,进而对异常量测进行识别,仅选取可靠性较高的量测进行位置估计。该方法属于识别与丢弃中的一类,其定位精度取决于对异常量测的识别精度。

基于最小二乘法的位置估计[52-55]在实际应用中的应用最为广泛,通过伪线性化的方法可以极大地降低计算量,实现快速求解。由于遮挡引起的测距偏差均为正向偏差,对该偏差进行抑制的常用定位方法是利用加权最小二乘的方法[56],基于误差较大的量测较小的权值以降低其对于位置估计结果的影响,而权重向量的选择方式是该类方法的关键。以定位残差作为标准,Chen Pichun[57]提出了一种基于残差加权的最小二乘方法(residual weighting algorithm,Rwgh),首先在不同量测组合下对残差进行计算,权重向量选择为残差倒数的某类函数,进而对位置进行估计。该方法对视距与非视距量测的比例有所限制,并要求视距量测最少数量为 3,否则无法获得理想的结果。

基于场景约束,Chen Chaolin[58]提出了一种基于几何约束的位置估计方法(geometry-constrained location estimation,GLE),利用两步最大似然估计技术及信标节点的位置。该方法权重因子的选取依靠历史量测信息,并假设被遮挡的量测具有较大的方差值。当无法对目标历时量测数据进行统计时,该算法估计效果较差。基于遮挡偏差估计的内点优化算法[59]首先估计被非视距量测的偏差值,再利用这个偏差向量进行加权最小二乘估计,求得被遮挡目标的位置。而该算法中的遮挡偏差估计过程较为复杂,且其估计精度直接影响算法最终的定位精度。

M 估计器[60]是最大似然估计类型的估计器,由 Huber 在 1964 年提出,通过在最大似然类型的估计器中引入一个非严格凸函数来降低具有较大误差的量测对定位结果的影响。然而,需要对该非严格凸函数进行小心设计,其性能将直接影响最终定位结果。最小中值二乘的方法是一种以残差中值最小为目标函数的估计方法[54],它对于误差在 50%以内的异常值具有良好的容忍性，但对非视距量测在所有量测中所占数量的比重要求较为严格，在强遮挡环境中的性能较差。基于非视距识别与丢弃的定位方法[61]是最为直接的非视距定位方法，将遮挡的信号直接丢弃，而使用视距传输的信号进行距离测量和估计，其稳定性依赖于非视距识别的精度。

在基于声音的室内定位领域，结合室内声音传播的特性，Lin Chi Mak 与 Tomonari Furukawa[62]于 2008 年提出基于室内地图或室内环境信息的低频声音非视距定位方法。该方法估算第一径成分的 TOA 后，按照反射路径反算被遮挡的信标虚拟镜像的位置，并基于所获得的虚拟信标对目标位置进行估计，有效解决了在理想环境中的非视距定位问题。2018 年，美国卡耐基梅隆大学的 Niranjini Rajagopal[22]等基于室内平面地图信息以及全平面区域内的视距及非视距信息假设实现在强遮挡条件下对目标的定位，在实际场景中将定位性能从 4～8 m 提高至 1 m。

综上，由于挑战 2 和挑战 3 的原因，将当前各非视距定位方法应用于基于声音的室内定位系统中时，会存在如下问题。

问题 4：以非视距量测偏差假设以及非视距分布假设的算法，由于挑战 3 的存在而失去了统计所需的数据基础。内点最优估计以及 M 估计器计算量较大且性能不稳定，因此无法应对挑战 2。最小中值二乘的方法在强遮挡环境中的性能较差。较为实用的方法是基于识别与丢弃的估计方法，其最为直接且有效，但极度依赖非视距量测的识别精度。

问题 5：基于室内地图信息的非视距定位算法能够有效提高系统的定位性能，但在实际应用中往往无法获取室内平面地图。构建准确的室内地图往往成本很高，同时变动的室内环境又进一步增加了构建难度。同时，该类方法要求环境信息已知且未考虑人体带来的遮挡，因此无法应对复杂的实际使用环境。为了使得基于声音的室内定位技术能够在实际环境中进行推广，需要一种能够在欠有效量测信息条件下，即仅有两个或一个有效距离量测条件下对运动目标的位置进行鲁棒估计。

1.4.4 室内地图构建

人工测绘技术是最为传统的地图构建方式，能够获得较为精细的室内地图，能对路径网络以及空间的内饰部分进行细节性描述。但人工测绘技术建图周期长、成本高，使得该方式无法获得广泛的推广。基于建筑平面图的室内地图重建，属于半自动化的方式，能够对建筑主体进行快速生成，效率较高，但准确性受到建筑平面图的限制，且无法对室内空间进行描述。基于即时定位与地图构建(simultaneous localization and mapping，SLAM)的方法又分基于激光技术的方法和基于视觉技术的方法[63]。其中，以基于激光测距技术的 SLAM 所获得的室内地图最为精准和精细，但该方法往往需要高精度的激光扫描仪以及惯导模块来搭建平台，成本较高且不适合推广。对于室内导航而言，二维的路径网络信息及必要的信息标记即可满足使用要求，激光 SLAM 技术所提供的三维激光点云信息又会造成信息的过度采集。基于机器视觉的 SLAM 技术与激光 SLAM 技术存在同样的问题。

近几年，移动群体感知技术(mobile crowd sensing，MCS)出现在 MobiCom、UbiComp、MobiSys 及 SenSys 等顶级国际学术会上，并迅速成为研究热点，国际各大知名高校和科研院所均对其展开研究，在各个领域均产出了诸多研究成果。MCS 技术将感知任务分散到参与者的智能移动终端平台，借助各参与者进行信息的收集和处理，进而完成单个技术或个体终端几近不可能完成的任务[64]。其最主要的特点包括：终端节点的移动性较强，分布广泛且随机；参与感知的终端节点数量巨大，信息容易获取；单个终端节点的行为不会对最终结果产生影响。因此，基于 MCS 技术，可以很方便地对室内地图实现动态构建，有学者已经对该思路进行了探索性研究，并取得了部分研究成果。2014 年，JigSaw 系统[65]基于点云算法利用手机的摄像头获取室内图像信息后，将图像进行特征点匹配以获得室内地图。由于需要使用摄像头，所以对于参与者的要求较高，也对招募参与者提出了挑战。CrowdInside 系统[66]及 MapGENIE 系统[67]分别于 2012 年及 2014 年借助行人航迹推算 PDR 技术来获取用户终端的运动轨迹，并通过分析参与者的加速度等信息，来获得室内路径网络的平面图。此两类系统的室内地图构建性能取决于 PDR 的性能，而在大多数场景下，PDR 很难取得较为理想的定位效果。2016 年，iFrame 系统[68]利用蓝牙、Wi-Fi 以及 PDR 融合的策略，基于移动群体感知实现室内平面地图的构建。2017 年，纽约州立大学石溪分校的 Zhou Bing[69]提出 BatMapper 系统，该系统利用声音回波对室内地图进行重构，能够对室内主要的建筑结构和布局进行构建。在室内定位领域，美国卡耐基梅隆大学的 ALPS 系统基于信标的绝对位置，能够对室内小空间的墙壁和转角进行重构[24]。

问题 6：除了基于激光和视觉的 SLAM 技术，当前所提出方法大都针对室内建筑结构进行二值地图的构建，无法对室内精细布局或内饰物进行描述，比如桌子、沙发等。利用声音回波进行室内地图重构，对测量者和环境要求均较高，受环境噪声影响较为严重。基于声音的室内定位系统，无论是 TOA 还是 TDOA 架构，均能够获得目标的位置信息，以及目标与信标间的非视距信息。如何利用位置信息，以及信号本身所携带的环境信息，即非视距信息，来对室内地图进行精细构建，当前该问题尚未被研究，并缺乏基础性的理论方法。

1.4.5 信标节点布局优化

由于室内定位环境的复杂多遮挡性，在室内定位技术领域，目前还没有一种被广泛接受的解决方案，室内定位领域的主要研究方向仍是提高定位精度与定位稳定性。在对室内定位系统进行研究时充分考虑环境因素的影响，通过合理布置定位信标节点的方法，可以在兼顾定位系统的应用成本的同时进一步提高定位系统的定位精度，有利于推动室内定位系统在实际场景中的应用。现在对于信标节点布局优化的研究主要集中于两方面，即由信标节点布局方式所影响的定位有效区域覆盖率与定位精度。

1. 信标节点布局与有效覆盖率

室内定位系统中能够成功定位的区域即为有效区域，有效区域的覆盖率影响定位系统的定位稳定性，定位环境越复杂则有效区域的覆盖率会越低。不同的室内定位算法所要求的最小 LOS 信标节点数量是不同的，一些室内定位算法，如基于指纹的和基于近邻节点的定位算法要求至少有 1 个信标节点能覆盖到定位区域，因此其信标节点的布局更倾向于均匀分散的布局方式。其他一些常用的定位算法，如基于三边定位、三角定位或双曲线定位算法，至少需要 2 个或更多的 LOS 信标节点才能实现对待测节点的定位。还有一些定位算法，如基于多维标度分析（multidimensional scaling，MDS）、半正定规划（semidefinite programming，SDP）和 Hop-based[70]等定位算法，可以在很少甚至没有信标节点（0 覆盖）的情况下工作，这些算法的信标节点最优分布主要依赖定位环境。

当前针对信标节点覆盖率的布局优化研究问题主要集中在无线传感器网络(wireless sensor network，WSN)领域，文献[71]以狭长通道环境中最优锚节布局方式为研究内容，提出了基于权重与有效覆盖率的信标节点布局优化方法。文献[72]研究了简单无遮挡环境下信标节点布局覆盖率问题，提出一种能自适应性调整运行参数的粒子群算法，能实现对随机信标节点布局的覆盖率进行快速优化。文献[73]以传感器网络中锚节布局覆盖率为优化目标，提出一种并行和紧凑方案混合的改进授粉算法。但这些基于覆盖率的信标节点布局方法都是研究如何使得整体有效覆盖区域最大化，一般会要求每处定位区域内至少有一个信标节点能覆盖到。由于室内定位环境的复杂性越来越高，对于定位系统的定位稳定性就有了更高的要求，因此在某些区域内单个信标节点的覆盖情况就不能满足系统稳定性的要求，并且这些信标节点布局优化方式只以有效覆盖率为目标而没有同时考虑由信标节点布局方式所引起的定位精度的问题。

2. 信标节点布局与定位精度

对于由信标节点布局方式所影响的系统定位误差的研究，常用的优化信标节点布局方式以提高定位精度的方法为主要搜索法。其中最直观的搜索算法是：分割定位区间为均匀排列的点阵集合 N，再从 N 中选取 M 个点为信标节点的布设位置，对 C_N^M 种组合计算每种布局下的定位误差，从中选择误差值最小的布局作为信标节点的布设位置。但这种穷举算法每次需要计算 $N \cdot C_N^M$ 次才能找出最佳的节点布局方式，即使待定的信标节点数量为3，其计算所需的时间复杂度也为 $O(N^4)$。因此，鉴于这种直接搜索的穷举算法计算时间复杂度高，通常对于定位节点布局的优化问题多采用随机搜索算法。

在关于优化信标节点布局方式以提高定位精度的方法研究上，有许多专家学者都做出了贡献。文献[74]分析了给定信标节点布局下基于线性最小二乘定位算法的误差界。通过比较任意两个位置之间的最大误差，限制位置搜索以最小化最大误差，给出了寻找节点最优布局的一种迭代搜索算法 $\max L-\min E$。这种方法对于简单规则环境下的信标节点最优布局搜索有较好的收敛性，对于复杂的室内定位环境还有改进的空间。文献[75]提出了定位误差的简化算法与近似函数，通过对定位环境的分割与近似，提高了随机搜索算法的性能，可以在可接受的时间成本内找到信标节点的次最优分布。但这种方法给出的信标节点分布为次优分布。文献[76]研究了AOA定位算法下3个信标节点的最优放置问题，给出了最优信标放置问题的解析解。但这种解析解的给出只适用于没有遮挡物存在的规则环境下。利用粒子群优化算法，文献[77,78]给出了TDOA和FDOA定位算法下的最优参考节点的配置策略。最优布局的给出都是在一定信标节点数量的前提下，不考虑遮挡物与覆盖率的问题。文献[79]提出了一种车辆自组网中车辆定位的最优路边单元布置方法。该方法以GDOP为基准以衡量RSU布局引起的定位精度，通过APSO算法找出最优布局。这种方法考虑到节点布局所引起的覆盖率问题，但由于其主要用于道路环境下的车辆定位，因此不考虑遮挡引起的NLOS现象。文献[80]以三维环境下节点布局的GDOP为优化目标，用混合整数线性规划(mixed integer linear programming，MILP)方法最小化所需信标总数并找到其对应的最优分布。该方法限制信标节点位置位于三维定位空间的表面，没有考虑室内三维定位环境中存在遮挡物。

问题 7:当前针对室内定位系统信标节点布局优化的研究尚处在起步阶段,且绝大多数研究成果均是针对理想的非遮挡环境提出的。实际的室内应用环境复杂多变,遮挡现象是其基础性的问题,因此,需要针对室内复杂的遮挡环境,研究室内定位系统信标节点的最优化布局方法,在不改变系统计算复杂度和部署成本的前提下,提高系统的定位性能。

1.5 本章小结

本章旨在对基于声音的智能移动终端室内定位进行总结,首先阐述了室内定位的概念及其现实意义,随后对基于声音的室内定位系统的研究现状及其特点、关键技术及面临的挑战进行了介绍,并对室内声信号时延估计、非视距识别、非视距定位、室内地图构建以及信标节点布局优化等方面的国内外研究进展进行了综述,指出存在的问题和未解决的挑战。室内定位不仅可以为智能手机提供精准定位、为盲人出行实现可靠的导航、为基于位置的商业应用提供可靠的技术支撑、为国家经济发展提供新的增长点,还具有重要的社会意义。

参考文献

[1] HUI Z, LU R, CHENG H, et al. An Efficient Privacy - Preserving Location - Based Services Query Scheme in Outsourced Cloud[J]. IEEE Transactions on Vehicular Technology, 2016, 65(9): 7729 - 7739.

[2] JAN S S, HSU L T, TSAI W M. Development of an indoor location based service test bed and geographic information system with a wireless sensor network[J]. Sensors, 2010, 10(4): 2957 - 2974.

[3] 周源, 刘禹鑫, 林富明. 室内定位技术发展与应用研究[J]. 测绘与空间地理信息, 2017, 40(6): 54 - 57.

[4] 文祥计. 基于智能手机的声信号室内定位系统研究[D]. 杭州: 浙江大学, 2016.

[5] 武汉大学测绘遥感信息工程国家重点实验室. 第四届空间信息智能服务研讨会圆满举行[EB/OL]. (2016 - 12 - 22)[2023 - 03 - 01]. http://liesmars. whu. edu. cn/info/1056/1632. htm.

[6] 中华人民共和国科学技术部. 科技部关于印发导航与位置服务科技发展"十二五"专项规划的通知[EB/OL]. (2012 - 08 - 22)[2023 - 03 - 01]. https://www. most. gov. cn/xxgk/xinxifenlei/fdzdgknr/fgzc/gfxwj/gfxwj2012/201211/t20121101_97535. html.

[7] LIU H, DARABI H, BANERJEE P, et al. Survey of Wireless Indoor Positioning Techniques and Systems [J]. IEEE Transactions on Systems Man & Cybernetics Part C, 2007, 37(6): 1067 - 1080.

[8] YASSIN A, NASSER Y, AWAD M, et al. Recent Advances in Indoor Localization: A Survey on Theoretical Approaches and Applications[J]. IEEE Communications Surveys & Tutorials, 2017, 19(99): 1327 - 1346.

[9] KANG W, HAN Y. SmartPDR: Smartphone - Based Pedestrian Dead Reckoning for

Indoor Localization[J]. IEEE Sensors Journal, 2015, 15(5): 2906 - 2916.

[10] LOPES S I, VIEIRA J M N, REIS J, et al. Accurate smartphone indoor positioning using a WSN infrastructure and non - invasive audio for TDOA estimation[J]. Pervasive and Mobile Computing, 2015, 20: 29 - 46.

[11] WANG X, ZHANG C, LIU F, et al. Exponentially weighted particle filter for simultaneous localization and mapping based on magnetic field measurements[J]. IEEE Transactions on Instrumentation and Measurement, 2017, 66(7): 1658 - 1667.

[12] HÖFLINGER F, ZHANG R, HOPPE J, et al. Acoustic self - calibrating system for indoor smartphone tracking (assist)[C]//2012 International Conference on Indoor Positioning and Indoor Navigation (IPIN). IEEE, 2012: 1 - 9.

[13] ZHUANG Y, YANG J, LI Y, et al. Smartphone - based indoor localization with bluetooth low energy beacons[J]. Sensors, 2016, 16(5): 596.

[14] PENG C, SHEN G, ZHANG Y. BeepBeep: A high - accuracy acoustic - based system for ranging and localization using COTS devices[J]. ACM Transactions on Embedded Computing Systems (TECS), 2012, 11(1): 1 - 29.

[15] TAN C, ZHU X, SU Y, et al. A low - cost centimeter - level acoustic localization system without time synchronization[J]. Measurement, 2016, 78: 73 - 82.

[16] HUANG W, XIONG Y, LI X Y, et al. Swadloon: Direction Finding and Indoor Localization Using Acoustic Signal by Shaking Smartphones[J]. IEEE Transactions on Mobile Computing, 2015, 14(10): 2145 - 2157.

[17] LIU K, LIU X, LI X. Guoguo: Enabling Fine - Grained Smartphone Localization via Acoustic Anchors[J]. IEEE Transactions on Mobile Computing, 2016, 15(5): 1144 - 1156.

[18] MICROSOFT. Microsoft indoor localization and competition - IPSN 2016[EB/OL]. (2016 - 04 - 28)[2023 - 03 - 01]. https://www.microsoft.com/en - us/research/event/microsoft - indoor - localization - competition - ipsn - 2016/.

[19] MICROSOFT. Microsoft indoor localization and competition - IPSN 2017[EB/OL]. (2017 - 02 - 27)[2023 - 03 - 01]. https://www.microsoft.corn/en - us/research/event/microsoft - indoor - localization - competition - ipsn - 2017/.

[20] CHEN R, LI Z, YE F, et al. Precise indoor positioning based on acoustic ranging in smartphone[J]. IEEE Transactions on Instrumentation and Measurement, 2021, 70: 1 - 12.

[21] CAI C, ZHENG R, LI J, et al. Asynchronous acoustic localization and tracking for mobile targets[J]. IEEE Internet of Things Journal, 2019, 7(2): 830 - 845.

[22] RAJAGOPAL N, LAZIK P, PEREIRA N, et al. Enhancing indoor smartphone location acquisition using floor plans[C]//2018 17th ACM/IEEE International Conference on Information Processing in Sensor Networks (IPSN). IEEE, 2018: 278 - 289.

[23] LI G, ZHANG L, LIN F, et al. SAILoc: a novel acoustic single array system for indoor localization[C]//2017 9th international conference on wireless communications

and signal processing (WCSP). IEEE, 2017: 1 - 6.

[24] LAZIK P, RAJAGOPAL N, SHIH O, et al. ALPS: A bluetooth and ultrasound platform for mapping and localization[C]//Proceedings of the 13th ACM Conference on Embedded Networked Sensor Systems, 2015: 73 - 84.

[25] SCHWEINZER H, SYAFRUDIN M. LOSNUS: An ultrasonic system enabling high accuracy and secure TDOA locating of numerous devices[C]//2010 International Conference on Indoor Positioning and Indoor Navigation. IEEE, 2010: 1 - 8.

[26] PRIETO J C, JIMENEZ A R, GUEVARA J, et al. Performance Evaluation of 3D - LOCUSAdvanced Acoustic LPS[J]. IEEE Transactions on Instrumentation & Measurement, 2009, 58(8): 2385 - 2395.

[27] MANDAL A, LOPES C V, GIVARGIS T, et al. Beep: 3D indoor positioning using audible sound[C]//Second IEEE Consumer Communications and Networking Conference, 2005. CCNC. 2005. IEEE, 2005: 348 - 353.

[28] AARABI P. The fusion of distributed microphone arrays for sound localization[J]. EURASIP Journal on Advances in Signal Processing, 2003: 1 - 10.

[29] PRIYANTHA N B, CHAKRABORTY A, BALAKRISHNAN H. The cricket location - support system[C]//Proceedings of the 6th Annual International Conference on Mobile Computing and Networking, 2000: 32 - 43.

[30] KUTTRUFF H. Room Acoustics[M]. 5th ed. London: CRC Press, Taylor & Francis Group, 2009: 89 - 114.

[31] CHEN J, BENESTY J, HUANG Y. Time delay estimation in room acoustic environments: An overview[J]. EURASIP Journal on Advances in Signal Processing, 2006: 1 - 19.

[32] KNAPP C, CARTER G. The generalized correlation method for estimation of time delay[J]. IEEE Transactions on Acoustics, Speech, and Signal Processing, 1976, 24 (4): 320 - 327.

[33] CARTER G C, NUTTALL A H, CABLE P G. The smoothed coherence transform [J]. Proceedings of the IEEE, 1973, 61(10): 1497 - 1498.

[34] ROTH P R. Effective measurements using digital signal analysis[J]. IEEE Spectrum, 1971, 8(4): 62 - 70.

[35] HASSAB J, BOUCHER R. Performance of the generalized cross correlator in the presence of a strong spectral peak in the signal[J]. IEEE Transactions on Acoustics, Speech, and Signal Processing, 1981, 29(3): 549 - 555.

[36] FEINTUCH P, BERSHAD N, REED F. Time delay estimation using the LMS adaptive filter—Dynamic behavior[J]. IEEE Transactions on Acoustics, Speech, and Signal Processing, 1981, 29(3): 571 - 576.

[37] NISHIURA T, YAMADA T, NAKAMURA S, et al. Localization of multiple sound sources based on a CSP analysis with a microphone array[C]//2000 IEEE Interna-

tional Conference on Acoustics, Speech, and Signal Processing. Proceedings (Cat. No. 00ch37100). IEEE, 2000, 2: 1053 - 1056.

[38] GRIEBEL S M, BRANDSTEIN M S. Microphone array source localization using realizable delay vectors[C]//Proceedings of the 2001 IEEE Workshop on the Applications of Signal Processing to Audio and Acoustics (Cat. No. 01TH8575). IEEE, 2001: 71 - 74.

[39] CHEN J, BENESTY J, HUANG Y. Robust Time Delay Estimation Exploiting Redundancy Among Multiple Microphones [J]. Speech & Audio Processing IEEE Transactions on, 2003, 11(6): 549 - 557.

[40] YU K, DUTKIEWICZ E. NLOS identification and mitigation for mobile tracking[J]. IEEE Transactions on Aerospace and Electronic Systems, 2013, 49(3): 1438 - 1452.

[41] KHODJAEV J, PARK Y, MALIK A S. Survey of NLOS identification and error mitigation problems in UWB - based positioning algorithms for dense environments [J]. Annals of Telecommunications - annales des Télécommunications, 2010, 65(5): 301 - 311.

[42] VENKATRAMAN S, CAFFERY J. Statistical approach to non - line - of - sight BS identification[C]//The 5th International Symposium on Wireless Personal Multimedia Communications. IEEE, 2002, 1: 296 - 300.

[43] GEZICI S, KOBAYASHI H, POOR H V. Nonparametric nonline - of - sight identification[C]//2003 IEEE 58th Vehicular Technology Conference. VTC 2003 - Fall (IEEE Cat. No. 03CH37484). IEEE, 2003, 4: 2544 - 2548.

[44] YU K, GUO Y J. Statistical NLOS Identification Based on AOA, TOA, and Signal Strength[J]. IEEE Transactions on Vehicular Technology vt, 2009, 58(1): 274 - 286.

[45] LAKHZOURI A, LOHAN E S, HAMILA R, et al. Extended Kalman filter channel estimation for line - of - sight detection in WCDMA mobile positioning[J]. EURASIP Journal on Advances in Signal Processing, 2003: 1 - 11.

[46] XU W, WANG Z, ZEKAVAT S A. Non - line - of - sight identification via phase difference statistics across two - antenna elements[J]. IET Communications, 2011, 5 (13): 1814 - 1822.

[47] MARANO S, GIFFORD W M, WYMEERSCH H, et al. NLOS identification and mitigation for localization based on UWB experimental data[J]. IEEE Journal on Selected Areas in Communications, 2010, 28(7): 1026 - 1035.

[48] GUVENC I, CHONG C C, WATANABE F. NLOS identification and mitigation for UWB localization systems[C]//2007 IEEE Wireless Communications and Networking Conference. IEEE, 2007: 1571 - 1576.

[49] DIAMANT R, TAN H P, LAMPE L. LOS and NLOS Classification for Underwater Acoustic Localization[J]. IEEE Transactions on Mobile Computing, 2013, 13 (2): 311 - 323.

[50] GEZICI S, SAHINOGLU Z. UWB geolocation techniques for IEEE 802.15. 4a personal area networks[J]. MERL Technical Report, 2004:1 - 8.

[51] RIBA J, URRUELA A. A non - line - of - sight mitigation technique based on ML - detection[C]//2004 IEEE International Conference on Acoustics, Speech, and Signal Processing. IEEE, 2004, 2: 153 - 156.

[52] GUVENC I, CHONG C C, WATANABE F. Analysis of a linear least - squares localization technique in LOS and NLOS environments[C]//2007 IEEE 65th Vehicular Technology Conference - VTC2007 - Spring. IEEE, 2007: 1886 - 1890.

[53] VENKATESH S, BUEHRER R M. A linear programming approach to NLOS error mitigation in sensor networks[C]//Proceedings of the 5th International Conference on Information Processing in Sensor Networks, 2006: 301 - 308.

[54] LI Z, TRAPPE W, ZHANG Y, et al. Robust statistical methods for securing wireless localization in sensor networks[C]//IPSN 2005. Fourth International Symposium on Information Processing in Sensor Networks, 2005. IEEE, 2005: 91 - 98.

[55] GUVENC I, GEZICI S, WATANABE F, et al. Enhancements to linear least squares localization through reference selection and ML estimation[C]//2008 IEEE Wireless Communications and Networking Conference. IEEE, 2008: 284 - 289.

[56] GÜVENÇ İ, CHONG C C, WATANABE F, et al. NLOS identification and weighted least - squares localization for UWB systems using multipath channel statistics [J]. EURASIP Journal on Advances in Signal Processing, 2007, 2008: 1 - 14.

[57] CHEN P C. A non - line - of - sight error mitigation algorithm in location estimation [C]//WCNC. 1999 IEEE Wireless Communications and Networking Conference (Cat. No. 99TH8466). IEEE, 1999, 1: 316 - 320.

[58] CHEN C L, FENG K T. An efficient geometry - constrained location estimation algorithm for NLOS environments[C]//2005 International Conference on Wireless Networks, Communications and Mobile Computing. IEEE, 2005, 1: 244 - 249.

[59] KIM W, LEE J G, JEE G I. The interior - point method for an optimal treatment of bias in trilateration location[J]. IEEE Transactions on Vehicular Technology, 2006, 55(4): 1291 - 1301.

[60] SUN G L, GUO W. Bootstrapping M - estimators for reducing errors due to non - line - of - sight (NLOS) propagation[J]. IEEE Communications Letters, 2004, 8 (8): 509 - 510.

[61] CHAN Y T, TSUI W Y, SO H C, et al. Time - of - arrival based localization under NLOS conditions[J]. IEEE Transactions on Vehicular Technology, 2006, 55(1): 17 - 24.

[62] MAK L C, FURUKAWA T. A time - of - arrival - based positioning technique with non - line - of - sight mitigation using low - frequency sound[J]. Advanced Robotics, 2008, 22(5): 507 - 526.

[63] THRUN S. Learning metric – topological maps for indoor mobile robot navigation [J]. Artificial Intelligence, 1998, 99(1): 21 – 71.
[64] GANTI R K, YE F, LEI H. Mobile crowdsensing: current state and future challenges[J]. IEEE communications Magazine, 2011, 49(11): 32 – 39.
[65] GAO R, ZHAO M, YE T, et al. Jigsaw: Indoor floor plan reconstruction via mobile crowdsensing[C]//Proceedings of the 20th Annual International Conference on Mobile Computing and Networking, 2014: 249 – 260.
[66] ALZANTOT M, YOUSSEF M. Crowdinside: Automatic construction of indoor floorplans[C]//Proceedings of the 20th International Conference on Advances in Geographic Information Systems, 2012: 99 – 108.
[67] PHILIPP D, BAIER P, DIBAK C, et al. Mapgenie: Grammar – enhanced indoor map construction from crowd – sourced data[C]//2014 IEEE International Conference on Pervasive Computing and Communications (PerCom). IEEE, 2014: 139 – 147.
[68] QIU C, MUTKA M W. iFrame: Dynamic indoor map construction through automatic mobile sensing[J]. Pervasive and Mobile Computing, 2017, 38: 346 – 362.
[69] ZHOU B, ELBADRY M, GAO R, et al. BatMapper: Acoustic sensing based indoor floor plan construction using smartphones[C]//Proceedings of the 15th Annual International Conference on Mobile Systems, Applications, and Services, 2017: 42 – 55.
[70] SIVASAKTHISELVAN S, NAGARAJAN V. Localization techniques of wireless sensor networks: A review[C]//2020 International Conference on Communication and Signal Processing (ICCSP). IEEE, 2020: 1643 – 1648.
[71] 陈娟，徐蒙，周怡，等. 大坝廊道无线传感器网络节点布局优化[J]. 传感器与微系统，2019，38(09)：53 – 56，59.
[72] 冯琳，冉晓旻，梅关林，等. 基于自适应粒子群算法的 WSN 节点布局优化[J]. 信息工程大学学报，2015，16(05)：557 – 561.
[73] NGUYEN T T, PAN J S, DAO T K. An improved flower pollination algorithm for optimizing layouts of nodes in wireless sensor network[J]. IEEE Access, 2019, 7: 75985 – 75998.
[74] CHEN Y, FRANCISCO J A, TRAPPE W, et al. A practical approach to landmark deployment for indoor localization[C]//2006 3rd Annual IEEE Communications Society on Sensor and Ad Hoc Communications and Networks. IEEE, 2006, 1: 365 – 373.
[75] YUAN Z, LI W, YANG S. Beacon node placement for minimal localization error [C]//2019 International Conference on Internet of Things (iThings) and IEEE Green Computing and Communications (GreenCom) and IEEE Cyber, Physical and Social Computing (CPSCom) and IEEE Smart Data (SmartData). IEEE, 2019: 980 – 985.
[76] MCGUIRE J, LAW Y W, CHAHL J, et al. Optimal beacon placement for self – localization using three beacon bearings[J]. Symmetry, 2020, 13(1): 56.
[77] REN K, SUN Z. Optimum Strategy of Reference Emitter Placement for Dual – Satel-

lite TDOA and FDOA Localization[C]//2018 Eighth International Conference on Instrumentation & Measurement, Computer, Communication and Control (IMCCC). IEEE, 2018: 474 - 478.

[78] WANG C, SONG B, ZHANG H, et al. Analysis of passive location communication system based on intelligent optimization algorithm[C]//Journal of Physics: Conference Series. IOP Publishing, 2019, 1325(1): 012147.

[79] ZHANG R, YAN F, XIA W, et al. An optimal roadside unit placement method for vanet localization[C]//GLOBECOM 2017—2017 IEEE Global Communications Conference. IEEE, 2017: 1 - 6.

[80] 王程民，平殿发，宋斌斌，等. 基于粒子群算法的多机无源定位系统优化布站[J]. 计算机与数字工程，2021，49(03)：487 - 492.

第2章　室内声音多径传播特性分析

基于声音定位技术的基础是基于声信号的空间参数量测，包括距离、速度和角度等。由于角度估计需要麦克风阵列支撑，大多数的智能体并不具备该技术所需的基础条件，因此针对移动智能体的室内定位技术，本章着重讨论基于声音的距离和速度量测估计。在无线通信领域，距离和速度量测的估计方法较为成熟，但室内声信道具有较强的多径衰落、较强的频率选择特性以及较为复杂的非视距现象，加之智能体所搭载的消费级扬声器和麦克风的性能往往较差，进一步增加了高精度空间参数测量的难度。因此，本章针对室内声音传播信道，分析室内声音多径传播特性和非视距特性，介绍信道参数的估计方法，即信道相对增益与相对时延的估计方法。

2.1　室内声信号传播特点

实际室内应用场景的环境往往比较复杂，室内多径传播及遮挡现象使得系统定位性能急剧下降。一个典型的复杂室内环境，往往具有如下特点：

(1)强有色背景噪声。在实际场景中，有色背景噪声往往较强，如脚步声、说话声、关门声、碰撞声等等，声音强度往往较高，且频谱较宽。这为信号的高精度TOA及TDOA估计、高精度的声音信道参数估计带来了巨大挑战。同时，商用声音传感器(麦克风及扬声器)的性能较差，且音频芯片的时钟存在浮动和漂移，使得用于测距的声信号在局部会发生畸变。将信号的畸变部分视作能量较强、且与真实信号相关的有色噪声，这就进一步提高了信号处理的难度。

(2)强室内多径传播(multipath propagation)。声信号在室内传播时，容易受到墙壁及物体表面的反射，使得接收端所接收到的声信号包含了多条路径。根据室内几何声学理论，这些路径按照机理可分为：视距路径、反射路径、散射路径、衍射路径、透射路径及折射路径。接收器接收到的信源信号，就包含了多个近似且相关成分，可以将室内多径传播看作来自多个信号源的信号叠加。多径叠加成分能量往往较高，且大于视距路径传播的信号，使得信号高精度TOA估计(即第一路径识别)变得更加困难。

(3)强非视距环境。强非视距环境(non-line-of-sight，NLOS)抑或称之为遮挡环境。声信号的穿透能力较弱，特别是在高频段(>16 kHz)，其波长小于2 cm，信号极易被反射。人员的走动、房间格局及家居摆设，使得声源与接收器之间的视距路径往往由于人体、墙体、家具等物体的遮挡而不存在。由于距离的量测依赖于声信号的时延估计，非视距条件往往会给距离的估计带来较大误差，从而降低系统定位的性能，甚至使系统失效。

对多径传播及非视距传播的解释见图2.1，虚线为直接LOS路径被遮挡，实细线为各个多径反射路径，可以明显看出多径信号比实际的直接路径增加了传播距离。这种影响的结果是 TOA 的距离估计比实际距离大很多,如图 2.2 所示的时延增加了 $\hat{t}_{err}$,导致了距离量测的正向偏差(positive bias)。如果这些带有偏差的距离量测不经处理直接应用于传统的定位估计算法(如最小二乘估计,least squares,LS),其结果是定位精度急剧恶化。另外,室内空间狭小,墙壁、障碍物众多,使得发送的信号有可能经由多个多径反射路径到达接收端,这将使在接收端进行信号 TOA/TDOA 的精确估计愈发困难。最终导致多径传播及非视距定位问题成为基于声信号的室内定位技术发展与实际推广的瓶颈和挑战。如果能够对声信号的非视距信息进行先验判决,并基于此研究非视距定位方法,则能够极大提高非视距定位的精度,降低非视距对系统性能的影响。

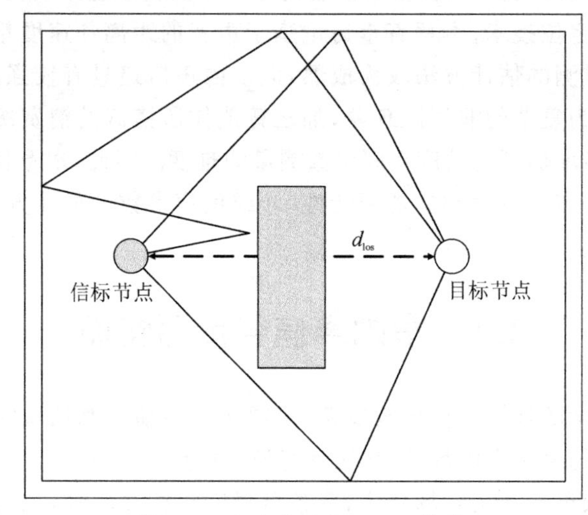

图 2.1　室内多径和 NLOS 情况

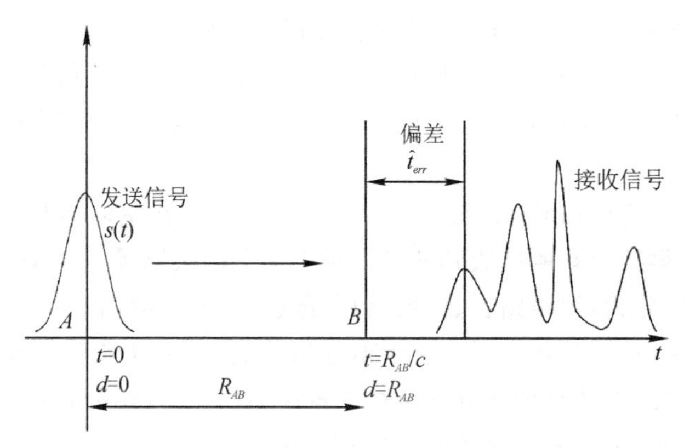

图 2.2　NLOS 信号距离估计偏差来源

2.2　室内声信号特性

室内环境复杂多样,内部陈设将室内分割成了许多个形状不规则的小空间,材质的声波吸收系数及厚度也均不相同,而且人的行走或者小物体的放置移动,使得这个场景更加动态不可预知。在这种复杂的场景下,利用声波传播理论(wave propagation)、混响理论(theory of reverberation)以及散射模型(diffusion model)来描述声音在室内的传播，均具有较大困难。几何声学(geometric acoustic theory)是一种极为简单的描述方法，它利用射线的观点来研究声音在室内的传播[1]。几何声学是一种近似理论，其中一个最重要的前提是:声波具有较高的频率以使其具有较小的波长，来保证波长小于传播媒质的边界。此外，考虑到光和声音的不同之处，几何声学着重考虑声音在室内的反射和散射，而折射和衍射由于其能量较低而忽略。同时，为了简化模型，多径信号之间的干涉也忽略不计。也就是，基于几何声学的室内声音传播特性，可以总结为：

(1)接收端所接收到的声音信号可以看作不同多径成分的混合。这些信号成分与声源信号相似，但能量及相位发生了改变(由于通过不同的路径传播，受到反射界面和大气的吸收而带来能量衰减，以及由于路径反射路径长度的不同而带来的时间延时)。

(2)接收信号的主要能量来源是反射和散射信号，而其中来自反射的声信号成分占据较大比例。

2.1.1　视距环境下声信号的信道特性

对于信源信号 $s(t)$，如图 2.3(a)情况所示，其在室内的主要物理传播可分为:LOS 传输、反射、散射和衍射。由于衍射能量一般较小，同时在几何声学中假设声音延射线方向传播，且经过每条路径传播时频率成分不发生改变，因此将散射及衍射成分忽略，此时声音在室内的传播表现为一个扩散声场。经过室内传播所接收到的信号 $x(t)$ 可以表示为：

$$x(t) = \sum_{l=1}^{n_l} H_l(s(t),\tau_l,\alpha_l) + \sum_{r=1}^{n_r} H_r(s(t),\tau_r,\alpha_r) + \sum_{d=1}^{n_d} H_d(s(t),\tau_d,\alpha_d) \tag{2.1}$$

其中，下标 l,r,d 分别表示 LOS、反射和散射路径，$H(\cdot)$ 表示信号经过第 n 条信道所引起的响应，该条信道的增益系数为 α，时延为 τ。根据经验，可以做如下断定：

- $n_l = \{1,0\}$，为 1 时，表示视距路径存在的 LOS 情况；为 0 时，表示目标被遮挡的 NLOS 情况。由于大气传播的衰减，增益系数 a_l 随着时延 τ_l 的增加而减小。
- $n_r\,|_{H_r>r_f} < \exists N,\ H_r > r_f$ 表示路径信号能量大于采集系统的最小灵敏度 r_f，也就是 $s(t)$ 通过反射路径传播且能被接收端接收到的路径个数有限；随着反射路径中信号被反射次数的增加，信号时延 τ_r 变得越来越大，而由于材质表面对声波的吸收，反射路径增益系数 α_r 迅速减小，反射能量的分布与环境信息密切相关；对于散射路径，$n_d\,|_{H_d>r_f} \to \infty$，$s(t)$ 通过散射路径传播且能被接收端接收到的路径通常非常大；a_d 及 τ_d 与散射表面的形状、声波的吸收系数、声源和物体及接收端的位置有关。
- 一般情况下，就其能量大小而言，LOS 传播、反射传播的能量要大于散射的能量，即 $E_l(t),E_r(t) > E_d(t)$，$E_l(t)$ 与 $E_r(t)$ 的关系很难确定，主要取决于房间的大小及空旷程度。在物体较多、空间较小的办公室环境中，物体表面对于声波的吸收及散射，使得视距传输能量大于反射路径传输能量，即 $E_l(t) > E_r(t)$。然而，在物体较少、空间较大的大厅环境中，由反射路径叠加所产生的能量要大于视距的传输能量，即 $E_l(t) < E_r(t)$。

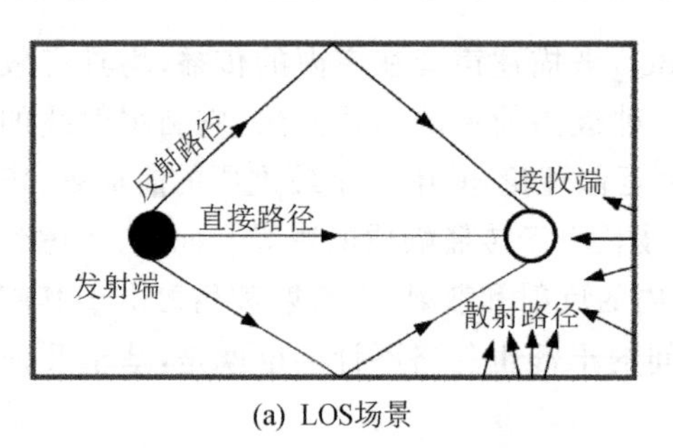

(a) LOS场景

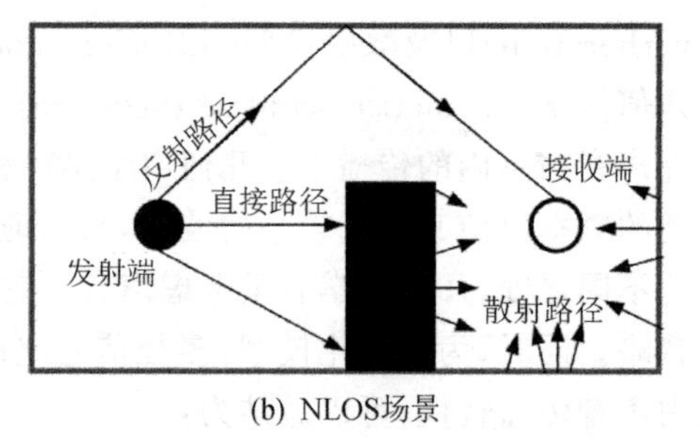

(b) NLOS场景

图 2.3 LOS 和 NLOS 声信号传播场景描述

2.1.2 信号被遮挡时的声信道特性变化

视距传播路径被遮挡，如图 2.3(b)情况所示，此时为 NLOS，视距路径传输能量 $E_l(t)$ 消失，则 NLOS 情况下的 $x(t)$ 能量表示为：

$$x(t)=\sum_{r=1}^{n_r}H_r(s(t),\tau_r,\alpha_r)+\sum_{d=1}^{n_d}H_d(s(t),\tau_d,\alpha_d) \tag{2.2}$$

考虑一种最简单的情形，即信道衰减系数仅为大气对声波的吸收，此时声音强度（sound intensity）I 与距离 d 的关系又可以表示为[1]：

$$I(d)=I(0)e^{-2\alpha_c d} \tag{2.3}$$

其中，α_c 为经典吸收系数，且与信号频率的平方呈正比，$\alpha_c\propto f^2$，则在声源被物体遮挡后：

(1)视距传输路径完全消失，同时短程反射路径数量减少，而长程反射路径数量增多。根据式(2.3)，声音强度与距离呈指数递减，也就使得反射成分的总能量 $E_r(t)$ 有所降低，信号波形趋于平坦。

(2)接收端周围遮挡物的存在使得散射面增加，进而增加了散射路径的数量，也就使得散射总能量 $E_d(t)$ 相对增大。散射能量分布于所接收到信号的所有持续时间，这也就使得信号波形进一步趋于平坦。

总的来说，在声源被遮挡后，与 LOS 传输所接收到的信号相比，遮挡后的 NLOS 信号总能量有所降低，混响时间增加，信号波形变得平坦，反射路径能量降低，反射和散射能量相对总能量的比值升高。随着遮挡程度的进一步增加，这一趋势会变得愈加明显。信号的时延特性及其波形会随着遮挡程度的变化而变化，此种特性会反应在信道的增益-时延分布中，这也就成为从信号的信道特性层面实现 NLOS 识别的基础。

2.1.3 挑战

在基于声信号的智能移动终端室内定位技术中，商用器件的性能较差、一致性较差、稳定性较差等限制，以及声音在室内的传播特性等问题，给本章的工作带来诸多挑战，主要包括：

(1)低复杂度的算法需求。针对智能移动终端的室内定位，其信号处理算法有可能会在移动终端进行，要求算法的复杂度尽可能低，效率尽可能高，以降低功耗。这些算法包括：信道参数估计算法、特征提取算法及分类与识别算法。获取信道脉冲响应最直接的办法是采集声源播放的脉冲信号。在大多数基于声信号的定位系统中，为了提高系统稳定性、提高测距精度、增强系统抗干扰能力而选择调制信号，这就需要对各信号成分进行时延和能量探测，以获得信道的参数。在室内多径严重的环境中，信号混叠较为严重，各信号成分特别是第一路径视距成分的探测就变得尤为困难。特征的提取应尽可能简单、高效。

（2）从单个信号的单次量测进行 NLOS 识别。从单个信号的单次量测进行 NLOS 识别，即不依赖于历史量测信息，不依赖于其他节点信息的辅助，能够最快效率地从信号层面实现 NLOS 识别。这同样也意味着仅能从单个信号估计信道参数，而不能使用其他节点信息进行辅助。这为信道估计算法的鲁棒性，以及所选取的特征提出了更高要求。

（3）实际场景中的信号畸变。在实际场景中，与工业级的传感器不同，智能移动终端扬声器的系统脉冲响应随着设备的不同、健康状况、时间的推移而存在较大变化，对所发射的信号 $s(t)$ 存在一定影响，甚至使信号发生畸变。图 2.4 为两个发生畸变的信号，信号录制场景为：两部使用两年的 Google Neux 4，走廊环境中相距 5 m 布置；其中一部手机发射一段 50 ms 长度的线性调频（linear frequency modulation，LFM）声信号，其频率为 3～8 kHz，两部手机同时进行音频录制。左侧为发射端自身所录制的信号频谱，右侧为接收端所录制的信号频谱。从中可以看出，信号由于扬声器的损坏而在部分频段内发生了畸变。当然，在大多数的场景中出现此类极端情况的可能性较小，但信号畸变在真实场景中是确确实实存在的，其可能会由器件引起，也可能由环境因素引起（如运动、环境散射等）。在大多数的信道参数估计方法中，都假设所接收到的信号的确切参数已知。实际场景对信号的畸变效应使得这一假设不再成立。如何在复杂室内环境中解决这一问题，是声音室内定位技术所面临的一大挑战。

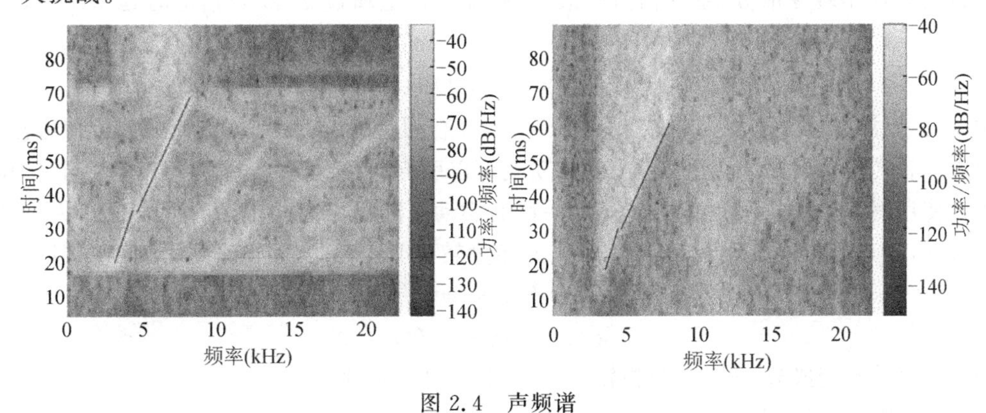

图 2.4　声频谱

2.3　信道相对增益与相对时延估计

正如 2.2 节所描述的，当环境变化时，我们可以用 NLOS 传播路径和 LOS 传播路径所引起的不同的信道增益和信道时延来表示 NLOS 特性，从中提取特征进行 NLOS 识别。关于声音信号信道参数估计，目前主要在水下通信领域进行，其中多采用基于分数阶傅立叶变换的方法[2]。为了减轻多普勒效应带来的影响、降低计算复杂度，可采用广义互相关技术来估计信道相对增益和信道时延。在理想情况下，室内信道脉冲响应（channel impulse response,CIR) $h(t)$ 可以表示为：

$$h(t)=\sum_i \alpha_i \delta(t-\overline{\tau}_i) \tag{2.4}$$

其中，α_i 为路径的衰减系数，以下称为信道增益；$\overline{\tau}_i$ 为路径传播时延，以下称为信道时延。因此，信道增益以及信道时延就是描述声音室内信道(即声音传播路径)最主要的两个参数。

2.3.1 接收信号模型

将任意的理想调制声信号 $y(t)$ 通过某个设备进行广播，设其设备的脉冲响应为 $g(t)$，则所发射的调制声信号的复数形式为：

$$s(t)=y(t)\cdot g(t)=A(t)\mathrm{e}^{\mathrm{j}(wt+\varphi_0)} \tag{2.5}$$

其中，$A(t)$ 为信号的幅值函数，一般情况下为常数，也可为特定的时域窗函数对信号进行平滑，以抑制扬声器播放阶跃信号所带来的宽带噪声谱；w 为信号的频率函数；φ_0 为初始相位。当室内存在 L 条传播路径时，则对于声源信号 $s(t)$，根据几何声学理论，所接收到的信号为 $x(t)$ 为：

$$x(t)=s(t)\cdot h(t)=\sum_{i=1}^{L}\alpha_i(t)A(t-\overline{\tau}_i(t))\mathrm{e}^{\mathrm{j}[w(t-\overline{\tau}_i(t))+\varphi_0+\varphi_i(t)]}+N_i(t) \tag{2.6}$$

其中，$\varphi_i(t)$ 是由接收端运动所产生的多普勒频移。$N_i(t)$ 为每条路径上的噪声，为高斯白噪声 $N_{gi}(t)$ 和非高斯有色噪声 $N_{ci}(t)$ 之和。在本书中，我们认为信号畸变是一种与理想信号具有较高相关度的有色噪声。由于声速传播较慢，受到用户的移动以及环境参数的时变，信道增益 $\alpha_i(t)$、信道时延 $\overline{\tau}_i(t)$ 及多普勒频移 $\varphi_i(t)$ 均为时变函数。同样，环境温度、湿度、物理材质等均是缓变成分，室内信道一般较短，那么信道增益 $\alpha_i(t)$ 及信道时延 $\overline{\tau}_i(t)$ 可认为是常数：

$$\alpha_i(t)=\alpha_i+\alpha'_i(t)\approx\alpha_i,\ \overline{\tau}_i(t)=\overline{\tau}_i+\overline{\tau}'_i(t)\approx\overline{\tau}_i \tag{2.7}$$

其中 α_i，$\overline{\tau}_i$ 为常数，$\alpha'_i(t)$ 和 $\overline{\tau}'_i$为时变余项。而多普勒频移项 $\varphi_i(t)$ 则不能使用此近似方法，这是由于声音传播速度较慢，用户较慢的移动就可以引起较为显著的多普勒频移。同时，用户在正常使用时，特别是手持接收设备时，手臂的摆动与随机方向的走动会偶合成较为复杂的运动模式，且速度较高。因此，$\varphi_i(t)$ 是一个能量较高且时变较为显著的附加项。但在较短的时间内(1 s)，仍旧可以将其分解为一个不变常项和缓变项：

$$\varphi_i(t)=\varphi_i+\varphi'_i(t) \tag{2.8}$$

其中，φ_i 为时不变成分，$\varphi'_i(t)$ 为相较于 φ_i 较小的时变余项。

那么，式(2.6)可以写成：

$$\begin{aligned}x(t)=&\sum_{i=1}^{L}\alpha_i(t)A(t-\overline{\tau}_i)\mathrm{e}^{\mathrm{j}[w(t-\overline{\tau}_i)+\varphi_0+\varphi_i(t)]}+N_{gi}(t)+N_{ci}(t)\\ \approx&\sum_{i=1}^{L}\alpha_i\mathrm{e}^{\mathrm{j}\varphi'_i(t)}A(t-\overline{\tau}_i)\mathrm{e}^{\mathrm{j}[w(t-\overline{\tau}_i+\frac{\varphi_i}{w})+\varphi_0]}+N_{gi}(t)+N_{ci}(t)\\ \approx&\sum_{i=1}^{L}\alpha'_i s(t-\overline{\tau}'_i)+N_{gi}(t)+N_{ci}(t)\end{aligned} \tag{2.9}$$

其中：

$$\bar{\tau}_i' = \bar{\tau}_i - \frac{\varphi_i}{w},\ \alpha_i' = \alpha_i \mathrm{e}^{\mathrm{j}\varphi_i(t)} \tag{2.10}$$

由于当 $\varphi_i \ll w$ 时，$\varphi_i(t) \to 0$，就可以通过估计 $\bar{\tau}_i'$ 来获得信道时延 $\bar{\tau}_i$，通过估计 α_i' 来获得信道增益 α_i。

2.3.2　信道相对增益及相对时延估计

利用信道统计特性来实现声信号的 NLOS 识别，首要工作是对信道参数进行估计，包括信道增益 α_i' 与时延 $\bar{\tau}_i'$。针对此类问题的研究有很多，如以互相关为基础的广义互相关法[3]，最大似然估计，自相关及广义自相关法[4]，扩展卡尔曼滤波(extended Kalman filter, EKF)相结合的方法[5]等，以及分数阶傅立叶变换法等[2]。其中复杂度最低的方法是广义互相关法。以 Roth 处理器为例，如果能够获知声源发射的信号 $s(t)$，其计算表达式为：

$$\hat{R}_{xs}^{(g)}(\tau) = \int_{-\infty}^{+\infty} \psi_g(f) G_{xs}(f) \mathrm{e}^{\mathrm{j}2\pi f\tau} \mathrm{d}f \tag{2.11}$$

其中，$\psi_g(f) = \dfrac{1}{s(f)s^*(f)}$，$G_{xs}(f) = x(f)s^*(f)$，$s^*(f)$ 为 $s(f)$ 的共轭运算符号。又由于 $x(f) = \sum\limits_{i=1}^{L} \alpha_i' s(f) \mathrm{e}^{-\mathrm{j}2\pi f \bar{\tau}_i'} + N_i(f)$，那么：

$$\hat{R}_{xs}^{(g)}(\tau_i) = \sum_{i=1}^{L} \alpha_i' \int_{-\infty}^{+\infty} \mathrm{e}^{\mathrm{j}2\pi f(\tau - \bar{\tau}_i')} \mathrm{d}f + \int_{-\infty}^{+\infty} \frac{N_i(f)}{s(f)} \mathrm{e}^{\mathrm{j}2\pi f\tau} \mathrm{d}f \tag{2.12}$$

基于互相关的参数估计方法有一个非常重要的假设[3]：信号与噪声是相互独立的。从式(2.12)中可以看出，如果噪声项为 0，则 $\hat{R}_{xs}^{(g)}(\tau)$ 在 $\tau = \bar{\tau}_i'$ 有峰值，且幅值为 α_i'。当噪声项不为 0 时，会引入部分峰值干扰且向周围扩展，这就给信道增益 α_i' 的估计引入一定的误差。

更重要的是，如果不能精准的获得信号 $s(t)$ 的参数，权重的存在会给互相关谱带来较大扰动，从而使互相关峰向两侧扩展并引入干扰峰，使得 α_i' 与 $\bar{\tau}_i'$ 的估计误差增大，甚至失败。较差的手机器件性能问题会引起信号畸变而无法精确获知声源信号 $s(t)$，利用广义互相关技术精确估计信道增益系数 α_i' 存在一定困难，因此可以利用互相关技术对模型进行转化。同时，为了实现单个信号单次量测的遮挡识别，我们使用理论信号 $y(t)$ 作为参考信号。设发射的声信号 $s(t)$ 与 $y(t)$ 的广义互相关结果记作 $R_{sy}(\tau)$，则：

$$R_{sy}(\tau) = \int_{-\infty}^{+\infty} s(f) y^*(f) \mathrm{e}^{\mathrm{j}2\pi f\tau} \mathrm{d}f \tag{2.13}$$

于是，信号 $x(t)$ 与 $y(t)$ 的互相关结果 $R_{xy}(\tau)$ 为：

$$\begin{aligned} R_{xy}(\tau) &= \sum_{i=1}^{L} \int_{-\infty}^{+\infty} \alpha_i' s(f) y^*(f) \mathrm{e}^{-\mathrm{j}2\pi f \bar{\tau}_i'} \mathrm{e}^{\mathrm{j}2\pi f\tau} \mathrm{d}f + \int_{-\infty}^{+\infty} N_i(f) y^*(f) \mathrm{e}^{\mathrm{j}2\pi f\tau} \mathrm{d}f \\ &= \sum_{i=1}^{L} \alpha_i' R_{sy}(\tau) * \delta(\tau - \bar{\tau}_i') + R_{N_i y}(\tau) \end{aligned} \tag{2.14}$$

其中，$R_{N_i y}(\tau)$ 为参考信号 $y(t)$ 与噪声的互相关项，此时的 $R_{xy}(\tau)$ 就变成了 $R_{sy}(\tau)$ 的时移加权叠加和，以及一个噪声互相关项。信号中多个成分的存在，使得 $R_{sy}(\tau)$ 可以通过脉冲函数扩散至相邻的其他几个脉冲函数中，进而改变其幅值。

关于 $R_{sy}(\tau)$，分两种情况进行讨论：

(1)如果 $s(t)$ 与 $y(t)$ 完全相等,那么 $R_{sy}(\tau)$ 即为发射声信号 $s(t)$ 的自相关函数,则 $R_{sy}(\tau) \leqslant R_{sy}(0)$;

(2)如果 $s(t)$ 与 $y(t)$ 近似,那么 $R_{sy}(\tau) \leqslant R_{sy}(\rho)$, ρ 是一个很小的数值,其大小取决于 $s(t)$ 与 $y(t)$ 的近似度。

因此,当 $|\tau-\overline{\tau}'_i| \leqslant \rho$ 时, $R_{xy}(\tau)$ 会出现一个局部最大值。也就是说, $R_{xy}(\tau)$ 的每个局部最大值所对应的时延,就是每个路径上的信道时延的估计值 $\hat{\tau}_i$,即:

$$\hat{\tau}_i = \arg \underset{\tau}{peaks}[R_{xy}(\tau)], i=1,2,\cdots,L \tag{2.15}$$

$peaks[\cdot]$ 为波峰计算符号,噪声互相关项 $R_{N_iy}(\tau)$ 的存在会给 $\hat{\tau}_i$ 的估计引入误差,特别是信噪比较低的时候,会使其变得愈加困难,甚至失败。对于每一个信道时延估计值 $\hat{\tau}_i$,互相关结果 $R_{xy}(\hat{\tau}_i)$ 的表达式为:

$$\begin{aligned} R_{xy}(\hat{\tau}_i) &= \alpha'_i R_{sy}(0) + \sum_{j=1, j\neq i}^{L} \alpha'_j R_{sy}(\hat{\tau}_i - \overline{\tau}'_j) + \sum_{i=1}^{L} R_{N_jy}(\tau) \\ &= \alpha'_i R_{sy}(0) + R_i(\tau) \end{aligned} \tag{2.16}$$

$R_i(\tau)$ 为互相关余项,由噪声相关项以及其他信道参数的加权时延构成。一般地,在信噪比较高时, $R_i(\tau) \ll \alpha'_i R_{sy}(0)$。取 $R_{xy}(\tau)$ 的最大值,设其为第 m 个信道,则:

$$R_{xy}(\hat{\tau}_m) = \alpha'_m R_{sy}(0) + R_i(\hat{\tau}_m) \tag{2.17}$$

在实际情况中, $R_{xy}(\hat{\tau}_i)$ 及 $R_{xy}(\hat{\tau}_m)$ 可以通过互相关结果峰值检测方法进行量测,而 $R_{sy}(\tau)$ 及 $R_{N_jy}(\tau)$ 难以获取或精确估计,使得 α'_m 及 α'_i 难以直接估计。但从式(2.16)可以看出, $R_{xy}(\hat{\tau}_i) \propto \alpha'_i$,因此计算各信道增益系数与第 m 个信道的比率,得到路径相对增益 r_{im},即:

$$r_{im} = \frac{\alpha'_i}{\alpha'_m} = \frac{R_{xy}(\tau) - R_i(\tau)}{R_{xy}(\hat{\tau}_m) - R_i(\hat{\tau}_m)} \approx \frac{R_{xy}(\tau)}{R_{xy}(\hat{\tau}_m)} \tag{2.18}$$

则 $\alpha'_i = r_{im}\alpha'_m$,由于余项 $R_i(\tau)$ 的存在,会给 r_{im} 的计算带来一定的误差,这个误差在大多数情况下是处在可容忍范围之内的。

因此在单次测量中,通过计算 r_{im} 来估计 α'_i 的分布趋势,相当于将 $R_{xy}(\tau)$ 在幅值尺度上进行了缩放,而不影响信道之间的增益系数及时延特性的关系。若选取的第 m 个路径满足 $R_{xy}(\hat{\tau}_m) > R_{xy}(\hat{\tau}_i), i=1,2,\cdots,L, i\neq m$,即相当于对 $R_{xy}(\tau)$ 进行了幅值归一化处理,此时将 r_{im} 记作 r_i,幅值归一化后的 $R_{xy}(\tau)$ 记作 $\overline{R_{xy}}(\tau)$。$\hat{\tau}_i$ 同时也代表着信号 $x(t)$ 中每个成分的时延,在实际计算中,其数值也与截断的信号起始时刻有关。为了便于统计计算,再对其进行时延归一化处理,以第一个信号的到达时刻为时延零点,即 $\hat{\tau}_1=0$,则各路径相对时延 $\tau_i = \hat{\tau}_i - \hat{\tau}_1$。至此,对路径增益系数 α'_i 及时延 τ'_i 的估计,就转换成了对相对增益 r_i 及相对时延 τ_i 的估计,以便进行统计特性及特征值的计算。

2.3.3 第一路径判别

$R_{xy}(\hat{\tau}_i)$ 每一个局部最大峰代表了一个传播路径所接收到的信号,通过对幅值归一化后的互相关结果进行波峰探测，即可获得相对增益 $\hat{r}=[\hat{r}_1,\hat{r}_2,\cdots,\hat{r}_L]$，时延估计 $\hat{\tau}=[\bar{\tau}_1',\bar{\tau}_2',\cdots,\bar{\tau}_L']$，$L$ 为路径数量，$\hat{r}_1$ 为第一路径的相对增益，$\hat{\tau}_1$ 为其时延估计。噪声项 $R_{N_iy}(\tau)$ 的存在，使得互相关结果会出现许多虚假的峰值，为第一径的判别带来困难。同时，多径的影响，使得互相关结果的最大值并非是视距信号，在实际使用中，通常使用基于能量阈值的方法对第一路径进行探测[6]。对第一路径的时延估计值为 $\hat{\tau}_1$ 通过式(2.19)进行计算。

$$\bar{\tau}_1'=\arg\min_{\hat{\tau}_i}(R_{xy}(\bar{\tau}_i')\geqslant p_{thd}(\text{SNR}))\tag{2.19}$$

为了提高探测的鲁棒性，本书给出了一种基于信号信噪比及信号能量的自适应阈值 p_{thd}，其表达式为：

$$p_{thd}(\text{SNR})=(1-p_{\min})\mathrm{e}^{-\frac{(\text{SNR}+20)^2}{2\sigma^2}}+p_{\min},\text{SNR}\in[-20,50]\tag{2.20}$$

其为经验表达式，由信号的SNR决定，一般情况下，$\sigma=15$，$p_{\min}=0.2$。图2.5所示为参数方程的曲线，当 $\text{SNR}<-20$ dB时，$f_{thd}(\text{SNR})=f_{thd}(-20)=1$；当 $\text{SNR}>50$ dB时，$f_{thd}(\text{SNR})=f_{thd}(50)=0.2$。在高斯噪声情况下，$\sigma$ 可取为10，$p_{\min}$ 为0.1。在实际情况中，由于脚步声、脉冲噪声、说话声等有色噪声的干扰，会出现虚假峰干扰。同时，信号的畸变，也会使得互相关峰值分布受到严重干扰。为了提高第一路径估计的鲁棒性，将 σ 及 $p_{\min}$ 增大，进而提高阈值。

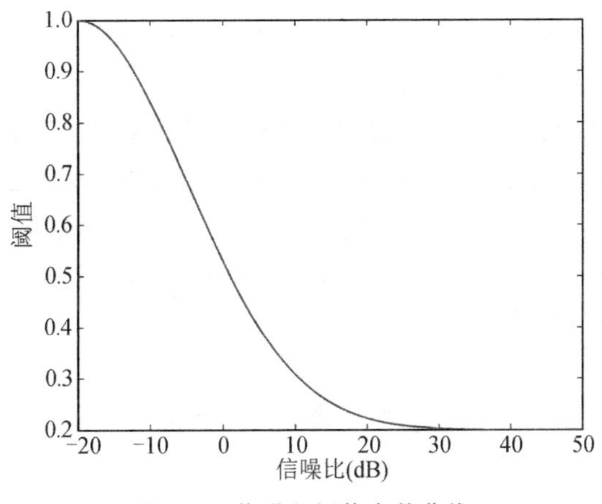

图2.5　信噪比阈值参数曲线

2.3.4　参数估计误差

假设LFM调制声信号 $y(t)$ 的参数为 $f_0=3000$ Hz，$\mu_0=100000$，$\varphi_0=0$，$t\in[0,50]$ ms。经过智能手机扬声器播放后，其声信号 $s(t)=\mathrm{e}^{\mathrm{j}[2\pi(f't+\mu't^2/2)+\varphi_0]}$ 的初始频率值、斜率均发生了变化，给定 $f'=2980$ Hz，$\mu'=100400$。假设信号 $s(t)$ 通过四条传播路径到达接收端，则所接收到的信号 $x(t)=\sum_{i=1}^{4}\alpha_i's(t-\bar{\tau}_i')+N_i(t)$。以 $f_s=44100$ Hz的速率进行采样，路径的增益向量 $\alpha'=[0.7,0.9,0.5,0.3]$，传播时延向量 $\bar{\tau}'=[740,840,1150,1450]/f_s$，截取信号长度 $N=4096$，$R_{xy}(\hat{\tau}_i)$ 的最大值出现在第二个传输路径，即 $m=2$。为信号附加加性高斯白噪

声，在信噪比 SNR $\in[-15,20]$ dB 下估计各路径相对增益 $\hat{r}_i$，以及相对时延 $\hat{\tau}_i$，获得其误差比例分布见图 2.6。

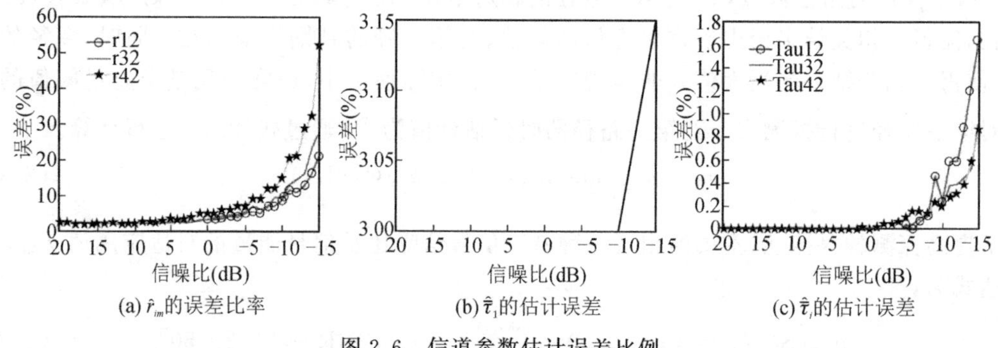

图 2.6　信道参数估计误差比例

从图 2.6 中可以看出，当噪声超过 －5 dB 时，r_i 与 τ_i 的估计误差比率都迅速增加。当噪声为 －10 dB 时，第一条及第三条传输路径相对增益误差比率在 10％附近，第四条路径的相对增益误差比率为 15％，这是由于第四条传输路径的传输增益相对较低，更容易被噪声淹没，使得其估计误差比率最高。第一径时延 $\hat{\tau}_1$ 的估计相对稳定，其与 $x(t)$ 的畸变程度有关，当信噪比高于 －10 dB 时，其估计误差为 3 个采样点。相对时延 τ_i 的估计相对准确，在 －10 dB时均小于 0.4％，但当信噪比低于 －15 dB 时，$R_{N_iy}(\tau)$ 项变得过大而使得传输增益较低的传输路径无法辨别，而估计失败。

从仿真结果来看，使用式(2.18)及式(2.15)来对相对增益 r_i 及相对时延 τ_i 进行估计，在信噪比为 －10 dB 时，相对增益比率的估计误差在 15％以内，第一径时延估计误差为 3 个采样点，相对时延的估计误差为 0.4％，不会给信道增益及时延的整体分布带来较大影响。因此，即使所接收到的信号 $x(t)$ 与参考信号 $y(t)$ 之间存在较大差别，也能够有效地表现信道的真实能量与时延的分布关系。

2.4　本章小结

高精度的信道参数估计是室内空间参数测量和非视距识别的基础。本章针对室内声音传播信道，分析室内声音多径传播特性和非视距特性，介绍信道参数的估计方法，即信道相对增益与相对时延的估计方法。针对复杂室内环境中的声信道参数估计，介绍了基于互相关的信道相对增益及相对时延估计方法，该方法能够有效降低多普勒频移及多径传播对信道参数估计的影响。首先分析了室内声信号传播模型，获得视距传输与非视距传输两种情况下的声信道特性及其区别，阐明了基于声信道统计特性的 NLOS 识别的模型基础，并在此基础上，基于室内声信号的接收模型分析多径成分及多普勒频移对信道参数估计的影响，介绍了一种低复杂度的基于互相关的声信道参数估计方法，进而引出了相对增益及相对时延的估计方法，以降低多普勒频移的影响。为降低多径传输对信道参数估计的影响，介绍了基于 SNR 的自适应第一径估计策略。最后，通过仿真发现，本章所介绍的方法能够有效地表现信道的真实能量与时延的分布关系。

参考文献

[1] KUTTRUFF H. Room Acoustics[M]. 5th ed. London: CRC Press, Taylor & Francis Group, 2009: 89－114.

[2] YANG G, YIN W J, LI M, et al. An effective Sine－Chirp signal for multi－parameter estimation of underwater acoustic channel[C]//Proceedings of Meetings on Acoustics 167ASA. Acoustical Society of America, 2014, 135(4): 2201－2210.

[3] AZARIA M, HERTZ D. Time delay estimation by generalized cross correlation methods[J]. IEEE Transactions on Acoustics, Speech, and Signal Processing, 1984, 32(2): 280－285.

[4] MOGHADDAM P P, AMINDAVAR H, KIRLIN R L. A new time－delay estimation in multipath[J]. IEEE Transactions on Signal Processing, 2003, 51(5): 1129－1142.

[5] LAKHZOURI A, LOHAN E S, HAMILA R, et al. Extended Kalman filter channel estimation for line－of－sight detection in WCDMA mobile positioning[J]. EURASIP Journal on Advances in Signal Processing, 2003, 2003: 1－11.

[6] PENG C, SHEN G, ZHANG Y. BeepBeep: A high－accuracy acoustic－based system for ranging and localization using COTS devices[J]. ACM Transactions on Embedded Computing Systems (TECS), 2012, 11(1): 1－29.

第3章　距离及速度量测估计

基于距离的室内声音定位系统是目前的主流架构，引入速度量测能够有效提升整体系统的定位性能。因此，距离及速度量测的准确性直接影响着系统的定位精度。与无线通信领域的定位技术不同，室内声信道具有较强的多径传播和频率选择效应，因此，如何在室内环境中获得高精度的距离及速度量测，是提升室内声音定位系统性能及可用性的关键。

3.1　距离与速度量测

智能移动终端所装备的麦克风、扬声器、信号采集模块及微处理器，均是低成本的消费级元器件，无论是器件性能还是处理资源均受到较大限制，因此，低成本的声信号测距技术就成为基于声音的智能移动终端室内定位与导航系统的基石。由于 Chirp 信号具有较高的时频分辨率且抗干扰性较好，基于 Chirp 信号的 TOA 值获得距离信息就被广泛应用在雷达和声音测距技术中。声音测距、雷达系统及超宽带定位系统间存在诸多相似点，基于固定阈值的 MF 估计方法也被广泛应用在 Chirp 信号的 TOA 估计中。准确的信号源参数的先验信息是该方法的前提和重要假设[1-6]。但在实际应用中，往往无法获得可靠的信号源参数先验信息，特别是对于低成本声音测距系统，因此，在室内强多径传播环境中，在低成本设备上实现高精度的 TOA 估计需要面对挑战 1 中信号完整度较差以及信号畸变给时延估计带来的影响。室内严重的多径传播效应，以及由廉价的元器件性能所导致的信号完整度较差、信号畸变等因素，极大地限制了基于 MF 的 TOA 估计性能，为高精度的 TOA 估计带来了巨大困难。该问题成为低成本测距技术在实际场景中应用的技术瓶颈，亟待解决。

基于迭代消除过程的 iCleaning 高精度 Chirp 信号 TOA 估计方法，对第一径信号成分进行探测及提取，并结合 MF 方法在室内强多径环境中实现高精度的低成本测距。通过基于松弛阈值与严格阈值的第一径成分探测方法，以及 6 类迭代终止策略来监测整个迭代过程，以实现更高稳定性和精度的低成本测距。

在信标节点部署密度不变的情况下，通过引入目标的运动速度信息，可以增加目标位置估计所需的信息量，进而能够有效地提高系统的定位精度和稳定性。因此，高精度的距离和速度信息是此类技术在实际场景中应用和推广的关键。相较于电磁波，声波的传播速度较慢，波长相对较短，目标与信标节点间较小的相对运动即会引起较大的多普勒频移。声信号同时携带着距离和运动速度信息，可以分别由 TOA 和多普勒频移量估计来获得。基于双曲调频信号的距离与速度同时估计，能够实现在声信号中同时解析出目标的距离和相对运动速度信息。同时，能够有效地抑制目标运动所致的多普勒频移效应对测距精度的影响。

3.2　问题描述

正如第 2 章 2.3.2 节中所讨论的，如果参考信号 $y(t)$ 与声源发射信号 $s(t)$ 的差异性较大，就会为基于 MF 的 TOA 估计方法引入较大的误差。在低成本声信号测距中，有两个因素极大地影响了该类估计方法的性能，分别是不可靠的声源信号参数先验信息，以及不可靠的第一径成分探测方法。此两类因素大大削弱了基于 MF 时延估计方法的精度和稳定性，从而限制了基于声音的室内定位系统在实际场景中的应用和推广。

3.2.1　不可靠的声源信号参数先验信息

Chirp 信号的时域连续复数表达式为：

$$y(t)=\mathrm{e}^{\mathrm{j}2\pi\left(f_0 t+\frac{1}{2}k_0 t^2\right)},\ t\in[0,T] \tag{3.1}$$

其中 f_0 与 k_0 分别是 Chirp 信号的初始频率和调制斜率，T 为其时域带宽。$y(t)$ 对应的离散复数表达式为：

$$y[n]=\mathrm{e}^{\mathrm{j}2\pi\left[\left(f_0+\frac{1}{2}k_0 n\Delta\right)n\Delta\right]},\ n=1,2,\cdots,T/\Delta \tag{3.2}$$

其中 $\Delta=1/f$ 为采样间隔。由此，$\{f_0,k_0,T,\Delta\}$ 即为基于 MF 的 TOA 估计方法所需的声源信号先验信息。考虑声源广播设备与接收设备间的相对移动速度为 v，广播设备的数模转换器(digital to analog converter，DAC)实际工作频率为 f_{st}，接收设备的模数转换器(analog to digital converter，ADC)实际工作频率为 f_{sr}，且 $f_{st}\neq f_{sr}$。以 f_s 分析接收设备所采集的信号时，MF 估计器所需最优参考信号的参数为：

$$\begin{cases} f_0'=f_0\left[\dfrac{f_{st}}{f_{sr}}\left(1+\dfrac{v}{c}\right)\right] \\ k_0'=k_0\left[\dfrac{f_{st}}{f_{sr}}\left(1+\dfrac{v}{c}\right)\right]^2 \\ T'=T/\left[\dfrac{f_{st}}{f_{sr}}\left(1+\dfrac{v}{c}\right)\right] \end{cases} \tag{3.3}$$

其中 c 为声音的传播速度。由于式中参数 f_{st}、f_{sr} 及 c 的真值往往需要进行测量和标定，这会极大地影响在实际场景中使用的实时性，且成本较高，因此，即便已经获得声源信号参数的先验信息，f_0'、k_0' 及 T' 的确切值仍然是未知的。

在这种情况下，通过声源信号原始先验信息构造 MF 估计器的参考信号 $y(t)$，与 $s(t)$ 之间会存在较大的差异性。在 $|\tau-\tau_i|\leqslant\rho$ 区间内，接收信号 $x(t)$ 与参考信号 $y(t)$ 互相关结果 $R_{xy}(\tau)$ 的包络会出现一个峰值，因此，τ_i 的估计值 $\hat{\tau}_i$ 会存在一个值为 ρ 的偏差。也即，由低成本硬件平台所引起的 AD/DA 转换频率的偏差以及多普勒频移效应的存在，使得声源信号的原始先验信息变得不再可靠。为了提高 TOA 的估计精度，需要对所接收信号的参数 f_0'、k_0' 及 T' 进行估计，以降低 AD/DA 转换频率的偏差以及多普勒频移效应对时延估计的影响。

3.2.2　不可靠的第一径成分探测方法

假设声源信号的先验信息可靠，即 $y(t)=s(t)$，$R_{xy}(\tau)$ 的包络在每一个 $\tau=\tau_i$ 处均会出现一个峰值。因此路径时延 $\hat{\tau}_i$ 的估计方法为：

$$\hat{\tau}_i = \underset{\tau}{\text{Extremum}}\{\text{peaks}[|R_{xy}(\tau)|]\} \tag{3.4}$$

其中 peaks[•] 为寻峰运算子，Extremum{•} 为极值运算子。利用一个与信号互相关结果最大能量有关的阈值，可以对第一径成分的 TOA 值进行估计，即 τ_0 的估计值 $\hat{\tau}_0$ 为：

$$\hat{\tau}_0 = \min_i\{|R_{xy}(\hat{\tau}_i)| \geqslant \lambda \max[|R_{xy}(\tau)|]\} \tag{3.5}$$

λ 是一个数值因子，用于确定阈值的大小。λ 的取值直接决定了第一径成分探测的性能和稳定性，其取值区间为 $\lambda \in [0,1]$。$\hat{\tau}_0$ 即为超过该阈值的第一个包络极值所对应的时延。

图 3.1 所示为室内强多径传播信号经过 MF 估计器的输出结果，图中每一个极值均可认为是一个多径成分。从该图中可以清楚地看出，第一径成分不再具有最强能量[7,8]，合适的阈值对于第一径成分的 TOA 估计就显得至关重要，并且阈值的选择策略直接决定了基于 MF 的 TOA 估计性能。对于该图所示的情形，$\lambda = 2$ 是最佳取值。如果 λ 取值过小，由于噪声的存在，将噪声成分误判为第一径信号成分的概率增加，此时 $\hat{\tau}_0 \leqslant \tau_0$，测距结果引入一个负值偏差的概率增加。如果 λ 取值过大，将多径信号成分误判为第一径信号成分的概率增加，此时 $\hat{\tau}_0 \geqslant \tau_0$，测距结果引入一个正值偏差的概率增加。

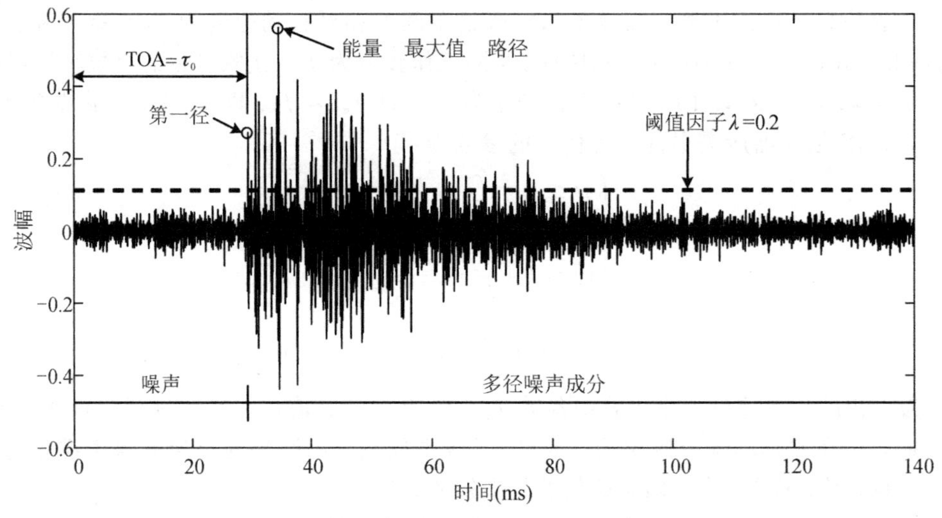

图 3.1　多径环境中所接收信号的 MF 输出结果

λ 的取值由噪声能量、第一径成分能量、多径成分能量的分布等因素综合决定，这使得在实际应用中，λ 的合理取值变得非常难以获得。又由于应用场景复杂且多变，以固定的 λ 取值来进行第一径判别就变得不再可靠。因此在实际使用时，常常在环境变化后通过数次测距实验来确定 λ 取值，这极大地增加了系统使用成本。

另外，不可靠的声源信号参数的先验信息，进一步降低了基于阈值法的 MF 估计的精度与可靠性。为了获得高精度的 TOA 估计，提高基于 MF 的 TOA 估计稳定性，可以通过基于 iCleaning 的 TOA 估计方法来降低 AD/DA 转换频率的偏差、多普勒频移效应、不可靠的源信号先验信息及不可靠的第一径探测方法等因素对声 Chirp 信号时延估计性能的影响。

3.3　iCleaning 距离估计方法

本节将详细描述基于迭代消除过程 iCleaning 的 TOA 估计方法，其算法框架见图 3.2。iCleaning 过程在分数阶傅立叶域（fractional Fourier domain，FrFD）内对所采集到的离散信号 $x[n]$ 进行探测和提取第一径信号成分。其每个迭代过程包括两个子过程：信号参数估计子过程及最强多径成分消除子过程。首先对所输入的信号进行参数估计，以保证所有的运算操作均处在最优 FrFD 域内，并在六类迭代终止条件的监视下，动态地消除当前信号中的最强多径成分。当第一径成分被成功探测，iCleaning 终止迭代并输出一个仅包含第一径成分的增强信号 $x'[n]$，以及该信号的参数估计值 $\hat{f}$ 与 $\hat{k}$。基于 iCleaning 的输出结果可以构造 MF 估计器的最优参考信号，并通过检测 MF 输出结果的最大值来获得第一径成分的 TOA 值，以此在室内强多径环境中获得精度更高、稳定性更好的 TOA 估计。

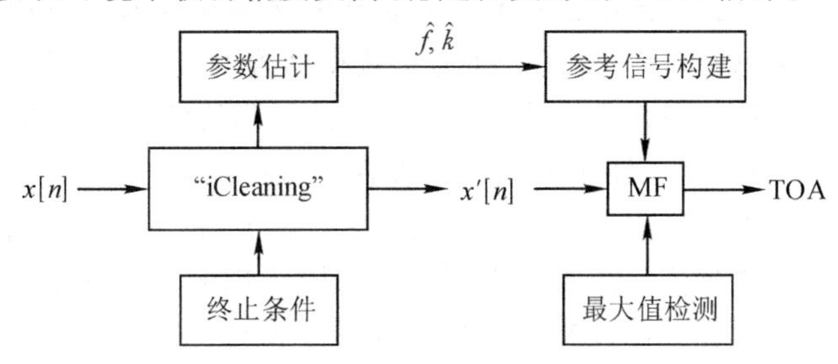

图 3.2　基于 iCleaning 的 TOA 估计方法的原理框图

3.3.1　iCleaning 方法的过程描述

相较于 Wigner－Ville 时频表示（Wigner－Ville distribution，WVD）以及其他时频分析方法，分数阶傅立叶变换（fractional Fourier transform，FrFT）对 Chirp 类信号的时频表现能力更强[9]，能量更为集中，且从时频域向时域进行信号重构更为便捷。因此，基于 FrFT 来设计和实现 iCleaning 的迭代消除过程，具有信号重构精度和计算量较小的优势。传统基于 FrFT 的时延估计方法架构均直接在最优 FrFD 域内利用一个带通滤波器来提取目标成分[10]。与基于阈值法的 MF 时延估计方法类似，该方法的性能同样受到先验信息与第一径判断方法的限制和影响。

iCleaning 方法的原理框见图 3.3。与文献[10]中的正向直接提取的方法不同，iCleaning 不是设法直接对第一径成分进行判断，而是在每个迭代过程中，使用滤波器组合在最优 FrFD 域内过滤掉能量较强的多径信号成分。该策略的最大特点和优势在于：在室内强多径传播环境中，与在非最优 FrFD 内直接判定一个信号成分为第一径成分的“激进”的策略相比，判定能量较强成分为多径成分的“保守”策略更为安全，其风险更小，成功率更高。因此，相对于直接探测第一径成分，iCleaning 的核心思想在于“保守”地等待第一径成分的出现。

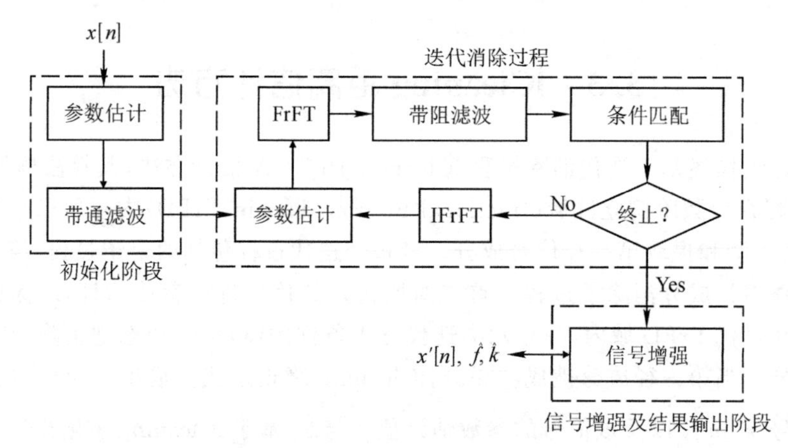

图 3.3　iCleaning 方法的原理框图

同时,基于迭代消除的过程又是在强多径成分中探测和提取第一径成分的最佳策略。由于声源信号的先验信息变得不再可靠,而为了获得精确的 TOA 估计,传统的解决策略是对信号参数进行重新估计。但强多径传播信道使得接收到的信号存在数量较多且能量较强的多径成分,多径叠加使得第一径成分往往淹没在了多径成分中。直接对信号参数进行估计所得的结果往往是最强多径成分的参数。经过多径叠加,相邻信道成分间彼此干扰,致使最强成分信号与第一径成分信号的参数存在一定偏差。因此需要将最强多径成分消除,以间接地增强第一径信号成分。通过两个子过程的不断迭代,最终实现对第一径成分的增强和获得相对准确的信号参数。

又由于最强多径成分消除子过程会相应地削弱信号的整体能量,为了降低能量较弱的第一径成分在该子过程中的能量损失,需要所有的运算操作均在最优 FrFD 域中进行,以保证最强多径成分在该子过程中总是具有最好的时频表现形式。因此在 iCleaning 的每个迭代过程中,需要首先对输入信号进行参数估计,然后执行最强成分消除子过程。通过两个子过程的彼此配合来实现对第一径成分的增强、估计、探测和提取。

如图 3.3 所示,对于第 i 个迭代过程,首先对输入信号 $x^i[n]$ 进行参数估计,获得初始频率 $\hat{f}^i$,调制斜率 $\hat{k}^i$,进而获得 FrFT 的旋转角度 a。$X_a^i[u]$ 为 $x^i[n]$ 在 a 角度下的 FrFT 变换结果。在 FrFD 域中消除 $x^i[n]$ 的最强多径成分后,通过逆分数阶傅立叶变换(inverse fractional Fourier transform,IFrFT)再快速重构出时域信号 $x^{i+1}[n]$,并将其作为第 $i+1$ 次迭代过程的信号输入。当第一径成分经过多次迭代后成为信号中能量最强的成分时,会立刻触发 6 类迭代终止条件中的一个,iCleaning 终止迭代并输出滤波后的信号式 $x'[n]$ 及其参数值。

3.3.2　信号参数估计

在各类文献中关于 Chirp 信号参数估计的方法有很多,主要包括基于最大似然估计的方法[11]以及基于时频分析的方法。其中,基于时频分析的方法又分为多项式相位信号参数估计[12]、Wigner - Hough 变换[13]、Radon - Ambigutiy 变换[14]等。计算复杂度是信号参数估计主要考虑的问题,最大似然估计的计算复杂度相较于时频分析类方法较低。在加性高斯白噪声中，利用最大似然估计来对单路径信道的信号进行参数估计能够达到克拉美罗下界(Cramer－Rao lower bound，CRLB)[15]。在强多径传播环境中，由于多径成分间的叠加和干扰，最大似然估计无法达到此性能。如果将能量最强成分视为背景噪声较强的单成分信号，可以利用最大似然估计来计算信号参数，以降低计算复杂度。

对于离散时域带宽为 N 的信号 $x[n]$，基于最大似然估计来计算初始频率 $\hat{f}$ 与调制斜率 $\hat{k}$，即：

$$[\hat{f},\hat{k}]=\max_{f,k,d}|G(f,k)|=\max_{f,k,d}\left|\sum_{n=0}^{N-1}x[n]r^{*}[n-d]\right| \tag{3.6}$$

其中参考信号 $r[n]=\mathrm{e}^{\mathrm{j}2\pi[fn\Delta+\frac{1}{2}k(n\Delta)^2]}$，$n=1,2,\cdots,N'$。$N'$ 为参考信号 $r[n]$ 的离散时域带宽，其数值计算为 $N'=[T'/\Delta]$，$\Delta=1/f_s$。从式(3.6)可以看出，最大似然估计需要在一个三维数值空间进行搜索，这使其无法在低成本平台上直接使用。根据式(3.3)，可以建立 $\hat{f}$ 与 $\hat{k}$ 的关系如下：

$$\hat{f}=f_0\sqrt{\frac{\hat{k}}{k_0}} \tag{3.7}$$

由于无法获取 T' 或 N' 的真值，可以通过设置 $f=0$ 及 $N'=\min[N,\lfloor f_s/2k\rfloor]$ 来搜索整个时频域，同时降低搜索数值空间的维度。改写式(3.6)为：

$$\hat{k}=\max_{k,d}\left|\sum_{n=-N'}^{N+N'-1}x[n]r^{*}[n-d]\right|=\max_{k,d}|R_{xr}[k,d]| \tag{3.8}$$

其中 $R_{xr}[k,d]$ 是 $x[n]$ 与 $r[n]$ 的互相关结果。基于快速傅立叶变换(fast Fourier transform，FFT)与网格划分法，可以快速地通过搜索整个时频域来对参数进行估计。为进一步降低计算量，可以将搜索数值空间约束限定在参数的先验信息附近，即 $|k-k_0|\leqslant\rho_s$。

又由于频率 $\hat{f}$ 中包含了速度 v 的信息，式(3.3)可以写成：

$$v=c\left[\left(\frac{\hat{f}}{f_0}\frac{f_{sr}}{f_{st}}\right)-1\right] \tag{3.9}$$

也即可以根据到达频率 FOA 来获得目标相对于声源的运动速度信息。

3.3.3　基于 FrFT 的时频滤波

iCleaning 的最强多径成分消除子过程主要依靠 FrFD 中的带通滤波器与带阻滤波器来实现。信号 $s(t)$ 的 FrFT 可以认为是其在时频域旋转 a 角度后的结果，其定义式为[16]：

$$F^{a}[s(t)]=S_a(u)=\int_{-\infty}^{+\infty}s(t)K_a(u,t)\mathrm{d}t \tag{3.10}$$

$$K_a(t,u)=\begin{cases}\sqrt{\dfrac{1-\mathrm{j}\cot a}{2\pi}}\mathrm{e}^{\mathrm{j}(\frac{u^2+t^2}{2}\cot a-ut\csc a)} & a\neq n\pi\\ \delta(u-t) & a=2n\pi\\ \delta(u+t) & a=(2n-1)\pi\end{cases} \tag{3.11}$$

其中 $K_a(t,u)$ 为核函数，n 为整数。与其他时频滤波方法相比，基于 FrFT 的时频滤波能够快速地将信号从 FrFD 域重构到时域，该过程为 IFrFT，即将时频平面旋转角度 $-a$，表示为：

$$s(t)=F^{-a}[S_a(u)]=\int_{-\infty}^{+\infty}S_a(u)K_{-a}(u,t)\mathrm{d}t \tag{3.12}$$

对于表达式为(3.1)的 Chirp 信号 $s(t)$，当 $k_0+\cot a=0$ 时，

$$|S_a(u)|=\frac{T}{|\sin a|^{1/2}}\operatorname{sinc}[\pi(f_0-u\csc a)T] \tag{3.13}$$

其中 sinc[·] 为辛格函数。可以看出，Chirp 信号的主要能量集中在带宽为 $B_m=|2\cdot\sin a/T|$ 的区间内。当且仅当 $k_0+\cot a=0$ 且 $f_0-u\csc a=0$ 时，$|S_a(u)|$ 出现极值。当信号 $s(t)$ 具有 τ 延时，$s(t-\tau)$ 的 FrFT 为：

$$F^a[s(t-\tau)]=S_a(u-\tau\cos a)\mathrm{e}^{\mathrm{j}\left(\frac{\tau^2\sin a\cos a}{2}-u\tau\sin a\right)} \tag{3.14}$$

可以看出，$|F^a[s(t-\tau)]|$ 在 $u=\tau\cos a$ 处出现极值，并将该处在 FrFD 中的时刻记作 u_0，以与 MF 输出中的 τ_0 相对应。

基于 FrFT 的以上这些特性，可以通过给 $X_a[u]$ 加窗操作后进行 IFrFT 来消除或滤出 $x(t)$ 中的一个或多个成分，该过程的表达式为：

$$x'(t)=F^{-a}[X_a(u)w(u)] \tag{3.15}$$

其中 $x'(t)$ 为滤波后的信号，$w(u)$ 为滤波器在 FrFD 内的窗函数。其数字表达式为：

$$x'[n]=F^{-a}[X_a[u]w[u]] \tag{3.16}$$

iCleaning 方法基于 H. M. Ozaktas 等[17]所提出的离散 FrFT 算法来实现时域与 FrFD 间的相互变换。最优旋转角度 a 可由关系式 $k_0+\cot a=0$ 及 $\hat{k}$ 得出。由于数字 FrFT 经过了尺度归一化，需要对 a 的直接计算结果进行修正，即

$$a=\begin{cases}\pi+\operatorname{arccot}(-\hat{k}N\Delta^2) & \hat{k}\geqslant 0\\ \operatorname{arccot}(-\hat{k}N\Delta^2) & \hat{k}<0\end{cases} \tag{3.17}$$

为了降低滤波操作引起的信号频率泄露，基于布莱克曼窗与矩形窗在 FrFD 内设计带通滤波器，其离散表达式为：

$$w_P[n]=\begin{cases}B[n+G+1] & -G\leqslant n\leqslant -1-N_r\\ 1 & -N_r\leqslant n\leqslant N_r\\ B[n+N_b-N_r] & N_r+1\leqslant n\leqslant G\end{cases} \tag{3.18}$$

其中，$B[n]=0.42-0.5\cos(\pi n/N_b)+0.08\cos(2\pi n/N_b)$ 为布莱克曼窗函数，$G=N_b+N_r$。N_r 为带通滤波器通带带宽长度的一半，N_b 为布莱克曼窗时域带宽的一半。相应地，带阻滤波器或陷波滤波器的离散表达式为：

$$w_A[n]=1-gw_P[n] \tag{3.19}$$

其中，g 为滤波器阻带带宽内的衰减增益。图 3.4 中所示为 FrFD 中的带通滤波器 $w_P[n]$ 与带阻滤波器 $w_A[n]$，其参数为 $N_r=10$，$N_b=20$ 与 $g=0.95$。合理的滤波器参数取值能够有效地提取和消除一个特定的 Chirp 信号成分，同时可以避免过多削弱相邻信号成分的能量以及出现“鬼影”现象。

从式(3.13)可以看出，在 FrFD 内 Chirp 信号的主要能量集中在带宽为 B_m 的窄带内。滤波器应尽可能多地通过或阻断信号能量的通过，因此在进行数字 FrFT 的尺度归一化修正后，N_r 的最优取值为：

$$N_r = \left[\frac{1}{2}B_m N\Delta\right] \tag{3.20}$$

一般情况下，在实际使用过程中，可以直接取 $N_b = 2N_r + 1$ 以简化计算。

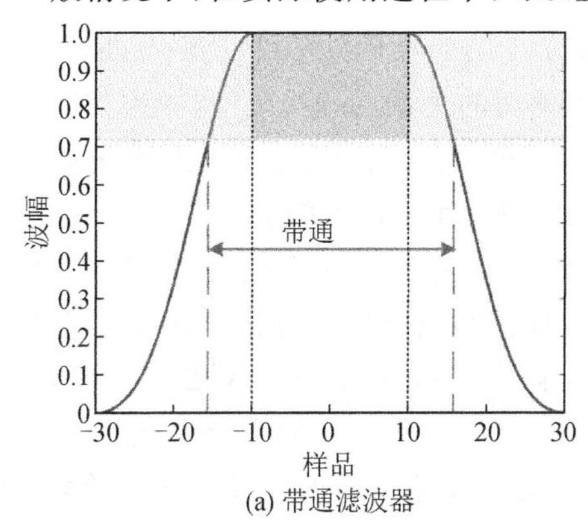

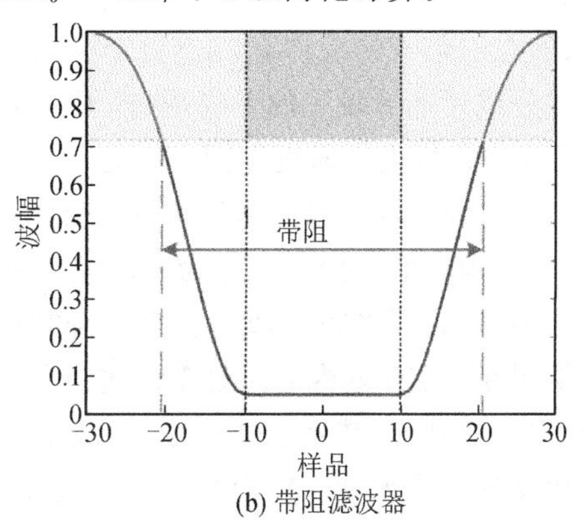

图 3.4　iCleaning 方法在 FrFD 域内滤波器的窗函数

3.3.4　第一径成分探测策略

在强多径环境中，第一径成分探测的成功率直接决定 TOA 估计的精度，为了提高探测成功率和稳定性，本章提出一种基于严格阈值（strict threshold）及松弛阈值（soft threshold）的第一径成分探测区间确定方法，以在每一个迭代过程中动态地确定第一径成分所在的区域，并在这个区间内对第一径成分进行探测、锁定和提取。该探测区间的下限为严格阈值，以降低所探测成分为噪声成分的风险；上限为松弛阈值，以降低所探测成分为多径成分的风险，见图 3.5。

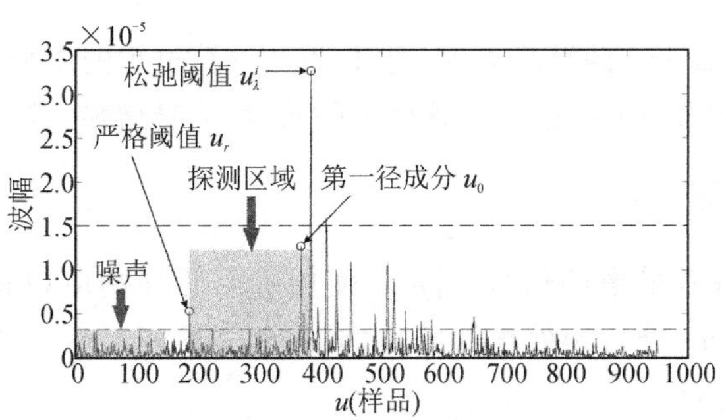

图 3.5　第一径成分探测策略

对于式(3.3)，其以最佳旋转角度 a 进行 FrFT 的计算结果为：

$$X_a(u) = F^a\{x(t)\} = \sum_{i=1}^{L} a_i S_a(u - \tau_i \cos a)\mathrm{e}^{\mathrm{j}\left(\frac{\tau_i^2 \sin a\cos a}{2} - u\tau_i \sin a\right)} + N_a(u) \tag{3.21}$$

其中，$N_a(u)$ 为噪声项。第一径成分的时延 τ_0 对应在 FrFD 域内为 $u_0 = \tau_0 \cos a$。通过统计噪声部分的能量最大值，并将第一个超越该能量的信号成分记作 u_γ。假设噪声为加性高斯白噪声，下面分两种情况讨论 u_γ 与 u_0 的关系：

(1)在高信噪比条件下，$|N_a| < |a_0 S_a(u - u_0)|$，第一径成分可探测。由于实际场景

中噪声的非平稳性，u_γ 成分可能为噪声成分或者第一径成分，存在关系 $u_\gamma \leqslant u_0$。此时，u_γ 为第一径成分探测在 FrFD 域内的时延下限，时延小于该值的成分有非常高的概率为噪声成分；

(2)在低信噪比条件下，$|N_a| \geqslant |a_0 S_a(u-u_0)|$，第一径成分不可探测。$u_\gamma$ 成分可能为噪声成分或者能量较强的多径成分，无法给出两者确切的关系，此时，u_γ 同样为第一径成分探测在 FrFD 域内的时延下限。这是因为，若 u_γ 为噪声成分，时延小于该值的成分必是噪声成分；若 u_γ 为能量较强的多径成分，无法定性地判定时延小于该值的成分类型。

因此，为降低所探测成分为噪声成分的风险，将 u_γ 作为第一径成分探测在 FrFD 域内的时延下限，称为严格阈值，即 $u_\gamma \leqslant u_0$。同时，为降低所探测成分为多径成分的风险，对第一径成分探测在 FrFD 域内的时延上限进行限定。此上限由当前迭代过程中最强成分的能量及一个动态因子所决定，其表达式与式(3.5)相似，并将第 i 次迭代过程中所探测的成分记为 u_λ^i。

假设噪声为加性高斯白噪声，u_λ^i 成分可能为时延大于第一径的多径成分或者第一径成分，而时延大于该值的成分必为多径成分，因此 u_λ^i 为第一径成分探测在 FrFD 域内的时延上限，存在关系 $u_\lambda^i \geqslant u_0$。由于在低信噪比条件下，若 u_λ^i 为噪声成分，则无法定性地判定时延大于该值的成分类型，要避免该情况的出现。因此需要"保守"地检测 u_λ^i 成分，选择较大的 λ 数值，并使 λ 随着迭代次数的增加而增加，以此来避免该类情况的出现。因此，称 u_λ^i 为松弛阈值。

综上，第一径成分 u_0 与两类阈值间的关系有 $u_\gamma \leqslant u_0 \leqslant u_\lambda^i$。基于两类阈值，确定搜索区间 $Z \in [u_\gamma, u_\lambda^i]$，并在此区间内对第一径成分进行探测、锁定和提取，以提高第一径成分探测的成功率。

3.3.5 iCleaning 算法流程

本节详细介绍 iCleaning 的算法流程，同时，算法计算过程的图形化展示如图 3.9 所示。整个过程可分为三个阶段：初始化阶段、迭代消除阶段、信号增强及输出阶段。

阶段 1：初始化阶段

(1)对于接收设备所采集的信号 $x[n]$，使用有限脉冲响应(finite impulse response, FIR)数字滤波器对 $x[n]$ 进行预处理滤波，以滤除频率区间 $[f_0, k_0 T\Delta]$ 之外的噪声成分，所得到的信号记作 $x^0[n]$。

(2)基于式(3.7)与(3.8)，估计 $x^0[n]$ 的初始频率及调制斜率，分别记作 $\hat{k}^0$ 与 $\hat{f}^0$，上标 0 为两类参数的初始估计。

(3)基于式(3.17)与调制斜率的初始估计值 $\hat{k}^0$，计算 FrFT 变换的角度 a；对 $x^0[n]$ 进行 FrFT 变换，结果记为 $X_a^0[u]$。

(4)基于 $X_a^0[u]$，估计 $x^0[n]$ 中能量最强成分在 FrFD 域内的时延 $u_{\max}^0$，表达式为：

$$u_{\max}^0 = \max_u [|X_a^0[u]|] \tag{3.22}$$

并在由松弛阈值和严格阈值构成的探测区间 $Z \in [u_\gamma, u_\lambda^0]$ 内探测第一径成分，各参数的计算方法为：

$$\begin{cases} u_p = \text{peaks}[\,|X_a^0[u]|\,] \\ u_\lambda^0 = \min\limits_{u_p}\{\,|X_a^0[u_p]| \geqslant \lambda_0 \,|X_a^0[u_{\max}^0]|\,\} \\ u_\gamma = \min\limits_{u_p}\{\,|X_a^0[u_p]| \geqslant \gamma\} \end{cases} \tag{3.23}$$

其中，λ_0 为松弛阈值的数值因子 λ 的初值。严格阈值 γ 的取值为 $|X_a^0[u]|$ 噪声部分的最大值。

(5)设计带通滤波器的窗函数 $\{w[u]\}$ 为：

$$w[u] = \begin{cases} w_P[u - u_{\max}^0] & u_{\max}^0 - G \leqslant u \leqslant u_{\max}^0 + G \\ 0 & \text{others} \end{cases} \tag{3.24}$$

其中，$G = N_r + N_b$，$N_r = |u_\gamma - u_{\max}^0| + B_p$，以及 $N_b \geqslant [B_m N \Delta] + 1$。式中 B_p 为一个保护带宽，以保证第一径成分能够处在通带带宽之内。

(6)基于式(3.16)，在 FrFD 域内滤除 $x^0[n]$ 中的部分多径成分，并利用角度 $-a$ 再将其重构至时域，即 $x^1[n] = F^{-a}[X_a^0[u]w[u]]$。

(7)将 $x^1[n]$ 输入阶段 2，即迭代消除阶段。

阶段 2：迭代消除阶段

假设当前为第 i 个迭代过程，则：

(1)估计 $x^i[n]$ 初始频率及调制斜率的值，记作 $\hat{f}^i$ 与 $\hat{k}^i$。基于 $\hat{k}^i$ 的值更新角度 a，并对 $x^i[n]$ 进行 FrFT 变换，得到 $X_a^i[u]$。

(2)估计 $u_{\max}^i$ 与 u_λ^i，方法为：

$$\begin{cases} u_p = \text{peaks}[\,|X_a^i[u_p]|\,] \\ u_{\max}^i = \max\limits_{u}[\,|X_a^i[u]|\,] \\ u_\lambda^i = \min\limits_{u_p}\{\,|X_a^i[u_p]| \geqslant \lambda_i \,|X_a^i[u_{\max}^i]|\,\} \end{cases} \tag{3.25}$$

其中，松弛阈值 $\lambda_i = \lambda_{i-1} + \delta_\lambda$ 且 $\lambda_i \leqslant 1$。δ_λ 是 λ 的一个迭代非负补偿常数，使得松弛阈值 λ 能够随着迭代次数的增加而增加，以提高第一径探测的稳定性。

(3)估计所需消除的目标成分集合 u_l，方法为：

$$u_l = \{\,\forall\, u_p \mid u_p \geqslant u_{\max}^i,\, |X_a^i[u_p]| > 0.3 \cdot |X_a^i[u_{\max}^i]|\,\} \tag{3.26}$$

该集合中的目标成分 u_{lj} 包括最强能量成分及时延大于该处的多径成分。

(4)更新带阻滤波器的窗函数 $w[u]$ 为：

$$w[u] = \prod w_j[u]$$

$$w_j[u] = \begin{cases} w_A[u - u_{lj}] & u_{lj} - G \leqslant u \leqslant u_{lj} + G \\ 1 & \text{others} \end{cases} \tag{3.27}$$

其中 $G = N_r + N_b$，N_r 的值由式(3.18)得到，$N_b \geqslant 2N_r + 1$ 且 $g = 0.8$。

(5)基于式(3.16)滤除 $x^i[n]$ 中能量最强成分及时延大于它的多径成分，并基于角度 a 再将其重构至时域，即 $x^{i+1}[n] = F^{-a}[X_a^i[u]w[u]]$。

(6)计算各类终止条件的值，并基于条件判断迭代过程是否完成；若任何一类终止条件被触发，则迭代过程立即终止，并依据终止条件的类型将对应的结果作为阶段 3 的信号输入；若不满足终止条件中的任何一类，则继续执行。

(7)将信号 $x^{i+1}[n]$ 作为第 $i+1$ 次迭代的输入信号，开始第 $i+1$ 次迭代过程。

阶段 3:信号增强及结果输出阶段

记本阶段的输入信号为 $x^p[n]$。首先重复阶段 2 中的步骤(1)至步骤(5)，其中，步骤(3)的目标集合 u_l 由下式给出：

$$u_l = \{\forall u_p \mid u_p < u_{\max}^p, |X_a^p[u_p]| \geqslant 0.3 \cdot |X_a^p[u_{\max}^p]|\} \tag{3.28}$$

以此来对滤波后的信号进行增强。本阶段的结果输出为：$x'[n] = x^{p+1}[n]$，以及 $x'[n]$ 的参数估计值，$\hat{k} = \hat{k}^p$，$\hat{f} = \hat{f}^p$。

3.3.6 迭代终止条件

迭代终止条件通过阶段 2 中的步骤(6)来监视和控制整个迭代过程。为了保证迭代过程能够适时地被终止，合理的终止条件设计对于 iCleaning 至关重要。根据经验，设计该条件最为直接的方式是采用基于机器学习来对整个迭代过程中信号的频谱变化进行学习和分类。但该方法由于需要统计和识别信号的频谱，计算复杂度过高，不适于在低成本设备上应用。因此，所设计和选用的迭代终止条件必须简单且易于计算。在这种条件下，本节给出 4 个种类的成功探测终止条件及 2 个种类的异常终止条件。成功探测终止条件用于防止成分欠消除，而异常终止条件用于防止成分过消除。

1. 成功探测条件

当 $u_{\max}^i$、u_λ^i、u_γ 的关系满足以下 4 类情况时，认为第一径成分被成功探测到：

条件 1：当 $u_{\max}^i = u_\lambda^i = u_\gamma$ 时，迭代过程终止于第 i 次，阶段 3 的输入为信号 $x^i[n]$。

条件 2：当 $u_{\max}^i = u_\gamma$，且 $u_\gamma - u_\lambda^i \leqslant \delta_u$ 时，迭代过程终止于第 i 次，阶段 3 的输入为信号 $x^{i+1}[n]$。

条件 3：当 $u_{\max}^i = u_\gamma$，且 $u_\gamma - u_\lambda^i > \delta_u$ 时，迭代过程终止于第 i 次，阶段 3 的输入为信号 $x^i[n]$。

条件 4：当 $u_{\max}^i = u_\lambda^i > u_\gamma$ 时，迭代过程终止于第 i 次，阶段 3 的输入为信号 $x^i[n]$。

成功探测条件的图形化表述见图 3.6。u_λ^i 比 u_γ 具有更高的置信等级。条件 1 和条件 4 是两个常态情况，最强信号成分处在探测区间内部。条件 2 与条件 3 是两个特殊情况，最强信号成分处在探测区间之外。当信号的初始参数估计与真值存在较大偏差，信号的 FrFT 结果无法正确表示 Chirp 信号的能量及时延分布，这会大大增加第一径成分落在搜索区间 $[u_\gamma, u_\lambda^i]$ 之外的概率。因此需要设定一个安全裕度 δ_u，来提高探测的成功率和稳定性。通过 iCleaning 的迭代过程不断地消除最强多径成分，第一径成分会逐渐出现并成为能量最强成分。

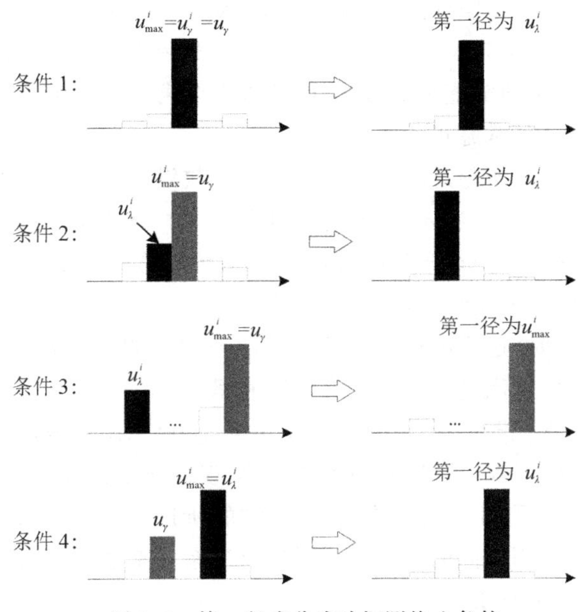

图 3.6　第一径成分成功探测终止条件

2. 异常终止条件

为进一步提高 iCleaning 的第一径探测成功率及稳定性，异常终止条件对于防止第一径成分被错误地消除，即成分过消除，是十分必要的。这可以通过实时监测迭代过程中信号在 FrFD 域内谱成分的变化来实现。因此，首先对信号第一径成分消除前后谱成分的变化进行对比分析，并根据这些变化来设计异常终止条件。如图 3.7 所示为信号 $x[n]$ 的主成分被消除前后的时频谱成分对比。$x[n]$ 是一个表达式为 $x[n]=s[n]+N[n]$ 的单成分信号。源信号 $s[n]$ 的参数为：$f_0=3$ kHz，$k_0=100$ kHz/s，$T=50$ ms，以及 $f_s=44.1$ kHz。噪声 $N[n]$ 为加性高斯白噪声，信号的信噪比为 0 dB。对 $x[n]$ 进行角度为 $a=0.536\cdot\pi$ 的 FrFT 变换，其结果显示在图 3.7(a)中。可以清楚地看到，$s[n]$ 的能量集中在了一个很小的窄带内，同时噪声谱在 FrFD 域内得到了很好的抑制。

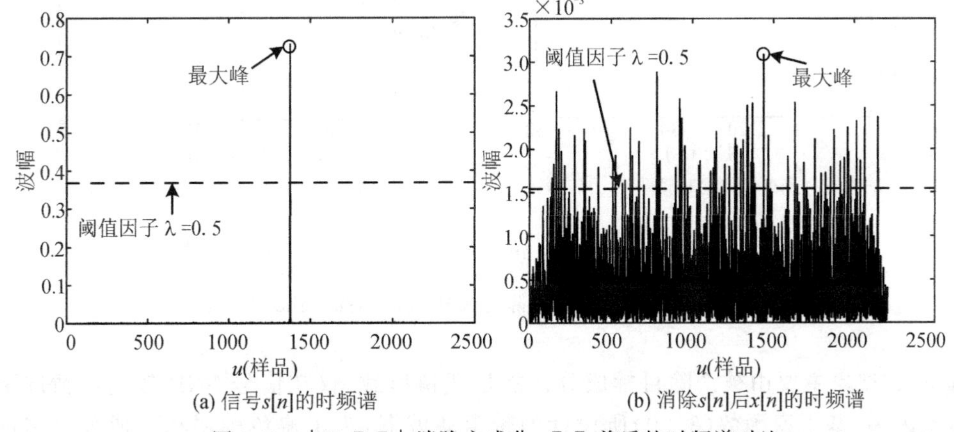

(a) 信号$s[n]$的时频谱　　(b) 消除$s[n]$后$x[n]$的时频谱

图 3.7　$|X_a[u]|$ 消除主成分 $s[n]$ 前后的时频谱对比

基于窗函数(3.27)设计带阻滤波器，选取参数 $N_r=1$，$N_b=3$。消除 $x[n]$ 的主成分 $s[n]$ 后的时频谱显示在图 3.7(b)中。可以看出，主成分消除前后的时频谱间存在着巨大差异，主要表现为时频谱最大成分能量的锐减，以及与最大成分能量相近成分数量的增加。基于这些变化提取特征设计异常终止条件。

参考式(3.5)的方法，基于超过动态阈值的峰值个数设计异常终止条件。在第 i 次迭代中统计该类峰值个数，记作 n_p^i。当 n_p^i 的值超过阈值 N_p 时，终止迭代过程。为进一步提高稳定性，增加基于峰值变化比率的补充条件，即计算第 i 次与第 $i-1$ 次迭代过程中该类峰值个数的比率，$r^i=n_p^{i-1}/n_p^i$。由此，异常终止条件如下：

条件 5：当 $n_p^i>N_p$ 时，迭代过程终止于第 i 次，阶段 3 的输入为信号 $x^{i-1}[n]$。

条件 6：当 $r^i>4$ 时，迭代过程终止于第 i 次，阶段 3 的输入为信号 $x^{i-1}[n]$。

在实际应用时可将 N_p 设置为 15，同时设置 $n_p^0=1000$ 来防止迭代过程在第一个循环被终止，比率 r^i 阈值设定为 4。N_p 值越小，条件越敏感，误终止率也就越高。r^i 的设计主要是为了应对在较高 SNR 情况下，主成分被错误消除时的所产生的“ghost”现象。当图 3.7 中 $x[n]$ 的 SNR=20 dB 时，用相同的带阻滤波器参数消除主成分 $s[n]$ 后，在其时频图上会留下 $s[n]$ 的“ghost”残影，见图 3.8。

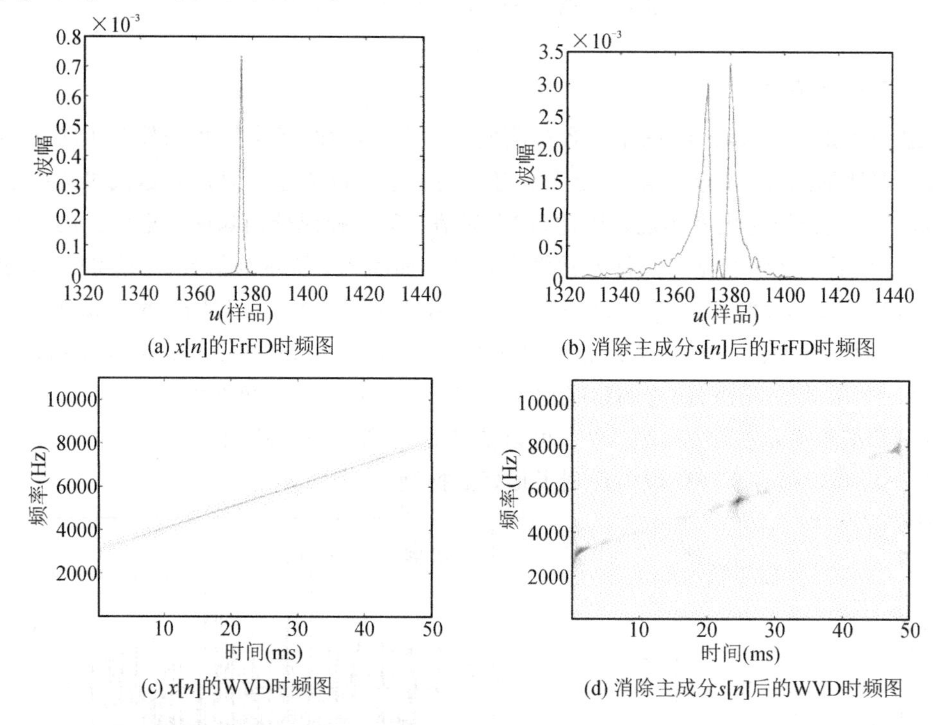

(a) $x[n]$的FrFD时频图　　(b) 消除主成分$s[n]$后的FrFD时频图

(c) $x[n]$的WVD时频图　　(d) 消除主成分$s[n]$后的WVD时频图

图 3.8　$x[n]$ 在 SNR=20 dB 时使用参数为 $N_r=\frac{1}{2}B_mN\Delta$ 与 $N_b=2N_r+1$ 的滤波器消除主成分 $s[n]$ 后的“ghost”现象

“ghost”现象主要由被消除目标成分的能量残留所致，仅在信号 SNR 较高的情况下出现。这是因为，基于窗函数(3.20)所设计的带阻滤波器，为了避免削弱相邻成分过多的能量，仅消除了目标成分的绝大部分能量。在较高 SNR 情况下，其残余能量仍然能够在时频空间观察到。从另外一个角度来看，如果增大 N_r 与 N_b 的值，目标成分可以完全地被消除。但是基于 FrFT 的性质，FrFD 域内的带宽 N_r 在时域为 $B_r = N_r\sec(\alpha)$。过大的 N_r 与 N_b 会极大地降低滤波器的时域分辨率。事实上，式(3.20)中所给出的 N_r 与 N_b 的 取值，是滤波器时域分辨率与滤波性能之间的一个折中。当信号 SNR 较低时，“ghost”现象不可观测，其能量被淹没在了背景噪声成分之中。

3.3.7　数值仿真与实验测试

本节基于 Matlab 平台来验证所提出的 iCleaning 方法，对其计算过程进行验证，并对其 TOA 估计性能、FOA 估计性能以及第一径成分探测性能进行评估。仿真基于简单的室内多径传播模型实施，首先给出 iCleaning 方法计算过程的图形化展示，随后基于一个室内脉冲响应仿真工具来对 TOA 估计性能、FOA 估计性能以及第一径成分探测性能进行评估。源信号 $s[n]$ 为式(3.2)所给出的数字表达形式，其在仿真过程中的各相关参数及其数值见表 3.1。

表 3.1　仿真过程中的各相关参数及其数值

项目	参数	定义	数值
源信号 $s[n]$	f_0	初始频率	3 kHz
	k_0	调制斜率	100 kHz/s
	T	时域带宽	500 ms
声源广播设备	f_s	设计采样频率	44.1 kHz
	f_{st}	DAC 转换频率	44.3 kHz
接收设备	f_{sr}	ADC 转换频率	44.1 kHz
	v	移动速度	1 m/s
环境参数	c	声速	340 m/s

1. 算法过程图形化展示

假设一个室内多径衰落信道具有 8 个衰落传播路径，背景噪声为加性高斯白噪声，信噪比 SNR=0 dB。信道脉冲响应的衰落及时延参数设置分别为 $\{\alpha_i\} = \{0.4, 0.6, 0.75, 0.9, 0.95, 0.7, 0.6, 0.5\}$，$\{\tau_i/\Delta\} = \{500, 550, 680, 760, 880, 1040, 1140, 1240\}$，其中 $i = 0, 1, \cdots, 7$，$\Delta = 1/f_s$。声源广播设备静止，接收设备的移动速度 $v = 1$ m/s。相应地，接收设备所接收到信号主成分 $s'[n]$ 的各参数为 $f'_0 = 3022.5$ Hz，$k'_0 = 101504$ Hz/s，以及 $T' = 49.6$ ms。仿真中所接收信号 $x[n]$ 的长度为 $N = 4096$。

图 3.9 所示为 iCleaning 对信号 $x[n]$ 进行处理的过程细节图形展示。每个迭代过程中，信号成分的变化通过基于 WVD 的时频图进行展示。所接收信号 $x[n]$ 的原始时频图见图 3.9(a-1)、(a-2)。在经过 iCleaning 阶段 1 的处理后，时延参数为 $\{\tau_i/\Delta\} = \{880, 1040, 1140, 1240\}$ 的 4 个多径成分被首先从信号中消除，见图 3.9(b-1)、(b-2)。阶段 1 中所使用的参数为 $B = 1000$，$N_b = 50$。图 3.9(c-1)、(c-2)、(d-1)以及(d-2)为阶段

2 的 3 次迭代处理过程，时延参数为 τ_3、τ_2 及 τ_1 的多径成分被依次消除。第 4 迭代过程中 $u_{\max}^i$、u_λ^i 及 u_γ 的关系满足条件 1，iCleanging 迭代过程终止，并将该过程在时域所重构的信号输入阶段 3，进一步滤除噪声并增强信号。最后，iCleaning 的输出信号为 $x'[n]$，见图 3.9(e-1)、(e-2)，所估计的信号调制斜率为 $\hat{k} = 101526$ Hz/s。每个迭代过程中的参数值见表 3.2。

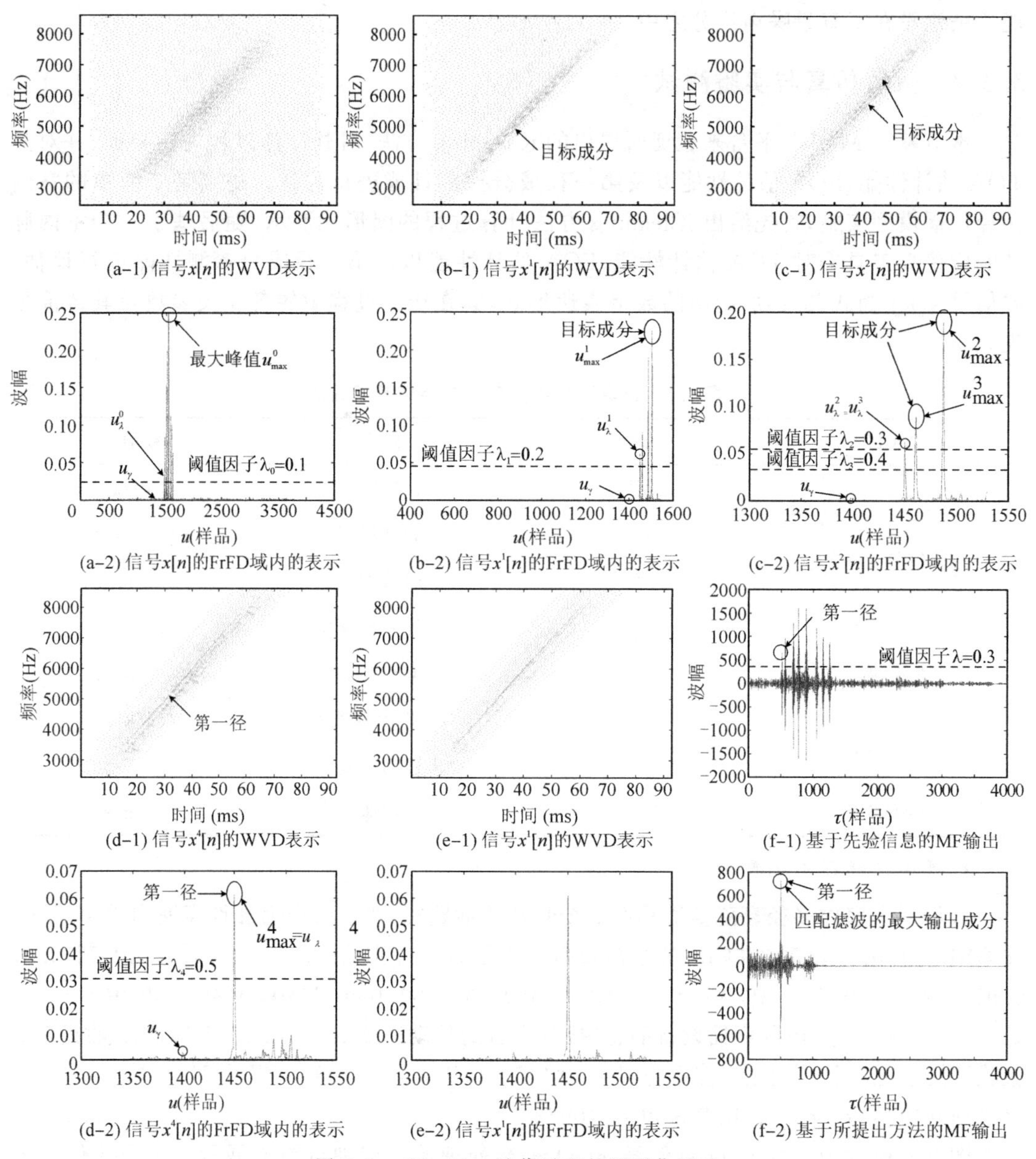

图 3.9 iCleaning 迭代过程的图形化展示

表 3.2　迭代过程中的参数值

迭代次数	λ_i	$\hat{k}^i$	$u^i_{\max}$	u^i_λ	n^i_p	r^i
0(阶段 1)	0.1	101526	1530	1450	100	—
1	0.2	101518	1505	1450	2	0.02
2	0.3	101836	1488	1450	2	1
3	0.4	101526	1461	1450	2	1
4	0.5	101526	1450	1450	1	0.5
5(阶段 3)	0.3	101526	1450	1450	—	—

图 3.9(f-1)为信号 $x[n]$ 与先验信息所获得的参考信号 $s[n]$ 的 MF 输出结果，基于式(3.5)估计 TOA，阈值的数值因子 $\lambda=0.3$，得到 $\hat{\tau}_0=476\Delta$。基于 iCleaning 的输出，$\hat{k}=101526$ Hz/s 与 $\hat{f}=3022.8$ Hz，设计参考信号 $r[n]$，并计算滤波后的信号 $x'[n]$ 与 $r[n]$ 的 MF 输出结果，见图 3.9(f-2)。检测输出的最大值即可获得 TOA 值，$\hat{\tau}_0=503\Delta$。比较两类探测方法的结果可以发现，所提出的基于 iCleaning 的估计方法，相较于基于最优阈值的 MF 估计方法能够获得更高的 TOA 估计精度。

2. 算法性能评估

通过设计数值仿真来对 TOA 估计性能、FOA 估计性能以及第一径成分探测性能进行评估。利用均方根误差(root mean square error，RMSE)作为 iCleaning 方法与基于阈值法 MF 估计方法的性能评价准则。仿真基于 Mcgovern 所提出的室内声信道脉冲响应生成工具[18]来模拟室内强多径传播。室内空间大小设定为 $40\times3\times2.7$ (m)；声源广播设备位置与接收器位置分别设定为 $\{[2,1.5,1]\}$ (m)与 $\{[2+D,1.5,1]\}$ (m)，变量 $D=1,2,\cdots,30$ (m)为两类设备间的相对距离；同时，墙壁反射因子与阶数分别为 0.5 与 -1；每个测量点重复测量 1000 次。TOA 估计性能见图 3.10，第一径成分的探测性能见图 3.11。最后，在加性高斯白噪声不同信噪比下，对 FOA 及 TOA 估计性能进行评估，见图 3.12、图 3.13，信噪比的变化范围为 $\mathrm{SNR}\in[-5,5]$ dB。

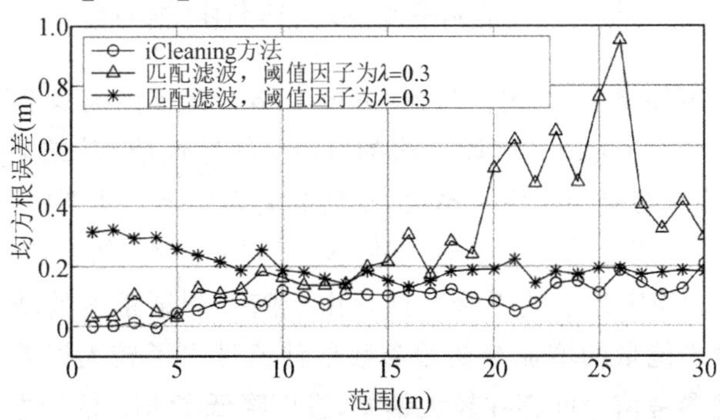

图 3.10　TOA 估计的均方根误差对比

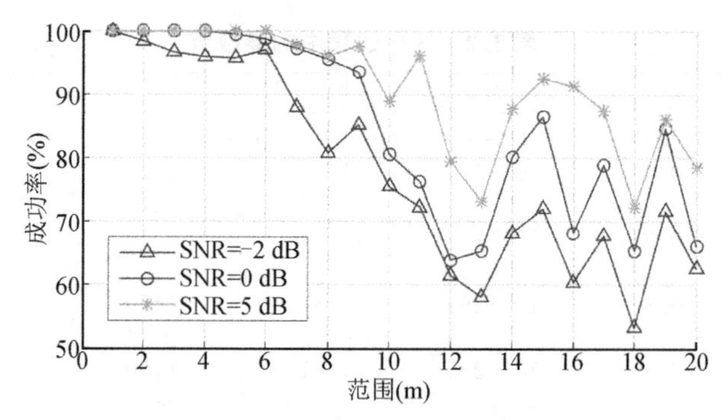

图 3.11　不同信噪比下的第一径成分探测成功率对比

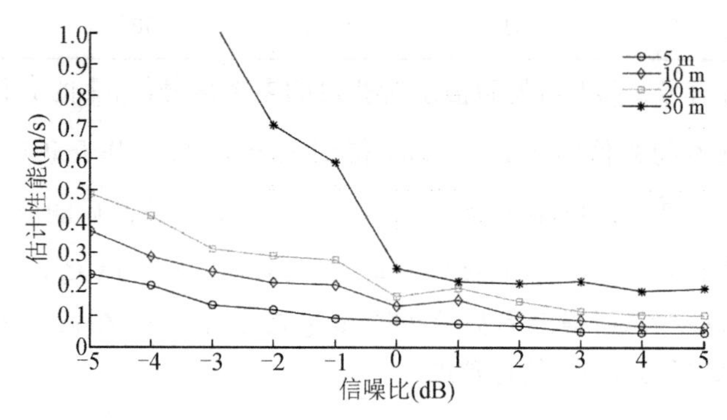

图 3.12　不同信噪比下的 FOA 估计性能对比

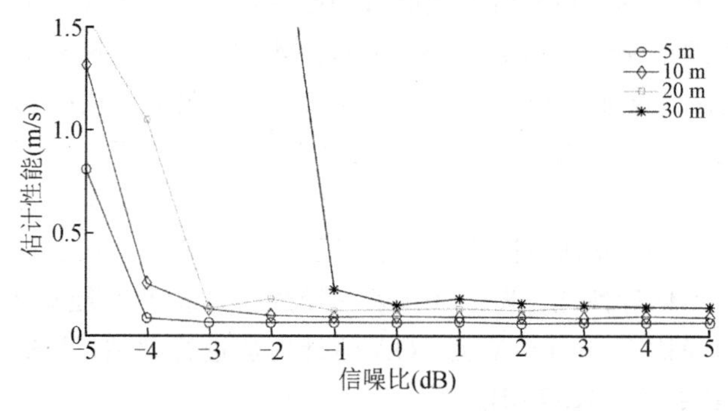

图 3.13　不同信噪比下的 TOA 估计性能对比

在加性高斯白噪声环境中,设定信噪比 SNR=0 dB,比较传统基于阈值法的 MF 估计方法与本章所提出的基于 iCleaning 估计方法的 TOA 估计性能,其结果见图 3.10。结果显示,本章所提出的方法具有更高的测距精度,且性能更为稳定。从图中可以看出,在 15 m 范围内,基于初始参数估计值设计参考信号,能够极大地提高 MF 估计器的性能。但当距离超过 20 m,其估计精度和稳定性迅速下降。这是由于随着测试距离的增加,其接收到信号的信噪比迅速降低。噪声能量的增加给初始参数估计值带来了较大误差,基于估计参数所设计的参考信号与最优参考信号间存在较大偏差,进而降低了 MF 估计方法的性能。

基于先验信息设计参考信号的 MF 估计器性能曲线,在图 3.10 中的表现有些异常,其误差曲线随着距离的增加而降低。这是由于信号参数的设置所致,根据源信号的先验信息所得到的信号参数小于接收信号中成分的实际参数，即 $f_0 < f'_0$，$k_0 < k'_0$，这就使得第一径成分的 TOA 估计值小于其真值，即 $\hat{\tau}_0 < \tau_0$。当 SNR 随着距离的增加而降低时，第一径成分被淹没在了噪声之中而无法被探测，此时，该方法所估计的 TOA 值实际为多径成分的时延。这就使得随着距离的增加，TOA 的估计值逐渐靠近其真值，即是误差曲线呈现下降趋势的原因。若改变信号参数的设置使 $f_0 > f'_0$，$k_0 > k'_0$，则误差曲线呈现上升趋势。

iCleaning 方法之所以具有更高的测距精度，以及更好的稳定性，得益于其更准确更稳定的第一径成分探测方法。该项性能的评估工况为加性高斯白噪声，信噪比选择三类在实际应用过程中的典型值 −2 dB、0 dB，以及 5 dB，结果见图 3.11。结果显示，当测试距离小于 10 m，第一径成分的探测成功率较高，即便是在 SNR = −2 dB 时也拥有 75%以上的成功率；当测试距离超过 10 m 时性能逐渐开始下降；当测试距离接近 30 m 时探测成功概率小于 10%，因此，图 3.11 中所给出的为 20 m 内的探测结果，这是由于测试距离接近 30 m 时，信号能量较低，SNR 较小，第一径成分被淹没在了噪声与多径成分中而变得难以探测。

不同信噪比下的信号参数估计性能，以频率到达 FOA 的估计性能进行展示，见图 3.12，信噪比选择范围为 SNR $\in$ [−5,5] dB。在加性高斯白噪声中，选择 4 个测试距离来评估 FOA 估计性能。结果显示，在 30 m 测试范围内，速度估计误差小于 0.2 m/s，所允许的最小信噪比为 SNR $\geqslant$ 1 dB；在 20 m 为 SNR $\geqslant$ −2 dB。距离越远，其估计误差越大。由于 f_{st} 与 f_{sr} 无法测定，在参数估计时会将其对频率估计的影响归结为相对速度所引起的多普勒频移，因此即便是在信噪比高且测试距离较近的情况下，其仍然会给 FOA 估计带来一定的偏差。

iCleaning 方法在不同信噪比下的 TOA 估计性能对比见图 3.13，信噪比选择范围及测试距离与 FOA 的性能估计相同。结果显示，在 30 m 测试范围内，测距误差小于 30 cm 时所允许的最小信噪比为 SNR $\geqslant$ −1 dB；在 20 m 为 SNR $\geqslant$ −3 dB。同时，利用 Matlab 的 *tic* 与 *toc* 指令统计 iCleaning 进行一次 TOA 估计的计算耗时，测试平台为计算机，4 核处理器，主频为 3.2 GHz，内存为 12 GB，经过算法及流程优化后，结果处在 15～37 ms。在实际使用场景中，信噪比通常大于 −2 dB，因此本章所提出的基于 iCleaning 的 TOA 估计方法，能够满足在实际应用场景中的低成本设备的高精度 TOA 估计需求。

3. 实验及结果分析

实际场景的实验测试在浙江大学求是社区的地下停车场实施。在日常所能接触的场景中，室内多径传播以空旷的地下停车场最为严重。该停车场的空间尺寸为 86 × 18 × 3.5 (m)，场景照片及所用采集设备见图 3.14。设备为实验室开发的初代系统，具有语音播放及采集功能，主控芯片为 STM32F407，语音芯片为 WM8978。设备成本较为廉价，所用扬声器及麦克风均为消费级 MEMS 元器件，与声音相关组件的总成本小于 40 元。测试过程中使用 2 个相同的设备，一个仅开启广播功能，视为声源广播设备，而另外一个仅开启采集功能，视为接收设备。为了实现 one-way 测距，声源广播设备与接收设备的本地时钟通过 Zigbee 模块实现无线同步。由于声音传播速度较慢，Zigbee 模块采用简单的广播模式即可满足同步要求。

(a) 地下停车场

(b) 测试设备

图 3.14　测试场景及测试设备

测试所使用的 Chirp 信号参数与表 3.1 中的源信号 $s[n]$ 参数相同。测试距离在 1 m 与 30 m 间均匀分布。地下停车场的背景噪声声压等级 SPL(sound pressure level)为 40 dB,声源信号的 SPL 测量值为 65 dB。在每个测量点重复测试 100 次,并计算其 TOA 估计的均方根误差。

对于基于固定阈值的 MF 估计方法,最优阈值的数值因子 λ 可通过实验测定。基于实验所采集的数据,在区间[0,1]内,以步长 0.1 进行搜索,并进行 TOA 估计性能的比较以确定最优阈值的数值因子。当 $\lambda=0.1$ 或 $\lambda>0.5$ 时,其性能急剧下降,因此仅对性能相对较好的几组进行比较。$\lambda=\{0.2,0.3,0.4,0.5\}$ 时的估计性能曲线见图 3.15。$\lambda=0.2$ 及 $\lambda=0.3$ 时,两者在较短的测试范围内 TOA 估计性能较为接近。在部分测试点上,$\lambda=0.2$ 的性能优于 $\lambda=0.3$。但当测试距离大于 21 m,$\lambda=0.3$ 时的 TOA 估计性能优于 $\lambda=0.2$。综合考虑 TOA 估计的精度以及稳定性,对于本次实验所测得的数据而言,传统基于固定阈值 MF 估计器,其阈值数值因子的最优值为 $\lambda=0.3$。

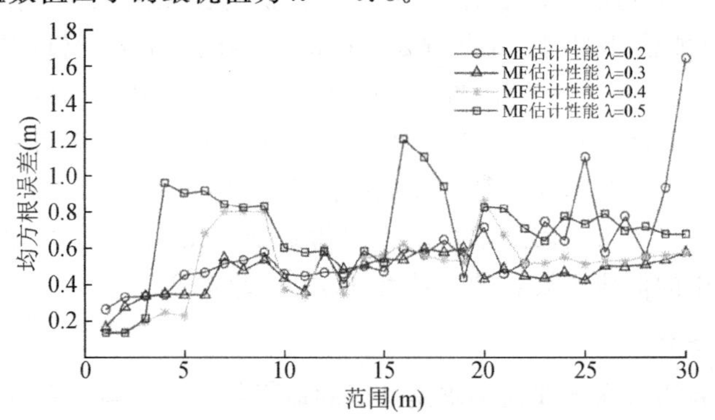

图 3.15　不同阈值下基于 MF 的 TOA 估计性能对比

声速选择常用的 340 m/s,在不对声速进行修正的情况下,对测试的数据进行处理,对比两类算法的 TOA 估计均方根误差,结果见图 3.16。从对比结果来看,本章所提出的基于 iCleaning 的 TOA 估计方法,与传统基于固定阈值的 MF 估计方法相比,具有更高的估计精度及稳定性。在小于 10 m 的测试范围内,基于 iCleaning 的 TOA 估计方法与基于初始参数估计的 MF 估计方法性能相近,测距误差均小于 12 cm。这是因为,在近距离 SNR 较高的情况下,初始参数估计仍然能够准确获得第一径成分的参数。基于此所设计的参考信号对于 MF 估计器而言仍然是可靠的。但随着测试距离的增加,基于 iCleaning 的 TOA 估计仍然能够保持较高的测距精度及稳定性。此外,搭载了本章所提出的算法简化版本的两个原型系统,

AidLoc[19](主动 TOA 架构)以及 RA^2 Loc[20](被动 TOA 架构),算法耗时处在 43～76 ms,在动态场景中的 3D 均值误差分别为 70 cm 与 71 cm[21]。因此,经过在实际场景中的测试与评估,结果表明本章所提出的方法能够在室内强多径环境中实现精确且稳定的 TOA 估计。

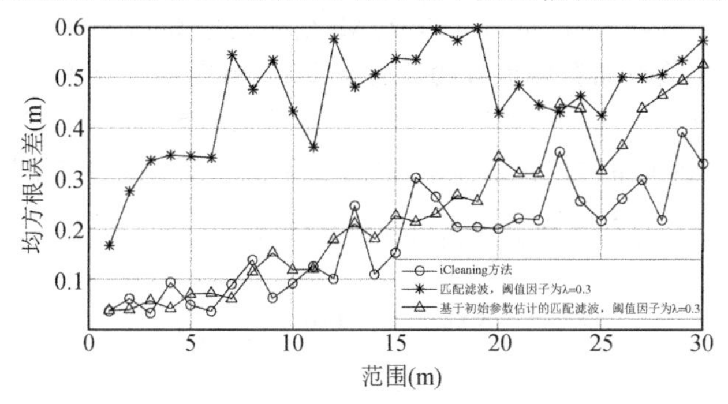

图 3.16　实际场景中的 TOA 估计性能

3.4　距离与速度的同时估计

在信标节点部署密度不变的情况下,通过引入目标的运动速度信息,可以增加目标位置估计所需的信息量,进而能够有效地提高系统的定位精度和稳定性。Liu Ruirui 和张磊分别于 2017 年和 2019 年提出了基于距离及速度的遮挡定位方法,使得声音室内定位系统在少量视距量测情况下,仍能保持较高的定位性能[22,23]。因此,高精度的距离和速度信息就成为基于声技术在复杂室内和遮挡环境中实现高精度定位的基石,是此类技术在实际场景中应用和推广的关键。

相较于电磁波,声波的传播速度较慢,波长相对较短,目标与信标节点间较小的相对运动即会引起较大的多普勒频移。声信号同时携带着距离和运动速度信息,可以分别通过到达时间(TOA)和多普勒频移量估计来获得。当前针对距离和速度同时测量的研究主要集中在伽利略卫星定位[24]以及毫米波雷达和激光雷达领域[25]。在声学领域中,主要依靠超声波的回波测距和距离变化来进行距离和速度的估计[26,27]。

在室内定位领域,基于 24 kHz 以内的声信号进行距离及速度的估计方法在当前文献中尚未见报道,针对 TOA 和多普勒频移量的估计往往分别进行。针对声信号的时延估计,经过几十年的发展,出现了大量的算法和方法,如互相关、广义互相关、自适应最小均方差时延估计方法、多传感器融合算法、多信道互相关方法、自适应特征值分解算法等[8,22]。互相关算法是最直接也是最早开发的一类时延估计方法,广义互相关由 C. Knapp 和 G. Carter[28]于 1976 年提出,利用快速傅立叶变化进行快速计算,是目前应用最广的 TOA 估计方法。基于 GCC 的方法计算复杂度低且稳定性好,在低信噪比环境中也表现出了较好的性能,因此被当前大多数定位系统所采用[29]。

针对声信号的多普勒频移估计问题的研究,主要是基于时频分析的方法来对信号的瞬时频率进行估计[30],主要包括短时傅立叶变换、Wigner - Ville 分布、连续小波变换[31]以及局部多项式傅立叶变换[32]等方法。该类方法最主要的缺点在于计算复杂度较高,对设备的处理能力提出了较为严格的要求。

智能移动终端的典型特点在于计算资源受限和能源受限,特别是智能手环等小型智能体,计算复杂度是其首要考虑的因素。因此,本节从信号调制形式的研究出发,基于复合双曲调频(hyperbolic frequency modulation,HFM)信号的频移不变特性,面向消费级智能移动终端:①介绍基于复合双曲调频信号的低复杂度、高精度距离及速度估计方法;②介绍一种复合 HFM 声信号调制形式来抑制由信号截断所带来的频谱泄漏,避免声污染;以此来满足基于声技术实现高精度室内定位的需求,同时凸显该研究工作的实用价值。

在时间区间 $\left[-\frac{T}{2},\frac{T}{2}\right]$ 内,HFM 信号的表达式为[33]:

$$r(t)=\exp\left\{-\mathrm{j}2\pi K\ln\left(1-\frac{t}{G}\right)\right\} \tag{3.29}$$

其中

$$\begin{cases} G=\dfrac{T(f_H+f_L)}{2(f_H-f_L)} \\ K=\dfrac{Tf_Lf_H}{f_H-f_L} \end{cases} \tag{3.30}$$

T 为时域带宽,f_L 和 f_H 分别为最低频率和最高频率。信号 $r(t)$ 的瞬时频率 $f_r(t)$ 为:

$$f_r(t)=\frac{K}{G-t} \tag{3.31}$$

3.4.1 HFM 信号的频移不变特性

在理想情况下,假设 $s(t)=r\left(t-\frac{T}{2}\right)$,且声信道为单路径时不变信道,声速为 c。若接收器以速度 v 向声源移动,那么多普勒因子即为 $\alpha=\frac{v}{c}$,其值在相向而行时为正。那么接收到的信号为 $x(t)=r\left[(1+\alpha)t-\frac{T}{2}\right]$,计算 $x(t)$ 的瞬时频率,可得:

$$f_x(t)=\frac{(1+\alpha)K}{G-(1+\alpha)t+\dfrac{T}{2}}=f_r(t-\Delta t) \tag{3.32}$$

其中

$$\Delta t=-\frac{\alpha}{1+\alpha}\left(G+\frac{T}{2}\right) \tag{3.33}$$

根据 $f_x(t)=f_r(t-\Delta t)$,可以看出:在瞬时频率层面,多普勒频移对瞬时频率的影响变成了频率成分的时移,并没有改变原有信号的瞬时频率成分。此即为 HFM 信号的频移不变特性。

双曲调频信号的频移不变特性对于实际的工程应用是至关重要的,频移不变特性能够使得互相关或匹配滤波的输出结果始终保持较好的幅值以及多径分辨力。

3.4.2 距离及速度估计方法

若信道路径长度为 d,则 $\tau_0=\frac{d}{c}$ 为信号的实际 TOA 值。对于所接收到的信号 $x(t)$,

估计 $r\left(t-\frac{T}{2}\right)$ 的 TOA 结果 $\hat{\tau}$ 为：

$$\hat{\tau}=\tau_0-\frac{\alpha}{1+\alpha}\left(G+\frac{T}{2}\right) \tag{3.34}$$

多普勒频移对 HFM 信号的影响叠加在了时移项中，若要得到 τ_0 和 α 两个变量的估计值，就需要对两个不同成分的 HFM 信号进行同时估计。构造多成分信号 $s(t)=r_1\left(t-\frac{T}{2}\right)+r_2\left(t-\frac{T}{2}\right)$，$r_1(t)$ 和 $r_2(t)$ 分别为两个频段的 HFM 信号，且具有与式(3.29)相同的表达式。在信号 $x(t)$ 中分别对两个信号进行 TOA 估计，其结果记作 $\hat{\tau}_1$ 和 $\hat{\tau}_2$，即：

$$\begin{cases}\hat{\tau}_1=\tau_0-\dfrac{\alpha}{1+\alpha}\left(G_1+\dfrac{T}{2}\right)\\[2ex]\hat{\tau}_2=\tau_0-\dfrac{\alpha}{1+\alpha}\left(G_2+\dfrac{T}{2}\right)\end{cases} \tag{3.35}$$

其中，G_1 和 G_2 分对应两个信号的调制参数。解方程组即可得到时延和多普勒因子的估计值，分别表示为 $\hat{\tau}_0$ 和 $\hat{\alpha}$，

$$\begin{cases}\hat{\alpha}=\dfrac{\hat{\tau}_2-\hat{\tau}_1}{G_1-G_2-\hat{\tau}_2+\hat{\tau}_1}\\[2ex]\hat{\tau}_0=\dfrac{1}{2}\left[\hat{\tau}_1+\hat{\tau}_2+\dfrac{\hat{\alpha}}{1+\hat{\alpha}}(G_1+G_2+T)\right]\end{cases} \tag{3.36}$$

进而获得距离的估计值 $\hat{d}=\hat{\tau}_0 c$，以及速度的估计值 $\hat{v}=\hat{\alpha}c$。

3.4.3　算法框架

基于 HFM 信号的距离及速度估计方法的算法流程见图 3.17。以声源信号的先验信息作为参考信号，仅通过两次广义互相关或两个匹配滤波器即可同时获得距离和速度信息。

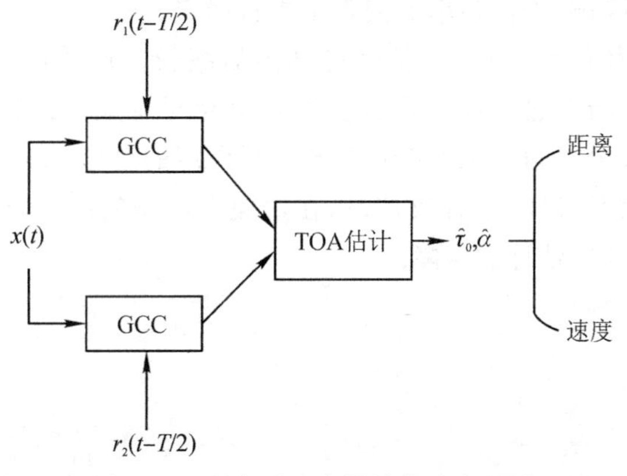

图 3.17　距离及速度估计算法流程图

流程图中的 TOA 估计可采用基于阈值法的 MF 方法，见式(3.5)，在获得 GCC 结果后，通过阈值检测来获得，阈值因子可通过实验法获得。

3.4.4 复合 HFM 信号

在时频域中，信号的时域截断会在信号起始和结束点带来能量较强的宽频干扰，在播放时会发出“噗”的噪声。为了抑制由信号时域截断引起的噪声污染，设计复合 HFM 信号 $F(t)$ 为：

$$F(t)=R(t)\cdot w(t) \tag{3.37}$$

其中 $R(t)$ 由前导信号、HFM 信号、后缀信号构成，并通过增加窗函数 $w(t)$ 来抑制信号截断时的频谱泄漏。两者的具体表达式为：

$$R(t)=\begin{cases}\frac{1}{2}[\exp(-\mathrm{j}2\pi f_L^1 t)+\exp(-\mathrm{j}2\pi f_L^2 t)] & -\frac{1}{2}(T_p+T)\leqslant t<-\frac{T}{2}\\ \frac{1}{2}[r_1(t)+r_2(t)] & -\frac{T}{2}\leqslant t<\frac{T}{2}\\ \frac{1}{2}[\exp(-\mathrm{j}2\pi f_H^1 t)+\exp(-\mathrm{j}2\pi f_H^2 t)] & \frac{T}{2}\leqslant t\leqslant\frac{1}{2}(T_p+T)\end{cases} \tag{3.38}$$

$$w(t)=\begin{cases}\frac{1}{2}\left[1-\exp\left(-\mathrm{j}2\pi\frac{t}{T_p}\right)\right] & -\frac{1}{2}(T_p+T)\leqslant t<-\frac{T}{2}\\ 1 & -\frac{T}{2}\leqslant t<\frac{T}{2}\\ \frac{1}{2}\left[1-\exp\left(-\mathrm{j}2\pi\frac{t}{T_p}\right)\right] & \frac{T}{2}\leqslant t\leqslant\frac{1}{2}(T_p+T)\end{cases} \tag{3.39}$$

其中，T_p 为前导与后缀信号的时域带宽和，f_L^1 和 f_H^1、f_L^2 和 f_H^2 分别为信号成分 $r_1(t)$、$r_2(t)$ 的最低频率和最高频率。为了降低信号成分间的干扰，要求两个信号成分处在不同的频带上，且存在一定的保护间隔。

对于一个理想的测量用信号，要求其具有较小的时域带宽和频域带宽。由于环境混响现象的存在，较小的时域带宽可实现更高频次的测量，而较小的频域带宽则可以允许更大的频域保护间隔以及容纳更多的测量信号。时域带宽和频域带宽的妥协，可以根据实际应用场景的混响时长、背景噪声、采样频率等因素来进行确定。

图 3.18 为室内多径传播条件下，信号增加前后缀及窗函数前后的时频图对比。在图 3.18(a)中，由于信号截断引起了较强的频谱泄漏，在信号主成分的起始和终止点附近，均产生了能量较强的噪声成分。图 3.18(b)中为本节所介绍的复合 HFM 信号，通过加入前、后缀及窗函数，实现了对频谱泄漏的有效抑制，在避免声污染的同时，也有效保证了信号的信噪比，是高精度距离和速度估计的保障。

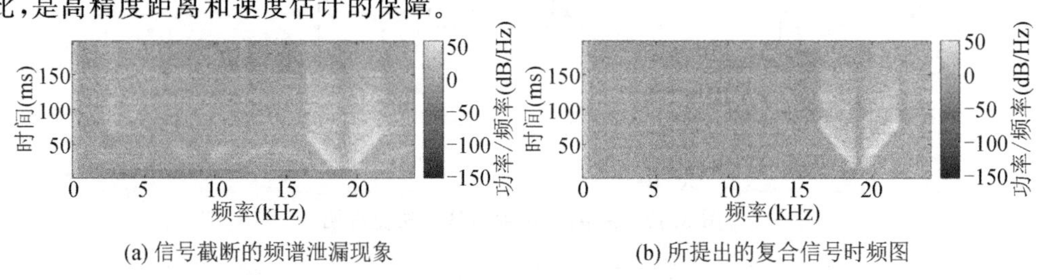

(a) 信号截断的频谱泄漏现象　(b) 所提出的复合信号时频图

图 3.18　频谱泄露现象与复合信号时频图

3.4.5　数值仿真

基于 Matlab 平台对本节所介绍的方法进行数值仿真来对方法的计算过程进行验证，并对其性能进行评估。仿真基于 Mcgovern 所提出的室内声信道脉冲响应生成工具来模拟室内强多径传播[18]，并利用均方根误差 RMSE 对特定距离和特定速度下的算法性能进行评估。

室内空间设定为 10×10×3.0(m)，声源位置设定在(2.0，2.0,1.5)(m)，接收器位置为(7.0，7.0，1.5)(m)，墙壁反射因子与阶数分别为 0.5 与 －1，同时为信号引入加性高斯白噪声，信噪比 SNR ＝ 0 dB，仿真实验测量重复 1000 次。所使用的复合 HFM 信号各参数见表 3.3。

表 3.3　复合 HFM 信号参数

参数	定义	数值
f_s	采样率	48000 Hz
T	信号时域带宽	0.05 s
T_p	前缀及后缀信号时域带宽	0.01 s
f_L^1	$r_1(t)$ 成分最低频率	16555 Hz
f_H^1	$r_1(t)$ 成分最高频率	18555 Hz
f_L^2	$r_2(t)$ 成分最低频率	19555 Hz
f_H^2	$r_2(t)$ 成分最高频率	21555 Hz
v	声源和接收器相对运动速度	1 m/s
c	声速	340 m/s

当声源和接收器以 1 m/s 的相对运动速度相向而行时，基于本节所介绍的方法，距离估计的均方根误差为 0.06 m，速度估计的均方根误差为 0.07 m/s。线性调频信号是当前声技术定位系统常用的信号调制形式，其抗噪声干扰能力强且易于实现。作为对比，在相同的场景下，使用相同时域带宽、频域带宽为［16555,21555］Hz 的 LFM 信号进行测距，其测距均方根误差为 0.35 m。通过仿真结果可以得出，本节所介绍的方法对于运动目标的测距精度更高，且具有较高的速度测量精度。

3.4.6　实验及结果分析

1. 实验设备及场景描述

实际场景的实验测试在长安大学工程机械学院工程训练中心的厂房内进行。通常情况下，室内场景越大越空旷，其多径传播现象也会更严重。该场景的空间尺寸为 36×20×15(m)，实验场景见图 3.19。

实验设备见图 3.20。设备是实验室独立开发的，主控芯片为 STM32F407，音频芯片为 WM8978，扬声器及麦克风均为消费级 MEMS 元器件，与声音相关组件的总成本小于 40 元。实验共使用 1 个播音节点和 4 个录音节点，节点间通过 Lora 模块实现无线同步。相较于电磁波传播速度，声波传播速度较慢，由同步信号传播所引入的误差相对于声速可以忽略。因此，Lora 模块采用简单的广播模式即可满足高精度测距所需的时间同步要求。

图 3.19　实验场景

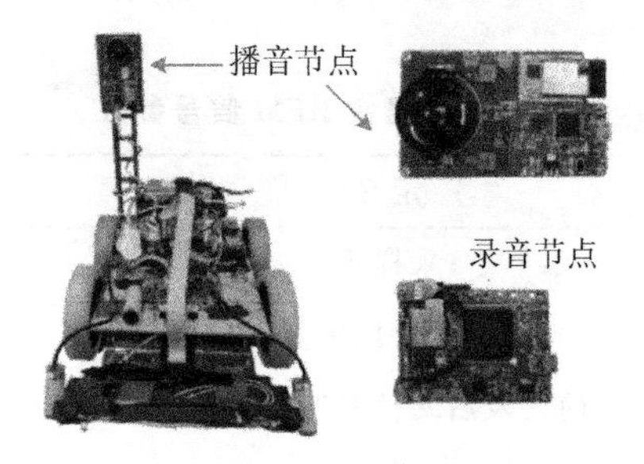

图 3.20　实验设备

各录音节点放置在三脚架上，距离地面为 1.5 m。播音节点安装在自动巡线小车上，距离地面为 0.32 m。图 3.21 为实验过程，小车沿着轨迹以接近 1 m/s 的速度顺时针运动。为了近似获得小车的瞬时移动速度，通过记录小车通过两个接近开关 A 和 B 的时间进行估计。接近开关 A 和 B 间的距离为 0.14 m，并在小车触发接近开关 A 时播放复合 HFM 信号。也即，本实验场景测量的是小车触发接近开关 A 时，播音节点到各录音节点的距离信息，以及小车的相对速度信息。

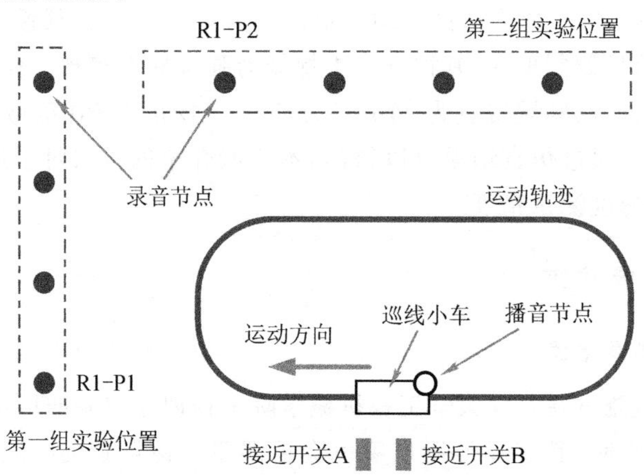

图 3.21　实验过程示意图

实验分两组进行，其位置见图 3.21。第一组录音节点距离播音节点的直线距离为(2.27，2.47，3.01，3.74)(m)，第二组录音节点距离播音节点的直线距离为(3.11，2.78，

2.81,3.15)(m)。每组实验重复 110 次左右,录音节点共采集 880 组左右的音频数据,最后在 PC 上通过 Matlab 进行离线处理和分析。

2. **实验结果分析**

本次实验中,声速和基于 GCC 的 TOA 估计因子分别选择 345 m/s 和 0.3。声速通过标定 1 m、5 m、10 m 和 15 m 距离下的测距实验进行测定。式(3.5)中的阈值因子 $\lambda = 0.3$ 则是基于以往室内测距和定位实验所得到的经验值。

以录音节点 R1 的数据为例进行分析,图 3.22 为 R1 分别在 P1 和 P2 位置的距离估计结果。从 P1 位置结果可以看出该点的测距精度非常高,距离异常值的最大误差为 0.2 m 左右,大部分测距误差处在 0.1 m 以内。P2 位置的距离估计结果与真值存在一个固定偏差,但 P2 位置的距离均值与真值的偏差为 3 cm,其可能的原因包括声速的偏差或真值标定的偏差。

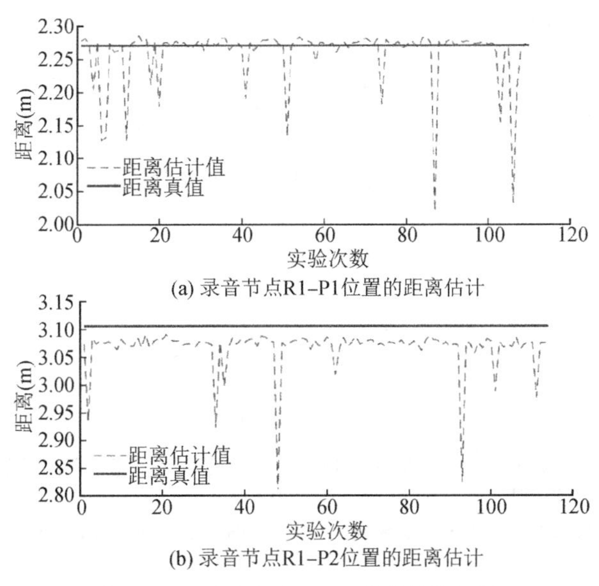

(a) 录音节点R1–P1位置的距离估计

(b) 录音节点R1–P2位置的距离估计

图 3.22　录音节点 R1 的距离估计结果

图 3.23 为录音节点 R1 分别在 P1 和 P2 位置的速度估计结果。速度真值由巡线小车每一圈经过接近开关 A 和 B 的时间差获得,因此存在一定波动。本节所介绍的算法在 P1 和 P2 位置均取得了较高的测速精度。在 P1 位置的第 20 次测量中,由于巡线小车方向调整而引起的速度突变,也很好地被估算出来。

图 3.24 和图 3.25 为本次实验距离和速度估计整体误差的统计结果。基于本节所介绍的算法,距离估计误差有 90%的概率小于 0.1 m,80%的概率小于 0.05 m;速度估计误差有 88%的概率小于 0.1 m/s,有 80%的概率小于 0.09 m/s。利用 Matlab 2020b 在 CPU 为 i7 - 8700、8G 内存的 PC 上进行运算,单次算法的处理耗时为 4 ms。其无论是精度还是计算复杂度,均能够满足基于声技术的定位技术在复杂应用场景中的需求。

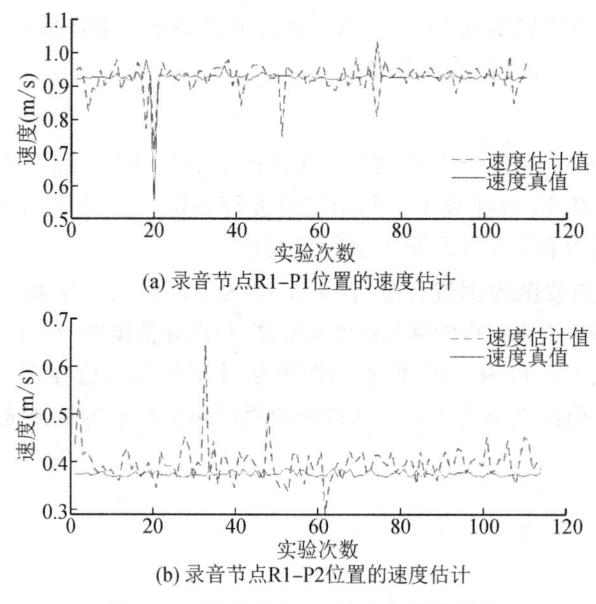

(a) 录音节点R1-P1位置的速度估计

(b) 录音节点R1-P2位置的速度估计

图 3.23 录音节点 R1 的速度估计结果

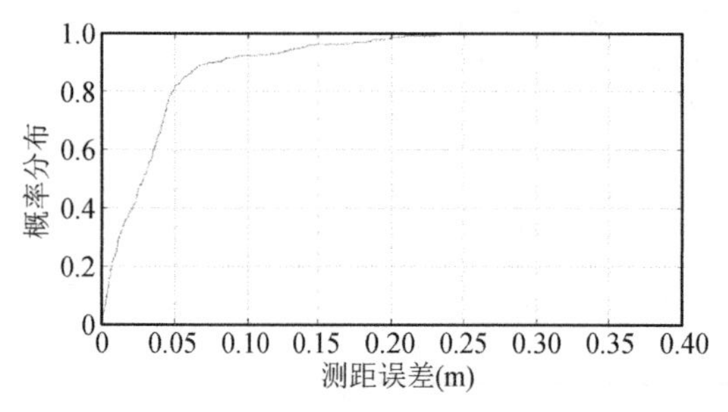

图 3.24 距离估计误差的累计概率分布函数

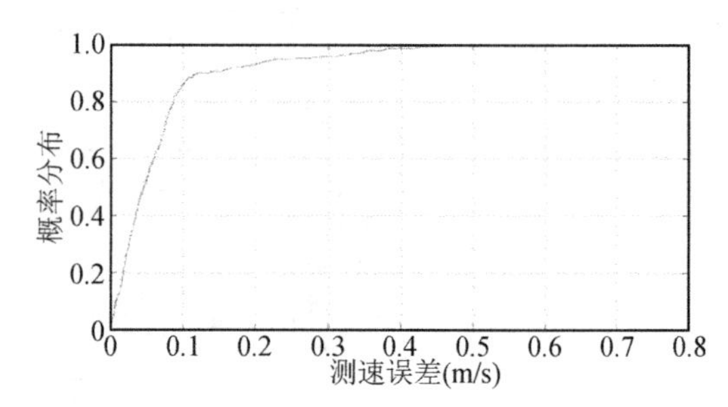

图 3.25 速度估计误差的累计概率分布函数

3.5 本章小结

在室内环境中获得高精度的距离及速度量测，是提升室内声音定位系统性能及可用性的关键。本章着重介绍了 iCleaning 算法，以及距离与速度同时估计算法。为了应对室内强多径传播效应，iCleaning 基于在 FrFD 域内的迭代消除过程，结合基于最大值检测的 MF 估计实现低成本、高精度的鲁棒测距。该方法的核心思想在于：基于 iCleaning 的信号参数估计子过程以及最强多径成分消除子过程，在接收信号 $x[n]$ 中探测、提取并增强第一径信号成分；再基于 iCleaning 过程所输出的信号及其参数估计结果，利用基于最大值检测的 MF 方法来对第一径成分的 TOA 值进行估计。本章给出了最强成分消除子过程所需的带通滤波器及带阻滤波器的窗函数表达式，以及各关键参数的选取和计算方法。由于第一径成分探测的成功率和稳定性决定了 iCleaning 方法的性能，因此通过基于严格阈值与松弛阈值约束区间的第一径成分探测方法，来提高第一径成分探测的性能。同时，基于 6 类简单有效的迭代终止条件，来对 iCleaning 的迭代过程进行监视和控制。随后，本章详细介绍了 iCleaning的计算步骤，并采用数值仿真的方式，给出了iCleaning方法的TOA估计、FOA估计以及第一径成分探测成功率的性能，并以图形化的方式展示了该方法的详细计算过程。最后，通过在强多径传播环境中进行实际实验来验证本方法在实际场景中的性能，并对结果进行了分析和对比。实验结果，可知iCleaning方法能够在强多径环境中实现30 m内小于30 cm的测距精度。同时，结合2018年微软室内定位大赛的结果表明，iCleaning方法能够在室内强多径传播的实际应用场景中实现高精度、高鲁棒的低成本测距。

本章还介绍了基于复合HFM信号的距离和速度高精度估计方法，以及其具体算法流程。针对信号截断所引起的频谱泄漏问题，介绍了复合HFM信号调制形式，以抑制频谱泄漏，避免声污染。数值仿真结果表明，该方法的测距性能优于传统基于LFM信号的测距方法。实验结果表明：距离估计误差小于0.1 m的概率为90%，小于0.05 m的概率为80%；速度估计误差有88%的概率小于0.1 m/s，有80%的概率小于0.09 m/s。利用Matlab 2020b在CPU为i7-8700、8G内存的PC上进行运算，单次算法的处理耗时为4 ms。因此，无论是估计精度还是计算复杂度，均能够满足面向智能移动终端的室内定位系统要求，具有很好的应用和推广价值。

参考文献

[1] LOPES S I, VIEIRA J M N, REIS J, et al. Accurate smartphone indoor positioning using a WSN infrastructure and non-invasive audio for TDOA estimation[J]. Pervasive and Mobile Computing, 2015, 20: 29-46.

[2] HÖFLINGER F, ZHANG R, HOPPE J, et al. Acoustic self-calibrating system for indoor smartphone tracking (assist)[C]//2012 International Conference on Indoor Positioning and Indoor Navigation (IPIN). IEEE, 2012: 1-9.

[3] PENG C, SHEN G, ZHANG Y. BeepBeep: A high-accuracy acoustic-based system for ranging and localization using COTS devices[J]. ACM Transactions on Embedded Computing Systems (TECS), 2012, 11(1): 1-29.

[4] TAN C, ZHU X, SU Y, et al. A low-cost centimeter-level acoustic localization system without time synchronization[J]. Measurement, 2016, 78:73-82.

[5] LIU K, LIU X, LI X. Guoguo: Enabling Fine-Grained Smartphone Localization via Acoustic Anchors[J]. IEEE Transactions on Mobile Computing, 2016, 15(5):1144-1156.

[6] ZHANG L, HUANG D, WANG X, et al. Acoustic NLOS identification using acoustic channel characteristics for smartphone indoor localization[J]. Sensors, 2017, 17(4): 727.

[7] KUTTRUFF H. Room Acoustics[M]. 5th ed. London: CRC Press, Taylor & Francis Group, 2009: 89-114.

[8] CHEN J, BENESTY J, HUANG Y. Time delay estimation in room acoustic environments: An overview[J]. EURASIP Journal on Advances in Signal Processing, 2006: 1-19.

[9] ZHOU T, LI H, ZHU J, et al. Subsample time delay estimation of chirp signals using FrFT[J]. Signal Processing, 2014, 96: 110-117.

[10] SHARMA K K, JOSHI S D. Time delay estimation using fractional Fourier transform[J]. Signal Processing, 2007, 87(5): 853-865.

[11] ABATZOGLOU T J. Fast maximum likelihood joint estimation of frequency and frequency rate[J]. IEEE Transactions on Aerospace and Electronic Systems, 1986 (6): 708-715.

[12] PELEG S, PORAT B. Estimation and classification of polynomial-phase signals[J]. IEEE Transactions on Information Theory, 1991, 37(2): 422-430.

[13] SU J, TAO H, RAO X, et al. Robust multicomponent LFM signals synthesis algorithm based on masked ambiguity function[J]. Digital Signal Processing, 2015, 44: 102-109.

[14] JENNISON B K. Detection of polyphase pulse compression waveforms using the Radon-ambiguity transform[J]. IEEE Transactions on Aerospace and Electronic Systems, 2003, 39(1): 335-343.

[15] BAGGENSTOSS P M. Recursive decimation/interpolation for ML chirp parameter estimation[J]. IEEE Transactions on Aerospace and Electronic Systems, 2014, 50 (1): 445-455.

[16] ALMEIDA L B. The fractional Fourier transform and time-frequency representations[J]. IEEE Transactions on Signal Processing, 1994, 42(11): 3084-3091.

[17] OZAKTAS H M, ARIKAN O, KUTAY M A, et al. Digital computation of the fractional Fourier transform[J]. IEEE Transactions on Signal Processing, 1996, 44(9): 2141-2150.

[18] HABETS E A P. Room impulse response generator[EB/OL]. (2006-02-04)[2023-03-02]. https://www.researchgate.net/publication/259991276_Room_Impulse_Response_Generator.

[19] CHEN M, ZHANG L, WANG X, et al. Aidloc: An accurate acoustic 3d indoor localization system[R/OL]. (2018-04-12)[2023-03-02]. https://www.microsoft.com/en-us/ research/uploads/prod/2017/12/Milin_Chen_2018.pdf.

[20] ZHANG L, CHEN M, WANG X, et al. Ra²loc: A robust accurate acoustic indoor localization system[R/OL]. (2018-04-12)[2023-03-02]. https://www.microsoft.com/en-us/research/uploads/prod/2017/12/Lei_Zhang_2018.pdf.

[21] MICROSOFT. Microsoft indoor localization and competition IPSN 2018[EB/OL]. (2018-04-12)[2023-03-02]. https://www.microsoft.com/en-us/research/event/microsoft-indoor-localization-competition-ipsn-2018/.

[22] 张磊. 基于声音的智能移动终端室内定位关键技术研究[D]. 杭州:浙江大学, 2019.

[23] LIU R, WANG Y, YIN J, et al. Passive source localization using importance sampling based on TOA and FOA measurements[J]. Frontiers of Information Technolo-

gy & Electronic Engineering, 2017, 18(8): 1167 - 1179.

[24] 王堃，吴嗣亮，韩月涛. 伽利略搜救信号 FOA 和 TOA 精确估计算法[J]. 无线电工程，2011，(09)：21 - 24,36.

[25] HUANG SHAOWEI, HUANG WANLIN, LEI RUNLONG, et al. Simultaneous measurement of range and speed based on pulse position and amplitude modulation [J]. Journal of Computer Applications, 2021, (7): 2145 - 2149.

[26] 杨铖. 汽车测距测速及倒车提示系统的研究与设计[D]. 扬州:扬州大学,2019.

[27] SAHU O P, GUPTA A K. Measurement of distance and medium velocity using frequency - modulated sound/ultrasound[J]. IEEE Transactions on Instrumentation and Measurement, 2008, 57(4): 838 - 842.

[28] KNAPP C, CARTER G. The generalized correlation method for estimation of time delay[J]. IEEE Transactions on Acoustics, Speech, and Signal Processing, 1976, 24 (4): 320 - 327.

[29] HÖFLINGER F, ZHANG R, HOPPE J, et al. Acoustic self - calibrating system for indoor smartphone tracking (assist) [C]//2012 International Conference on Indoor Positioning and Indoor Navigation (IPIN). IEEE, 2012: 1 - 9.

[30] 曹忠义. 水下航行器中的声学多普勒测速技术研究[D]. 哈尔滨:哈尔滨工程大学,2014.

[31] BOASHASH B. Time - frequency signal analysis and processing: a comprehensive reference[M]. Salt Lake City UT: Academic Press, 2015.

[32] BOASHASH B, RISTIC B. Polynomial time - frequency distributions and time - varying higher order spectra: application to the analysis of multicomponent FM signals and to the treatment of multiplicative noise[J]. Signal Processing, 1998, 67(1): 1 - 23.

[33] ZHAO S, YAN S, XU L. Doppler estimation based on HFM signal for underwater acoustic time - varying multipath channel[C]//2019 IEEE International Conference on Signal Processing, Communications and Computing (ICSPCC). IEEE, 2019:1 - 6.

第 4 章　室内遮挡识别

声信号在室内传播时，接收设备所接收到的信号包括来自视距路径、反射路径和散射路径的信号。当声源广播设备与接收设备间的 LOS 路径被遮挡，会为距离量测引入一个较大的非负偏差，如图 4.1 所示，进而会降低定位系统的定位精度与稳定性。NLOS 现象已成为该类技术的技术瓶颈之一，成为基于声技术的智能移动终端在实际场景中应用的巨大挑战。因此本章对 NLOS 下的声信号量测进行研究与识别，为后续的鲁棒非视距定位提供量测的可靠性信息，为基于声技术的智能移动终端在实际场景中的应用和推广铺平道路。

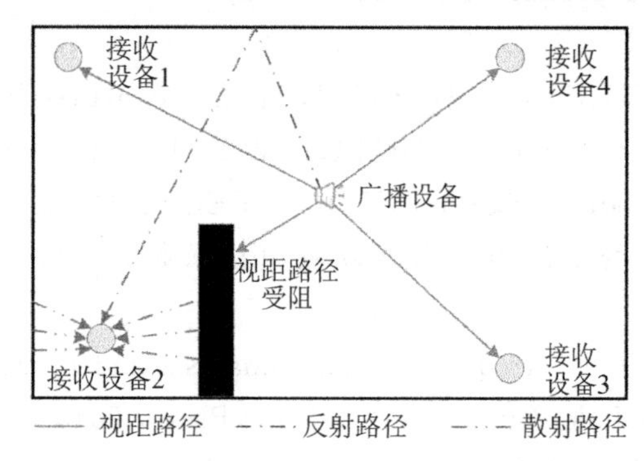

图 4.1　LOS 与 NLOS 场景描述

在实际场景中，由于空间结构及场景的复杂性，LOS 传播路径极其容易被人体、家具、墙体等所阻断。由于声信号穿透能力较弱，LOS 成分能量会急剧衰减而无法被探测，TOA 量测会被传播路径较长的反射成分所替代。这种情况下，DOA 估计、TOA 估计以及 TDOA 估计势必会引入一定的量测偏差。由于通过简单识别和丢弃 NLOS 路径的量测，就可以显著提高系统的定位性能[1-3]，因此获得距离量测可靠性的非视距信息对于提升系统的定位性能有着十分重要的意义。

NLOS 现象是由于环境因素所引起的，而声信道的室内脉冲响应携带了丰富的室内环境信息。通过在所接收信号中估计声信道的传播路径分布，即室内脉冲响应，并基于该信道特性来进行声信号的 NLOS 识别，是最为直接且有效的方法。由于仅依靠接收到的信号即可估算出声源广播设备与接收设备间的声信道路径分布及其特征，而不依赖于距离量测的积累，因此，基于声信道特征的 NLOS 识别方法能够实现对单个独立量测的实时分类与识别，非常适合应用于基于声技术的室内定位系统中。本章介绍基于声信道特征的声信号非视距识别方法，通过将 LOS 与 NLOS 情况下声信道的差异进行特征化来实现声信号的非视距识别。

4.1　数据采集及特征提取

本章通过一系列的实验，采集不同地点不同场景下的声信号数据，作为后续特征提取及分类识别的数据基础。本章采集数据实验所用的收发设备均为商用智能手机，以测试所介绍算法的实用性和通用性。数据采集地点为杭州与西安，学习及测试用数据在浙江大学工控新楼及教九进行，验证用数据在西安航创国际广场以及长安大学主教学楼进行。场景选用常见的典型场景——办公室场景及大厅场景。实验所用 HFM 信号的频域带宽为 16～21 kHz。所选择的频段的声信号，人类从听觉感官上对此频段不敏感，因此不具备环境侵略性。同时，该频段处在手机所装备的音频元器件能够播放与采集的范围之内。本章实验最主要的目的是将物体对视距路径的阻塞所产生的影响特征化。通过使用现有的智能手机，仅通过编写简单的安卓应用程序，就可以快速搭建实验及数据采集平台。该实验平台包括 4 台使用了 2 年以上的 Google Nexus 4(谷歌，山景城，加利福尼亚州，美国)，以及 2 台较新的华为 Honor 4(华为，深圳市，中国)。验证所用的数据采集平台为 RA^2Loc 系统。通过对两类手机的扬声器全向性以及不同频率声音做了频响测试，其结论与文献[4]中的结论一致。在频带小于 8 kHz 的频带内，频率响应具有较好的线性特征。单频响曲线会随着频率的升高而降低，特别是当声信号频率超过 15 kHz 时，该现象愈加严重。由于不同型号手机扬声器的位置不同，在实验过程中需要注意其朝向和固定手机的方式，以防止扬声器被自身机体所遮挡。

4.1.1　数据采集实验

1. 数据采集场景

本次实验的主要目的是采集视距信号，以及受到物体或人体完全遮挡后的非视距信号，作为本章所介绍算法有效性验证以及非视距识别分类器分析的数据基础。实验数据集的采集在浙江大学工控新楼的休息室、办公室、会议室、社区地下停车场，长安大学的教室、大厅和走廊等七类场景实施，如图 4.2 所示，环境背景噪声处在 50 ～ 65 dB 内。为了使本章所介绍的 NLOS 识别方法能够应用于实际场景，在这些场景中模拟了各种物体及人体遮挡方案，并采集了大量的原始语音数据。以下就针对遮挡和量测过程两部分做详细介绍。

2. 声信号数据的 LOS 与 NLOS 标记方法

室内环境中的主要遮挡来源为物体和人体。物体主要包括家具以及建筑结构体，见图 4.2。室内几何声学理论为了简化室内声音传播的模型，将声波近似于“光线”而忽略了声音衍射现象，但声信号的衍射现象是真实存在的，见图 4.3。若将接收器置于衍射区域内，可以接收到能量较强的衍射信号，同时，在该区域内所产生偏差较小，往往与量测噪声数量级接近。因此，可将衍射区域看成 LOS 场景，但衍射区域的大小和面积与遮挡物的形状和大小密切相关而很难人为界定，特别是人体遮挡的场景，因此，在非视距识别实验时需要尽量避开此区域，采取麦克风贴近人体的策略进行规避。

(a) 办公室场景

(b) 地下停车场场景

(c) 休息室场景

(d) 会议室

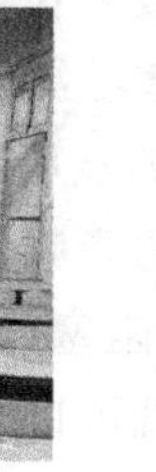

(e) 教室场景

(f) 大厅场景

(g) 走廊场景

图 4.2　实验场景

图 4.3　声信号 NLOS 区域与衍射区域

3. 数据采集过程

基于声信道的特性,不同的声源位置会给室内声场的分布带来较大影响。为了尽可能涵盖多的声信号非视距传播场景,还需要在相同采集点的不同高度声源位置的情景。为了方便调节高度和数据采集,将实验用智能手机固定于三脚架上,将接收端固定在距离地面0 cm的位置,以人体手持智能移动终端的高度进行实验,来进一步增加被遮挡的概率和程度。设置声源的高度分别为 80 cm、150 cm 以及 220 cm,视距及非视距场景分别进行采集,以方便数据记录和标签匹配。实验过程如下:

(1)移动两个声源至指定采集点位置,设定高度为 80 cm;

(2)划分出视距和非视距两类量测区域;

(3)放置 4 个采集端手机至视距区域;

(4)移动接收端手机至下一个采集点位置(移动距离为 20 cm);

(5)实验完成后,将声源高度调整至 150 cm 以及 220 cm,并重复步骤(1)～(4)进行实验;

(6)视距场景信号采集完成后,重复步骤(1)～(5)在非视距区域进行采集;

(7)更换声源位置或者实验环境,重复步骤(1)～(6)在视距/非视距区域进行采集。

为了模拟真实的室内动态环境,我们在非视距信号采集阶段增加了人员走动、交谈以及物品交互等行为,以给信号增加扰动。因此,实际采集过程中,由人员手持一部接收端手机在室内行走,以采集带有多普勒效应的非视距信号。在办公室、大厅、休息室、教室、会议室和地下停车场等多种场景共采集了 2 万多组视距/非视距信号,其中包含了正常的办公室环境背景噪声(如脚步声、音乐、谈话声等),但冲击噪声会对声音信号频谱造成较大污染,影响声信道相对增益-时延分布。

4.1.2　特征提取方法

基于第 2 章 2.3.2 所介绍的声信道相对增益-时延分布对 LOS 及 NLOS 两类情景进行对比。图 4.4 所示为物体密度较高的办公室环境,图 4.5 为较为空旷的室内大厅环境,所使用的 LOS 及 NLOS 语音数据为同一测点,NLOS 场景由人体遮挡获得。对比两者可以发现,LOS 及 NLOS 场景下的声信道相对增益-时延分布具有较大差异。在 LOS 情况下,分布中的主成分较为集中,且主能量成分的时延较小;而在 NLOS 环境下的信道情况则更加复杂,其分布相对分散且主成分时延较大。因此,基于相对增益-时延分布在 LOS 和 NLOS 两类情况下的差异,提取特征值。首先提取了时延和波形特征值,随后提取了莱斯 K 系数(Rician K factor)特征值,最后提取相对增益的幅值频数分布特征值。

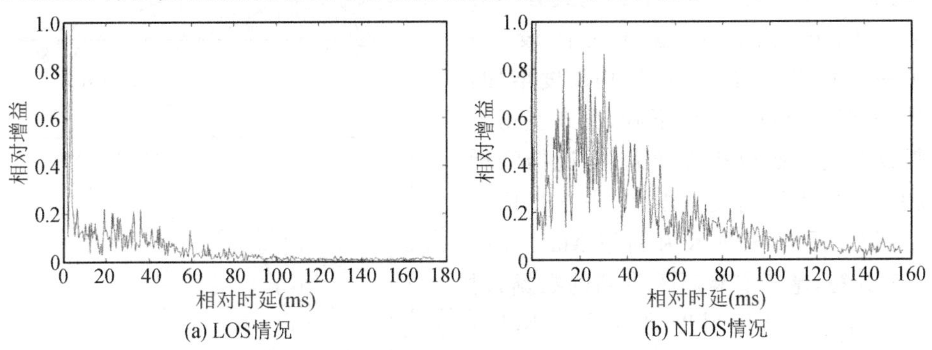

图 4.4　办公室环境中的相对增益-时延分布

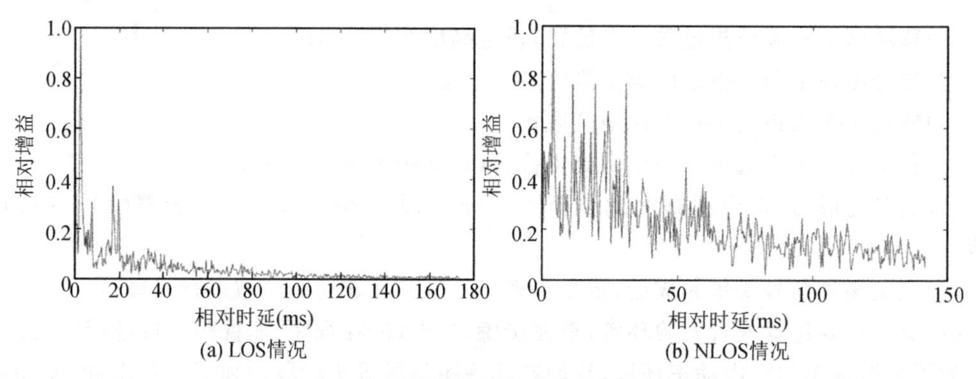

图 4.5　大厅环境中的相对增益-时延分布

Ⅰ类特征:时延特征统计

平均附加时延(mean excess delay,MED) τ_{med} 及均方根时延(root mean square delay,RMSD) τ_{rms} 是信道时延特征中最显著的两类,其与环境信息密切相关且能够有效地表达各条传播路径的时延特征,表达式为:

$$\tau_{med}=\frac{\sum_{i=1}^{L}\hat{r}_i^{\,2}\hat{\tau}_i^{\,2}}{\sum_{i=1}^{L}\hat{r}_i^{2}},\quad \tau_{rms}=\sqrt{\frac{\sum_{i=1}^{L}\hat{r}_i^{\,2}\hat{\tau}_i^{\,2}}{\sum_{i=1}^{L}\hat{r}_i^{2}}-\tau_{med}^{2}}\tag{4.1}$$

式中 $\hat{\tau}_i$ 为声信道的相对时延,$\hat{r}_i$ 为相对增益。τ_{med} 与 τ_{rms} 表征了信号中主要成分的时延程度及时延扩展程度。与 LOS 的情况相比,通常情况下 τ_{med} 与 τ_{rms} 的值在 NLOS 情况时较大。这是因为:①NLOS 极大地削弱了第一径成分信号的能量,所检测到的第一个到达成分实为多径反射成分,其信号能量往往较小;②NLOS现象使得反射路径的平均长度增加,其分布就表现为能量的整体下降,分布变得平坦,最强成分的时延也相应增大;③遮挡物增加了散射面,使得散射能量增加,进一步使分布变得平坦。图 4.6 所示为利用 Matlab 的 dfittool 工具箱,基于实验所采集到的数据,对 τ_{med} 与 τ_{rms} 进行拟合所得出的结果。可以看出,两类特征值的概率密度函数(probability density function,PDF)可以近似为具有不同均值及方差的对数正态分布(logarithmic normal distribution)。

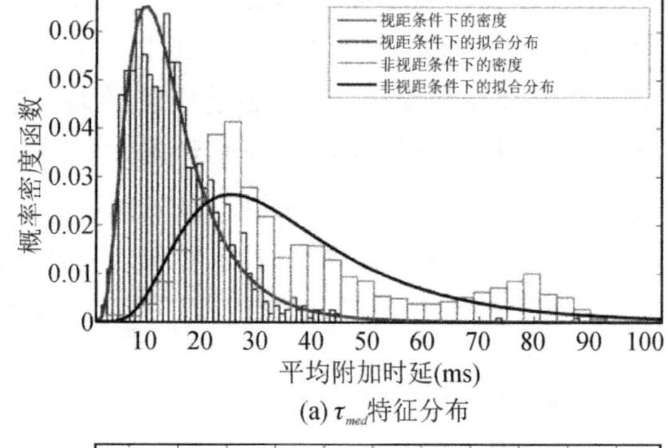

(a) τ_{med}特征分布

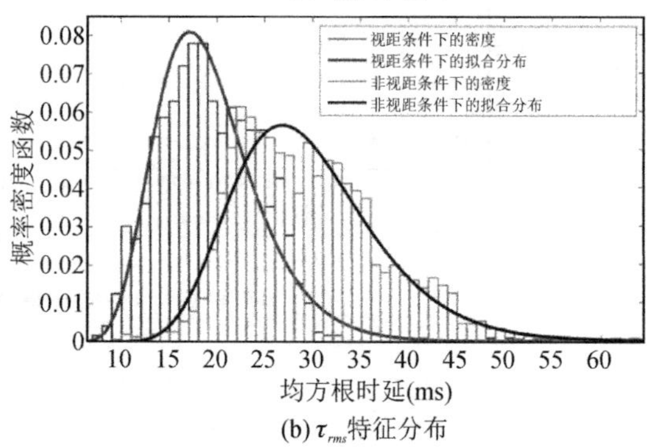

(b) τ_{rms}特征分布

图 4.6　平均附加时延特征与均方根时延特征的概率密度函数拟合

Ⅱ类特征:波形特征统计

峰度(kurtosis, k)与偏度(skewness, s)

是两个描述波形分布形态的重要统计量，分别表示波形分布相对于正态分布的陡缓程度及对称度，其表达式分别为：

$$k=\frac{E[(r-\mu_r)^4]}{\sigma_r^4},\quad s=\frac{E[(r-\mu_r)^3]}{\sigma_r^3} \tag{4.2}$$

其中 r 为将 $\hat{r}$ 进行一维线性插值后的均匀采样结果；$E[\cdot]$ 为望运算符；μ_γ 及 σ_γ 分别为 r 的均值与标准方差。从图 4.4 和图 4.5 可以看出，在 LOS 与 NLOS 环境中的声信道相对增益—时延分布图存在较大差异：LOS 环境中的分布主成分集中在相对时延较小的区域，具有较差的正态性和对称性。也即，相较 NLOS 环境，LOS 环境中信号的 k 和 s 的值通常会更大。基于实验所得数据，两类特征的 PDF 见图 4.7，其偏度在 LOS 情况下可以近似为莱斯分布(Rician distribution)。除此之外，两类参数在其他情况下的 PDF 可以近似为对数正态分布。而 NLOS 情况下，所对应分布的均值与方差均小于在 LOS 情况下的值。

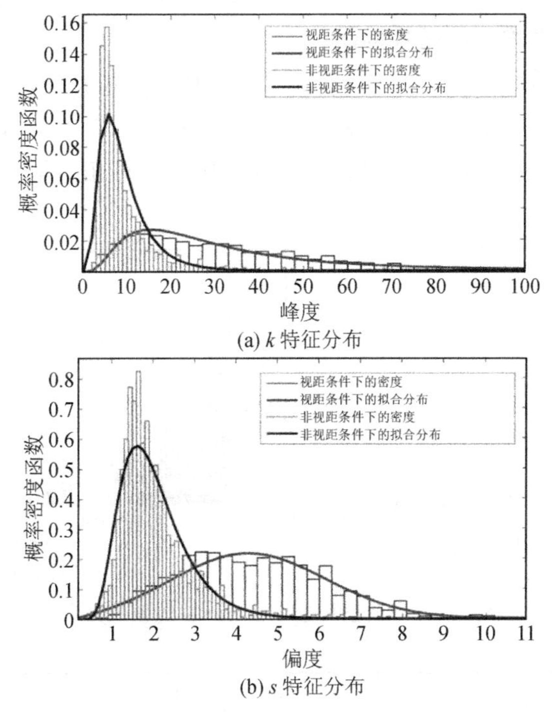

图 4.7　峰度特征与偏度特征的概率密度函数拟合

Ⅲ类特征：Rician K 系数

Rician K 系数(Rician K factor)在无线通信链路质量评估和 UWB 技术中已被广泛应用，它表征了 LOS 成分和散射成分的比值，也是 LOS 成分的相对能量。当视距路径被遮挡后，无线信道的多径衰落统计模型表现为瑞利衰落(Rayleigh fading channel)；当为视距情况时则为莱斯衰落(Rician fading channel)[5,6]。尽管无线信道和声信道存在较大差别，但是 LOS 成分和散射成分比值是重要启示。这是由于 Rician K 系数在 NLOS 环境中缺少了 LOS 路径，反射和散射路径能量及时延均相对增加，其表达式为[5]：

$$K_R=10\lg\left(\frac{k_d^2}{2\sigma^2}\right) \tag{4.3}$$

其中，k_d 为视距信号能量，即第一径信号能量；σ 为非视距路径的散射信号能量的标准方差。当视距路径的信号能量为 0 时，信道的多径衰落表现为瑞利衰落，$K_R = -\infty$[5]。尽管该特征能表现声信道 LOS 与 NLOS 间的差异，但当前尚没有相应的研究成果能够明确指出声信道的衰落特性是否与无线信道具有相同的两类分布。在本书中，假设第一个到达的信号为视距传输信号，则 $k_d = \hat{r}_1$，σ 则通过计算 $[\hat{r}_2, \cdots, \hat{r}_L]$ 的标准方差来获得，$\sigma = \sigma_r$。通过对实验数据进行拟合发现，NLOS 情况下的 Rician K 系数的分布可以用对数正态分布进行拟合，而在 LOS 情况下，则符合莱斯分布，见图 4.8。

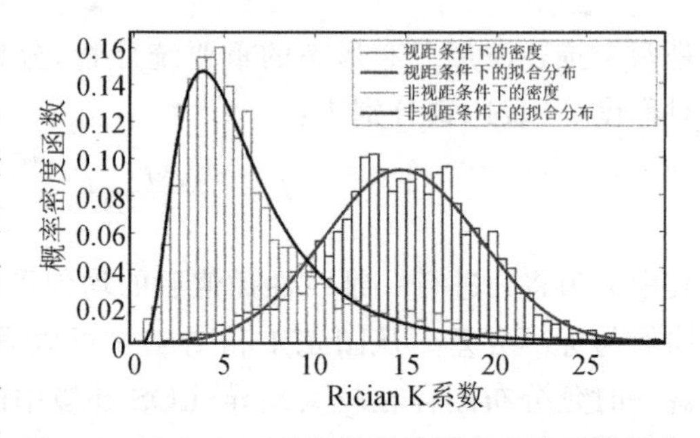

图 4.8 Rician K 系数特征的概率密度函数拟合

Ⅳ类特征：信道相对增益的频数特征

从图 4.4 和图 4.5 可以看出，LOS 与 NLOS 情况下的相对增益幅值也存在较大变化，见图 4.9、图 4.10。LOS 环境下较小的相对增益比率所占比重较大，而在 NLOS 环境中，具有较大相对增益比率的成分变得越来越多。因此，通过计算相对增益比率的幅值频数来获得其幅值分布的统计。

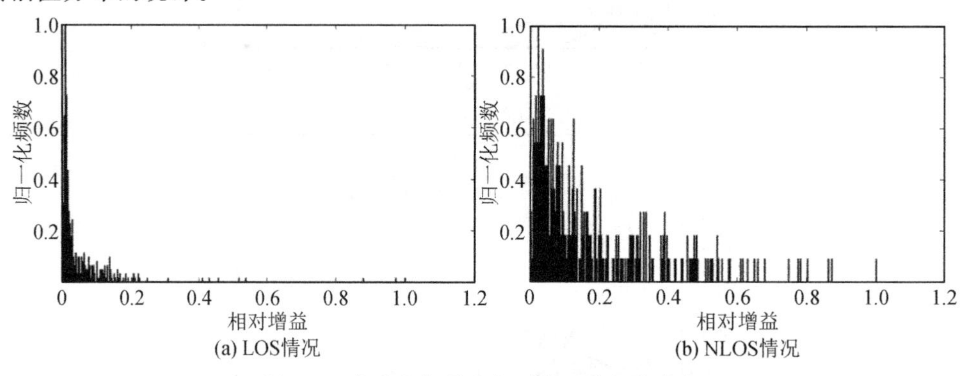

图 4.9 办公室场景中相对增益的频数分布

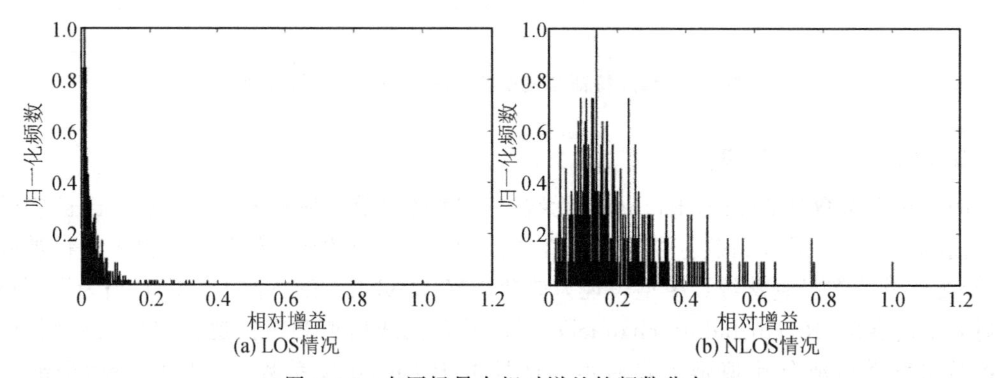

图 4.10 大厅场景中相对增益的频数分布

将图 4.9 和图 4.10 的相对增益频率分布与图 4.4 和图 4.5 的相对增益-时延分布进行对比可以看出，两类分布存在相似的情况，即 LOS 与 NLOS 情况下的分布存在较大差异。因此，参考信道相对增益-时延分布的特性提取方法，基于相对增益频数分布来提取平均增益 g_m (mean excess relative gain ratio)和均方根增益 g_{rms} (root mean square relative gain ratio)，表达式如下：

$$g_m = \frac{\sum_{j=1}^{n} \lambda_j^2 f_j^2}{\sum_{j=1}^{n} \lambda_j^2}, \quad g_{rms} = \sqrt{\frac{\sum_{j=1}^{n} \lambda_j^2 f_j^2}{\sum_{j=1}^{n} \lambda_j^2} - g_m^2} \tag{4.4}$$

其中 $\lambda_j, j = 1,2,\cdots,n$ 是第 j 个间隔的上界，f_j 是相对增益幅值落在第 j 个间隔内的频率。由于相对增益为归一化后的结果，故 $\lambda_j = j/n$。同时，其波形的峰度 k_f 以及偏度 s_f 的表达式分别为：

$$k_f = \frac{E[(f-\mu_f)^4]}{\sigma_f^4}, \quad s_f = \frac{E[(f-\mu_f)^3]}{\sigma_f^3} \tag{4.5}$$

其中 $f = \{f_j\}, j = 1,2,\cdots,n$ 为频数序列。图 4.11 所示为 g_m、g_{rms}、k_f 及 s_f 的分布拟合图。从图中可以看出，这 4 类特征与 τ_{med}、τ_{rms}、k 以及 s 具有相似的分布。由于频数特征丢弃了时延信息，与 Rician K 系数相对应的计算方法在频数基础上所提取的特征值不再具有物理意义，因此本书不对此类特征进行分析和阐述。

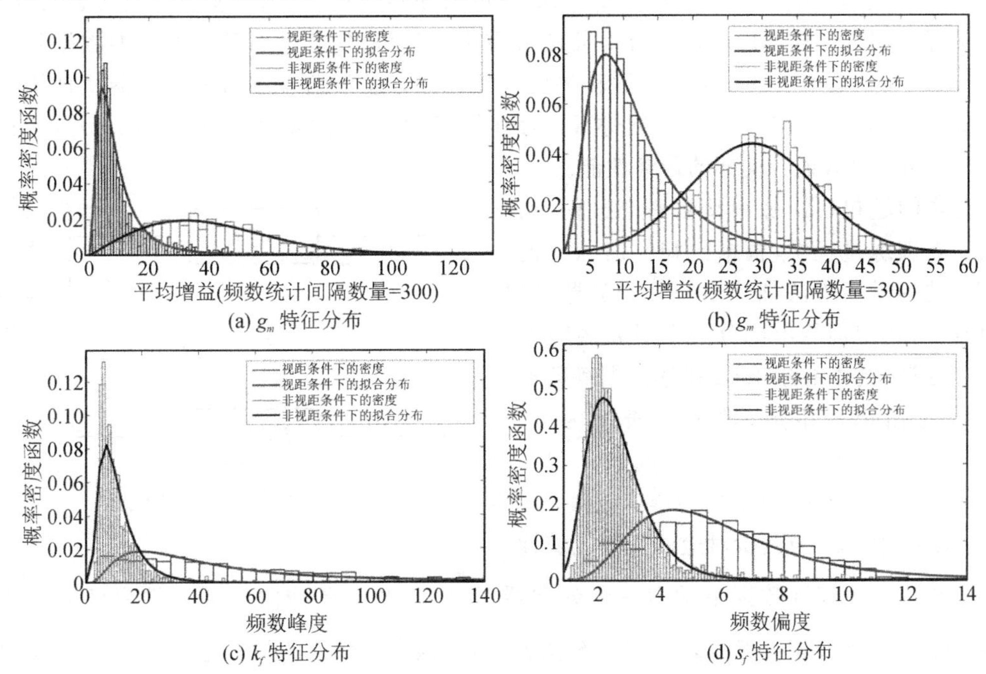

图 4.11　基于相对增益的频数分布所提取特征值的概率密度拟合

基于实测声信号数据，通过各类特征值概率密度函数的拟合结果可以看出，大部分特征值的 PDF 可以用对数正态分布进行拟合。在 LOS 情况下，偏度 s、Rician K 系数以及信道相对增益频数的均方根特征 g_{rms} 则可以被莱斯分布很好地拟合。同时，这些特征值所拟合的 PDF 在 LOS 及 NLOS 两类情况下存在较大差别。这就意味着,上述 9 类特征值,即平均附加时延特征 τ_{med}、均方根时延特征 τ_{rms}、峰度特征 k、偏度特征 s、Rician K 系数特征 K_R、信道相对增益频数的平均附加增益 g_m、频数的均方根 g_{rms}、频数的峰度 k_f,以及频数的偏度 k_s,能够有效地表征声信道从 LOS 情况到 NLOS 情况的增益-时延分布的变化。

4.2　基于监督学习的声信号非视距识别

声信号的非视距识别可以认为是一个二值分类问题。基于所提取特征的 PDF,通过联合似然比率检验(joint likelihood ratio test)方法可以对所接收到的信号是否为 NLOS 量测进行检验[7]。然而,在实际场景中比较难以获得所提取特征的真实 PDF。在上节中尝试利用 Matlab 的 dfittool 工具对各类特征值的 PDF 进行拟合,但结果仍不是特别理想。获得接近于真实的 PDF 仍需要在更多场景采集更多的样本数据,并采用更多的统计手段来对特征值的 PDF 进行拟合,以获得较为真实的 PDF。基于非参数的机器学习方法不依赖于特征值的 PDF 信息,并且基于常用的框架即可获得较为理想的二值分类效果,可以用来实现声信号的非视距识别,即声信号的 LOS 与 NLOS 量测分类。本书不对机器学习算法做过多介绍,读者可参考相关书籍。本书仅对不同场景、不同数据体量不同特征值组合下,不同类型分类器的性能及适用性进行实验说明。

本书首先基于监督学习方法(supervised learning)对声信号的 NLOS 量测进行识别。监督学习利用已知样本的属性对分类器的参数进行训练,使其针对某一类型的数据具有较好的分类性能,适用于已知样本属性较多的分类场景。基于监督学习的分类器从训练数据集(training data set)中对模型参数进行学习和修正,对测试数据集(test data set)进行预测(prediction),以验证分类器的最终性能。

分类问题包括训练和预测两个过程,见图 4.12。在训练过程中,根据已知的训练数据集利用有效的学习方法训练出一个分类器;在预测过程中,利用训练出的分类器对新的输入实例进行分类,具体由图 4.12 描述。训练数据集由输入与输出对组成,训练集表示为 $T = \{(x_1, y_1), (x_2, y_2), \cdots, (x_N, y_N)\}$,其中 (x_i, y_i),$i = 1, 2, \cdots, N$,N 为样本数量,x_i 为样本,$y_i \in \{0, 1\}$ 为其所对应的标签或属性。

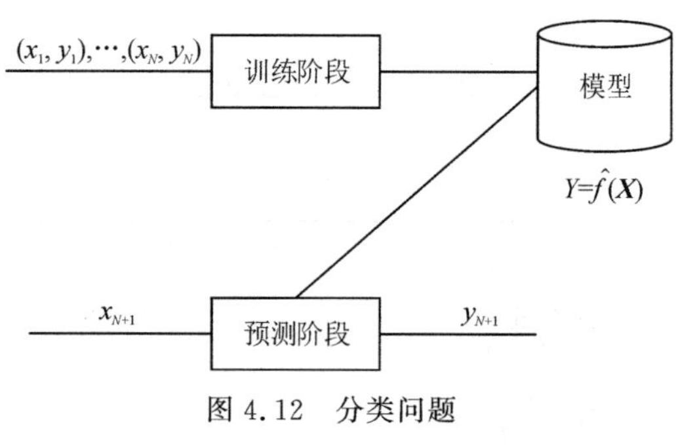

图 4.12　分类问题

训练阶段由训练数据集学习一个分类器 $Y = \hat{f}(\boldsymbol{X})$;预测阶段通过学习到的分类器 $Y = \hat{f}(\boldsymbol{X})$ 对新的输入实例 $\boldsymbol{x}_{N+1}$ 进行分类预测,即预测其输出的类标记为 y_{N+1}[8]。本书的声信号 NLOS 识别问题中,其输入空间为第 4.1.2 节中所提取的 9 类特征值,故输入样本向量 $\boldsymbol{X}$ 记作 $\boldsymbol{X} = [\boldsymbol{x}_i^{(1)}, \boldsymbol{x}_i^{(2)}, \cdots, \boldsymbol{x}_i^{(9)}]$,$i = 1, 2, \cdots, N$,其中 $x_i^{(j)}$ 表示 $\boldsymbol{X}$ 第 i 个样本 x_i 的第 j 个特征值。

4.2.1　分类器选择

基于实验所采集的数据提取 9 类特征值，并利用最常见的几类分类器进行声信号的 NLOS 识别。所选用分类器包括：朴素贝叶斯分类器（Naïve Bayes classifier，NBC），逻辑斯蒂回归分类器（Logistic regression classifier，LRC），线性判别分析分类器（linear discriminant analysis，LDA），以及支持向量机分类器。通过比较不同特征值组合下的各类型分类器的识别性能，对声信号 NLOS 识别的最优分类器类型、所对应的最优特征值组合以及参数值进行阐述。

4.2.1.1　朴素贝叶斯分类器

朴素贝叶斯（Naïve Bayes）是基于贝叶斯定理与特征条件独立假设的分类方法，实现简单，学习和预测的效率都很高，是一种常见的方法[9]。上文提到的本系统中，输入空间为 9 维向量的集合，输出空间为类标记集合 $\{c_1, c_2\}$，$c_1 = 0$，$c_2 = 1$。$\boldsymbol{X}$ 为输入空间上的随机向量，Y 是定义在输出空间上的随机变量，$P(\boldsymbol{X}, Y)$ 是 $\boldsymbol{X}$ 和 Y 的联合概率分布。朴素贝叶斯分类器通过训练数据集学习联合概率分布 $P(\boldsymbol{X}, Y)$，具体地学习以下先验概率分布和条件概率分布：

$$P(Y = c_m),\ m = 1,2 \tag{4.6}$$

$$P(X = \boldsymbol{X} \mid Y = c_m) = P(\boldsymbol{x}_1, \boldsymbol{x}_2, \cdots, \boldsymbol{x}_N \mid Y = c_m),\ m = 1,2 \tag{4.7}$$

朴素贝叶斯分类器对条件概率分布做了条件独立的假设，就是说用于分类的特征在类确定的条件下都是条件独立的，但注意这是一个很强的假设，它使朴素贝叶斯变得十分简单，但同时也牺牲了一定的准确率。具体地，条件独立性假设是：

$$P(X = \boldsymbol{X} \mid Y = c_m) = \prod_{i=1}^{N} P(\boldsymbol{x}_i \mid Y = c_m) \tag{4.8}$$

朴素贝叶斯在分类时，对于给定的输入 $\boldsymbol{x}_{N+1}$，通过学习到的模型计算后验概率分布 $P(Y = c_k \mid X = \boldsymbol{x}_{N+1})$，将后验概率最大的类作为 $\boldsymbol{x}_{N+1}$ 的预测类，后验概率模型根据贝叶斯定理进行：

$$P(Y = c_m \mid X = \boldsymbol{x}_{N+1}) = \frac{P(X = \boldsymbol{x}_{N+1} \mid Y = c_m)P(Y = c_m)}{\sum_m P(X = \boldsymbol{x}_{N+1} \mid Y = c_m)P(Y = c_m)} \tag{4.9}$$

将式(4.8)代入式(4.9)，有：

$$P(Y = c_m \mid X = \boldsymbol{x}_{N+1}) = \frac{P(Y = c_m)\prod P(X = \boldsymbol{x}_{N+1} \mid Y = c_m)}{\sum_m P(Y = c_m)\prod P(X = \boldsymbol{x}_{N+1} \mid Y = c_m)} \tag{4.10}$$

这是朴素贝叶斯的基本公式。这样，朴素贝叶斯分类器就可表示为：

$$y = \arg\max_{c_k} \frac{P(Y = c_m)\prod P(X = \boldsymbol{x}_{N+1} \mid Y = c_m)}{\sum_m P(Y = c_m)\prod P(X = \boldsymbol{x}_{N+1} \mid Y = c_m)} \tag{4.11}$$

在朴素贝叶斯法中，训练阶段意味着估计先验概率 $P(Y = c_m)$ 和条件概率 $P(X = \boldsymbol{X} \mid Y = c_m)$。此处可以应用极大似然估计。本书中的信号类别只有 NLOS 和 LOS 两类，所以先验概率的极大似然估计是：

$$P(Y = c_m) = \frac{\sum_{i=1}^{N} I(y_i = c_m)}{N},\ m = 1,2 \tag{4.12}$$

其中，N 为训练数据集样本总数。另外，上文介绍的 9 个特征都是连续变量，可以假设连续变量服从某种分布，然后使用训练数据估计分布的参数。这里简单假设第 j 个特征 $\boldsymbol{x}^{(j)}$ 符合高斯分布，条件概率的极大似然估计则可以表示为：

$$P(X=\boldsymbol{x}^{(j)} \mid Y=c_m)=\frac{1}{\sqrt{2\pi\sigma_{jm}^2}}\mathrm{e}^{-\frac{(x^{(j)}-\mu_{jm})^2}{2\sigma_{jm}^2}} \tag{4.13}$$

其中

$$\mu_{jm}=E[\boldsymbol{x}^{(j)} \mid Y=c_m] \tag{4.14}$$

$$\sigma_{jm}^2=E[(\boldsymbol{x}^{(j)}-\mu_{jm})^2 \mid Y=c_m] \tag{4.15}$$

参数 μ_{jm} 可以用类 c_m 的所有训练数据关于 $\boldsymbol{x}^{(j)}$ 的样本均值来估计，得到 $\hat{\mu}_{jm}$，同理，σ_{jm}^2 也可以用训练数据的样本方差来估计，得到 $\hat{\sigma}_{jm}^2$。

$$\hat{\mu}_{jm}=\frac{\sum_i x_i^{(j)}\delta(y_i=c_m)}{\sum_i \delta(y_i=c_m)} \tag{4.16}$$

$$\hat{\sigma}_{jm}^2=\frac{\sum_i (x_i^{(j)}-\hat{\mu}_{jm})^2\delta(y_i=c_m)}{\sum_i \delta(y_i=c_m)} \tag{4.17}$$

上式中，$\delta(\cdot)$ 为狄拉克函数。此外，这里值得注意的是，训练数据的特征的概率分布有可能不是符合高斯分布的，那么假设其服从另外的某种分布，再估计那种分布的参数即可同样应用。

4.2.1.2 逻辑斯蒂回归分类器

逻辑斯蒂回归是机器学习中经典的分类方法。本书中 NLOS 识别问题是一个二项分类问题，所以我们采用二项逻辑斯蒂回归模型(binomial Logistic regression model)来实现分类目的[9]。二项逻辑斯蒂回归模型用条件概率分布 $P(Y|X)$ 表示，如下所示：

$$P(Y=1|\boldsymbol{X})=\frac{\exp(\boldsymbol{w}\cdot\boldsymbol{X}+b)}{1+\exp(\boldsymbol{w}\cdot\boldsymbol{X}+b)} \tag{4.18}$$

$$P(Y=0|\boldsymbol{X})=\frac{1}{1+\exp(\boldsymbol{w}\cdot\boldsymbol{X}+b)} \tag{4.19}$$

这里，$\exp(\cdot)$ 为指数函数，$\boldsymbol{w}\in R^n$ 和 b 是参数，$\boldsymbol{w}$ 称为权值向量(weight vector)，b 为偏置(bias)，$\boldsymbol{w}\cdot\boldsymbol{X}$ 为 $\boldsymbol{w}$ 和 $\boldsymbol{X}$ 的内积。为了方便，我们将权值向量和输入特征向量加以扩充，仍记作 $\boldsymbol{w}\cdot\boldsymbol{X}$，因此 $\boldsymbol{w}=[b,w^{(1)},\cdots,w^{(n)}]$，$\boldsymbol{X}=[1,\boldsymbol{x}_i^{(1)},\boldsymbol{x}_i^{(2)},\cdots,\boldsymbol{x}_i^{(9)}]$。

在逻辑斯蒂回归的预测阶段，输入实例 $\boldsymbol{x}$，计算 $P(Y=c_k \mid X=\boldsymbol{x})$ 来确定 $\boldsymbol{x}$ 的类别，所以需要在训练阶段估计回归模型中的参数 $\boldsymbol{w}$。在此，可以应用极大似然估计法，设：

$$P(Y=0 \mid X=\boldsymbol{x})=\pi(\boldsymbol{x}),\ P(Y=1 \mid X=\boldsymbol{x})=1-\pi(\boldsymbol{x}) \tag{4.20}$$

则似然函数为：

$$\prod_{i=1}^{N}[\pi(\boldsymbol{x}_i)]^{y_i}[1-\pi(\boldsymbol{x}_i)]^{1-y_i} \tag{4.21}$$

则对数似然函数为：

$$
\begin{aligned}
L(\boldsymbol{w}) &= \sum_{i=1}^{N}\left\{y_i\log\pi(\boldsymbol{x}_i)+(1-y_i)\log[1-\pi(\boldsymbol{x}_i)]\right\} \\
&= \sum_{i=1}^{N}\left\{y_i\log\frac{\pi(\boldsymbol{x}_i)}{1-\pi(\boldsymbol{x}_i)}+\log[1-\pi(\boldsymbol{x}_i)]\right\} \\
&= \sum_{i=1}^{N}\left\{y_i(\boldsymbol{w}\cdot\boldsymbol{x}_i)-\log[1+\exp(w\cdot\boldsymbol{x}_i)]\right\}
\end{aligned} \tag{4.22}
$$

对 $L(\boldsymbol{w})$ 求极大值，即可得到 $\boldsymbol{w}$ 的估计值 $\hat{\boldsymbol{w}}$。这样问题就转变成了以对数似然函数为目标函数的优化问题。逻辑斯蒂回归中通常采用的方法是梯度下降法或者牛顿法，那么，学习到的回归模型为：

$$
\begin{cases}
P(Y=1\mid\boldsymbol{x})=\dfrac{\exp(\hat{\boldsymbol{w}}\cdot\boldsymbol{x})}{1+\exp(\hat{\boldsymbol{w}}\cdot\boldsymbol{x})} \\
P(Y=0\mid\boldsymbol{x})=\dfrac{1}{1+\exp(\hat{\boldsymbol{w}}\cdot\boldsymbol{x})}
\end{cases} \tag{4.23}
$$

现在考查该模型的特点，可以得出：

$$
\frac{P(Y=1\mid\boldsymbol{x})}{P(Y=0\mid\boldsymbol{x})}=\exp(\hat{\boldsymbol{w}}\cdot\boldsymbol{x}) \tag{4.24}
$$

所以可以得出预测结果为：

$$
\begin{cases}
y=1 & \exp(\hat{\boldsymbol{w}}\cdot\boldsymbol{x})>1 \\
y=0 & \exp(\hat{\boldsymbol{w}}\cdot\boldsymbol{x})\leqslant 1
\end{cases} \tag{4.25}
$$

对等式两边取以自然常数作底的对数，则可以得到：

$$
\begin{cases}
y=1 & \hat{\boldsymbol{w}}\cdot\boldsymbol{x}>0 \\
y=0 & \hat{\boldsymbol{w}}\cdot\boldsymbol{x}\leqslant 0
\end{cases} \tag{4.26}
$$

4.2.1.3　线性判别分析分类器

线性判别式分析 LDA 也被称为 Fisher 线性判别（Fisher linear discriminant，FLD），其基本思想是将高维的模式样本投影到最佳鉴别矢量空间，用来达到抽取分类信息和压缩特征空间的效果，投影后保证输入样本在新的子空间有最大的类间距离和最小的类内距离，即达到最佳的可分离性。LDA 常常被用作降维技术，但其实它也是一个常用的简单线性分类器，而且对于本书中 NLOS 识别这种二项分类问题，经典 Fisher 判别准则就可以适用[10]。

对于一组有两个类标记的 N 个 n 维训练样本 $\boldsymbol{X}=[\boldsymbol{x}_1,\boldsymbol{x}_2,\cdots,\boldsymbol{x}_N]$，$i=1,2,\cdots,N$，$\boldsymbol{x}_i\in R^n$，其中前 N_1 个样本属于类 c_1，后面 N_2 个样本属于类 c_2，均服从同协方差矩阵的高斯分布。各类样本均值向量 μ_m 就可以表示为：

$$
\mu_m=\frac{1}{N_m}\sum_{\boldsymbol{x}_i\in c_m}\boldsymbol{x}_i\ ,\ m=1,2 \tag{4.27}
$$

训练数据样本类内离散度矩阵和总的类内离散度矩阵如下：

$$
S_1=\sum_{\boldsymbol{x}_i\in c_1}(\boldsymbol{x}_i-\mu_1)(\boldsymbol{x}_i-\mu_1)^{\mathrm{T}} \tag{4.28}
$$

$$S_2 = \sum_{x_i \in c_2} (\boldsymbol{x}_i - \mu_2)(\boldsymbol{x}_i - \mu_2)^{\mathrm{T}} \tag{4.29}$$

$$S_w = S_1 + S_2 = \sum_{m=1}^{2} \sum_{x_i \in c_m} (\boldsymbol{x}_i - \mu_m)(\boldsymbol{x}_i - \mu_m)^{\mathrm{T}} \tag{4.30}$$

以及样本类间离散度矩阵：

$$S_b = (\mu_1 - \mu_2)(\mu_1 - \mu_2)^{\mathrm{T}} \tag{4.31}$$

现在需要寻找一个最佳超平面将两类分开，只需要将所有样本投影到此超平面的法线方向上 $\boldsymbol{w} \in R^n$，$\|\boldsymbol{w}\| = 1$：

$$h_i = \boldsymbol{w} \cdot \boldsymbol{x}_i,\ i = 1, \cdots, N \tag{4.32}$$

为了能找到最优分类效果的投影方向 $\boldsymbol{w}$，Fisher 规定了一个准则函数：要求选择的投影方向 w 能使降维后的 c_1，c_2 类具有最大的类间距离与类内距离比：

$$J_F(\boldsymbol{w}) = \frac{(\bar{\mu}_1 - \bar{\mu}_2)^2}{\bar{S}_1^2 + \bar{S}_2^2} \tag{4.33}$$

其中，类间距离用两类均值 $\bar{\mu}_1$，$\bar{\mu}_2$ 表示，类内距离用每一类样本距其类均值的和 $\bar{S}_1^2 + \bar{S}_2^2$ 表示。将式推导为 $\boldsymbol{w}$ 的显式函数，结果如式：

$$J_F(\boldsymbol{w}) = \frac{\boldsymbol{w}^{\mathrm{T}} S_b \boldsymbol{w}}{\boldsymbol{w}^{\mathrm{T}} S_w \boldsymbol{w}} \tag{4.34}$$

根据 Fisher 准则函数，这个分类问题就转化成求一个投影向量 $\boldsymbol{w}$ 使 $J_F(\boldsymbol{w})$ 最大化的优化问题。求得投影向量后就可以得到分离超平面，就可实现分类目的。

4.2.1.4　支持向量机分类器

支持向量机(support vector machine，SVM)是一种广泛使用的二项分类器，用于解决分类与回归问题的监督式学习方法[11]。其基本思想是使模型能够找到一个正确分开不同类型样例的最优超平面，使得所有类型的样本与该平面的距离最远[12]。SVM 是一个线性分类器，然而，基于核方法，可以使其成为一个非线性分类器[11]。SVM 的学习策略就是使间隔最大化，该问题转化为一个求解凸二次规划(convex quadratic programming)的最优化问题。

对于声信号 NLOS 量测的二值分类问题，将所有声信号量测分为两组：正例 NLOS 量测 $y_i = 1$，以及反例 LOS 量测 $y_i = -1$。若两类样例线性可分，通过 SVM 可以确定一个超平面，使两类样例的样本距离该超平面最远。此时，分类问题转换成基于训练数据集 T：$\{(x_i, y_i)\}_{i=1}^{N}$ 来获得权重向量及偏移量的回归问题。然而，实际所采集到的数据，其两类特征样例的样本往往因为彼此交叠而不存在线性可分的超平面。因此，C. Cortes 与 V. Vapnik 在 1995 年提出了基于核函数的思想来解决非线性数据的分离问题。基于核函数可将样例样本向高维映射，而维度的增加会使样本线性可分的可能性增加，因此，可通过核函数持续向高维映射直至线性可分。

SVM 学习的目标是在特征空间内找到一个分离超平面，并通过利用间隔 ρ 最大化来求最优分离超平面，将训练数据实例分到不同的类。分离超平面对应于 $\boldsymbol{w} \cdot \varphi(\boldsymbol{x}) + b = 0$，它由法向量 $\boldsymbol{w}$ 和截距 b 决定，见图 4.13。

分离超平面将特征空间划分为两部分，法向量 $\boldsymbol{w}$ 指向的一侧，$\boldsymbol{w} \cdot \varphi(\boldsymbol{x}) + b > 0$ 为正例，另一侧 $\boldsymbol{w} \cdot \varphi(\boldsymbol{x}) + b < 0$ 为反例。简单看来，一个点距离超平面的距离可以表示为分类准确

性的判据，$|\boldsymbol{w}\cdot\varphi(\boldsymbol{x})+b|$ 能够表示点 $\varphi(\boldsymbol{x})$ 到超平面的距离。为了将 $\boldsymbol{w}\cdot\varphi(\boldsymbol{x})+b$ 的符合与类标记 y 联系起来，且方便建立最大间隔的优化模型，可以用 $y[\boldsymbol{w}\cdot\varphi(x)+b]$ 来表示分类的准确度，即函数间隔(function margin)的概念。然而，函数间隔的取值并不影响最优化问题的解，所以将函数间隔取值为 1，就可得到 SVM 学习的最优化问题：

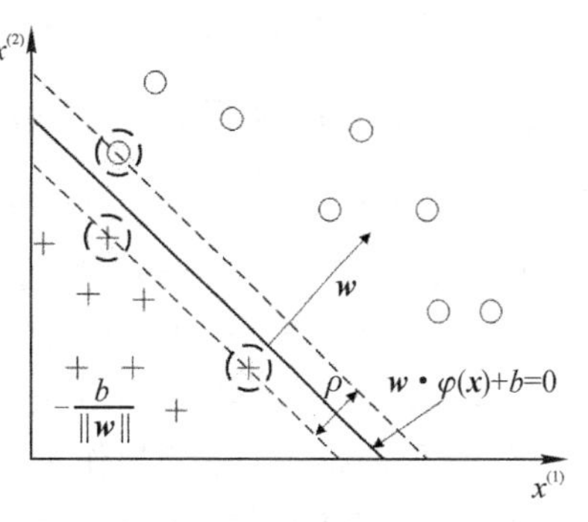

图 4.13　SVM 模型图

$$\min_{w,b}\frac{1}{2}\ \|w\|^2$$
$$s.t.\quad y_i[\boldsymbol{w}\cdot\varphi(\boldsymbol{x})+b]-1\geqslant 0,\quad i=1,2,\cdots,N \tag{4.35}$$

应用拉格朗日对偶性，通过求解对偶问题得到原始问题的最优解。首先构建拉格朗日函数，对每个不等式约束引入拉格朗日乘子 $\alpha_i\geqslant 0, i=1,2,\cdots,N$，定义拉格朗日函数：

$$L(\boldsymbol{w},b,\alpha)=\frac{1}{2}\ \|\boldsymbol{w}\|^2-\sum_{i=1}^{N}\alpha_i y_i[\boldsymbol{w}\cdot\varphi(\boldsymbol{x})+b]+\sum_{i=1}^{N}\alpha_i \tag{4.36}$$

根据拉格朗日对偶性，原始问题就转化成极大极小的对偶问题：

$$\max_{\alpha}\min_{w,b}L(\boldsymbol{w},b,\alpha) \tag{4.37}$$

求解这个问题时，先求 $L(\boldsymbol{w},b,\alpha)$ 对 $\boldsymbol{w},b$ 的极小，再求对 α 的极大。假设 $\alpha^*=[\alpha_1^*,\alpha_2^*,\cdots,\alpha_N^*]$ 是对偶最优化的解，则分离超平面可以写成：

$$\sum_{i=1}^{N}\alpha_i^* y_i\varphi(x_i)\cdot\varphi(x)+b^* \tag{4.38}$$

则分类决策函数可以写成：

$$y=\operatorname{sgn}\Big(\sum_{i=1}^{N}\alpha_i^* y_i\varphi(\boldsymbol{x}_i)\cdot\varphi(\boldsymbol{x})+b^*\Big)=\operatorname{sgn}\Big[\sum_{i=1}^{N}\alpha_i^* y_i K(\boldsymbol{x}_i,\boldsymbol{x})+b^*\Big] \tag{4.39}$$

其中，sgn 是符号函数，即：

$$\operatorname{sgn}(x)=\begin{cases}+1 & x\geqslant 0\\ -1 & x<0\end{cases} \tag{4.40}$$

$K(\boldsymbol{x}_i,\boldsymbol{x})$ 为核函数，满足条件：

$$K(\boldsymbol{x}_i,\boldsymbol{x})=\varphi(\boldsymbol{x}_i)\cdot\varphi(\boldsymbol{x}) \tag{4.41}$$

其中 $\varphi(\boldsymbol{x}_i)\cdot\varphi(\boldsymbol{x})$ 为 $\varphi(\boldsymbol{x}_i)$ 和 $\varphi(\boldsymbol{x})$ 的内积。广泛使用的核函数有径向基函数(radial based function, RBF) $K_{rbf}(\cdot)$，多项式核函数 $K_p(\cdot)$，线性核函数 $K_l(\cdot)$，S 函数 $K_s(\cdot)$，具体表达式为：

$$\begin{cases}K_{rbf}(\boldsymbol{x}_i,\boldsymbol{x})=\exp(-\gamma\ \|\boldsymbol{x}_i-\boldsymbol{x}\|^2)\\ K_p(\boldsymbol{x}_i,\boldsymbol{x})=(\gamma\langle\boldsymbol{x}_i,\boldsymbol{x}\rangle+c)^d\\ K_l(\boldsymbol{x}_i,\boldsymbol{x})=\langle\boldsymbol{x}_i,\boldsymbol{x}\rangle\\ K_s(\boldsymbol{x}_i,\boldsymbol{x})=\tanh(\gamma\langle\boldsymbol{x}_i,\boldsymbol{x}\rangle+c)\end{cases} \tag{4.42}$$

其中 γ 及 c 为正值的核函数因子，d 为多项式的维度。通常情况下取 $\gamma=1$，$c=0$，$d=2$。SVM 应用在声信号 NLOS 识别问题中，我们将输入空间与特征空间假设为两个不同的空间，输入空间为

4.1.2 中提取的 9 个声音信号信道统计特征 $x_i = [\tau_{med}, \tau_{rms}, k, s, K_R, g_m, g_{rms}, k_f, s_f]$。

4.2.2 交叉验证及性能评估指标

本节采用 K 折交叉验证法(K-fold cross-validation process)来对各分类器的性能进行评估,K 值选择 10。首先,所有采集到的声信号数据混合到一个集合中,并随机分成 10 个具有相同大小且不交叉的子集;其次,从 10 个子集中随机选取 9 个作为训练集来对分类器进行训练,共 C_{10}^{9} 种组合,将剩余的 1 个子集当作测试集对分类器进行测试。重复以上过程 10 次,以保证每一个子集均作为测试集进行测试。进一步地,将交叉验证的过程重复 10 次并对结果在各类评估指标下求平均,作为分类器的性能评估结果。其过程示意图见图 4.14。

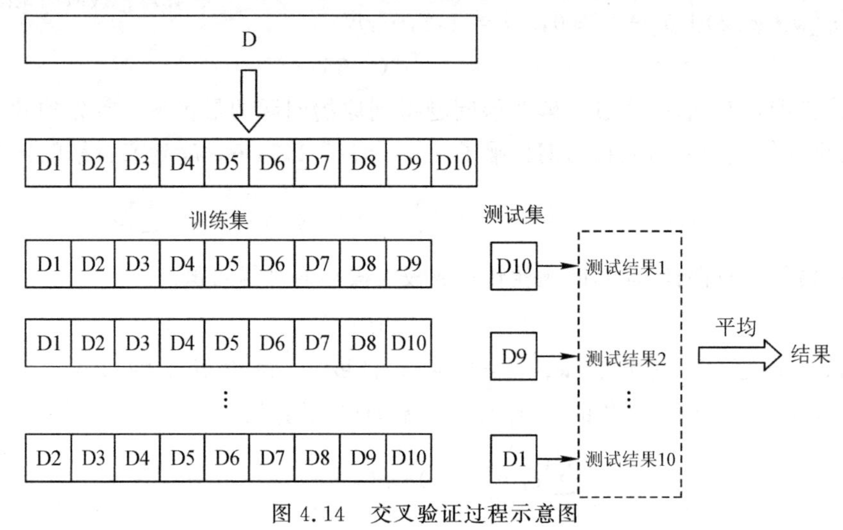

图 4.14 交叉验证过程示意图

对于二值分类问题,广泛使用的评估指标包括准确度(accuracy)、误差率(error rate)、灵敏度(sensitivity)、特异度(specificity)、精确度(precision)、召回率(recall ratio)和 F1-score 等[13]。由于准确度、精确度以及 F1-score 更易于计算也容易理解,因此本书选用这三类方法作为分类器的评估指标。正例检出率及反例检出率对于声信号 NLOS 识别同样重要。准确度的定义是正确分类样本与总体样本数之比,可以直接简单地表示识别效果的好坏。精确度的定义为正例检出率与反例检出率的精确性,这对定位系统同样重要。正例检出率保证了 NLOS 量测信号的检出率,以便后续室内定位策略的制定,而反例检出率有效保证具有足够的 LOS 信号用于位置估计。此外,F1-score 是将精确度和召回率综合起来的考量指标,在选择最优化分类器上比准确度的表现好[14]。所以本书在使用准确度来证明特征提取算法的有效性,并用来选择最佳特征集的同时,也给出了用精确度及 F1-score 指标的结果。准确度、精确度及 F1-score 的定义式为:

$$\begin{cases} \text{准确度} = \dfrac{t_p + t_n}{t_p + t_n + f_p + f_n} \\ \text{精确度} = \dfrac{t_p}{t_p + f_p} \\ \text{F1-score} = \dfrac{2t_p}{2t_p + f_n + f_p} \end{cases} \tag{4.43}$$

其中，t_p 及 t_n 分别表示将正例预测为正例的样本总数，以及将反例预测为反例的样本总数；f_p 及 f_n 则分别表示将正例预测为反例的样本总数，以及将反例预测为正例的样本总数[13]。

4.2.3　最优分类器

本节首先使用单个特征类型，使用 4 类分类器对声信号进行 LOS 及 NLOS 量测的分类，并比较各分类器的准确度、精确度及 F1 - score 等指标，以验证本章第 4.1.2 节所介绍的 9 类特征的有效性。然后基于不同的特征类型组合，在准确度评价指标下比较并选出性能最好的分类器。再对分类器参数进行优化，以获得最优分类器。

把具有不同维度的特征集记作 F^M，其中 $M = 1,2,\cdots,9$ 是特征集的维度。利用暴力穷举法，通过对每个维度下的特征集进行不同特征类型的组合来对分类器进行性能评估。也即，对于维度为 M 的特征集，其可能的特征组合有 C_9^M 种。首先在 $M=1$ 维特征集测试各分类器性能，以验证所介绍的 9 类特征的有效性。所选用的分类器依次包括：朴素贝叶斯分类器、逻辑斯蒂回归分类器、线性判别分析分类器、基于线性核函数的 SVM 分类器、基于多项式核函数的 SVM 分类器、基于 RBF 的 SVM 分类器以及基于 S 核函数的 SVM 分类器。7 种分类器的三类评估指标的结果显示在表 4.1 中，并给出了各类分类器的准确度平均值、准确度中值、最佳准确度以及最佳特征。

总体来看，除基于 S 核函数的 SVM 分类器性能较差外，利用单个特征类型进行 NLOS 分类可以达到 75.7%～86.7%的准确度，且较为接近。特征 K_R、g_m 以及 g_{rms} 的特征表现较好，其最高准确度在朴素贝叶斯分类器、逻辑斯蒂回归分类器以及 SVM 分类器中能够接近 86%，在线性判别分析分类器中也能够达到 84.9%。为了寻找针对声信号 NLOS 量测识别的最佳分类器，在不同纬度 F^M 特征集中对所选分类器进行测试，对其准确度指标进行比较，见表 4.2、表 4.3。由于基于 S 核函数的 SVM 分类器性能较差，故不对其进行比较。从表中给出的结果可以看出，与其他线性分类器及线性核的 SVM 分类器相比，基于 RBF 核函数的 SVM 分类器具有最佳性能。这就意味着，9 类特征具有较为明显的非线性特性，利用径向基函数将特征集特征映射到高维空间后，特征集具备了一个线性可分的超平面。因此对于 SVM 分类器而言，适用于室内声信号 NLOS 量测分类的最优核函数为径向基函数。在交叉验证过程中，具有 96.2%的平均准确度以及 98.3%的中值准确度。其最高分类准确度为 98.5%，相对应的最佳特征集维度为 $M=5$，特征集组合为 $\{k, g_m, g_{rms}, k_f, s_f\}$。

贝叶斯分类器、逻辑斯蒂回归分类器及线性判别分析分类器的性能，与基于线性核函数及多项式核函数的 SVM 分类器性能接近，平均准确度及中值准确度分别在 88%及 89%附近。同时，每个维度的最佳特征集及最差特征集组合下的分类性能也十分接近，此现象说明每一类的特征集组合均具有较高的稳定性。为了进一步探索基于 RBF 核函数的 SVM 分类器性能极限，通过最大似然搜索对 RBF 和函数中的 γ 参数进行优化。当 $\gamma = 0.3$，特征集维度 $M=6$，特征集组合为 $F^6 = \{\tau_{med}, \tau_{rms}, k, s, K_R, g_m\}$ 时，该分类器具有最高的识别准确度 98.9%，见图 4.15。

表 4.1　在 F^1 特征集下各分类器的性能对比

特征	朴素贝叶斯			逻辑斯蒂回归			线性判别分析			线性核 SVM			多项式核 SVM			径向基 SVM			S 核函数 SVM		
	Prec.	Acc.	F1.	Prec.	Acc.	F1	Prec.	Acc.	F1.	Prec.	Acc.	F1.	Prec.	Acc.	F1.	Prec.	Acc.	F1.	Prec.	Acc.	F1
τ_{med}	0.888	0.757	0.746	0.834	0.816	0.834	0.870	0.787	0.792	0.825	0.826	0.848	0.832	0.832	0.850	0.818	0.826	0.850	0.564	0.564	0.721
τ_{rms}	0.818	0.760	0.776	0.800	0.777	0.801	0.807	0.764	0.782	0.783	0.763	0.789	0.776	0.770	0.795	0.749	0.781	0.824	0.559	0.559	0.717
k	0736	0.779	0.827	0.780	0.809	0.841	0.740	0.785	0.831	0.778	0.800	0.834	0.784	0.811	0.840	0.837	0.823	0.841	0.566	0.566	0.723
s	0782	0.815	0.847	0.805	0.819	0.847	0.775	0.811	0.845	0.813	0.819	0.846	0.803	0.821	0.844	0.840	0.828	0.846	0.289	0.205	0.290
K_R	0865	0.851	0.869	0.868	0.848	0.866	0859	0.850	0.866	0 876	0.849	0.862	0.895	0.858	0.873	0.896	0.853	0.864	0.512	0.456	0.625
g_m	0.905	0.828	0.835	0.890	0.851	0.864	0.908	0.831	0.838	0.884	0.861	0.874	0.883	0.858	0.871	0.858	0.867	0.885	0.549	0.549	0.709
g_{rms}	0870	0.837	0.852	0.871	0.852	0.867	0.879	0.846	0.857	0.859	0.852	0.869	0.848	0.837	0.854	0.850	0.851	0.870	0.559	0.559	0.717
k_f	0.749	0.800	0.839	0.800	0.834	0.862	0.751	0.799	0.843	0.810	0.844	0.870	0.813	0.847	0.871	0.838	0.852	0.872	0.544	0.544	0.705
s_f	0.802	0.838	0.866	0.822	0.850	0.871	0.795	0.832	0.862	0.827	0.847	0.868	0.827	0.846	0.868	0.838	0.849	0.870	0.379	0.297	0.430
平均精度		0.807			0.829			0.812			0.829			0.831			0.837			0.478	
中值精度		0.815			0.834			0.811			0.844			0.837			0.849			0.549	
最高精度		0.831			0.852			0.850			0.861			0.848			0.867			0.566	
最优特征		K_R			g_{rms}			K_R			g_m			g_m,K_R			g_m			k	

表 4.2　朴素贝叶斯、逻辑斯蒂回归以及线性判别分类器在 F^1 中准确度评估的结果

最优		最差		均值
朴素贝叶斯				
特征组合	准确度	特征组合	准确度	
$F^1=\{K_R\}$	0.851	$F^1=\{\tau_{med}\}$	0.757	0.807
$F^2=\{K_R,g_m\}$	0.875	$F^2=\{\tau_{med},\tau_{rms}\}$	0.765	0.839
$F^3=\{K_R,g_m,k_f\}$	0.873	$F^3=\{\tau_{med},\tau_{rms},g_m\}$	0.806	0.846
$F^4=\{\tau_{rms},K_R,g_m,s_f\}$	0.873	$F^4=\{\tau_{rms},k,s,k_f\}$	0.821	0.852
$F^5=\{\tau_{rms},K_R,g_m,g_{rms},k_f\}$	0.868	$F^5=\{\tau_{med},\tau_{rms},s,g_m,g_{rms}\}$	0.828	0.855
$F^6=\{\tau_{med},\tau_{rms},s,K_R,k_f,s_f\}$	0.868	$F^6=\{\tau_{med},\tau_{rms},k,g_m,g_{rms},s_f\}$	0.844	0.857
$F^7=\{\tau_{rms},s,K_R,g_m,g_{rms},k_f,s_f\}$	0.866	$F^7=\{\tau_{med},\tau_{rms},k,g_m,g_{rms},k_f,s_f\}$	0.847	0.858
$F^8=\{\tau_{med},\tau_{rms},k,s,K_R,g_m,g_{rms},s_f\}$	0.864	$F^8=\{\tau_{med},\tau_{rms},k,s,K_R,g_{rms},k_f,s_f\}$	0.854	0.859
$F^9=\{\tau_{med},\tau_{rms},k,s,K_R,g_m,g_{rms},k_f,s_f\}$	0.859	$F^9=\{\tau_{med},\tau_{rms},k,s,K_R,g_m,g_{rms},k_f,s_f\}$	0.859	0.859
平均精度	0.885			
中值精度	0.890			
最优特征组合	$F^2=\{K_R,g_m\}$			
逻辑斯蒂回归				
最优		最差		均值
特征组合	准确度	特征组合	准确度	
$F^1=\{g_m\}$	0.860	$F^1=\{\tau_{rms}\}$	0.776	0.830
$F^2=\{K_R,g_m\}$	0.882	$F^2=\{\tau_{med},\tau_{rms}\}$	0.803	0.850
$F^3=\{s,K_R,g_m\}$	0.882	$F^3=\{\tau_{med},\tau_{rms},s\}$	0.828	0.858
$F^4=\{k,K_R,g_m,g_{rms}\}$	0.893	$F^4=\{\tau_{rms},k,s,s_f\}$	0.837	0.862
$F^5=\{s,K_R,g_m,g_{rms},s_f\}$	0.889	$F^5=\{\tau_{med},\tau_{rms},s,g_{rms},k_f\}$	0.839	0.866
$F^6=\{\tau_{med},K_R,K_R,g_m,g_{rms},k_f,s_f\}$	0.903	$F^6=\{\tau_{rms},k,s,g_{rms},k_f,s_f\}$	0.839	0.874
$F^7=\{\tau_{med},\tau_{rms},s,K_R,g_m,k_f,s_f\}$	0.895	$F^7=\{\tau_{med},\tau_{rms},k,s,g_{rms},k_f,s_f\}$	0.839	0.878
$F^8=\{\tau_{med},\tau_{rms},k,s,K_R,g_m,g_{rms},s_f\}$	0.895	$F^8=\{\tau_{med},\tau_{rms},k,s,K_R,g_{rms},k_f,s_f\}$	0.877	0.886
$F^9=\{\tau_{med},\tau_{rms},k,s,K_R,g_m,g_{rms},k_f,s_f\}$	0.890	$F^9=\{\tau_{med},\tau_{rms},k,s,K_R,g_m,g_{rms},k_f,s_f\}$	0.890	0.890
平均精度	0.888			
中值精度	0.890			
最优特征组合	$F^6=\{\tau_{med},K_R,g_m,g_{rms},k_f,s_f\}$			
线性判别分析				
最优		最差		均值
特征组合	准确度	特征组合	准确度	
$F^1=\{K_R\}$	0.848	$F^1=\{\tau_{rms}\}$	0.760	0.809
$F^2=\{K_R,g_m\}$	0.882	$F^2=\{\tau_{med},\tau_{rms}\}$	0.767	0.844
$F^3=\{\tau_{rms},s,K_R\}$	0.879	$F^3=\{\tau_{med},\tau_{rms},s\}$	0.829	0.855
$F^4=\{\tau_{rms},s,K_R,k_f\}$	0.878	$F^4=\{\tau_{med},\tau_{rms},k,k_f\}$	0.834	0.860
$F^5=\{\tau_{rmd},\tau_{rms},s,K_R,g_m\}$	0.887	$F^5=\{\tau_{med},\tau_{rms},k,k_f,s_f\}$	0.847	0.867
$F^6=\{\tau_{med},\tau_{rms},s,K_R,g_m,g_{rms}\}$	0.891	$F^6=\{\tau_{med},\tau_{rms},k,s,k_f,s_f\}$	0.847	0.867
$F^7=\{\tau_{med},\tau_{rms},k,s,K_R,g_m,k_f\}$	0.889	$F^7=\{\tau_{med},\tau_{rms},s,g_m,g_{rms},k_f,s_f\}$	0.848	0.870
$F^8=\{\tau_{med},k,s,K_R,g_m,g_{rms},k_f,s_f\}$	0.885	$F^8=\{\tau_{med},\tau_{rms},k,s,g_m,g_{rms},k_f,s_f\}$	0.855	0.874
$F^9=\{\tau_{med},\tau_{rms},k,s,K_R,g_m,g_{rms},k_f,s_f\}$	0.873	$F^9=\{\tau_{med},\tau_{rms},k,s,K_R,g_m,g_{rms},k_f,s_f\}$	0.873	0.873
平均精度	0.879			
中值精度	0.882			
最优特征组合	$F^7=\{\tau_{med},\tau_{rms},k,s,K_R,g_m,k_f\}$			

表 4.3　基于不同核函数的 SVM 分类器在 F^M 中准确度评估的结果

基于径向基核函数的 SVM				
最优		最差		均值
特征组合	准确度	特征组合	准确度	
$F^1=\{g_m\}$	0.867	$F^1=\{\tau_{rms}\}$	0.781	0.837
$F^2=\{K_R,g_m\}$	0.913	$F^2=\{k,s\}$	0.841	0.877
$F^3=\{k,K_R,g_m\}$	0.975	$F^3=\{s,k_f,s_f\}$	0.864	0.931
$F^4=\{\tau_{med},\tau_{rms},K_R,g_m\}$	0.984	$F^4=\{s,g_{rms},k_f,s_f\}$	0.902	0.967
$F^5=\{\tau_{med},\tau_{rms},k,g_m,g_{rms}\}$	0.985	$F^5=\{k,s,g_{rms},k_f,s_f\}$	0.952	0.980
$F^6=\{\tau_{med},\tau_{rms},s,g_m,g_{rms},s_f\}$	0.984	$F^6=\{k,s,K_R,g_{rms},k_f,s_f\}$	0.980	0.982
$F^7=\{\tau_{rms},s,K_R,g_m,g_{rms},k_f,s_f\}$	0.983	$F^7=\{\tau_{rms},k,s,K_R,g_{rms},k_f,s_f\}$	0.981	0.982
$F^8=\{\tau_{rms},k,s,K_R,g_m,g_{rms},k_f,s_f\}$	0.983	$F^8=\{\tau_{med},\tau_{rms},k,s,K_R,g_m,g_{rms},s_f\}$	0.981	0.982
$F^9=\{\tau_{med},\tau_{rms},k,s,K_R,g_m,g_{rms},k_f,s_f\}$	0.983	$F^9=\{\tau_{med},\tau_{rms},k,s,K_R,g_m,g_{rms},k_f,s_f\}$	0.983	0.983
平均精度	0.962			
中值精度	0.983			
最优特征组合	$F^5=\{\tau_{med},\tau_{rms},k,g_m,g_{rms}\}$			
基于多项式核函数的 SVM				
最优		最差		均值
特征组合	准确度	特征组合	准确度	
$F^1=\{g_m\}$	0.858	$F^1=\{\tau_{rms}\}$	0.770	0.831
$F^2=\{K_R,g_m\}$	0.873	$F^2=\{\tau_{med},\tau_{rms}\}$	0.827	0.853
$F^3=\{\tau_{med},K_R,g_m\}$	0.886	$F^3=\{\tau_{med},\tau_{rms},k_f\}$	0.830	0.860
$F^4=\{\tau_{med},K_R,g_m,k_f\}$	0.889	$F^4=\{\tau_{med},\tau_{rms},k,k_f\}$	0.842	0.863
$F^5=\{K_R,g_m,g_{rms},k_f,s_f\}$	0.890	$F^5=\{\tau_{med},\tau_{rms},k,s,s_f\}$	0.843	0.868
$F^6=\{\tau_{med},s,K_R,g_m,g_{rms},k_f\}$	0.895	$F^6=\{\tau_{med},\tau_{rms},k,g_{rms},k_f,s_f\}$	0.848	0.873
$F^7=\{\tau_{med},\tau_{rms},s,K_R,g_m,k_f,s_f\}$	0.896	$F^7=\{\tau_{med},\tau_{rms},k,s,g_{rms},k_f,s_f\}$	0.853	0.880
$F^8=\{\tau_{med},\tau_{rms},k,s,K_R,g_m,k_f,s_f\}$	0.903	$F^8=\{\tau_{med},\tau_{rms},k,s,g_m,g_{rms},k_f,s_f\}$	0.866	0.891
$F^9=\{\tau_{med},\tau_{rms},k,s,K_R,g_m,g_{rms},k_f,s_f\}$	0.892	$F^9=\{\tau_{med},\tau_{rms},k,s,K_R,g_m,g_{rms},k_f,s_f\}$	0.892	0.892
平均精度	0.887			
中值精度	0.890			
最优特征组合	$F^8=\{\tau_{med},\tau_{rms},k,s,K_R,g_m,k_f,s_f\}$			
基于线性核函数的 SVM				
最优		最差		均值
特征组合	准确度	特征组合	准确度	
$F^1=\{g_m\}$	0.861	$F^1=\{\tau_{rms}\}$	0.763	0.829
$F^2=\{K_R,g_m\}$	0.876	$F^2=\{\tau_{med},\tau_{rms}\}$	0.825	0.853
$F^3=\{\tau_{rms},K_R,g_m\}$	0.884	$F^3=\{\tau_{med},\tau_{rms},k\}$	0.828	0.859
$F^4=\{\tau_{med},K_R,g_m,k_f\}$	0.887	$F^4=\{\tau_{med},\tau_{rms},k,k_f\}$	0.843	0.864
$F^5=\{\tau_{med},\tau_{rms},K_R,g_m,k_f\}$	0.890	$F^5=\{\tau_{med},\tau_{rms},g_{rms},k_f\}$	0.840	0.867
$F^6=\{\tau_{med},\tau_{rms},s,K_R,g_m,s_f\}$	0.895	$F^6=\{\tau_{med},\tau_{rms},k,s,g_{rms},s_f\}$	0.842	0.873
$F^7=\{\tau_{med},\tau_{rms},k,K_R,g_m,k_f,s_f\}$	0.896	$F^7=\{\tau_{rms},k,s,g_m,g_{rms},k_f,s_f\}$	0.852	0.878
$F^8=\{\tau_{med},\tau_{rms},k,s,K_R,g_m,k_f,s_f\}$	0.902	$F^8=\{\tau_{med},\tau_{rms},k,s,g_m,g_{rms},k_f,s_f\}$	0.863	0.887
$F^9=\{\tau_{med},\tau_{rms},k,s,K_R,g_m,g_{rms},k_f,s_f\}$	0.894	$F^9=\{\tau_{med},\tau_{rms},k,s,K_R,g_m,g_{rms},k_f,s_f\}$	0.894	0.894
平均精度	0.887			
中值精度	0.890			
最优特征组合	$F^8=\{\tau_{med},\tau_{rms},k,s,K_R,g_m,k_f,s_f\}$			

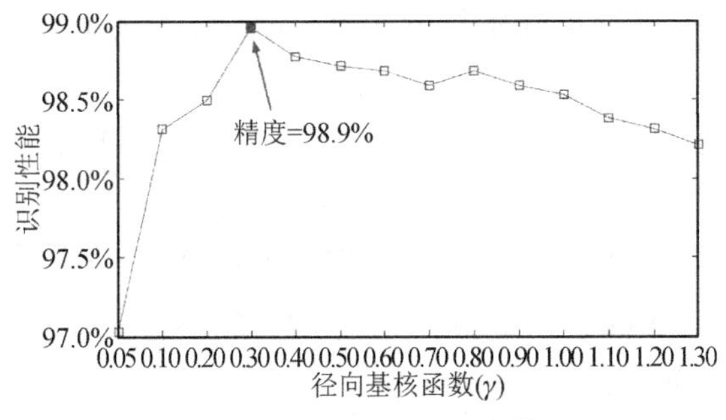

图 4.15　RBF 核函数 γ 最优值选取

4.3　基于半监督学习的声信号非视距识别

4.3.1　半监督分类器概述

半监督学习方法采用有标签和无标签样本进行模型训练，其中有标签样本集为 $\boldsymbol{X}_L=\{(\boldsymbol{x}_1,y_1),(\boldsymbol{x}_2,y_1),\cdots,(\boldsymbol{x}_l,y_l)\}$，包含样本属性 $\boldsymbol{x}$ 和所属类别 y；无标签样本集为 $\boldsymbol{X}_U=\{(\boldsymbol{x}_{l+1},y_{l+1}),(\boldsymbol{x}_{l+2},y_{l+2}),\cdots,(\boldsymbol{x}_U,y_U)\}$，只含有样本属性而所属类别未知，且标签集中的样本量远小于无标签样本数量，即 $l\ll U$。因此，与监督学习分类器相比，半监督学习的标记成本较低，但其分类性能通常优于无监督学习。本节主要采用半监督分类方法进行声信道的 NLOS 识别。目前，其常用的方法有基于支持向量机的半监督分类、基于图的半监督分类以及基于分歧的半监督分类等。

以下分别对这三种分类方法中代表性分类器代价敏感的半监督支持向量机、标签传播算法及 Tri - Training 等方法进行介绍。

4.3.1.1　基于支持向量机的半监督分类方法

尽管支持向量机在机器学习领域中被广泛关注，并且在理想场景下表现出色，但是在实际应用中，“已标记数据的稀缺”及“不同错误分类会有不同的代价”等问题限制了支持向量机的普及、应用、推广。为了解决这两个问题，相关研究者提出了半监督学习和代价敏感学习方法来解决。Li Yufeng 等人[15]将半监督与代价敏感学习结合提出了代价敏感的半监督支持向量机(cost - sensitive semi - supervised support vector machine，CS4VM)。

CS4VM 的具体算法可由代价敏感的支持向量机(CS - SVM)推导，CS - SVM 试图找到一个决策函数 $f(\cdot)$ 来最小化下式：

$$\min_f \frac{1}{2}\|f\|_{\mathcal{H}}^2+C_1\sum_{i\in_l}\ell(y_i,f(x_i))+C_2\sum_{i\in I_u}\ell(\hat{y}_i,f(x_i)) \tag{4.44}$$

其中 $\mathcal{H}$为由核函数 K 引入的再生核希尔伯特空间(reproducing kernel Hilbert space，RKHS)，$(\boldsymbol{y},f(x))=c(\boldsymbol{y})\max\{0,1-\boldsymbol{y}f(x)\}$ 为加权铰链损失。$c(\boldsymbol{y})$ 为样本误分类的代价。C_1 和 C_2 是平衡有标签和无标签数据集的复杂性和训练误差的正则因子。$I_l=\{1,2,\cdots,l\}$ 与 $I_u=\{l+1,l+2,\cdots,l+u\}$ 分别为有标签和无标签数据集的样本下标索引。

因在半监督学习中,未标记样本标签未知,也需要通过最优化方法进行估计,故形成 CS4VM:

$$\min_{\hat{y}\in\mathcal{B}}\min_{f}\frac{1}{2}\|f\|_{\mathcal{H}}^{2}+C_1\sum_{i\in I_l}\ell(y_i,f(x_i))+C_2\sum_{i\in I_u}\ell(\hat{y}_i,f(x_i)) \tag{4.45}$$

这里 $\mathcal{B}=\{\hat{\mathbf{y}}\mid\hat{y}_i\in\{\pm1\},\hat{y}'\mathbf{1}=r\}$,$\mathbf{1}$ 是全 1 的向量,$\hat{\mathbf{y}}'\mathbf{1}=r$ 是用来平衡限制条件的,以防止其产生无意义的解。由于标记 $\hat{y}_i$ 应该和 $f(x_i)$ 的预测相同,即 $\hat{y}_i=\mathrm{sgn}(f(x_i))$,将此式代入上式,可得以下优化问题:

$$\begin{aligned}&\min_{f}\frac{1}{2}\|f\|_{\mathcal{H}}^{2}+C_1\sum_{i\in I_l}\ell(y_i,f(\mathrm{x}_i))+C_2\sum_{i\in I_u}\ell(\hat{y}_i,f(x_i))\\&s.t.\quad\sum_{i\in I_u}\mathrm{sgn}(f(x_i))=r,\qquad\hat{y}_i=\mathrm{sgn}(f(x_i)),\qquad\forall i\in I_u\end{aligned} \tag{4.46}$$

解该优化问题即可获得使总体代价最小的解。

4.3.1.2 基于图的半监督分类方法

对于基于图的半监督学习,在满足聚类及流形假设的前提下,文献[16]中提出的标签传播算法(label propagation algorithm,LPA)被广泛应用。其分类原理如下:

首先,NLOS 识别为典型二分类问题,取 $C=2$。此外,为保障分类效果,维度为 n 的数据集 L 中不同类别的样本应均被包含且各个类别的样本数量尽可能相同。

其次,基于训练集数据建立无向图 $G\langle V,E\rangle$,V 为图中节点的非空集合,E 为节点间无序二元组的结合,即边的集合。假定使用全连接图,则定义节点 x_i 和 x_j 间的相似度为 w_{ij},w_{ij} 由径向基函数表示如下:

$$w_{ij}=\mathrm{e}^{-\frac{\|x_i-x_j\|}{\alpha^2}} \tag{4.47}$$

其中 α 是常数,且 $\omega_{ij}\in(0,1]$。

设 $p_{m\times n}$ 为转移概率矩阵,元素 p_{ij} 表示标签由顶点 x_i 向 x_j 传播的概率。p_{ij} 的计算如下:

$$P_{ij}=P(i\to j)=\frac{\omega_{ij}}{\sum_{k=1}^{l+u}\omega_{kj}} \tag{4.48}$$

数据 x_i 的类别用大小为 $1\times C$ 的行向量 f_i 表示。对于有标签数据 $x_i\in L$,其标签如下:

$$f_{ij}=\begin{cases}1 & j=c\\0 & j\neq c\end{cases}\quad(j=1,2,\cdots,c) \tag{4.49}$$

这里有标签数据只在所属类别对应列上取 1,其余取 0。对于无标签数据 $x_i\in U$,则有 $f_{ij}\in[0,1]$。定义有标签数据的标签矩阵为 f_L(大小为 $l\times C$);无标签数据的标签矩阵为 f_U(大小为 $u\times C$)。因此,训练集的标签矩阵 $f=[f_L,f_U]^{\mathrm{T}}$,其大小为 $n\times C$。LPA 法处理流程见图 4.16。

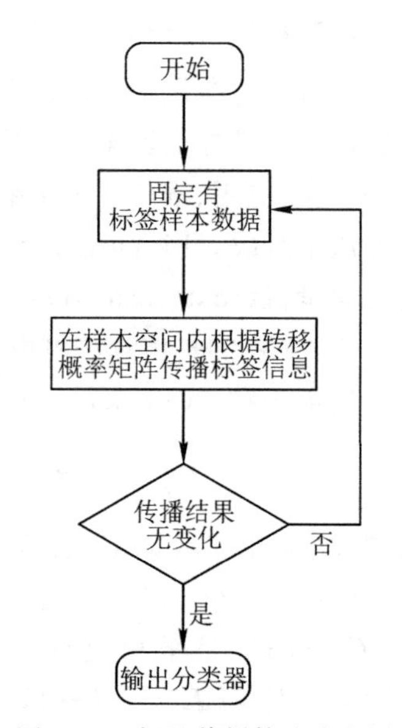

图 4.16 标签传播算法流程图

4.3.1.3　基于分歧的半监督分类方法

基于分歧的半监督学习方法是基于分类器间的“分歧”对未标记样本数据进行标记。其常用方法为协同训练法，是在多视图数据满足充分冗余的前提下提出的。以声信道的非视距识别为例，声信号的单个特征为一个“视图”，而多个特征组成的特征集称为“多视图”，即 $\boldsymbol{x}_i$ 表示声信号样本的第 i 个特征向量，则标签数据 $\boldsymbol{X}_L=\{(\boldsymbol{x}_1,y_1),(\boldsymbol{x}_2,y_2),\cdots,(\boldsymbol{x}_l,y_l)\}$ 及无标签数据 $\boldsymbol{X}_U=\{\boldsymbol{x}_{l+1},\boldsymbol{x}_{l+2},\cdots,x_n\}$ 均为多视图数据。

然而，在实际应用中，多视图充分冗余的前提较难满足。因此，文献[17]提出 Tri-Training 方法。该方法首先建立三个分类器，即 h_1、h_2 和 h_3，L_1、L_2 和 L_3 是基于 Bootstraps 算法[18]从 $\boldsymbol{X}_L$ 中抽取的初始训练样本，利用 L_1、L_2 和 L_3 对 h_1、h_2 和 h_3 进行训练，获得初始分类器。在每次迭代中，h_1 和 h_2 从 $\boldsymbol{X}_U$ 中选择无标签样本进行标记。如果 h_1 和 h_2 对某一样本数据 $\boldsymbol{x}\in\boldsymbol{X}_U$ 给出相同的分类结果，即 $h_1(\boldsymbol{x})=h_2(\boldsymbol{x})$，则认为 x 属于该类别，此时将 x 加入 h_3 下一轮迭代的训练集 L_3' 中，即 $L_3'=L_3\cup\{\boldsymbol{x}\mid\boldsymbol{x}\in X_U \text{ and } h_1(\boldsymbol{x})=h_2(\boldsymbol{x})\}$；否则将 x 的标签标记为噪声。同理，更新 L_1 和 L_2，产生 L_1' 与 L_2'。然后三个分类器利用新的训练集重新训练，迭代至 h_1、h_2 和 h_3 均满足阈值时停止训练。Tri-Training 方法的流程见图 4.17。

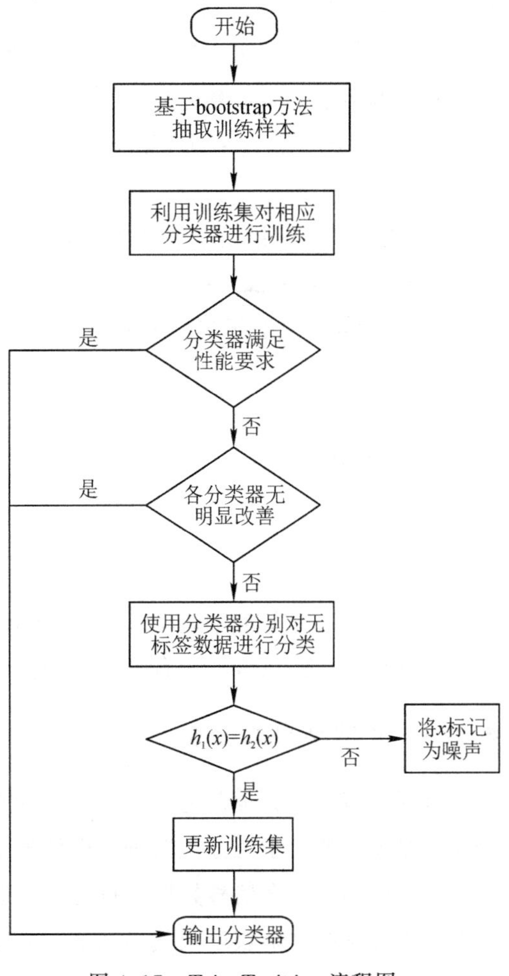

图 4.17　Tri-Training 流程图

4.3.2　分类器性能评估与选择

机器学习领域中分类器的种类众多，如何选取性能优越的分类器成为近些年来研究者关注的热点，而优秀的评估标准成为该研究热点的重中之重。以下主要从评估方法、性能度量及比较检验来分析分类器性能评估与选择。

在上述所选取的评估方法和性能度量基础上，本节选择比较检验的方法以确定最优分类器。在机器学习领域，针对分类器性能比较，常用的检验方法包括：假设检验、交叉验证 t 检验、McNemar 检验以及 Friedman 检验[19]等。交叉验证 t 检验较其他检验方法更容易计算及理解，且与上述选定的交叉验证评估方法相对应，因此，本节选择交叉验证 t 检验方法进行分类器比较。

然而，由于验证实验中样本量有限，在交叉验证时，不同轮次的训练集样本将会有一定程度的重叠，使得测试结果并不独立。针对该问题，T. G. Dietterich 等人[20]提出采用“5×2 交叉验证”，即进行 5 次 2 折交叉验证，且在每次 2 折交叉验证之前将样本集随机排序。

该检验方法具体计算过程如下：

(1)对于分类器 A 和 B，第 i 次 2 折交叉验证产生两对测试误差，分别求差记作 Δ_i^1 和 Δ_i^2；

(2)为缓解测试错误率的非独立性，这里仅计算第 1 次 2 折交叉验证的两个结果的均值：$\mu_\Delta = 0.5(\Delta_1^1 + \Delta_1^2)$；

(3)计算第 i 次 2 折实验的方差：

$$\sigma_i^2 = \left(\Delta_i^1 - \frac{\Delta_i^1 + \Delta_i^2}{2}\right)^2 + \left(\Delta_i^2 - \frac{\Delta_i^1 + \Delta_i^2}{2}\right)^2 \tag{4.50}$$

(4)计算变量 τ_t：

$$\tau_t = \frac{\mu_\Delta}{\sqrt{0.2\sum_{i=1}^{t}\sigma_i^2}} \tag{4.51}$$

(5)变量 τ_t 服从自由度为 5 的 t 分布，当该值小于临界值 $t_{\frac{\alpha}{2}}$，则认为两个分类器的性能无显著差异；反之，二者性能有显著差异，且平均精度高的分类器性能较优。

4.3.3 实验结果与分析

针对监督学习分类器进行 NLOS 识别时，面临数据标记较困难、成本高等问题，本节所介绍的基于半监督学习分类器进行声信号 NLOS 识别，充分利用易获取的未标记样本。基于 4.1.1 中所采集声信号数据进行特征提取，采取交叉验证法划分训练集和测试集，通过对分类器性能进行评估获取最优分类器，并对最优分类器参数进行调整以提高识别精度，最后，采用场景交叉实验对最优分类器性能进行验证。以下对其实验结果进行分析。

4.3.3.1 分类器性能评估

本节首先基于原始特征集，即 11 类声信号特征信息融合，使用 3 类半监督分类器对声信号进行遮挡识别，并比较各分类器精度，以确定最优分类器。实验过程中，由于采集数据量有限，需将 4 个场景下的样本进行合并，且随机选取 8000 个样本，采用 5×2 折交叉验证法将其划分为训练集和测试集，其中训练集 4000 个样本中包含 1000 个有标记样本和 3000 个无标记样本。然后，基于上述训练集和测试集分别利用 CS4VM、LPA 及 Tri - Training 分类器进行遮挡识别，实验结果见表 4.4。

表 4.4　基于半监督分类器的遮挡识别结果

基于半监督分类器的遮挡识别精度结果(%)											
第 i 次	1		2		3		4		5		均值
第 K 折	1	2	1	2	1	2	1	2	1	2	
CS4VM	88.2	86.8	87.4	87.8	87.4	87.8	88.6	86.6	87.2	88.2	87.28
LPA	84.6	83.6	86.6	85.4	86.2	85.8	86.6	85.6	85.8	85.8	85.94
Tri-Training	85.2	84.4	87.2	87.0	86.8	85.8	86.6	85.6	86.6	86.7	86.34
不同分类器间精度差值结果(%)											
精度差值	Δ_1^1	Δ_1^2	Δ_2^1	Δ_2^2	Δ_3^1	Δ_3^2	Δ_4^1	Δ_4^2	Δ_5^1	Δ_5^2	均值
M_1-M_2	3.6	3.2	0.8	2.4	1.2	2.0	2.0	1.0	1.4	2.4	2.00
M_1-M_3	3.0	2.4	0.2	0.8	0.6	2.0	2.0	1.0	0.6	1.5	1.21
M_3-M_2	0.6	0.8	0.6	1.6	0.6	0	0	0	0.8	0.9	0.79
M_1:CS4VM　M_2:LPA　M_3:Tri-Training											

总体来看,3类分类器的识别精度均达到85%,其中,CS4VM分类器均值可达87.28%。为进一步确定最优分类器,采用 t 值交叉验证法对3类分类器性能进行比较检验。基于不同分类器间的精度差值,分类器间的 t 值结果见图4.18,结果显示CS4VM与其余两种分类器进行比较,其 τ_t 值均大于临界值,故可认为有95%的把握认为显著差异性存在,即认为CS4VM分类器性能最优,而其余两种分类器比较结果小于临界值,则认为二者分类性能无明显差异。

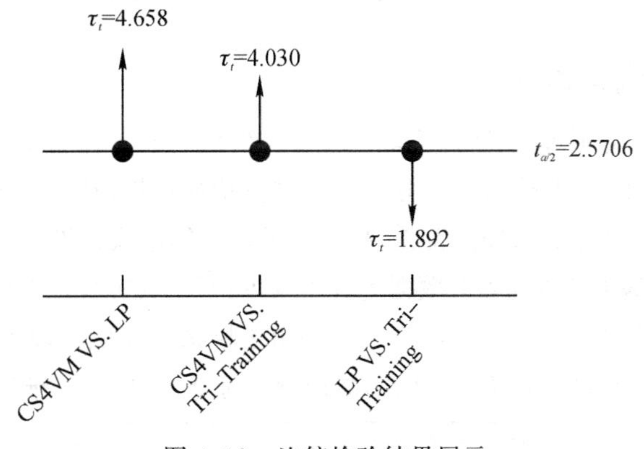

图 4.18　比较检验结果展示

4.3.3.2　最优分类器参数调整

上一节通过比较3类分类器性能,可得CS4VM分类性能最优,然而其识别精度为87%,仍不能够满足定位系统的实际应用。因此,需对最优分类器相关参数进行调整,以获取分类器最优参数配置,进一步提高其识别精度。此次实验同上一节实验数据划分方法,5次实验结果见表4.5。从实验结果可得,基于线性核函数识别精度最低,其余3种核函数识别效果均超过89%,而RBF核函数效果最佳。

表 4.5 基于不同核函数的 CS4VM 分类器性能

实验次序	径向基核函数	多项式核函数	S 核函数	线性核函数
1	91.77	88.90	89.56	87.34
2	92.34	90.15	90.50	86.45
3	92.83	90.78	90.90	86.60
4	90.78	88.65	90.13	85.76
5	92.06	89.12	89.34	86.59
均值	91.96	89.52	90.08	86.55

RBF 核函数中参数 γ 控制函数径向作用范围。为研究其对 CS4VM 分类性能影响，通过实验多次调整 γ 值并获取相应识别精度，实验结果见图 4.19。结果表明，针对声信号遮挡识别问题，当 $\gamma = 0.3$ 时，CS4VM 分类性能较优，精度可达 92.85%。

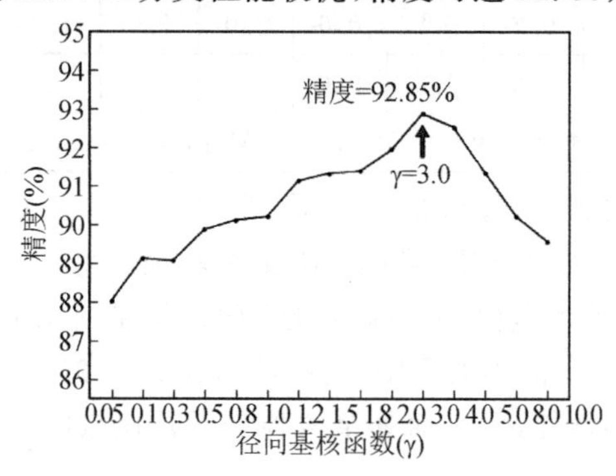

图 4.19 RBF 核函数 γ 对 CS4VM 性能影响

4.3.3.3 敏感特征集确定

上述实验均基于原始特征集进行实验，由实验结果可知原始特征集中存在冗余和不相关特征，故采用 Relief 特征选择的主成分分析法进行特征选择，基于其选择与提取结果进行遮挡识别，对提高精度及效率至关重要。首先，基于敏感特征集选取结果，利用 CS4VM 分类器对声信号进行 NLOS 识别，基于场景 a 和 b 数据进行 NLOS 识别，其实验结果见图 4.20。从实验结果来看，基于场景 b 的分类效果明显优于场景 a，这是由于场景 b 环境较理想，所采集数据可分性较好。然而，两场景下分类精度均在 F^{10} 下较高，故敏感特征集为 F^{10}，其维度为 10。

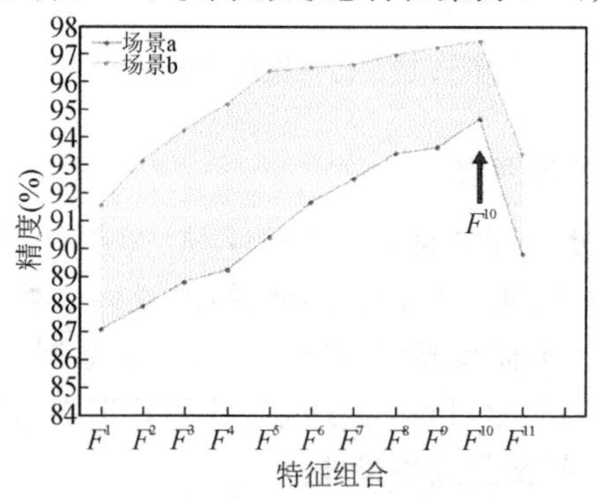

图 4.20 不同维度敏感特征集的识别效果

针对维度为 10 的敏感特征集，分类效率会大打折扣，需研究基于其主成分的 NLOS 识别效果，以降低其维度，提高识别效率。实验结果见表 4.6，当主元数量为 6 时，其累计贡献超过 90%，且两场景下识别效果相对较优，而随着主元数量增多，其识别精度提高幅度较低。考虑实际应用场景，选取主元数为 6 即可满足实际要求。

表 4.6　敏感特征集主元累积贡献率及识别精度结果

特征组合	主元数量	累积贡献率(%)	识别精度(%)	
			场景 a	场景 b
F^{10}	1	39.02	67.28	72.56
	2	64.34	78.90	83.48
	3	73.46	81.37	88.62
	4	80.67	83.69	90.67
	5	86.25	86.60	92.04
	6	90.12	92.12	95.31
	7	93.64	93.34	95.79
	8	96.40	93.87	96.52
	9	98.27	94.17	96.89
	10	100	94.43	97.09

4.3.3.4　场景交叉验证

为进一步验证最优分类器 CS4VM 的分类性能，以下进行场景交叉验证实验，其实验结果见表 4.7。从实验结果来看，场景交叉验证实验结果略低于单场景下的分类精度，但除 a－b(训练集-测试集)实验结果为 89.75%外，其余交叉验证结果均超过 90%。因此，可证明基于半监督学习分类器进行遮挡识别的方法有效，且所获取最优分类器效果较理想。

表 4.7　场景交叉验证结果

训练集-测试集	a－b	b－c	c－d	d－a
识别精度(%)	89.75	92.46	90.13	93.48

在以上交叉验证实验基础上，基于 b－c 实验研究识别精度跟训练集中已标记样本数量之间的关系。设置已标记样本量，其对应识别精度见图 4.21。结果表明，当训练集中已标记样本数量达到 800 时，其分类效果趋于稳定，达 92.54%，相比于有监督学习分类器，标记样本将会大大降低。

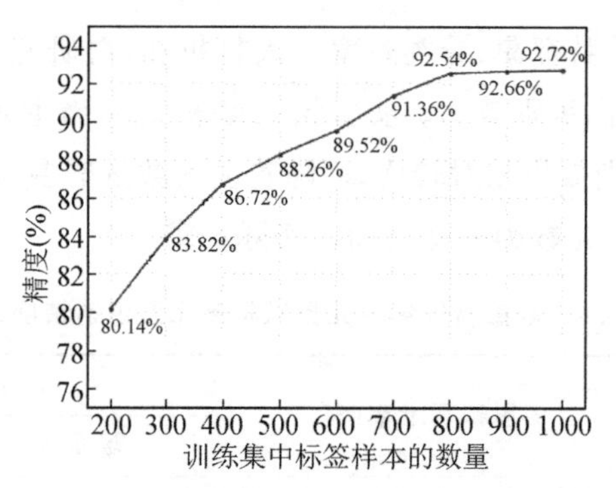

图 4.21 训练集中标签样本数量对识别精度影响

4.4 基于无监督学习的声信号非视距识别

基于监督学习及半监督学习的非视距识别都需要训练集中必须存在已标记数据。但是在实际应用中，获得声信号数据的“标记”信息往往十分困难，而且各分类器训练所得的模型易受周围环境的影响，在环境发生变化后其分类准确度无法保障，这限制了监督学习和非监督学习在非视距识别中的应用。

本节介绍基于无监督学习方法(unsurpervised learning)对声信号的 NLOS 量测进行识别。在无监督学习中，训练样本不具备任何先验信息，训练分类器所需要的标记信息也是未知的。与监督学习和半监督学习的显著不同是，无监督学习的目标是通过对无标记训练样本来揭示数据样本内在性质，使其能够基于性质的共同点实现自动聚类。由于无监督学习能够对样本进行自动分类，但不具有类别的信息，因此需要为样本集引入已标记样本作为种子进行类别标记。对于二值分类问题，无监督学习问题也称为聚类问题。

相对于监督学习和半监督学习，无监督学习的训练集均为未标记样本数据，记作 $\boldsymbol{X}_U=\{(\boldsymbol{x}_1,y_1),(\boldsymbol{x}_2,y_2),\cdots,(\boldsymbol{x}_m,y_m)\}$，已标记样本种子为 $\{(\boldsymbol{x}_1^L,y_1^L),(\boldsymbol{x}_2^L,y_2^L)\}$，其中 $(\boldsymbol{x}_1^L,y_1^L)$ 为声信号 LOS 量测样本，$(\boldsymbol{x}_2^L,y_2^L)$ 为 NLOS 量测样本。测试集、训练及评估方法、分类器性能评价指标均与监督学习、半监督学习相同，此处不再赘述。

4.4.1 分类器选择

本节基于无监督学习方法对声信号进行 NLOS 识别，所选用聚类算法包括：k 均值聚类(k－means clustering)、高斯混合模型(Gaussian mixture model clustering，GMM)，以及层次聚类(hierarchical clustering，HC)。

聚类算法可对不具备大量标记信息的样本进行数据分析，获取不同样本之间可能存在的关系，将样本空间聚集成若干个不相交的子空间，每一个簇都可能对应着一些潜在的概念，需要注意的是，算法本身并不知晓这些概念，仅仅是通过学习形成簇结构，因此，簇的命名由用户决定。

假定存在样本集 $D=\{\boldsymbol{x}_1,\boldsymbol{x}_2,\cdots,\boldsymbol{x}_n\}$ 内的 n 个未标记样本，每个样本具有 m 个特征，聚类算法可以将样本 D 中的 n 个样本划分得到簇集合 $C=\{c_1,c_2,\cdots,c_m\}$ 共 m 类，即 m 个簇。

相应的,这 m 个簇并不具备标签,需要为之赋予特定标签的值。k 均值(k - means)聚类算法、GMM 聚类算法及 AGNES(agglomerative nesting)层次聚类算法的使用较为常见,为不失一般性,本书基于上述三种聚类算法对基于无监督学习的声信号非视距识别方法进行介绍[21]。

4.4.1.1　k 均值聚类算法

k 均值聚类算法[22]是将样本集 D 划分得到簇集合 C,不同簇之间的平方误差表达式为:

$$E = \sum_{i=1}^{m} \sum_{x \in c_i} \| x - \mu_i \|_2^2 \tag{4.52}$$

式中 $\mu_i = \frac{1}{|c_i|} \sum_{x \in c_i} x$ 是簇 c_i 的均值向量。平方误差衡量了簇内向量的紧密度,其值表示同类样本之间的相似度。

k 均值聚类算法的目标是最小化平方误差 E,在实际计算时并非实际求解 E 的最小值,这是因为 E 的求解是一个 NP 难问题,直接计算十分困难,故 k 均值聚类算法的设计使用一种贪心策略进行计算,其算法步骤如下:

(1)输入样本集 D 及簇数 m;

(2)从 D 中随机选择 m 个样本作为初始样本中心 $\mu = \{\mu_1, \mu_2, \cdots, \mu_m\}$;

(3)计算样本 $\boldsymbol{x}_i$ 到每个簇中心 $\boldsymbol{\mu}_i (1 \leqslant j \leqslant k)$ 的距离 $d_{ij} = \| \boldsymbol{x}_i - \boldsymbol{\mu}_j \|_2$;

(4)将样本 $\boldsymbol{x}_i$ 划分到距离最近的簇,并标记其分类标签;

(5)将样本划入相应的簇,更新簇集合 C;

(6)重新计算样本中心,得到新的样本中心 $\mu = \{\mu_1, \mu_2, \cdots, \mu_m\}$;

(7)循环步骤(3)~(6),直到样本中心值不再变化时结束;

(8)输出簇集合 C。

k 均值聚类算法是聚类算法中应用最广泛的算法,该算法简单易实现、复杂度低,故算法运行快、效率较高。但该算法的主要缺陷是对初始参数取值较为敏感,算法在开始时随机选择初始簇中心,会影响下一次簇中心的生成,并将此影响不断传递,最终影响输出的簇集合,因此在实际应用过程中需要适当优化。

针对初始聚类中心的敏感问题,可根据数据集的密度分布情况优选聚类中心[23],同时可提高算法对于噪声的抗干扰能力。这一方法首先明确邻域半径系数,计算此范围内的密度大小,如式(4.53)所示,$Den(\boldsymbol{x}_i)$ 越小,则此邻域半径内样本分布越密集。基于样本空间分布密度的方法流程如下:

(1)计算样本密度和邻域半径系数;

(2)选择样本密度最小的样本对象,即密度最高的对象;

(3)以此对象为中心,将数据集化成不同的邻域;

(4)选出邻域数目最多的前 k 个邻域,并以每个邻域密度最高的样本为样本中心。

通过上述步骤选出的初始聚类中心均处于密度较高的数据区域,且各个中心距离较远,针对不同大小规模的数据集,邻域半径系数可调。

$$Den(\boldsymbol{x}_i) = \sum_{j=1}^{n} \frac{d(\boldsymbol{x}_i, \boldsymbol{x}_j)}{\sum_{j=1}^{n} d(\boldsymbol{x}_i, \boldsymbol{x}_j)} \tag{4.53}$$

4.4.1.2　GMM 聚类算法

GMM 聚类[24]采用概率模型表达聚类原型。对于样本集 D 中 m 维随机样本 $\boldsymbol{x}$，若其服从正态分布，则其概率密度函数为：

$$p(\boldsymbol{x})=\frac{1}{(2\pi)^{n/2}\left|\boldsymbol{\Sigma}\right|^{1/2}}\mathrm{e}^{-\frac{1}{2}(\boldsymbol{x}-\boldsymbol{\mu})^{\mathrm{T}}\boldsymbol{\Sigma}^{-1}(\boldsymbol{x}-\boldsymbol{\mu})} \tag{4.54}$$

式中 $\boldsymbol{\mu}$ 称为均值向量，维度与样本一致，$\boldsymbol{\Sigma}$ 为协方差矩阵。因 $p(\boldsymbol{x})$ 仅决定于 $\boldsymbol{\mu}$ 和 $\boldsymbol{\Sigma}$，故记为 $p(\boldsymbol{x}\mid\boldsymbol{\mu}_i,\boldsymbol{\Sigma}_i)$。所谓混合分布是指将 m 个正态分布线性叠加获得，具体表达式为：

$$p_M(\boldsymbol{x})=\sum_{i=1}^{m}\varphi_i p(\boldsymbol{x}\mid\boldsymbol{\mu}_i,\boldsymbol{\Sigma}_i) \tag{4.55}$$

式中 $\boldsymbol{\mu}_i$ 和 $\boldsymbol{\Sigma}_i$ 对应正态分布的均值和协方差，φ_i 为混合系数且 $\sum_{i=1}^{k}\varphi_i=1$。令随机变量 $z_j\in\{1,2,\cdots,k\}$ 表示生成样本 x_j 的高斯混合成分。假设样本服从高斯混合分布，则可使用 φ_i 来定义先验分布，即样本 $\boldsymbol{x}_j$ 服从第 i 个高斯成分的概率 $p_M(z_j=i)$。结合已知的各成分的先验概率和贝叶斯定理，可知对于样本 $\boldsymbol{x}_j$，其属于高斯成分 i 的后验概率为：

$$\begin{aligned}p_M(z_j=i\mid\boldsymbol{x}_j)&=\frac{p_M(z_j=i)p_M(\boldsymbol{x}_j\mid z_j=i)}{p_M(\boldsymbol{x}_j)}\\&=\frac{\varphi_i p_M(\boldsymbol{x}_j\mid\boldsymbol{\mu}_i,\boldsymbol{\Sigma}_i)}{\sum_{l=1}^{m}\varphi_l p(\boldsymbol{x}_j\mid\boldsymbol{\mu}_l,\boldsymbol{\Sigma}_l)}\end{aligned} \tag{4.56}$$

将 $p_M(z_j=i\mid\boldsymbol{x}_j)$ 记作途径 $\gamma_{ij}(i=1,2,\cdots,m)$。获取 GMM 密度分布函数后，可以将样本 D 划分成 m 个簇，每个样本 $\boldsymbol{x}_j$ 的簇标记 c_j 可如下确定：

$$c_j=\underset{i\in\{1,2,\cdots,k\}}{\arg\max}\gamma_{ij} \tag{4.57}$$

其参数 $\{\varphi_i,\boldsymbol{\mu}_i,\boldsymbol{\Sigma}_i\}$ 基于 EM 算法[24]迭代优化求解，可得参数表达式：

$$\begin{cases}\boldsymbol{\mu}_i=\dfrac{\sum_{j=1}^{m}\gamma_{ij}z_i}{\sum_{j=1}^{m}\gamma_{ij}}\\[2ex]\boldsymbol{\Sigma}_i=\dfrac{\sum_{j=1}^{m}\gamma_{ij}(z_j-\boldsymbol{\mu}_i)(z_j-\boldsymbol{\mu}_i)^{\mathrm{T}}}{\sum_{j=1}^{m}\gamma_{ij}}\\[2ex]\varphi_i=\dfrac{1}{m}\sum_{j=1}^{m}\gamma_{ij}\end{cases} \tag{4.58}$$

GMM 聚类算法流程如下：

(1)输入样本集 D 及聚类簇数 m；

(2)初始化参数模型 $\{\varphi_i,\boldsymbol{\mu}_i,\boldsymbol{\Sigma}_i\}$；

(3)计算样本 z_j 由各个高斯分布成分生成的后验概率 $\gamma_{ij}(i=1,2,\cdots,m)$；

(4)根据后验概率更新簇集合；

(5)根据新的簇集合更新高斯混合分布参数模型；

(6)重复上述步骤(3)～(5)直到满足停止条件；

(7)输出簇集合 C。

4.4.1.3 AGNES 层次聚类算法

层次聚类是根据样本之间的差异度大小，将样本划分到不同的树节点，获得样本树，树的不同高度代表获取不同的簇数。AGNES[25] 是一种常用的层次聚类算法，它将样本之间的距离大小作为衡量标准，将样本按距离从小到大进行排列，算法起始时，将单个样本看成是一个簇，把距离最小的两个簇整理成一个簇，之后不断地迭代合并，最终将获得程序设定的簇的数量。

对于 AGNES 层次聚类算法而言，其算法关键在于如何计算簇之间的距离，通常采用的簇距离为单连接、全连接及均连接，其计算公式如下：

$$\begin{cases} l_{Sin}(c_i, c_j) = \min\limits_{\boldsymbol{x}_i \in c_i, \boldsymbol{x}_j \in c_j} d(\boldsymbol{x}_i, \boldsymbol{x}_j) \\ l_{Com}(c_i, c_j) = \max\limits_{\boldsymbol{x}_i \in c_i, \boldsymbol{x}_j \in c_j} d(\boldsymbol{x}_i, \boldsymbol{x}_j) \\ l_{Ave}(c_i, c_j) = \dfrac{1}{|c_i||c_j|} \sum\limits_{\boldsymbol{x}_i \in c_i} \sum\limits_{\boldsymbol{x}_j \in c_j} d(\boldsymbol{x}_i, \boldsymbol{x}_j) \end{cases} \tag{4.59}$$

式中 c_i、c_j 为两个簇，$\boldsymbol{x}_i$ 和 $\boldsymbol{x}_j$ 分别为属于 c_i 和 c_j 的样本，$d(\boldsymbol{x}_i, \boldsymbol{x}_j)$ 为两个样本之间的距离函数。

AGNES 层次聚类算法步骤如下：

(1)输入样本集 D、聚类簇数 m 及簇间距离方法；

(2)将每个样本划分为一个簇；

(3)计算簇间距离；

(4)寻找最近的两个簇，进行合并，并将簇重新编号；

(5)重复步骤(3)～(4)，直到聚类簇数达到设定值 m；

(6)输出簇集合 C。

4.4.2 分类器性能评估

基于 4.1.2 中的 9 类特征值，在 F^9 特征集中使用 k 均值聚类算法、GMM 算法及 AGNES 层次聚类算法对声信号进行 LOS 及 NLOS 量测的分类。通过比较各聚类算法的准确度评价指标，来获得室内声信号 NLOS 识别的最优聚类算法。在对 k 均值聚类算法及 AGENS 聚类算法的评估中，使用的距离种类包括：欧几里得距离(Euclidean distance)、余弦距离(cosine distance)、相关距离(correlation distance)以及切比雪夫距离(Chebyshev distance)，分别记为 d_{Euc}、d_{Cos}、d_{Cor} 和 d_{Che}。以数据样本的特征向量 $\boldsymbol{x}_i$ 和 $\boldsymbol{x}_j$ 为例，在各距离准则下两者的距离表示为：

$$\begin{cases} d_{Euc} = \sqrt{\sum\limits_{k=1}^{9} (\boldsymbol{x}_i^{(k)} - \boldsymbol{x}_j^{(k)})^2} \\ d_{Cos} = 1 - \dfrac{\boldsymbol{x}_i \boldsymbol{x}_j}{\| x_i \|_2 \| \boldsymbol{x}_j \|_2} \\ d_{Cor} = 1 - \rho_{i,j} \\ d_{Che} = \max\{ |\boldsymbol{x}_i^{(1)} - \boldsymbol{x}_j^{(1)}|, |\boldsymbol{x}_i^{(2)} - \boldsymbol{x}_j^{(2)}|, \cdots, |\boldsymbol{x}_i^{(9)} - \boldsymbol{x}_j^{(9)}| \} \end{cases} \tag{4.60}$$

其中，$\rho_{i,j}$ 为特征向量 $\boldsymbol{x}_i$ 与 $\boldsymbol{x}_j$ 之间的相关系数。

声信道参数特征与室内环境障碍物布置、人员走动遮挡、温度、湿度等参数相关，当环境变量发生变化，声信道所提取的特征会有所变化。由于室内环境多样性及时变性，定位系统需要在环境发生变化时仍能够准确地识别 NLOS 的信号，才能稳定良好的工作。因此，聚类算法必须有良好的场景适应能力，称之为聚类算法的时变适应性。

为满足聚类算法的时变适应性，本节模拟定位系统在实际工作情况下的使用，介绍一种应用于基于无监督学习的室内声定位 NLOS 识别在线学习方法，此方法具体流程见图 4.22，具体描述如下：

(1)设定一个样本数量为 N 的聚类集 D；

(2)从样本集中取出 LOS 信号和 NLOS 信号的样本各一个；

(3)从样本集中取 $N-2$ 个包含 LOS 和 NLOS 的样本，但隐藏其标记信息，与上述标记样本结合组成聚类集 D；

(4)对聚类集进行聚类，所有样本均被分类；

(5)采集新的信道数据，装载并更新聚类集，进行聚类后可得到当前样本的聚类结果；

(6)更新并聚类后，丢弃样本集中与新装载样本同类的最老样本，保持样本集大小不变。

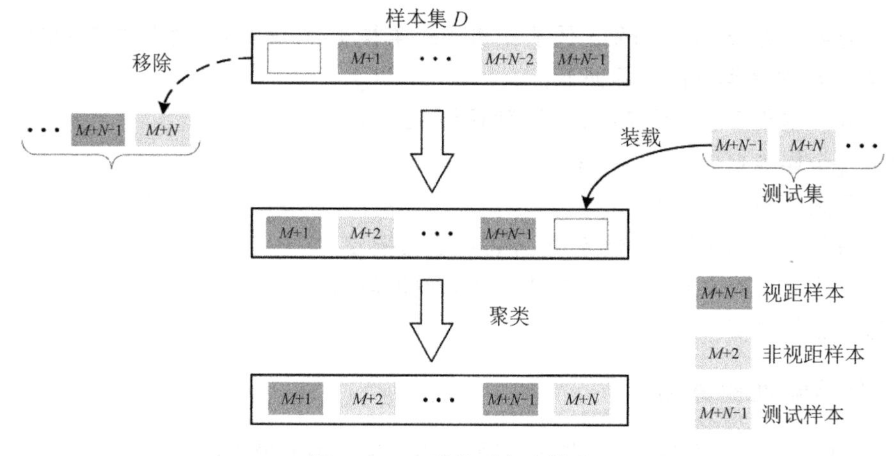

图 4.22　在线学习方法描述

上述工作流程中，所有样本均应用 4.1.1 所采集的标记信号，仅各保留 1 个 LOS 和 NLOS 已标记样本作为种子样本，其余样本则隐去其标记信息作为未标记样本进行使用，并且将这些样本的标记信息用于评估聚类结果的正确性。步骤(1)～(4)模拟定位系统在实际工作时的条件，而步骤(5)～(6)则模拟系统开始定位时对采集信号的识别过程。

4.4.3　聚类算法参数优化及性能优化

4.4.3.1　聚类性能的影响因素

1. 距离准则

为了确保算法的可靠性，将聚类集大小设置为 100，并将同一场景下的样本集依次随机装载到聚类集，重复测试 200 次，以获得足够的可靠性。为 k 均值聚类算法和 AGNES 层次聚类算法选择合适的距离准则,其聚类结果分别见表 4.8、表 4.9。

表 4.8　k 均值聚类算法最优距离准则

距离准则	会议室			休息室			办公室		
	d_{Euc}	d_{Cos}	d_{Cor}	d_{Euc}	d_{Cos}	d_{Cor}	d_{Euc}	d_{Cos}	d_{Cor}
精度	87.32%	**92.52%**	91.97%	83.44%	**84.23%**	83.91%	85.65%	**91.29%**	90.13%
F1 - score	84.33%	**92.00%**	91.61%	**80.88%**	78.18%	77.49%	84.27%	**92.01%**	91.05%
最高平均精度	89.35%								
精度最优距离准则	d_{Cos}								

表 4.9　AGNES 层次聚类算法最优距离准则

单链接									
距离准则	会议室			休息室			办公室		
	d_{Euc}	d_{Cos}	d_{Cor}	d_{Euc}	d_{Cos}	d_{Cor}	d_{Euc}	d_{Cos}	d_{Cor}
精度	55.25%	58.54%	64.71%	59.18%	63.74%	68.67%	53.59%	66.81%	68.81%
F1 - score	13.61%	28.61%	44.25%	26.75%	36.56%	51.93%	29.40%	50.67%	55.04%
全链接									
距离准则	会议室			休息室			办公室		
	d_{Euc}	d_{Cos}	d_{Cor}	d_{Euc}	d_{Cos}	d_{Cor}	d_{Euc}	d_{Cos}	d_{Cor}
精度	75.90%	91.21%	91.18%	71.59%	81.48%	82.72%	69.41%	88.60%	88.35%
F1 - score	69.24%	91.02%	91.06%	61.33%	80.22%	82.45%	62.98%	87.69%	88.11%
均链接									
距离准则	会议室			休息室			办公室		
	d_{Euc}	d_{Cos}	d_{Cor}	d_{Euc}	d_{Cos}	d_{Cor}	d_{Euc}	d_{Cos}	d_{Cor}
精度	68.62%	**91.94%**	91.51%	65.15%	**82.62%**	82.52%	61.20%	**89.99%**	89.64%
F1 - score	53.57%	**91.94%**	91.43%	44.60%	**82.74%**	82.78%	45.05%	89.48%	**89.65%**

从表 4.8 可以看出,对于 k 均值聚类算法来说,采用余弦距离 d_{Cos} 作为其最优距离准则,可以达到最高的聚类精度,尤其是三种场景下,其聚类精度都高于其他两种距离准则,而且除休息室场景外,余弦距离对应 F1 - score 也高于其他距离准则,但仍具有较高值。因此,在采用余弦距离作为距离准则的情况下,k 均值聚类算法可以达到 89.35%的平均识别精度。

由表 4.9 可知,单一场景下,簇间距离准则规律为:单链接簇间距离准则下,算法聚类精度较低,全链接次之,均链接精度最高;样本间距离准则规律为:欧氏距离精度较低,余弦距离与相关性距离精度接近。三个场景均链接簇间距离准则下,余弦距离平均精度为 88.18%,相关性距离平均精度为 87.89%,二者相近,但余弦距离计算复杂度低,计算时间短,因此可认为 AGNES 层次聚类算法的最优距离准则为平均链接 l_{Ave} 距离下的 d_{Cos},识别平均精度为 88.18%。

综合表 4.8 及表 4.9 可知，距离准则对无监督学习聚类算法有重大影响，因此，为每一种聚类算法选择合适的距离准则十分关键。在精度和 F1－score 两项评估指标下，无监督聚类在三种场景中均表现出良好的性能，因此可以认为基于无监督学习的声信号 NLOS 识别方法是有效的。

2. 聚类集大小

研究表明，适当调整聚类集大小可以有效降低单次聚类的时间，提高算法的实际性能。实验发现，当聚类集样本数量过少时，算法精度变化较大，且精度不高，这是因为当聚类集较小时，样本集的两类样本所占比例不同，不能建立良好的区分度；而当存在噪声样本时，两类样本受到更大影响，从而导致聚类结果受到极大影响。但随着聚类集的增大，单次聚类计算量提升，单次聚类时间增加，定位系统的时效性降低，因此，需要研究聚类集的大小对样本分类结果的影响。实验还发现，当聚类集较小时，GMM 会出现异常，使得计算终止；而当样本集数量逐渐增大至 50 时，噪声样本所占比例下降，聚类集中两类样本均存在一定的数量，即存在更多的样本预测未知样本聚类，聚类算法的精度和稳定性明显提高。本节在会议室场景和休息室场景下，分别分析了三种聚类算法在不同样本集大小下的性能，结果见图 4.23、图 4.24。

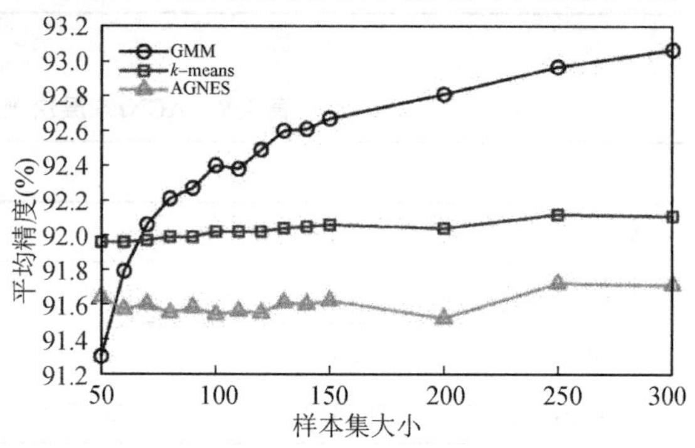

图 4.23　会议室场景下不同样本集大小精度变化

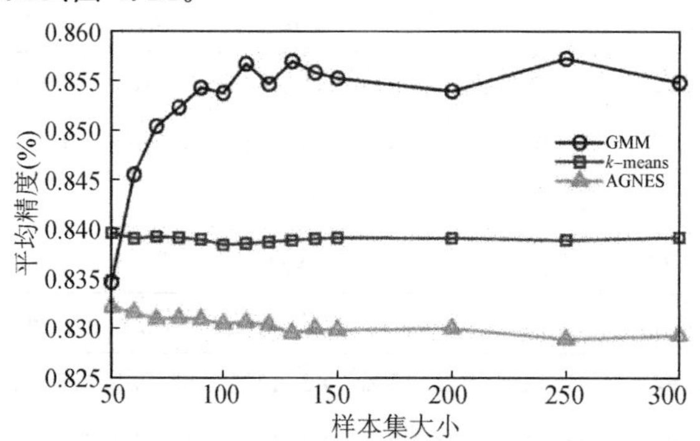

图 4.24　休息室场景下不同样本集大小精度变化

结果表明，在样本集较小时，GMM 聚类算法对样本集大小较为敏感，随着样本集的增大，GMM 聚类算法的精度明显提高，而 k 均值聚类算法和 AGNES 层次聚类算法的平均精度变化不明显。具体而言，GMM 聚类算法在样本集大小为 100 附近出现“拐点”，因此，可以认为在单一场景下，NLOS 识别的样本集大小设置为 100 较为合理。

4.4.3.2　聚类算法场景适应性

在实际应用中，定位系统通常需要在多个室内环境场景下移动，因此，要求聚类算法具有较好的场景适应性。为了评估聚类算法的场景适应性，将样本集大小设置为 100，并在三个场景下随机排序 200 次，将排序后的数据作为测试集，采用在线学习方式依次序装载测试样本，计算得到 200 次循环的瞬时精度结果，为了清楚地观察算法在场景交叉时的变化，对算法的平均精度进行 40 个样本固定窗口长度的平滑处理，结果见图 4.25。

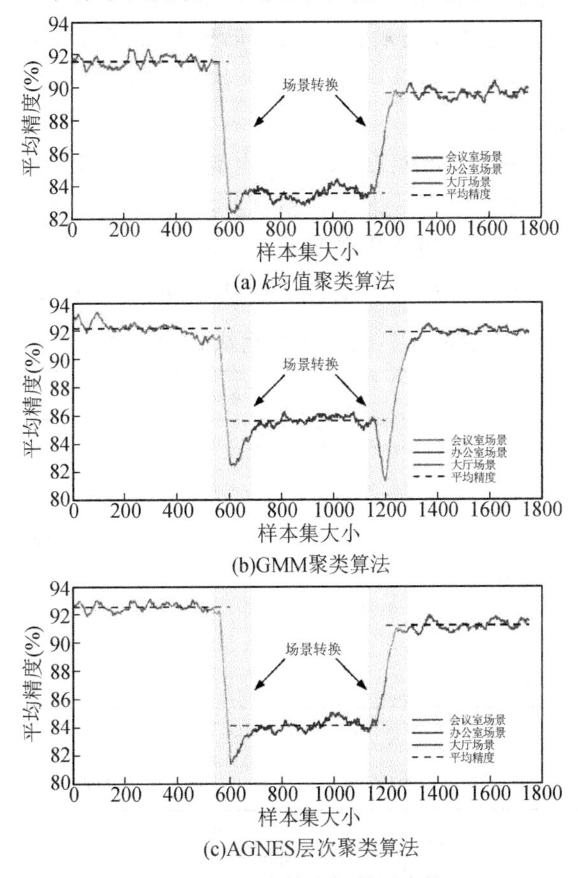

(a) k均值聚类算法

(b)GMM聚类算法

(c)AGNES层次聚类算法

图 4.25　聚类算法场景适应性

根据图 4.25 可以看出，当场景变化时，聚类集中包含的两个场景的数据有所差异，从而导致聚类算法精度相较于单一场景的聚类集聚类精度降低。然而，随着新场景数据样本的增加，聚类算法很快恢复新场景下的平均精度，即使在未获取新场景先验知识的情况下，算法精度仍较高，因此可以认为基于在线学习方法的聚类算法具有良好的场景适应性。此外，三种算法在多场景下的平均精度见表 4.10，GMM 聚类算法的识别率最高，为 89.38%，k 均值聚类算法的识别率为 89.10%，AGNES 层次聚类算法的识别率为 88.15%。因此，可以断定，基于无监督学习的声信号 NLOS 方法能够在实际场景中获得令人满意的精度和场景适应性。

表 4.10　场景切换聚类算法性能

聚类算法	k 均值	GMM	AGNES
平均精度	89.10%	89.38%	88.15%
最高平均精度	89.38%		
最优聚类算法	GMM		

4.4.3.3　声信号特征集分析

采用4.1.2节所提取的9类特征值，无监督学习方法可以较好地识别NLOS信号。然而，不同特征值代表两类信号差异的程度不一，而增加特征数量会增加算法的计算量，从而导致“维度灾难”问题，也就是硬件要求和计算时间增加。因此，为了减少算法运算量，降低对硬件资源的占用，有必要通过分析9类特征集各类特征值的差异代表性，选取适用于NLOS识别的最优特征组合。

在最优距离下分析三种算法的精度，由于k均值聚类算法和AGNES层次聚类算法的最优距离为余弦距离，因此不研究一维特征精度。高斯混合模型聚类特征维度为1时的F^1，多场景交叉性能见表4.11。当特征维度为F^i，其中$i=2,3,\cdots,9$时，k均值聚类算法、GMM聚类算法及AGNES层次聚类算法的表现性能分别见表4.12至表4.14。

表4.11　GMM在F^1特征集下的性能

特征	τ_{med}	τ_{rms}	k	s	K_R	g_m	g_{rms}	k_f	s_f
精度	87.90%	85.99%	88.03%	89.44%	82.50%	83.54%	61.12%	83.14%	58.66%
F1-score	87.39%	83.92%	87.58%	88.00%	80.73%	84.37%	62.10%	82.45%	68.16%
平均精度						80.44%			
中位数精度						83.54%			
最优精度						89.44%			
最优特征						s			

表4.12　k均值聚类算法在F^i特征集下的性能

最优特征组合	最优精度(%)	最差特征组合	最差精度(%)	平均精度(%)
$F^2=\{s,g_m\}$	90.98	$F^2=\{k,g_m\}$	41.57	78.42
$F^3=\{k,s,g_m\}$	90.91	$F^3=\{k,g_m,k_f\}$	39.87	83.64
$F^4=\{k,g_m,g_{rms},k_f\}$	90.97	$F^4=\{\tau_{med},k,g_m,g_{rms}\}$	55.41	86.38
$F^5=\{k,s,g_m,g_{rms},s_f\}$	90.91	$F^5=\{\tau_{med},k,K_R,g_m,k_f\}$	57.36	87.66
$F^6=\{k,s,g_m,g_{rms},k_f,s_f\}$	90.86	$F^6=\{\tau_{rms},k,K_R,g_{rms},k_f,s_f\}$	83.13	88.17
$F^7=\{\tau_{rms},k,s,g_m,g_{rms},k_f,s_f\}$	90.41	$F^7=\{\tau_{rms},k,s,K_R,g_{rms},k_f,s_f\}$	84.30	88.40
$F^8=\{\tau_{med},\tau_{rms},k,s,g_m,g_{rms},k_f,s_f\}$	89.55	$F^8=\{\tau_{med},k,s,K_R,g_m,g_{rms},k_f,s_f\}$	85.90	88.70
$F^9=\{\tau_{med},\tau_{rms},k,s,K_R,g_m,g_{rms},k_f,s_f\}$				89.10
最优特征集		$F^2=\{s,g_m\}$		
最优精度		90.98%		

表 4.13　GMM 聚类算法在 F^i 特征集下的性能

最优特征组合	最优精度(%)	最差特征组合	最差精度(%)	平均精度(%)
$F^2=\{\tau_{med},k\}$	89.00	$F^2=\{k,k_f\}$	53.42	73.09
$F^3=\{\tau_{med},\tau_{rms},s\}$	90.15	$F^3=\{k,g_m,k_f\}$	54.27	79.02
$F^4=\{\tau_{med},\tau_{rms},s,g_m\}$	90.68	$F^4=\{K_R,g_m,g_{rms},s_f\}$	49.42	80.10
$F^5=\{\tau_{rms},k,s,g_m,g_{rms}\}$	90.66	$F^5=\{\tau_{rms},k,g_m,g_{rms},s_f\}$	58.40	81.51
$F^6=\{\tau_{med},\tau_{rms},k,s,g_m,s_f\}$	90.24	$F^6=\{\tau_{rms},K_R,g_m,g_{rms},k_f,s_f\}$	77.36	81.39
$F^7=\{\tau_{med},k,s,g_m,g_{rms},k_f,s_f\}$	89.86	$F^7=\{\tau_{rms},k,K_R,g_m,g_{rms},k_f,s_f\}$	78.72	81.32
$F^8=\{\tau_{med},\tau_{rms},k,s,g_m,g_{rms},k_f,s_f\}$	82.09	$F^8=\{\tau_{med},\tau_{rms},k,K_R,g_m,g_{rms},k_f,s_f\}$	79.68	81.27
$F^9=\{\tau_{med},\tau_{rms},k,s,K_R,g_m,g_{rms},k_f,s_f\}$				89.38
最优特征集		$F^4=\{\tau_{med},\tau_{rms},s,g_m\}$		
最优精度		90.68%		

表 4.14　AGNES 层次聚类算法

最优特征组合	最优精度(%)	最差特征组合	最差精度(%)	平均精度(%)
$F^2=\{s,g_m\}$	90.07	$F^2=\{g_m,k_f\}$	55.05	75.53
$F^3=\{s,g_m,k_f\}$	89.84	$F^3=\{\tau_{med},K_R,k_f\}$	55.01	80.94
$F^4=\{k,s,g_m,k_f\}$	89.88	$F^4=\{\tau_{med},k,K_R,k_f\}$	55.56	84.06
$F^5=\{k,s,g_m,g_{rms},k_f\}$	89.79	$F^5=\{\tau_{med},k,K_R,g_m,k_f\}$	56.74	85.78
$F^6=\{\tau_{med},k,s,g_m,k_f,s_f\}$	88.75	$F^6=\{\tau_{rms},k,s,g_{rms},k_f,s_f\}$	76.66	86.59
$F^7=\{\tau_{rms},k,s,K_R,g_m,g_{rms},s_f\}$	88.62	$F^7=\{\tau_{rms},k,s,K_R,g_{rms},k_f,s_f\}$	81.21	87.06
$F^8=\{\tau_{med},\tau_{rms},s,K_R,g_m,g_{rms},k_f,s_f\}$	88.54	$F^8=\{\tau_{med},\tau_{rms},k,s,g_m,g_{rms},k_f,s_f\}$	82.81	87.44
$F^9=\{\tau_{med},\tau_{rms},k,s,K_R,g_m,g_{rms},k_f,s_f\}$				88.15
最优特征集		$F^2=\{s,g_m\}$		
最优精度		90.07%		

由表 4.12 至表 4.14 可知，k 均值聚类算法在 $F^2=\{s,g_m\}$ 特征集下取得最优的精度，最优精度为 90.98%，GMM 聚类算法在特征集 $F^4=\{\tau_{med},\tau_{rms},s,g_m\}$ 下取得最优的精度，最优精度为 90.68%，AGNES 层次聚类算法在特征集 $F^2=\{s,g_m\}$ 下取得最优的精度，最优精度为 90.07%。

三类无监督算法均具有良好的表现性能，但在运算复杂度上存在较大区别：k 均值聚类算法的时间复杂度主要与样本的特征维数 i 相关，并随度量准则的不同而不同，在最优的余弦距离准则下，该算法的时间复杂度与特征维数和样本规模线性相关，本节对应用于声信号

NLOS 识别的 k 均值聚类算法进行距离准则、聚类样本规模及特征维度三个参数优化，使算法具有较低的时间复杂度，同时具备令人满意的精度；GMM 求解其后验参数时利用 EM 迭代求解，时间复杂度较高，且在计算协方差矩阵时，若输入数据重叠或包含非独立项，将导致计算终止，因此较 k 均值聚类而言，其要求极为苛刻；层次聚类算法对类进行合并后将在新的类上进行下一步计算，算法不可逆且由于合并需要检查和估算大量的对象，可伸缩性差，多与其他算法结合运用。因此，可以认为基于 k 均值的无监督聚类算法在实际应用上表现较好。

4.4.4 无先验信息的声信号 NLOS 识别策略

4.4.4.1 问题描述

利用机器学习的声信号 NLOS 识别方法，均需要先为学习器提供必要的先验信息，学习器才能将分类的样本进行标定。尽管无监督学习所需的包含先验信息的样本数量极少，但这一需求使得基于声音的定位系统在工作前，必须先按照一定的方法进行数据采集并进行样本标定，增加了定位系统使用的复杂性，不利于定位系统的普及推广。面向无先验信息的样本集，基于贝叶斯决策的无先验信息 NLOS 识别，获取聚类结果标签，简化声音定位系统的使用。

本书考虑声信号类型仅为 LOS 聚类集与 NLOS 聚类集两种聚类结果，聚类算法根据样本集特征，将样本集分为两类样本，样本具体属于哪一种类型并不知晓，可以确定的是其聚类结果仅存在图 4.26 所示的四种情形。为判别样本所属的情形，可运用基于类别特征的贝叶斯决策来获取类别标签信息。

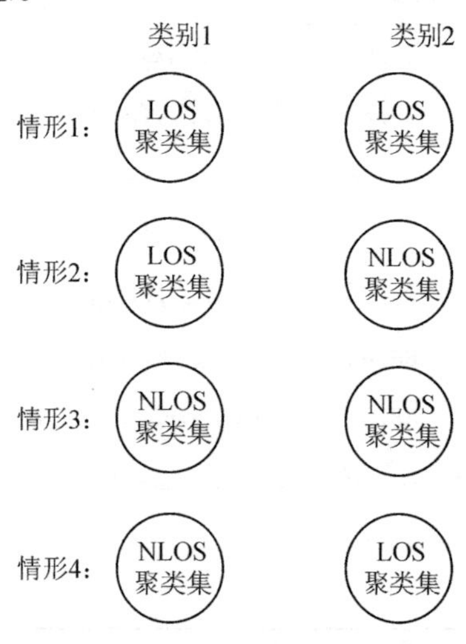

图 4.26 无先验信息的聚类

4.4.4.2 实验方法

为利用定位连续性特征衡量两种类别之间的差异性，需将目标进行一次定位所用的四路接收信号划分到一组并与轨迹步数对应保存，为此本节进行如下实验：为分析基于轨迹的 NLOS 识别方法的有效性，选择教室、大厅及走廊三种场景进行采集数据，定位从大厅场景开始，按照设计的移动轨迹进行采样，之后经过走廊进入教室，三种场景如图 4.2 所示。

信标作为声信号广播设备，布置在距离地面 1.7 m 高度的适合位置，人体手持声接收设备，在室内空间内按照 1.1～1.5 m/s 的步行速度匀速移动。将定位系统的信号采集时间设置为每 0.5 s 采集一次信号。实验过程中，目标的真实移动轨迹见图 4.27，每组样本为四路信号，在此三种场景下，共采集样本 131 组，包含 524 个信号样本。

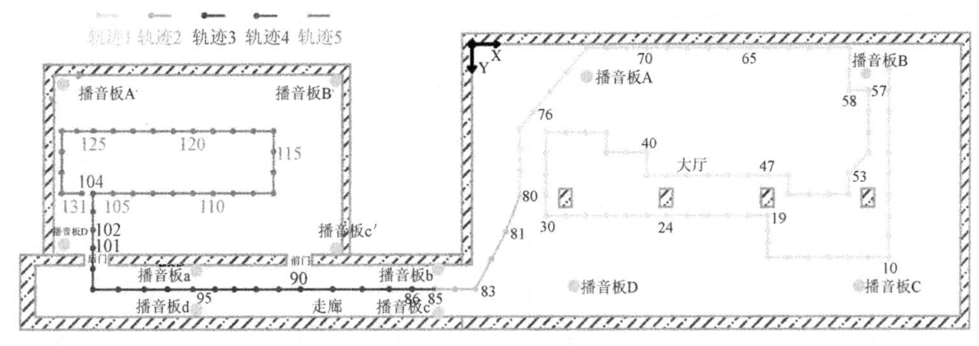

图 4.27　目标移动轨迹

4.4.4.3　聚类集差异评价

为了准确区分两个类别的差异，可通过如下特征来对两种类别进行对比。

1. 信标距离特征

在信号遮挡情况下，由于 LOS 路径被阻断使得采用 TOA 估计的目标与信标距离和实际距离存在较大差异，基于此特征分析两者之间的差异。假设定位系统在目标移动过程是恒速且连续的。通常情况下，当信标与目标之间为 LOS 信号，测距误差分布符合高斯分布 $N(\mu_{LOS}, \sigma_{LOS}^2)$。相反地，如果样本集中的数据是 NLOS 路径数据，其测距误差分布符合 $N(\mu_{NLOS}, \sigma_{NLOS}^2)$，采用 NLOS 信号作为定位数据，遮挡程度变化大，使得测量距离非负，且偏差存在较大变化，因此采用 NLOS 估算距离将体现在相邻时刻信标与目标的距离产生突变，使得距离误差增大，其分布参数关系符合 $\mu_{NLOS} > \mu_{LOS}, \sigma_{NLOS}^2 > \sigma_{LOS}^2$，因此可将距离变化作为分类特征，距离特征可表述为相邻位置的距离标准差：

$$\sigma = \sqrt{\frac{\sum_{i=2}^{n} (\hat{d}_i - \hat{d}_{i-1})^2}{n-1}} \tag{4.61}$$

式中，n 为聚类集大小。

针对上述问题，根据实验所采集的数据进行仿真验证。采用未聚类数据计算得到目标与信标距离随时间变化见图 4.28。由图 4.28 可以看出，在信号遮挡较少的区域，不存在 NLOS 信号或遮挡较少，距离估计影响较小时，路径相邻点的距离变化较小，相邻两个样本之间的距离差较小，相反，当遮挡较为严重时，相邻点之间的距离跳变巨大。

2. 定位连续性特征

与距离特征相似，当目标在室内的移动轨迹是连续的，目标定位位置的连续性亦可表征信号的连续性。当使用 LOS 信号作为定位数据时，目标与信标之间的距离较为准确，利用 TOA 定位方法计算目标位置信息，其定位的轨迹连续性较好。相反地，采用 NLOS 样本作为定位数据时，由于目标距离的变化，目标位置信息将发生距离较大的跳变，因此，定位轨迹的连续性可用于评价信号特征。

图 4.29 所示的定位轨迹是采用大厅场景下采集的信号，其信号样本未经过聚类，对其进行声信道第一径时延估计，并利用 TOA 定位方法获得目标的位置信息。

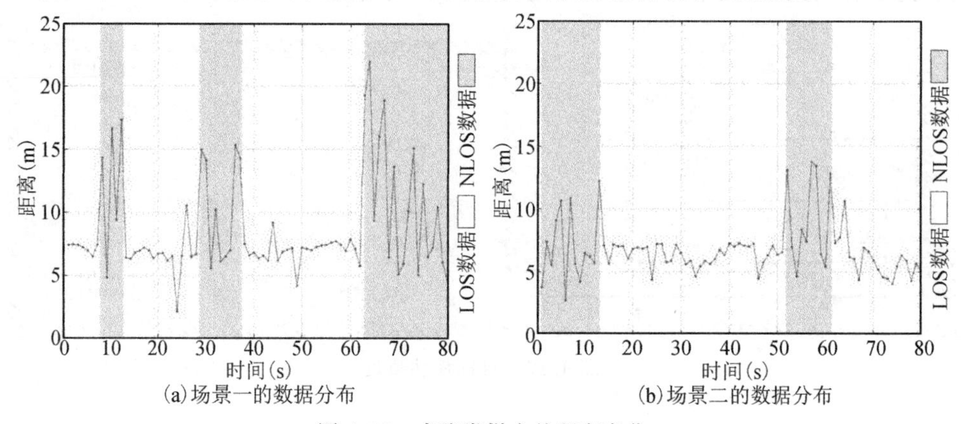

图 4.28 未聚类样本的距离变化

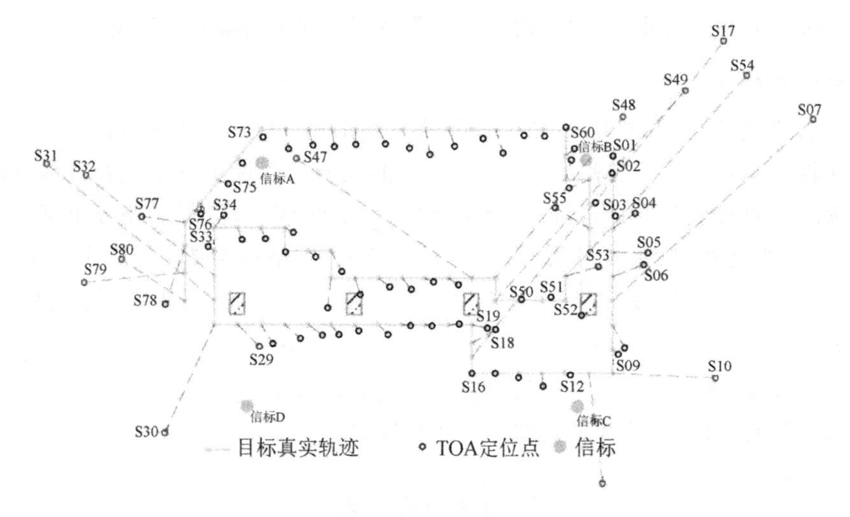

图 4.29 大厅场景未聚类样本定位轨迹

从图 4.29 中可以看出如下特征：

(1)由于遮挡信号未被剔除，采用所有信号进行定位所获得的轨迹中，部分定位点与真实位置之间相差较大，相邻定位点之间的跳变较大；

(2)当目标位于其真实位置时，由于信标与目标之间的遮挡较少，即 LOS 路径信号较多，因此定位位置相对准确，例如定位点 S16、S60 等；

(3)当目标位于其真实位置时，由于目标与一部分信标之间存在遮挡，即信号中存在一部分 NLOS 信号，因此定位位置存在一定的误差，如定位点 S04、S05、S06，其与信标 D 的信号被遮挡，第一径时延估计较大，即目标与信标 D 之间的距离偏大，导致定位位置存在一定误差；

(4)当目标位于其真实位置时,由于目标与多路信标之间存在遮挡,NLOS信号较多,因此其定位位置严重偏离其真实位置,如定位点S07,由于其与信号标签A、D的信号被遮挡,因此位置误差较大。

综上所述,当目标在定位空间内的移动可视为匀速且连续时,可根据相邻定位位置之间的差值 $d_{i(i-1)}$ 的稳定性作为定位轨迹连续性的评价指标,相邻两个定位位置间距的表达式为:

$$d_{i(i-1)} = d_{Euc}(\hat{p}_i, \hat{p}_{i-1}) \tag{4.62}$$

式中 d_{Euc} 为欧氏距离,$\hat{p}_i$ 为 i 时刻的位置估计。

3. 聚类集中心距特征

聚类算法用于区分两类样本获得较好的聚类精度,是由于基于LOS样本与NLOS样本特征存在一定的差异性。因此,可以参考 k 均值算法的思想,利用两类数据的分布差异度区分两类数据。若两种类别均为LOS聚类集或NLOS聚类集,则两类别中心距较小,相反,若两类别为LOS聚类集和NLOS聚类集,则类别中心距较大,因此,可将样本中心距作为聚类类别差异的评价标准,用来区分聚类结果属于情形2抑或是属于情形1和情形3,将情形2称为异类别,将情形1和情形3称为同类别。

4.4.4.4　簇类标签信息决策

(1)特征概率决策方法:决策方法需要解决的问题是,在任务相关因素的概率分布已知的情况下,考虑怎样结合已知的概率,给出最优的分类结果,图4.30所给出的三种情形明确了聚类结果所属的类型。

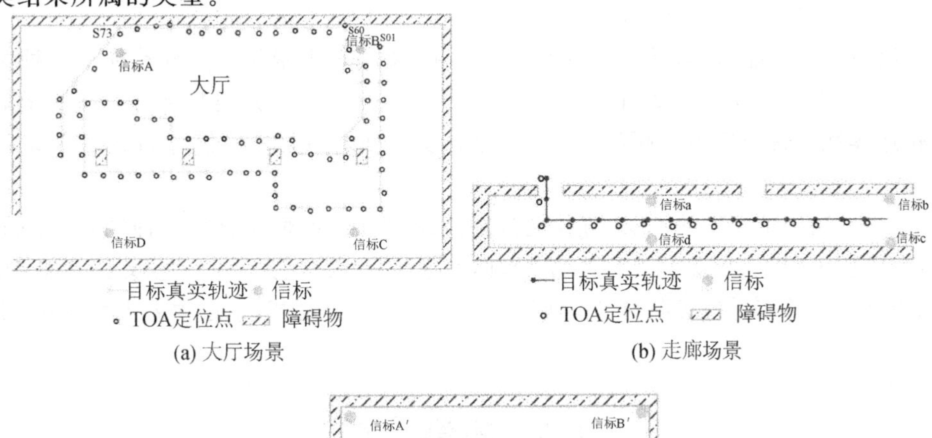

(a) 大厅场景　(b) 走廊场景

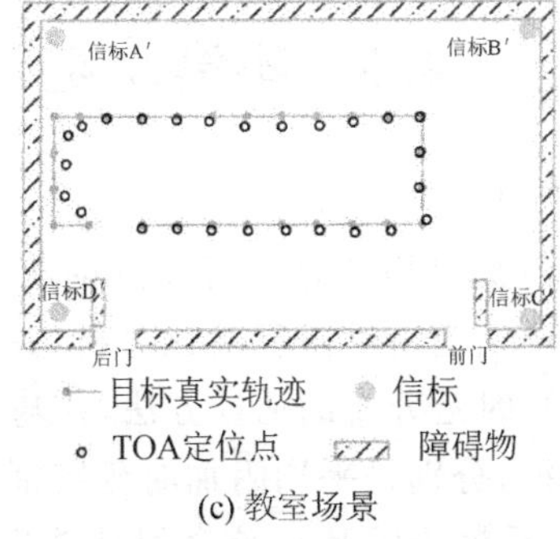

(c) 教室场景

图4.30　采用LOS信号定位轨迹

针对样本类别的距离特征，假设其信标距离特征、定位连续性特征分布符合高斯分布 $N(\mu_{c_1},\sigma_{c_1}^2)$、$N(\mu_{c_2},\sigma_{c_2}^2)$，根据所述两类别的特征，估计距离标准差、定位连续性特征的概率函数为：

$$\begin{cases} p_{c_1}(\boldsymbol{x})=\dfrac{1}{\sigma_{c_1}\sqrt{2\pi}}\mathrm{e}^{-\frac{(x-\mu_{c_1})^2}{2\sigma_{c_1}^2}} \\ p_{c_2}(\boldsymbol{x})=\dfrac{1}{\sigma_{c_2}\sqrt{2\pi}}\mathrm{e}^{-\frac{(x-\mu_{c_2})^2}{2\sigma_{c_2}^2}} \end{cases} \tag{4.63}$$

根据实验过程中恒速移动的实验条件可以得到数学期望 μ_{c_1}、μ_{c_2} 的经验值，因此可以获取类别距离特征与定位连续性特征的概率，并设定 LOS 样本联合置信概率为 0.8。

利用图 4.30 所示的场景数据聚类可以得到聚类集中心距，获得经验阈值 $T_c=\max(c_1,c_2)+\min(c_1,c_2)/2$，$T_c$ 是同类别与异类别的分类阈值，当距离集中心距 d_c 靠近 T_c，则样本中心距处于同类别与异类别的临界状态，将经验阈值作为参考点，设定边界调整系数 ε，有如下两种事件：

$$\begin{aligned} H_0:&\quad d_c\geqslant T_c(1+\varepsilon) \\ H_1:&\quad d_c\leqslant T_c(1+\varepsilon) \end{aligned} \tag{4.64}$$

事件 H_0 指两类样本中心间距大，属于异类别；事件 H_1 指两类样本间中心距小，属于同类别。当 $d_c\leqslant T_c(1+\varepsilon)$ 且 $[p_d(\boldsymbol{x})+p_l(\boldsymbol{x})]/2\geqslant 0.8$ 时，两簇类别均为 LOS；当 $d_c\leqslant T(1-\varepsilon)$ 且 $[p_d(\boldsymbol{x})+p_l(\boldsymbol{x})]/2<0.8$ 时，两簇类均为 NLOS；当 $d_c\geqslant T(1+\varepsilon)$ 且若 $[p_{c_1}(\boldsymbol{x})+p_{c_2}(\boldsymbol{x})]/2\geqslant 0.8$ 时，两簇类相同，均为 LOS；相反地，当 $d_c\geqslant T(1+\varepsilon)$ 且 $[p_{c_1}(x)+p_{c_2}(x)]/2<0.8$ 时，两簇类均为 NLOS。

(2)决策方法性能：根据场景样本的聚类结果，采用三类聚类集差异特征在三种场景下获得 94.43%的平均分类精度，且在三种场景下均获得良好的分类精度，因此，基于信标距离、定位连续性及聚类集中心距特征，采用特征概率决策的无先验信息的 NLOS 识别是有效的。

采用贝叶斯决策获得的 LOS 信号进行定位，在大厅、走廊及教室三种场景下的定位轨迹与真实轨迹见图 4.30，剔除 NLOS 信号，即信标与目标之间遮挡时的误差距离被剔除，仅采用 LOS 信号进行定位，获得的定位轨迹与真实轨迹拟合度高，定位误差大大减小，定位精度约 0.4 m。

4.5 本章小结

本章针对声信号的非视距识别问题，介绍了基于监督学习、半监督学习和无监督学习的方法，为后续的鲁棒非视距定位提供距离量测可靠度的相关信息。首先对室内声音传播在 LOS 情况与 NLOS 情况下的声信道特性进行对比分析，并给出两者的差异。随后介绍了基于互相关方法的信道相对增益-时延分布的估计方法，并基于该方法将两类场景声信道的差异特征化，进而提取了 9 类特征，分别是平均附加时延特征 τ_{med}，均方根时延特征 τ_{rms}，峰度特征 k，偏度特征 s，Rician K 系数特征 K_R，信道相对增益频数的平均附加增益 g_m，频数的

均方根 g_{rms}，频数的峰度 k_f，以及频数的偏度 k_s，为声信号非视距识别提供数据支撑。基于在浙江大学工控新楼的大厅、办公室、休息大厅，浙大求是村地下停车场，长安大学的教室和走廊等场景所采集的 2 万多组数据集，采用常用的基于监督学习、半监督学习以及非监督学习的分类器对声信号 NLOS 量测进行非视距识别，对基于声信道统计特征的识别方法及 9 类特征值的有效性进行验证，并给出对应的最优分类器。在准确度评价指标下，交叉验证的结果表明：基于监督学习的最优分类器为基于 RBF 的 SVM 分类器，它具有最高的识别准确度；基于半监督学习的最优分类器为 LPA－SVM 分类器；基于无监督学习的三种聚类算法均具有相近的分类准确度，GMM 聚类具有相对高的准确度和较低的计算复杂度。最后，介绍了无先验信息条件下的声信号 NLOS 识别策略。无监督学习需要极少量带有标签信息的样本，在实际运用场景中，事先获得带标记的样本往往无法实现，这将极大地提高系统的应用成本和部署复杂度，采用贝叶斯决策获取聚类结果的标签信息，可以克服这一缺陷，降低系统的使用条件，有助于推动基于声音的复杂室内环境定位系统的发展应用。

参考文献

[1] CHAN Y T, TSUI W Y, SO H C, et al. Time - of - arrival based localization under NLOS conditions[J]. IEEE Transactions on Vehicular Technology, 2006, 55(1): 17 - 24.

[2] PACKI F, HANEBECK U D. Robust NLOS discrimination for range - based acoustic pose tracking[C]//2012 15th International Conference on Information Fusion. IEEE, 2012: 1601 - 1608.

[3] GÜVENÇ İ, CHONG C C, WATANABE F, et al. NLOS identification and weighted least - squares localization for UWB systems using multipath channel statistics[J]. EURASIP Journal on Advances in Signal Processing, 2007, 2008: 1 - 14.

[4] HÖFLINGER F, ZHANG R, HOPPE J, et al. Acoustic self - calibrating system for indoor smartphone tracking (assist)[C]//2012 international conference on indoor positioning and indoor navigation (IPIN). IEEE, 2012: 1 - 9.

[5] DOUKAS A, KALIVAS G. Rician K factor estimation for wireless communication systems[C]//2006 International Conference on Wireless and Mobile Communications (ICWMC'06). IEEE, 2006: 69.

[6] XIAO C, ZHENG Y R, BEAULIEU N C. Novel sum - of - sinusoids simulation models for Rayleigh and Rician fading channels[J]. IEEE Transactions on Wireless Communications, 2006, 5(12): 3667 - 3679.

[7] XU W, WANG Z, ZEKAVAT S A R. Non - line - of - sight identification via phase difference statistics across two - antenna elements[J]. IET Communications, 2011, 5 (13): 1814 - 1822.

[8] 李航. 统计学习方法[M]. 北京：清华大学出版社，2012.

[9] MITCHELL T M. Chapter 3: Generative and discriminative classifiers: Naïve Bayes and logistic regression. In: Machine Learning. Draft of February [EB/OL]. (2016 -01 - 01)

[2023-03-02]. http://www.cs.cmu.edu/~tom/mlbook/NBayesLogReg.pdf

[10] 王海珍. 基于 LDA 的人脸识别技术研究[D]. 西安:西安电子科技大学, 2010.

[11] CORTES C, VAPNIK V. Support-vector networks[J]. Machine Learning, 1995, 20: 273-297.

[12] WANG X, BI D, DING L, et al. Agent collaborative target localization and classification in wireless sensor networks[J]. Sensors, 2007, 7(8): 1359-1386.

[13] HOSSIN M, SULAIMAN M N. A review on evaluation metrics for data classification evaluations[J]. International Journal of Data Mining & Knowledge Management Process, 2015, 5(2): 1-11.

[14] JOSHI M V. On evaluating performance of classifiers for rare classes[C]//2002 IEEE International Conference on Data Mining, 2002. Proceedings. IEEE, 2002: 641-644.

[15] LI Y F, KWOK J, ZHOU Z H. Cost-sensitive semi-supervised support vector machine[C]//Proceedings of the AAAI Conference on Artificial Intelligence, 2010, 24(1): 500-505.

[16] ZHU Z, DAI D, DING Y, et al. Employing emotion keywords to improve cross-domain sentiment classification [C]//Chinese Lexical Semantics: 13th Workshop, CLSW 2012, Wuhan, China, July 6-8, 2012, Revised Selected Papers 13. Berlin Heidelberg: Springer, 2013: 64-71.

[17] ZHOU Z H, LI M. Tri-training: Exploiting unlabeled data using three classifiers[J]. IEEE Transactions on Knowledge and Data Engineering, 2005, 17(11): 1529-1541.

[18] CHANG J M, FLODEN E W, HERRERO J, et al. Incorporating alignment uncertainty into Felsenstein's phylogenetic bootstrap to improve its reliability[J]. Bioinformatics, 2021, 37(11): 1506-1514.

[19] FRIEDMAN M. Application of test of adrenocortical sensitivity to bioassay of ACTH and to assessment of possible altered adrenocortical sensitivity[J]. Archives of Disease in Childhood, 1969, 44(238): 780-780.

[20] DIETTERICH T G. Approximate statistical tests for comparing supervised classification learning algorithms[J]. Neural Computation, 1998, 10(7): 1895-1923.

[21] 周志华. 机器学习[M]. 北京: 清华大学出版社, 2016: 48-73.

[22] BRODINOVÁ Š, FILZMOSER P, ORTNER T, et al. Robust and sparse k-means clustering for high-dimensional data[J]. Advances in Data Analysis and Classification, 2019, 13: 905-932.

[23] 谢娟英, 王艳娥. 最小方差优化初始聚类中心的 K-means 算法[J]. 计算机工程, 2014, 40(8):205-205.

[24] 梁盛楠. 基于 EM 算法的高斯混合模型参数估计[J]. 黔南民族师范学院学报, 2020(4):5-8.

[25] 陈德军, 刘冬, 郭南彬, 等. 基于层次聚类自动巡航的港区船舶碰撞危险识别方法研究[J]. 武汉理工大学学报(交通科学与工程版), 2017, 41(1):12-16.

第5章　室内遮挡定位

第4章中介绍了基于声信号信道统计特征的NLOS识别技术。该方法是本章NLOS/LOS混合复杂环境下目标定位的基础。本章将详述如何利用NLOS识别的结果，制定目标定位的策略，具体流程见图5.1。在“离线阶段”，通过第4章所介绍的方法获得NLOS分类器的模型。“在线阶段”首先对所采集到的声信号进行特征提取，通过NLOS分类器模型进行识别和剔除。同时，获得距离及速度量测信息，最后结合滤波及追踪算法实现室内遮挡定位。

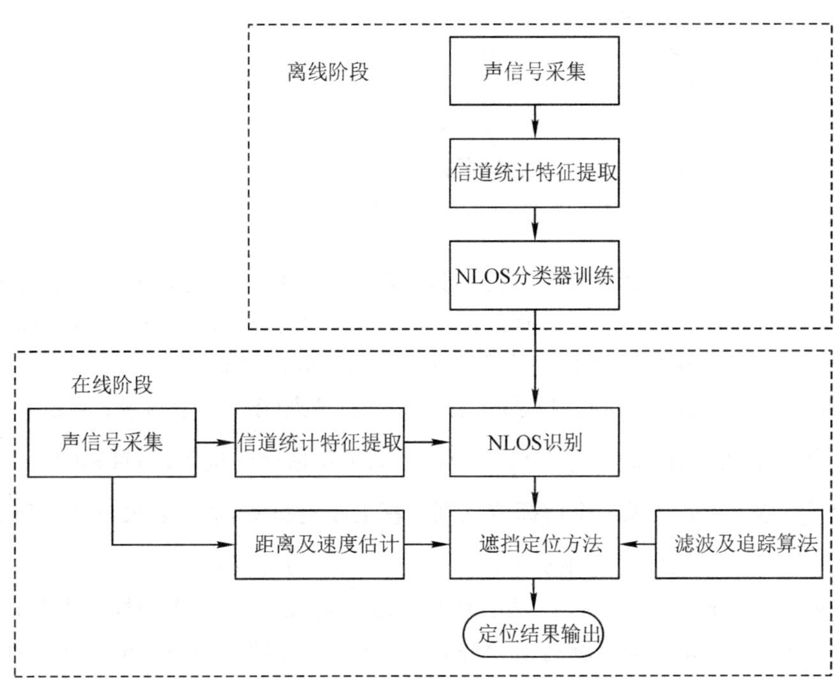

图5.1　基于NLOS识别的定位策略流程

5.1　遮挡定位问题描述

一般来说，在一个定位系统中有两种节点：一种是位置已知的信标节点（beacon），信标节点都是预先设置，位置校准的；另一种是位置未知的目标节点（target），其位置需要通过和信标节点之间的信号交互来估计，见图5.2。本章采用基于测距的定位算法。整个定位过程分为两个阶段：首先，需要得到精确的距离量测，即估计两个节点之间的距离；再次，需要定位算法，即从已知节点的位置和距离量测得到几个交叉点的平均值来确定未知节点的位置。

传统的定位算法都是基于 LOS 环境(图 5.2 中 B2、B4、B5、B6 信标节点与目标节点信号交互的直接路径存在),一般认为量测误差是服从均值为 0、标准差很小的高斯白噪声。然而,图 5.2 中,B1 和 B3 的直接信号路径被遮挡,造成了 NLOS 现象。这两个信标节点只能与目标通过反射路径交互,而反射路径一般比直接路径长,这样就引入很大的测距误差,直接使用这些 NLOS 量测会对定位精度造成很严重的影响。

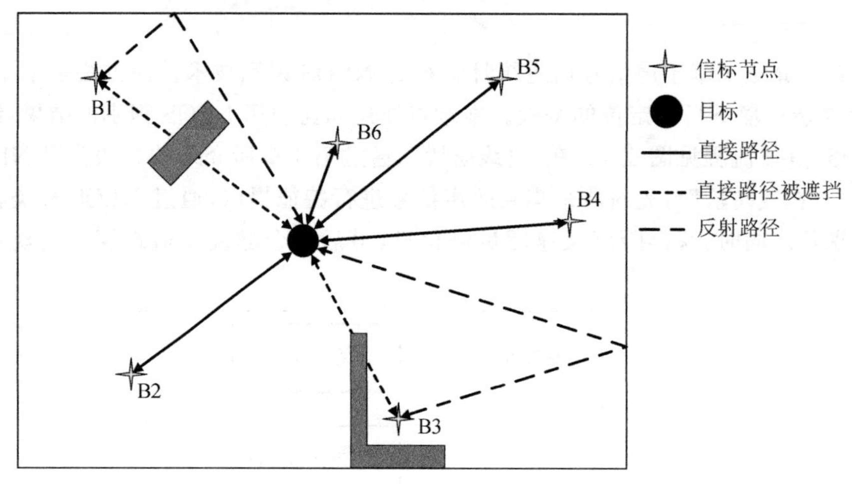

图 5.2 NLOS 环境下目标定位示意图

为了简化室内智能移动终端遮挡定位问题,假设在定位实施过程中用户手持智能终端,并在同一楼层的室内环境中,且将目标的高度假设为定值。同时,假设单次定位时的基站数量不少于 3 个。另外,视距情况下的距离量测误差服从高斯分布。

考虑图 5.3 所示的一个二维定位系统,有 N 个信标节点(图 5.3 中 $N=3$),$\boldsymbol{a}_i=[a_{x,i},a_{y,i}]^{\mathrm{T}}$ 为第 i 个信标节点的位置,$\hat{\boldsymbol{p}}=[\hat{p}_x,\hat{p}_y]^{\mathrm{T}}$ 为目标的定位估计的位置,而目标的真实位置则用 $\boldsymbol{p}=[p_x,p_y]^{\mathrm{T}}$ 表示。$\hat{d}_i$ 为第 i 个信标节点到目标的距离量测,通常建模成如下所示:

$$\hat{d}_i=d_i+b_i+n_i=c_s t_i\,,\quad i=1,2,\cdots,N \tag{5.1}$$

其中,t_i 是第 i 信标节点的 TOA,c_s 是信号的传播速度,d_i 为第 i 个信标节点与目标之间的真实距离。$n_i\sim\mathcal{N}(0,\sigma_i^2)$ 是量测高斯白噪声,b_i 是由直接路径被遮挡所产生的距离量测偏差:

$$b_i=\begin{cases}0 & \text{if } i\text{th beacon is LOS}\\ \varphi_i & \text{if } i\text{th beacon is NLOS}\end{cases} \tag{5.2}$$

对于 NLOS 节点,偏差项 φ_i 恒为正,在以往的文献中被建模成各种分布,有指数分布[1]、均匀分布[2,3]、高斯分布[4]或者基于数据历史分布[5]。总的来说,量测模型依靠无线传播信道特性。

将真实距离、量测距离、NLOS 偏差和量测噪声写成向量形式,分别如下:

$$\boldsymbol{d}=[d_1,d_2,\cdots,d_N]^{\mathrm{T}} \tag{5.3}$$

$$\hat{\boldsymbol{d}}=[\hat{d}_1,\hat{d}_2,\cdots,\hat{d}_N]^{\mathrm{T}} \tag{5.4}$$

$$\boldsymbol{b}=[b_1,b_2,\cdots,b_N]^{\mathrm{T}} \tag{5.5}$$

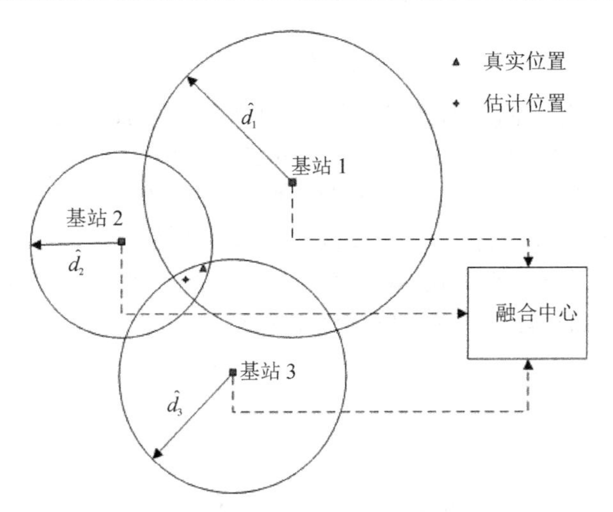

图 5.3　TOA 量测转化为定位估计的算法场景

$$\boldsymbol{Q} = \text{diag}\ [\sigma_1^2, \sigma_2^2, \cdots, \sigma_N^2]^{\mathrm{T}} \tag{5.6}$$

在没有噪声和 NLOS 偏差的理想情况下，第 i 个信标节点与目标之间的关系可以表示为一个以该信标节点为圆心、d_i 为半径的圆，圆周上任意一点为目标的可能位置。理想情况下，各个量测圆交汇于同一点，各个表达式的解为目标的位置：

$$(p_x - a_{x,i})^2 + (p_y - a_{y,i})^2 = d_i^2,\ i = 1,2,\cdots,N \tag{5.7}$$

然而，量测噪声和 NLOS 偏差的存在使得各个量测圆不交汇于一点，导致了以下的非一致量测等式：

$$(p_x - a_{x,i})^2 + (p_y - a_{y,i})^2 = \hat{d}_i^2,\ i = 1,2,\cdots,N \tag{5.8}$$

基于 TOA 的定位估计问题就可以定义为用一组带有量测噪声（或许还存在 NLOS 偏差）的距离量测和相应的信标节点位置，列出一组如(5.8)的等式，利用不同的定位技术实现在 LOS 或者 NLOS 环境下进行目标位置的参数估计。

将距离转化为目标位置的估计算法基本可以分为两大类：一类是最大似然估计（maximum likelihood，ML）估计器，即基于量测噪声为高斯白噪声的贝叶斯无偏估计，在 LOS 环境下可以认为是最优估计，但求解过程复杂度较高。另一类是伪线性最小二乘（linear least squares，LLS）估计器，在没有量测概率分布的先验条件下，最小二乘是最常用的估计方法。常用的线性化方法有泰勒展开法[6]和选择参考点相减消除非线性项的方式[7-9]。

在没有 NLOS 偏差的情况下（$b_i = 0$，for all i），得到条件概率密度，如式(5.9)：

$$P(\hat{\boldsymbol{d}} \mid \boldsymbol{p}) = \prod_{i=1}^{N} \frac{1}{\sqrt{2\pi\sigma_i^2}} \exp\left\{-\frac{(\hat{d}_i - d_i)^2}{2\sigma_i^2}\right\} \tag{5.9}$$

所以，ML 估计的解为最大化条件概率 $P(\hat{\boldsymbol{d}} \mid \boldsymbol{p})$，即：

$$\hat{\boldsymbol{p}}^{ML} = \arg\min_{p} P(\hat{\boldsymbol{d}} \mid \boldsymbol{p}) \tag{5.10}$$

目标的位置估计结果为 $\hat{\boldsymbol{p}}^{ML}$。

在没有 NLOS 偏差的情况下，应用最小二乘法：

$$\boldsymbol{p} = \arg\min_{\boldsymbol{p}} \left\{ \sum_{i=1}^{N} \beta_i \left(\hat{d}_i - \| \boldsymbol{p} - \boldsymbol{a}_i \| \right)^2 \right\} \tag{5.11}$$

权重 β_i 可以用来表示各量测链路的可靠性，这样就构成了加权最小二乘（weighted least square，WLS）。当没有可靠性信息时，$\beta_i = 1$，for all i。此外，从式(5.11)可以看出其中带有 x 和 y 的平方项，最小化式(5.11)需要采用数值搜索方法（例如最速下降法或牛顿梯度法），而这类方法需要一个很好的初值以避免收敛到局部最优[10]。另外一个解决这种非线性问题的方式是固定(5.8)中第 r 个等式，减去剩下的等式 $i = 1,2,\cdots,N(i \neq r)$，以此来消除 x 和 y 的平方项[2,9]，重新整理这些项，得到伪线性模型：

$$\boldsymbol{A}\boldsymbol{p} = \frac{1}{2}\boldsymbol{s} \tag{5.12}$$

其中

$$\boldsymbol{A} = \begin{bmatrix} a_{x,1} - a_{x,r} & a_{y,1} - a_{y,r} \\ a_{x,2} - a_{x,r} & a_{y,2} - a_{y,r} \\ \vdots & \vdots \\ a_{x,N} - a_{x,r} & a_{y,N} - a_{y,r} \end{bmatrix}, \boldsymbol{s} = \begin{bmatrix} \hat{d}_1^2 - \hat{d}_r^2 - a_{x,1}^2 + a_{x,r}^2 - a_{y,1}^2 + a_{y,r}^2 \\ \hat{d}_2^2 - \hat{d}_r^2 - a_{x,2}^2 + a_{x,r}^2 - a_{y,2}^2 + a_{y,r}^2 \\ \vdots \\ \hat{d}_{N-1}^2 - \hat{d}_r^2 - a_{x,N}^2 + a_{x,r}^2 - a_{y,N}^2 + a_{y,r}^2 \end{bmatrix} \tag{5.13}$$

$$\hat{\boldsymbol{p}}^{LS} = (\boldsymbol{A}^{\mathrm{T}}\boldsymbol{A})^{-1}\boldsymbol{A}^{\mathrm{T}}\boldsymbol{s} \tag{5.14}$$

目标的定位结果为 $\hat{\boldsymbol{p}}^{LS}$，详细推导过程可见参考文献[7－9]。

然而，几乎所有基于 TOA 的定位估计算法都是基于量测都为 LOS 环境下取得的才能应用。在 NLOS 环境下，距离量测往往都带有较大的正向偏差，直接使用传统的定位估计算法会使定位精度急剧下降，因此需要针对 NLOS 量测的定位技术。本章以下部分将详述两种针对 NLOS/LOS 混合环境下的定位策略，并且在 LOS 量测不足的情况下，介绍基于 NLOS 地图匹配的粒子滤波定位策略。

5.2 基于识别与剔除的遮挡定位方法

5.2.1 NLOS/LOS 环境下静态目标定位策略

5.2.1.1 基于 NLOS 识别剔除的定位策略

在定位算法运行之前，对各个节点的量测进行如第 4 章所叙述的 NLOS 识别算法，然后将识别结果为 NLOS 的量测直接剔除，定位算法里只用到 LOS 量测的方法是理解起来最为直观的 NLOS 定位策略。考虑式(5.11)中的基于 LS 的定位估计模型，基于 NLOS 识别丢弃的定位策略可以在权值 β_i 上体现（identification－based WLS，I－WLS），将权值设为：

$$\beta_i = \begin{cases} 0 & \text{if identified as NLOS} \\ 1 & \text{if identified as LOS} \end{cases} \tag{5.15}$$

当识别为 LOS 的量测数量大于 3 个（即 $N_{LOS} \geqslant 3$），可以直接将识别的 LOS 量测采用文献[8]提到的 RS－MR 的 LLS 定位估计算法来对目标位置进行估计。S. Wu 等人[8]已经证明 RS－MR 在所有 LLS 算法中表现最优。

这种基于 NLOS 识别丢弃的定位策略的风险主要是因为 NLOS 识别有差错率，再完美的分类器也不可能达到 100％的识别率。由第 4 章可知，NLOS 识别分类在以 RBF 为核函数的 SVM 分类器以 $\{\tau_{med},\tau_{rms},k,g_m,g_{rms}\}$ 为特征集时，达到最优的识别结果。如不做特殊说明，本章所有的定位/跟踪策略中应用的 NLOS 识别分类都基于这个特征集和分类器。

5.2.1.2　基于 NLOS 后验概率的 WLS 定位策略

如文献[11]所讨论的，在没有任何关于 NLOS 偏差的先验知识时，上文中提到的直接对 NLOS 识别之后进行剔除是使定位估计 CRLB 达到最小的方法。但是事实是，NLOS 识别率并不可能完全 100％。此外，也有文献指出，在 LOS/NLOS 混合环境中使用 NLOS 量测信息可以提高目标的定位精度[12]。所以，在本小节我们讨论同时使用 LOS 量测和 NLOS 量测实现精确定位的策略。本节介绍一种基于 NLOS 后验概率的 WLS 定位策略。

在式(5.11)基于 LS 的定位估计模型中，基于 NLOS 识别的定位策略中将识别为 LOS 的量测权值置为 $\beta_i=1$，识别为 NLOS 的量测权值置为 $\beta_i=0$，从而剔除 NLOS 量测，在定位估计过程中只使用 LOS 量测。本小节利用 NLOS 后验概率反映量测的可靠性，对较大可能为 LOS 的量测赋予较大的权值，对较大可能为 NLOS 的量测赋予较小的权值，介绍这种 WLS 定位算法。在这种方法中，设计权值 β_i 是 NLOS/LOS 混合环境定位策略的重点。首先，来看一下式(5.11)的线性化模型加上权值矩阵后的模型，即：

$$\boldsymbol{WAp}=\boldsymbol{Ws} \tag{5.16}$$

其中 $\boldsymbol{W}=\mathrm{diag}(\beta_1,\beta_2,\cdots,\beta_{N-1})$ 为 $(N-1)\times(N-1)$ 的对角加权矩阵，r 为参考节点的序号，本节中将 NLOS 后验概率最小的节点(即 LOS 量测可能性最大的节点)作为线性化参考节点。因此，这个 WLS 问题就可以得到解析：

$$\hat{\boldsymbol{p}}=(\boldsymbol{A}^{\mathrm{T}}\boldsymbol{W}^2\boldsymbol{A})^{-1}\boldsymbol{A}^{\mathrm{T}}\boldsymbol{W}^2\boldsymbol{s} \tag{5.17}$$

WLS 的均方根误差可以导出为式(5.18)：

$$\|\boldsymbol{Ws}-\boldsymbol{WAp}\|=\sum_{i=1}^{N-1}\beta_i\left[\hat{d}_i^2-\hat{d}_r^2-a_{x,i}^2+a_{x,r}^2-a_{y,i}^2+a_{y,r}^2+2(a_{x,i}-a_{x,r})p_x+2(a_{y,i}-a_{y,r})p_y\right]^2 \tag{5.18}$$

关于权值 β_i 的取值，S. Gezici 等人[13]采用距离量测方差的倒数作为量测可靠性的依据用于最大似然估计定位算法中。然而，对于静止节点 LOS 量测和 NLOS 量测的方差并无显著差距。所以，单纯地使用量测方差倒数作为加权权值并不能有效地减轻 NLOS 误差对定位结果带来的影响。在这里需要注意到，权值 β_i 依赖 NLOS 偏差和量测噪声等影响，其最优选择问题是一个非凡且无解析解的问题。同时，接收信号信道统计信息中包含了很重要的 LOS/NLOS 量测的特征信息，利用这些信息不仅可以实现 NLOS 量测识别问题，还可以得到量测的 NLOS 后验概率。进而，将这种 NLOS 后验概率转化为权值，应用于 LOS/NLOS 的 WLS 定位算法中，通过设计基于 LOS/NLOS 量测的特征信息的权值策略，以实现 NLOS 误差减轻，获取更加可靠的定位估计结果。

比如朴素贝叶斯分类器本身就是概率型分类器，可以直接得到后验概率。对于像 SVM 这种非概率型分类器，也有相当多的研究成果用于其后验概率的估计。以下对各种分类器的后验概率计算作简单介绍。

朴素贝叶斯分类器的后验概率计算公式为：

$$P_{NLOS}^{Post} = \frac{\pi(Y = c_{NLOS})P(X^1,\cdots,X^n \mid Y = c_{NLOS})}{\pi(Y = c_{NLOS})P(X^1,\cdots,X^n \mid Y = c_{NLOS}) + \pi(Y = c_{LOS})P(X^1,\cdots,X^n \mid Y = c_{LOS})} \tag{5.19}$$

其中，$\pi(Y = c)$ 为各类的先验概率，为训练数据集各类的频率。$P(X^1,\cdots,X^n \mid Y = c)$ 为各类的条件联合概率密度，由训练集数据训练而得。

逻辑斯蒂回归分类器的后验概率计算公式为：

$$P_{NLOS}^{Post} = \frac{\exp(\boldsymbol{w} \cdot x + b)}{1 + \exp(\boldsymbol{w} \cdot x + b)} \tag{5.20}$$

是由样本点处于类 c 中的先验概率和似然概率密度乘积所得。似然概率密度一般表示为均值为 μ_c、协方差为 Σ_c 的多变量正态分布概率密度，如式(5.21)所示：

$$P(x \mid c) = \frac{1}{(2\pi|\Sigma_c|)^{1/2}} \exp\left[-\frac{1}{2}(x - \mu_c)^{\mathrm{T}} \Sigma_c^{-1} (x - \mu_c)\right] \tag{5.21}$$

其中，$|\Sigma_c|$ 是 Σ_c 的行列式，Σ_c^{-1} 是 Σ_c 的逆矩阵。

那么，LDA 的后验概率为：

$$P_{NLOS}^{Post} = \frac{P(c_{NLOS})P(x \mid c_{NLOS})}{\sum P(c)P(x \mid c)} \tag{5.22}$$

其中，$P(c_{NLOS})$ 为 NLOS 类先验概率，由训练数据得到。

标准 SVM 不能直接输出后验概率。然而值得庆幸的是，已经有很多前人对 SVM 后验概率输出模型做了大量的工作，其中最典型的是 J. Platt[14] 于 1999 年提出的 SVM + Sigmoid 函数方法。考虑 SVM 分类器的输出分类评分(classification score)，计算公式见(5.23)。分类评分表示样本 x 到决策边界的带符号距离，取值范围为 $(-\infty, +\infty)$。在使用 SVM 分类时，采用符号函数，分类评分为正数时，表示样本 x 被预测为正类；分类评分为负数时，则表示样本 x 被预测为负类。

$$f(x) = \sum_i y_i \alpha_i \kappa(x_i, x) + b \tag{5.23}$$

在 J. Platt 的方法中，先训练 SVM 模型，再训练 sigmoid 函数的方法，从而实现将 SVM 的输出 $f(x)$ 映射到 sigmoid 概率函数，输出后验概率值：

$$P_{NLOS}^{Post} = \frac{1}{1 + \exp(Af_i + B)} \tag{5.24}$$

其中，A，B 为 sigmoid 函数参数，$f_i = f(x_i)$。

本节以下部分将会详述两种利用 NLOS 后验概率实现加权系数设计策略。

1. 软性加权系数设计

在分类器进行 NLOS 识别阶段，多数分类器会预测出当前样本识别为各个类别的概率，将这种后验概率最大的类作为最终的识别类。在本书的 NLOS 识别问题中，信号只有 NLOS 和 LOS 两类。所以，这两类的概率关系如下：

$$P_{NLOS}^{Post} + P_{LOS}^{Post} = 1 \tag{5.25}$$

对后验概率采取硬判决(hard decision)的方式来识别 NLOS 量测，即 $P_{NLOS}^{Post} > P_{LOS}^{Post}$ 的量测识别为 NLOS。本节的定位策略的思想是将这种 NLOS 信号信息采取软信息的方式，即将分类器预测阶段的 NLOS 概率转化为定位估计算法中的权值系数，使得有 NLOS 倾向的量测权重降低，有 LOS 倾向的量测权重提高。将这种基于 NLOS 后验概率的软性加权系数定位策略称为 SW - WLS(soft weight WLS)，则软性加权系数 SW 可以设计为：

$$\beta_i^{sw} = \ln\left(1 + \frac{P_{LOS}^{Post}}{P_{NLOS}^{Post}}\right) \tag{5.26}$$

这样，NLOS 量测的权重接近于 0，而 LOS 量测的权重接近于 1，使得定位估计更加倚重有 LOS 倾向的量测数据。

由第 4 章可知，NLOS 识别分类在以 RBF 为核函数的 SVM 分类器以 $\{\tau_{med}, \tau_{rms}, k, g_m, g_{rms}\}$ 为特征集时，达到最优的识别结果，本节将使用这个特征集为例来进行说明。对 4.1 中所采集到的信道特征数据集，做简单交叉验证，随机选择 50% 数据为训练集训练分类器，剩下 50% 的数据做验证集，得到 NLOS 后验概率和 β_i 统计直方图见图 5.4。

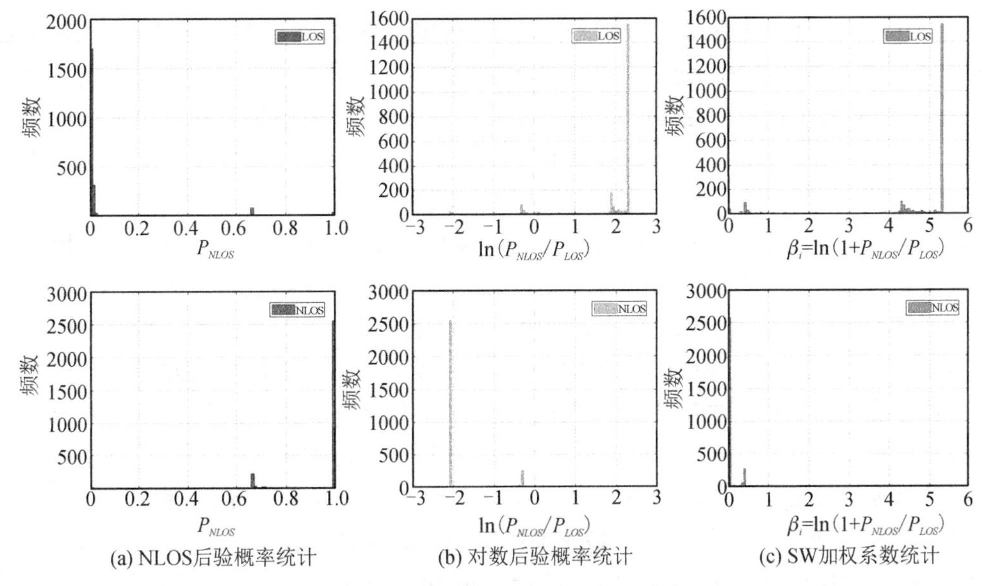

图 5.4　WLS 算法中 NLOS/LOS 指标

2. 硬性加权系数设计

除了上述软性加权系数，我们还可以通过固定权值来提高 WLS 的定位精度，将这种基于 NLOS 后验概率的硬性加权系数称为 HW - WLS(hard weight WLS)。则硬性加权系数 HW 可以设计为：

$$\beta_i^{HW} = \begin{cases} k_1 & \text{if } \ln\left(\dfrac{P_{LOS}^{Post}}{P_{NLOS}^{Post}}\right) \leqslant \Delta_1 \\ k_2 & \text{if } \Delta_1 < \ln\left(\dfrac{P_{LOS}^{Post}}{P_{NLOS}^{Post}}\right) \leqslant \Delta_2 \\ k_3 & \text{if } \ln\left(\dfrac{P_{LOS}^{Post}}{P_{NLOS}^{Post}}\right) > \Delta_1 \end{cases} \tag{5.27}$$

其中，$\Delta_1 < \Delta_2$，$k_1 > k_2 > k_3$，k_1 和 k_3 为 LOS 和 NLOS 的权值，相应地，k_2 是 NLOS 概率落到 Δ_1 和 Δ_2 之间的量测的权值。极端情况下，当 $\Delta_1 = \Delta_2 = 0.5$ 并且取 $k_1 = 1$，$k_2 = 0$ 时，这个硬性加权系数与 5.2.1.1 基于 NLOS 识别剔除的定位策略等价。

5.2.2　NLOS/LOS 环境下移动目标定位策略

目前常用的目标跟踪的滤波方法主要是卡尔曼滤波、扩展卡尔曼滤波、无迹卡尔曼滤波和粒子滤波，这些基于区域的跟踪方法用于解决状态估计问题。卡尔曼滤波算法是目前最优化的线性滤波，国内外学者对卡尔曼滤波进行了大量的研究。N. Petukhov 等人[15]采用卡尔曼滤波算法处理 UWB 的 TOA 测量数据，在实验中验证了该算法的可行性。文献[16]提出了 UWB 和惯性导航系统(inertial navigation system，INS)的目标位置跟踪系统，首先根据卡尔曼滤波算法估计倾斜角信息，然后输入 INS 信息，利用 UWB 结果建立位置误差观测方程，给出卡尔曼滤波求解的目标位置。Xu Zili 等人[17]分析 TOA 定位问题中的晶体振荡器的频率偏移及 GPS 脉冲振动，且以卡尔曼滤波校正 TOA 测量结果。此外，杨海等人[18]于 2016 年提出一种惯性导航辅助声音定位的定位方法，通过卡尔曼滤波方法对定位结果进行融合，实验结果表明优于任一单独跟踪效果。Y. Li 等人[19]于 2016 年提出一种融合 PDR、Wi-Fi 指纹定位和地磁匹配的混合行人定位方法，也获得了更好的定位精度和连续性。但是由于卡尔曼滤波要求运动方程和观测方程是线性高斯的，实际情况中不一定符合线性高斯的要求，所以卡尔曼滤波在工程问题中应用不广泛。

扩展卡尔曼滤波把非线性的运动方程或者观测方程用一阶泰勒线性化，然后用卡尔曼滤波方法进行求解。J. Lategahn 等人[20]提出通过扩展卡尔曼滤波将 UWB/INS 的混合定位系统结果融合，改善了 UWB 在 NLOS 场景下的定位效果。但扩展卡尔曼算法中忽略的高阶项会产生较大的误差，所以该滤波方法的精度较低。无迹卡尔曼滤波通过计算非线性随机变量各阶矩的近似方法解决非线性问题，因此，无迹卡尔曼滤波具有相对高的计算精度，可以达到二阶扩展卡尔曼滤波的效果。杨海等人[21]采用 INS 联合无线传感器网络的方法对移动目标进行定位估计。利用 INS 结果建立卡尔曼滤波系统方程，输入 WSN 结果为观测量。同时，根据惯导系统与无线传感器网络的速度差建立速度误差观测方程，采用了基于 INS/WSN 的模糊自适应卡尔曼滤波(fuzzy adaptive Kalman filter，FAKF)。结果表明，FAKF 方法比卡尔曼滤波和扩展卡尔曼滤波方法具有更好的精度和鲁棒性，对时变系统噪声具有良好的自适应能力。但是如果问题非线性程度较高，无迹卡尔曼滤波依旧无法进行准确拟合。

标准卡尔曼滤波算法是建立在状态空间上的线性高斯滤波算法。但在基于测距的目标定位问题中，滤波器状态变量和目标的位置、速度相关。由前文的定位模型中，我们可知目标的位置 $\boldsymbol{p}=[p_x,p_y]^{\mathrm{T}}$ 与量测 $\hat{\boldsymbol{d}}=[\hat{d}_1,\hat{d}_2,\cdots,\hat{d}_N]^{\mathrm{T}}$ 是非线性关系，如式(5.8)所示，而 NLOS 环境所带来的正向偏差反应在距离量测 $\hat{\boldsymbol{d}}$ 中。为了建立状态变量和量测之间非线性的追踪模型，且要求该模型对 NLOS 环境有足够的鲁棒性，本节介绍两种基于修正扩展卡尔曼滤波(modified extend Kalman filter，MEKF)的 NLOS 误差减轻移动目标追踪方法。

5.2.2.1　问题描述

设状态向量为 $\boldsymbol{x}_k=[p_{x,k},v_{x,k},p_{y,k},v_{y,k}]^{\mathrm{T}}$，$p_{x,k}$，$v_{x,k}$ 表示目标在第 k 时刻 x 方向上的位置和速度，$p_{y,k}$，$v_{y,k}$ 为目标在第 k 时刻 y 方向上的位置和速度，则系统的状态方程和量测方程可以表示为：

$$\boldsymbol{x}_k = f_{k,k-1}(\boldsymbol{x}_{k-1}) + \boldsymbol{\xi}_{k-1} \tag{5.28}$$

$$\boldsymbol{z}_k = h(x_k) + \boldsymbol{\eta}_k \tag{5.29}$$

其中 $\boldsymbol{\xi}_k$，$\boldsymbol{\eta}_k$ 分别为激励噪声和量测噪声，均值为零，协方差矩阵分别为 $\boldsymbol{Q}_k$ 和 $\boldsymbol{R}_k$，$\boldsymbol{z}_k$ 为观测向量。

由于本节中假设目标迅速直线运动，所以状态方程可以转化为线性方程，如下：

$$\boldsymbol{x}_k = \boldsymbol{F}\boldsymbol{x}_{k-1} + \boldsymbol{\xi}_{k-1} \tag{5.30}$$

其中，以 Δt 为采样周期，状态转移矩阵 A 表示为：

$$\boldsymbol{F} = \begin{bmatrix} 1 & \Delta t & 0 & 0 \\ 0 & 1 & 0 & 0 \\ 0 & 0 & 1 & \Delta t \\ 0 & 0 & 0 & 1 \end{bmatrix} \tag{5.31}$$

考虑到量测方程，$\boldsymbol{z}_k$ 为观测向量，在本节中是来自各个信标的距离量测。

$$h(\boldsymbol{x}_k) = [d_{1,k}, d_{2,k}, \cdots, d_{N,k}]^{\mathrm{T}} \tag{5.32}$$

$$\boldsymbol{z}_k = [\hat{d}_{1,k}, \hat{d}_{2,k}, \cdots, \hat{d}_{N,k}]^{\mathrm{T}} \tag{5.33}$$

则量测方程可以具体展开为：

$$\boldsymbol{z}_{i,k} = \sqrt{(p_x - a_{x,i})^2 + (p_y - a_{y,i})^2} + \eta_{i,k},\ i = 1, \cdots, N \tag{5.34}$$

其中 $a_{x,i}$ 和 $a_{y,i}$ 为第 i 个信标节点为坐标，N 为信标节点的总个数。

同泰勒级数类似，面对非线性关系时，EKF 通过求过程和量测方程的偏导来线性化计算当前估计。本节中假设目标匀速直线运动，所以过程方程就是线性化方程，见式(5.30)。对量测方程进行线性化，就可以得到雅可比矩阵 $\boldsymbol{H}$：

$$\boldsymbol{H} = \begin{bmatrix} \dfrac{p_{x,k} - a_{x,1}}{\sqrt{(p_x - a_{x,1})^2 + (p_y - a_{y,1})^2}} & 0 & \dfrac{p_{y,k} - a_{y,1}}{\sqrt{(p_x - a_{x,1})^2 + (p_y - a_{y,1})^2}} & 0 \\ \dfrac{p_{x,k} - a_{x,2}}{\sqrt{(p_x - a_{x,2})^2 + (p_y - a_{y,2})^2}} & 0 & \dfrac{p_{y,k} - a_{y,2}}{\sqrt{(p_x - a_{x,2})^2 + (p_y - a_{y,2})^2}} & 0 \\ \vdots & \vdots & \vdots & \vdots \\ \dfrac{p_{x,k} - a_{x,N}}{\sqrt{(p_x - a_{x,N})^2 + (p_y - a_{y,N})^2}} & 0 & \dfrac{p_{y,k} - a_{y,N}}{\sqrt{(p_x - a_{x,N})^2 + (p_y - a_{y,N})^2}} & 0 \end{bmatrix} \tag{5.35}$$

那么，本节中移动目标追踪的 EKF 工作流程就可以表示为如图 5.5 所示。其中，$\boldsymbol{x}_k$ 表示状态向量的真值，$\boldsymbol{z}_k$ 为观测向量；$\hat{\boldsymbol{x}}_k^-$ 表示 k 时刻状态向量的先验估计；$\hat{\boldsymbol{x}}_k$ 表示 k 时刻状态向量的后验估计；$\boldsymbol{P}_k^-$ 为先验估计协方差矩阵；$\boldsymbol{P}_k$ 为后验估计协方差矩阵。

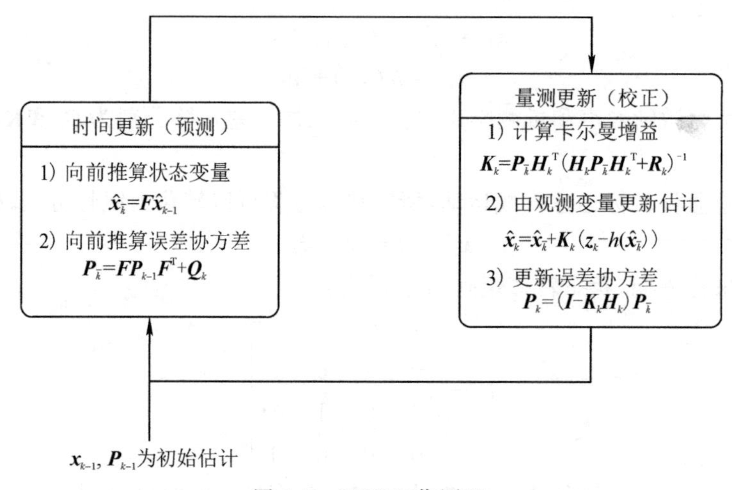

图 5.5 EKF 工作原理

5.2.2.2 前提假设

本节中假设目标航迹初始阶段有足够多的 LOS 量测(二维定位 LOS 量测数 $\geqslant 3$)用于初始状态估计,且移动速度较为缓慢,故初始状态设为 $\boldsymbol{x}_0 = [p_{0,x},0,p_{0,y},0]^{\mathrm{T}}$，其中 $p_{0,x}$，$p_{0,y}$ 可以由上文静止节点位置估计得到。此外,设定初始后验估计协方差矩阵 $\boldsymbol{P}_0 = \boldsymbol{I}$。

5.2.2.3 基于 NLOS 识别的修正扩展卡尔曼滤波

考虑在状态更新的基础上,对量测得提前一步预测,有：

$$\hat{\boldsymbol{z}}_k = h(\hat{\boldsymbol{x}}_{\bar{k}}) \tag{5.36}$$

而预测误差序列(也称新息序列)为：

$$\boldsymbol{e}_k = \boldsymbol{z}_k - \hat{\boldsymbol{z}}_k \tag{5.37}$$

考虑式(5.1)的距离量测模型,再对比式(5.37)的预测误差序列,可以导出：

$$e_{i,k} \approx \begin{cases} n_i:\text{LOS} \\ b_i + n_i:\text{NLOS} \end{cases} \tag{5.38}$$

可以看出,当出现 NLOS 量测时,预测误差将会比 LOS 量测的大得多,如果使用这些误差较大的项用于观测向量校正,则会对观测向量造成很大的偏差。因此,基于 NLOS 识别的 MEKF1 在每一次进行量测更新之前,先进行 NLOS 识别,将识别为 LOS 的量测用于后续的增益更新和观测向量更新,具体流程见图 5.6。卡尔曼增益可以表示为 $\boldsymbol{K}_k = [\boldsymbol{k}_{1,k},\boldsymbol{k}_{2,k},\cdots,\boldsymbol{k}_{N,k}]$，其中 $\boldsymbol{k}_{i,k}$ 为列向量。则图 5.6 中基于 NLOS 识别的量测更新阶段的修正卡尔曼增益具体表示为：

$$\boldsymbol{k}'_{i,k} = \begin{cases} \boldsymbol{k}_{i,k}:\text{LOS} \\ \boldsymbol{0}:\text{NLOS} \end{cases} \tag{5.39}$$

即当来自第 i 个信标的量测被识别为 NLOS 时,它将不被用在状态向量更新过程。

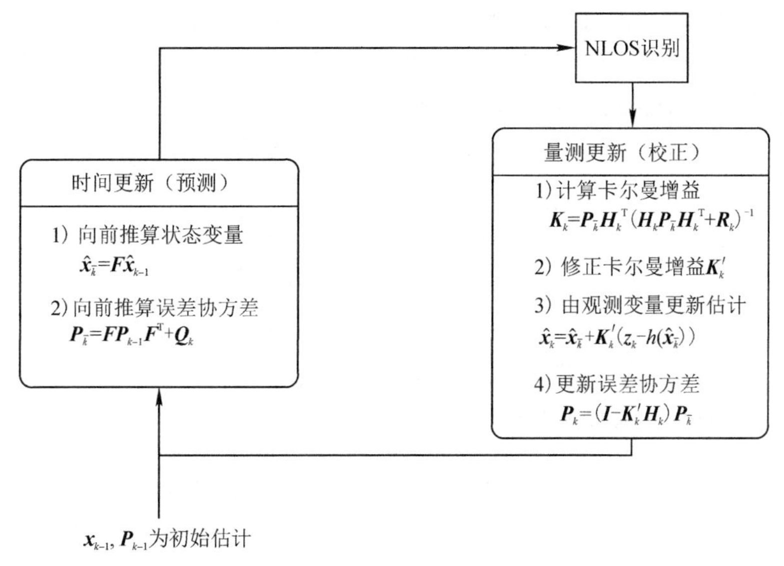

图 5.6　MEKF1 的工作流程

但这种基于 NLOS 的 MEKF 存在缺陷，因为 NLOS 识别存在差错率，所以在下一小节，我们将介绍一种对 NLOS 识别虚警率和漏警率折中考虑的基于 NLOS 后验概率的 MEKF2。

5.2.2.4　基于 NLOS 后验概率的修正扩展卡尔曼滤波

由于任何的分类器都存在差错率，将 LOS 信号识别为 NLOS 信号的称为虚警，而将 NLOS 信号识别为 LOS 信号的则称为漏警。滤波器跟踪门的功能是将落入跟踪门内的量测信号列为候选回波。在本章的室内定位系统中，因为用户步行速度有限，所以当量测落在跟踪门外的时候，可以判断为当前时刻环境的突变所致。这里我们将 NLOS 后验概率与预测误差序列进行结合，设计修正滤波的跟踪门，折中考虑 NLOS 识别的误警率和漏报率，可得到基于 NLOS 后验概率的 MEKF2。回顾式(5.36)、式(5.37)和式(5.38)，基于 NLOS 后验概率的修正跟踪门为：

$$\widetilde{e}_{i,k} = \left|z_{i,k} - h(\hat{x}_{\bar{i},k})\right| + \lambda P_{\text{NLOS}}^{Post}(i) \leqslant \gamma,\ i = 1,\cdots,N \tag{5.40}$$

其中，γ 为跟踪门门限大小，$\left|z_{i,k} - h(\hat{x}_{\bar{i},k})\right|$ 为预测误差，$P_{\text{NLOS}}^{Post}(i)$ 为第 i 个信号的 NLOS 后验概率值，λ 为调整参数。当量测 $z_{i,k}$ 满足式(5.40)时，则被选为候选回波参与状态向量的校正。当量测 $z_{i,k}$ 不能满足式(5.40)时，则需要对其相应的卡尔曼增益进行修正。式(5.40)的突出优点是，当接收到 LOS 量测被误识别为 NLOS 时，由于其 NLOS 后验概率由分类器获得，接近于 1，但其预测误差项很小，这样通过式(5.40)，被虚警为 NLOS 信号的 LOS 量测可以有机会参与状态向量的校正。此外通过调整参数 λ 也可以平衡虚警率和误警率对跟踪门的影响。

对识别为 NLOS 的信号的操作是直接将其对应的卡尔曼增益置 0，本节中综合考虑卡尔曼增益的计算公式(5.41)为：

$$\boldsymbol{K}_k = \boldsymbol{P}_{\bar{k}}\boldsymbol{H}_k^{\mathrm{T}}\ (\boldsymbol{H}_k\boldsymbol{P}_{\bar{k}}\boldsymbol{H}_k^{\mathrm{T}} + \boldsymbol{R}_k)^{-1} \tag{5.41}$$

使用有偏 EKF,对量测噪声协方差矩阵 $\boldsymbol{R}_k$ 中的非候选回波项进行修正,由于 $\boldsymbol{R}_k$ 位于卡尔曼增益计算公式的分母部分,增大非候选回波的量测噪声,则其对应的卡尔曼增益就会减小,因此得以减轻其带来的误差影响。协方差矩阵 $\boldsymbol{R}_k$ 表示为:

$$\boldsymbol{R}_k=\begin{bmatrix}\sigma_{1,k}^2 & 0 & \cdots & 0\\ 0 & \sigma_{2,k}^2 & \cdots & 0\\ \vdots & \vdots & \ddots & \vdots\\ 0 & 0 & 0 & \sigma_{N,k}^2\end{bmatrix}\tag{5.42}$$

$$\sigma_{i,k}^2=\begin{cases}\alpha\widetilde{e}_{i,k}\sigma_i^2:\text{NLOS candidate}\\ \sigma_i^2:\text{LOS candidate}\end{cases}\tag{5.43}$$

MEKF2 的具体工作流程见图 5.7。

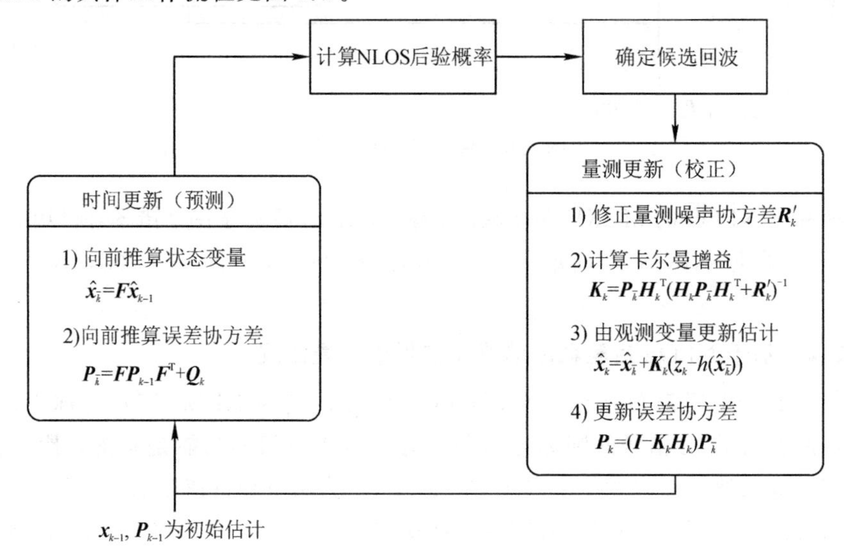

图 5.7　MEKF2 的工作流程

5.2.3　实验验证

5.2.3.1　实验描述

本节以封闭的房间作为实验场景,对所介绍的 NLOS 环境下的定位算法进行综合验证。实验环境见图 5.8,房间大小为 4.83 m×7.98 m×2.8 m,实验时设置障碍物位于房间中央,障碍物高度为 1 m,信标节点和目标节点高度统一为 0.7 m,图 5.8 所示 6 个信标节点分布在场景外围,中间方框内为目标节点。场景平面图以及各个信标节点的坐标信息和障碍物布局详见图 5.9。本次实验选用 16～21 kHz 频段的 LFM 声信号。实验流程见图 5.1,具体如下。

(1)采集环境声信号数据集,提取声信号信道统计特征,并训练 NLOS 识别分类器。

(2)考察地形平面图(图 5.9),选定静态定位目标真实位置和动态节点追踪路线。

(3)进行静态节点定位实验,将文献[22]的基于智能手机的声信号 TOA 室内定位系统作为平台,在图 5.9 中的区域 1～6 中各选择一个位置进行定位实验,每个区域重复 5 次。

(4)进行动态节点追踪实验，测量目标节点初始位置，在两端缓慢牵动目标节点进行直线移动，途中进行声音信号交互，在轨迹结束之时记录目标节点的最终位置。

图 5.8　实验场景

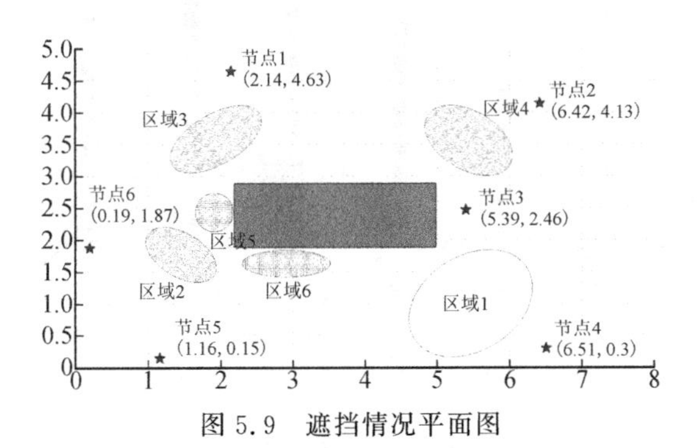

图 5.9　遮挡情况平面图

5.2.3.2　实验结果分析

1. 静态节点定位精度分析

分析室内空间遮挡情况，我们选定了 6 个区域，用于分析不同遮挡严重程度的区域的定位精度，见图 5.9 遮挡情况平面图，区域 1 内的 6 个信标节点中只有节点 1 被遮挡，属于轻 NLOS 环境；区域 2、3、4 中分别有 2 个信标节点被遮挡，属于中度 NLOS 环境，其中区域 2 中信标节点 2 和 3 被遮挡，区域 3 中信标节点 3 和 4 被遮挡，区域 4 中信标节点 5 和 6 被遮挡；区域 5、6 内的 6 个信标节点中有 3 个被遮挡，属于严重 NLOS 环境，其中区域 5 中信标节点 2、3、4 被遮挡，区域 6 中信标节点 1、2、3 被遮挡。

在每个区域内选定一个位置，重复 5 次进行定位实验，定位精度由均方根误差表示，其计算公式为：

$$\mathrm{RMSE}=\sqrt{\frac{\sum_{j=1}^{5}(\hat{p}_{j,x}-p_x)^2+(\hat{p}_{j,y}-p_y)^2}{5}} \tag{5.44}$$

在 HW - WLS 中，我们将参数设为 $k_1=0.1$, $k_2=0.2$, $k_3=1$, $\Delta_1=-0.5$, $\Delta_2=0.5$。此外，作为对比我们也将传统 LS[8] 和 Rwgh[15] 定位算法进行定位估计，所有算法的定位误差结果分析见图 5.10。可以看出，本节所介绍的算法在各种 NLOS 严重程度下，都能实现 50 cm 以下的定位精度。具体的定位结果平面图见图 5.11。

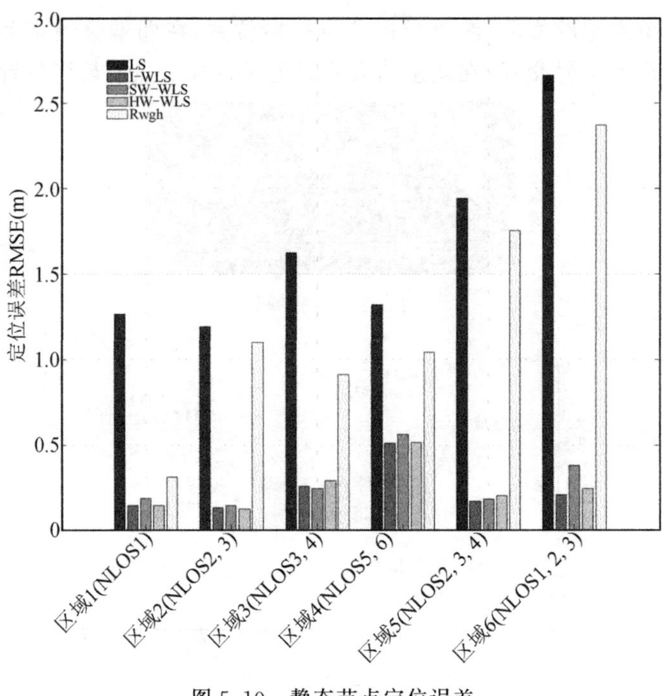

图 5.10　静态节点定位误差

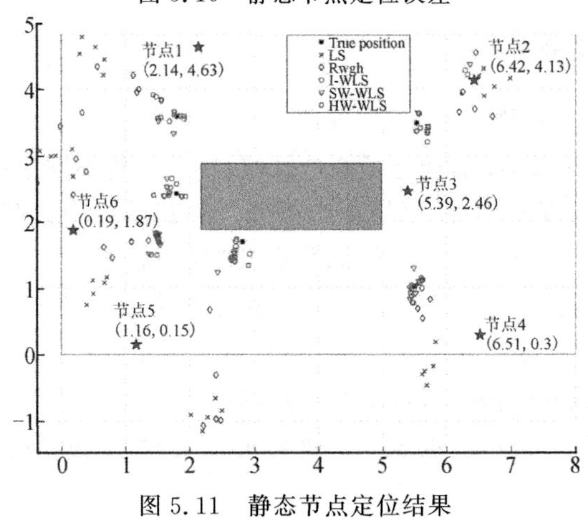

图 5.11　静态节点定位结果

2. 动态节点追踪结果分析

因遮挡带来的测距偏差较大，最初尝试使用传统 EKF 进行跟踪，发现跟踪轨迹严重跑偏，故采用 Rwgh 联合 KF 的追踪作为本节所介绍追踪方法的对比。其具体方法是，每一时刻在得到对于各个信标节点的距离估计时，先采用 Rwgh 进行定位估计，再将估计结果传入 KF 进行追踪。对于本节所介绍的基于 NLOS 识别的 MEKF1 和 MEKF2 算法，其位置估计初值由 5.2.1.1 基于 NLOS 识别剔除的定位策略获得。此外，MEKF2 采用的参数为 $\lambda=1$，$\gamma=1$。具体实验结果见图 5.12，目标的起始位置为 $[0.81,3.22]^{\mathrm{T}}$，终止位置为 $[6.21,3.26]^{\mathrm{T}}$，在目标起始区域，信标节点 3 和 4 被遮挡，途经过程中有一段轨迹只有信标节点 1 和 2 是 LOS 的，轨迹终止阶段，信标节点 5 和 6 被遮挡。从图 5.13(a)中的追踪误差结果来看，尽管在第8个时刻,MEKF1由于NLOS识别错误出现了定位误差偏大,但其最终还是能够满足NLOS严重区域的稳定跟踪,图5.13(b)为追踪累积误差分布图,可以看出,本节所介绍的MEKF1和MEKF2可以在90%的概率下保证追踪误差小于1 m。

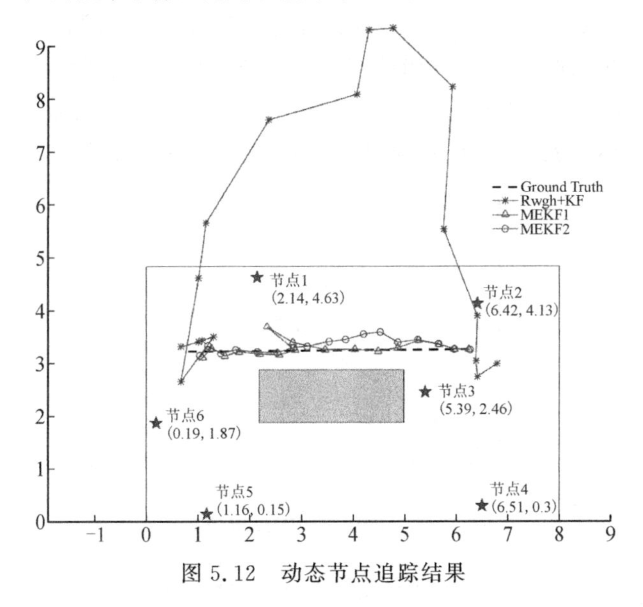

图5.12 动态节点追踪结果

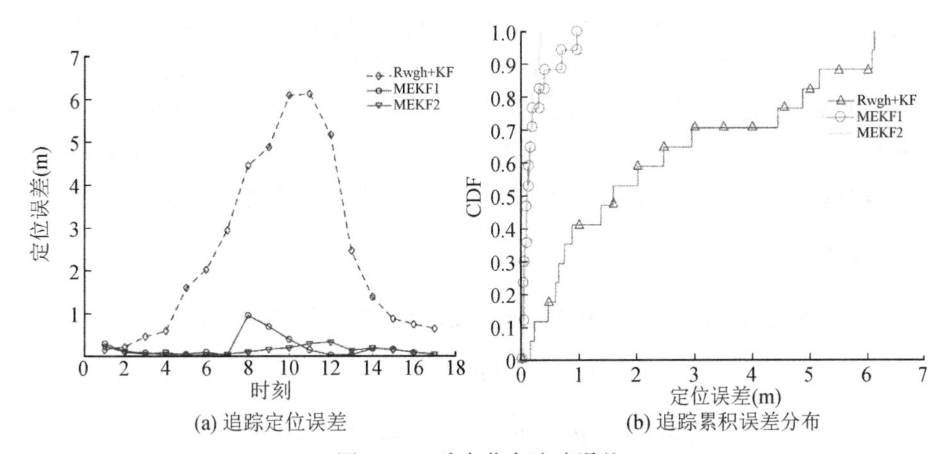

图5.13 动态节点追踪误差

5.3 基于距离与相对运动速度的定位方法

5.3.1 问题描述

根据上述内容,两种方法均可使得估计位置与真实量测结果的残差最小,但基于最大似然估计计算量较大,最小二乘法计算误差较大。无偏估计量的方差越小的估计方式性能越好,克拉美罗界是均方误差的下界。在高斯环境下,最大似然估计理论上趋近克拉美罗下界。但若是室内遮挡情况严重,则无法满足上述3个LOS量测要求,当LOS信号降为2个,需要一种基于TOA及频率到信息(frequency of arrival,FOA)估计以实现强遮挡环境下待测目标的稳定定位，以提高声音定位技术在室内定位环境中的适用性。

根据海森堡不确定性原理，不能同时确定一个待测目标的位置 $\boldsymbol{p}_k$ 和它的移动速度 $\boldsymbol{v}_k$。解决室内定位问题时，应以待测目标的定位精度有限，所以可以放宽速度的精度。TOA 及 FOA 定位描述见图 5.14，零点位置 $\boldsymbol{a}_1$ 处是发射信号信标节点，待测目标在 k 时刻对应的位置为 $\boldsymbol{p}_k$，$k-1$ 时刻的位置为 $\boldsymbol{p}_{k-1}$，智能终端从 $\boldsymbol{p}_{k-1}$ 处以 $\boldsymbol{v}_k$ 的速度运动了 S_k 的距离到达了 $\boldsymbol{p}_k$ 处。因为距离的估计精度需求较高，所以可用平均速度来表示速度。观测其速度是离散观测的，假设待测目标在 $\boldsymbol{p}_{k-1}$ 和 $\boldsymbol{p}_k$ 之间以 $\boldsymbol{v}_k$ 速度做匀速直线运动。

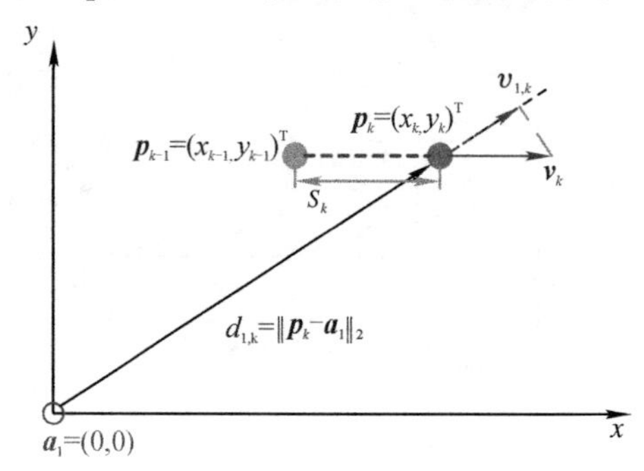

图 5.14　TOA 及 FOA 定位描述

$\boldsymbol{p}_{k-1}$ 是前一时刻的位置，信标节点在 $\boldsymbol{a}_1$ 处发射声源，可以根据 FOA 现象测量到待测目标的速度投影 $\boldsymbol{v}_{1,k}$，相应地，待测目标的速度 $\boldsymbol{v}_k$ 可以根据矢量（$\boldsymbol{p}_k-\boldsymbol{a}_1$）上的投影 $\boldsymbol{v}_{1,k}$ 求得。所以，FOA 估计得到的 $\boldsymbol{v}_{1,k}$ 天然包括了 $k-1$ 时刻的位置 $\boldsymbol{X}_{k-1}$，还包括待测目标移动速度 $\boldsymbol{v}_k$ 以及位置 $\boldsymbol{p}_k$ 和 $\boldsymbol{p}_{k-1}$ 等信息。因此，TOA 及 FOA 定位需要的 LOS 信号的数量比常规的三边测距定位所需要的 LOS 信号少，只需要 2 个 LOS 信号就可以获得精确的定位结果，这对于室内强遮挡环境、信标节点部署数量少的目标定位至关重要。

5.3.2　数学模型描述

设每两次估计的采样时间间隔为 Δt，则速度、距离之间存在以下的关系：

$$\boldsymbol{v}_k=\frac{1}{\Delta t}(\boldsymbol{p}_k-\boldsymbol{p}_{k-1}) \tag{5.45}$$

$$S_k=\|\boldsymbol{p}_k-\boldsymbol{p}_{k-1}\|_2=\Delta t\,\|v_k\|_2 \tag{5.46}$$

$$d_{1,k}=d(\boldsymbol{p}_k-\boldsymbol{a}_1)=\|\boldsymbol{p}_k-\boldsymbol{a}_1\|_2 \tag{5.47}$$

$$\boldsymbol{v}_{1,k}=v(\boldsymbol{p}_k,\boldsymbol{a}_1)=\frac{v_k^{\mathrm{T}}(\boldsymbol{p}_k-\boldsymbol{a}_1)}{\|\boldsymbol{p}_k-\boldsymbol{a}_1\|_2}=\frac{(\boldsymbol{p}_k-\boldsymbol{p}_{k-1})^{\mathrm{T}}(\boldsymbol{p}_k-\boldsymbol{a}_1)}{\Delta t\,\|\boldsymbol{p}_k-\boldsymbol{a}_1\|_2} \tag{5.48}$$

其中，$d(\cdot)$ 及 $v(\cdot)$ 表示距离及速度计算函数。$v_{1,k}$ 是待测目标移动速度 $\boldsymbol{v}_k$ 在矢量（$\boldsymbol{p}_k-\boldsymbol{a}_1$）上的投影标量；$v(\boldsymbol{p}_k,\boldsymbol{a}_1)$ 表示矢量（$\boldsymbol{p}_k-\boldsymbol{a}_1$）上的速度。$d(\boldsymbol{p}_k-\boldsymbol{a}_1)$ 表示信标节点 $\boldsymbol{a}_1$ 到 $\boldsymbol{p}_k$ 的距离。

此为单个信标节点 $\boldsymbol{a}_1$ 的情况，那么可推出环境中有 N 个信标节点的表达。若 FOA 估计 $\hat{f}_i$ 的误差 $\varepsilon_{i,k}^{f}\sim N(0,(\sigma_{i,k}^{f})^2)$，将速度的估计结果记为 $\hat{v}_{1,k}$，速度估计误差记为 $\varepsilon_{i,k}^{v}\sim N(0,(\sigma_{i,k}^{v})^2)$，速度估计值及实际速度关系表示如下：

$$\hat{v}_{i,k}=v_{i,k}+\varepsilon_{i,k}^{v} \tag{5.49}$$

其中，$v_{i,k}$ 表示待测目标相对于第 i 个信标节点的运动速度。将待测目标在 k 时刻相对于 N 个信标节点的相对运动速度估计值表达为 $\hat{\boldsymbol{v}}_k$，则为 $\hat{\boldsymbol{v}}_k=(\hat{v}_{1,k},\hat{v}_{2,k},\cdots,\hat{v}_{N,k})$，相应地，将速度的真实向量表示为 v_k，那么在 k 时刻，速度的概率密度函数可表示为：

$$
\begin{aligned}
p(\hat{v};X_k) &= \prod_{i=1}^{N}\frac{1}{\sqrt{2\pi(\sigma_{i,k}^{v})^2}}\exp\left\{-\frac{(\hat{v}_{i,k}-v_{i,k})^2}{2(\sigma_{i,k}^{v})^2}\right\}\\
&= \frac{1}{\sqrt{(2\pi)^N\det(\boldsymbol{Q}_{v,k})}}\exp\left\{-\frac{1}{2}(\hat{\boldsymbol{v}}_k-\boldsymbol{v}_k)^{\mathrm{T}}\boldsymbol{Q}_{v,k}^{-1}(\hat{\boldsymbol{v}}_k-\boldsymbol{v}_k)\right\}
\end{aligned}
\tag{5.50}
$$

上式中 $\boldsymbol{Q}_{v,k}$ 为相对速度估计噪声项，即：

$$\boldsymbol{Q}_{v,k}=E[\varepsilon_{i,k}^{v}(\varepsilon_{i,k}^{v})^{\mathrm{T}}]=\mathrm{diag}[(\sigma_{1,k}^{v})^2,(\sigma_{2,k}^{v})^2,\cdots,(\sigma_{N,k}^{v})^2]^{\mathrm{T}} \tag{5.51}$$

下面采用最大似然估计和最小二乘法求解，以确定目标位置。

5.3.3　最大似然估计求解

根据上述 $\hat{\boldsymbol{d}}_k$ 及 $\hat{\boldsymbol{v}}_k$ 的概率密度函数，那么对待测目标位置及速度的估计，则转化为求一个 $\boldsymbol{p}_k$ 使两类估计的联合概率密度函数最大的位置估计值 $\hat{\boldsymbol{p}}_k$。此时问题转化为求：

$$\hat{\boldsymbol{p}}_k=\arg\max_{\boldsymbol{X}_k}p(\hat{\boldsymbol{d}}_k,\hat{\boldsymbol{v}}_k;\boldsymbol{p}_k) \tag{5.52}$$

因为 TOA 估计和 FOA 估计一般分步进行，所以距离估计和速度估计是相互独立的两个估计，即 $\hat{\boldsymbol{d}}_k$ 和 $\hat{\boldsymbol{v}}_k$ 相互独立。因此，式(5.52)可转化为：

$$p(\hat{\boldsymbol{d}}_k,\hat{\boldsymbol{v}}_k;\boldsymbol{p}_k)=p(\hat{\boldsymbol{d}}_k;\boldsymbol{p}_k)p(\hat{\boldsymbol{v}}_k;\boldsymbol{p}_k) \tag{5.53}$$

因此，位置估计值 $\hat{\boldsymbol{p}}_k$ 可表达为：

$$\hat{\boldsymbol{p}}_k=\arg\min_{\boldsymbol{p}_k}\left\{\sum_{i=1}^{N}\left[\frac{1}{\sigma_{d,i}^2}(\hat{d}_{i,k}-d_{i,k})^2+\frac{1}{\sigma_{v,i}^2}(\hat{v}_{i,k}-v_{i,k})^2\right]\right\} \tag{5.54}$$

其中，$d_{i,k}$ 及 $v_{i,k}$ 表示距离及速度，是关于 $\boldsymbol{p}_k$ 的非线性函数。实际上，最大似然解法过程中距离估计噪声项 $\boldsymbol{Q}_{d,k}$ 及速度估计噪声项 $\boldsymbol{Q}_{v,k}$ 需要足够多的数据，因此，没有足够数据情况下难以实现对噪声自相关矩阵的估计。

5.3.4　最小二乘法及求解

那么，对位置 $\boldsymbol{p}_k$ 的估计，即是使目标函数 $J(\boldsymbol{p}_k)$ 最小，即：

$$\hat{\boldsymbol{p}}_k=\arg\min_{X_k}J(\boldsymbol{p}_k) \tag{5.55}$$

目标函数 $J(\boldsymbol{p}_k)$ 为：

$$J(\boldsymbol{p}_k)=\sum_{i=1}^{N}\{\beta_{d,i}(\hat{d}_{i,k}-d_{i,k})^2+\beta_{v,i}(\hat{v}_{i,k}-v_{i,k})^2\} \tag{5.56}$$

其中，$\beta_{d,i}$ 和 $\beta_{v,i}$ 分别表示第 i 个信标节点距离估计和相对速度估计的权重，权重由估计可靠性决定。当 $\beta_{d,i}=1/\sigma_{d,i}^2$ 及 $\beta_{v,i}=1/\sigma_{v,i}^2$ 时，最小二乘解法和最大似然解法目标函数一样。在定位中，因为没有距离及相对速度估计误差的先验信息，所以应使第 i 个 $\beta_{d,i}=1$ 及 $\beta_{v,i}=1$。由于 $d(\cdot)$ 和 $v_k(\cdot)$ 表示距离及速度计算函数，是关于位置 $\boldsymbol{p}_k$ 的非线性函数，估计位置 $\boldsymbol{p}_k$

可以采用数值搜索。因此,目标函数 $J(\boldsymbol{p}_k)$ 表示为:

$$J(\boldsymbol{p}_k)=\sum_{i=1}^{N}\left\{(\hat{d}_{i,k}-\|\boldsymbol{p}_k-\boldsymbol{a}_i\|_2)^2+\left(\hat{v}_{i,k}-\frac{(\boldsymbol{p}_k-\boldsymbol{p}_{k-1})^{\mathrm{T}}(\boldsymbol{p}_k-\boldsymbol{a}_i)}{\Delta t\ \|\boldsymbol{p}_k-\boldsymbol{a}_i\|_2}\right)^2\right\} \tag{5.57}$$

确定初值位置范围,再采用网格划分法遍历所有点可求出位置 $\hat{\boldsymbol{p}}_k$。为了使计算更快,可以把最小二乘问题线性化求得解析解。采用 LLS 求解式(5.55)的解析解,由式(5.47)与式(5.48),可转化为求解以下 $2\times N$ 方程组:

$$\begin{cases}(\boldsymbol{p}_k-\boldsymbol{a}_i)^{\mathrm{T}}(\boldsymbol{p}_k-\boldsymbol{a}_i)=\hat{d}_i^2\\ \hat{v}_{i,k}=\dfrac{(\boldsymbol{p}_k-\boldsymbol{p}_{k-1})^{\mathrm{T}}(\boldsymbol{p}_k-\boldsymbol{a}_i)}{\Delta t\ \|\boldsymbol{p}_k-\boldsymbol{a}_i\|_2}\end{cases} \tag{5.58}$$

其中,$i=1,2,\cdots,N$。对第二个分式进行处理可得:

$$\hat{v}_{i,k}\Delta t\ \|\boldsymbol{p}_k-\boldsymbol{a}_i\|_2=(\boldsymbol{p}_k-\boldsymbol{p}_{k-1})^{\mathrm{T}}(\boldsymbol{p}_k-\boldsymbol{a}_i) \tag{5.59}$$

$\|\boldsymbol{p}_k-\boldsymbol{a}_i\|_2$ 表示第 i 个信标节点到待测目标的距离,记 $\hat{d}_{i,k}=\|\boldsymbol{p}_k-\boldsymbol{a}_i\|_2$,该式转化为:

$$\begin{aligned}\hat{v}_{i,k}\hat{d}_{i,k}\Delta t&=(\boldsymbol{p}_k-\boldsymbol{a}_i+\boldsymbol{a}_i-\boldsymbol{p}_{k-1})^{\mathrm{T}}(\boldsymbol{p}_k-\boldsymbol{a}_i)\\&=(\boldsymbol{p}_k-\boldsymbol{a}_i)^{\mathrm{T}}(\boldsymbol{p}_k-\boldsymbol{a}_i)-(\boldsymbol{p}_{k-1}-\boldsymbol{a}_i)^{\mathrm{T}}(\boldsymbol{p}_k-\boldsymbol{a}_i)\end{aligned}$$

$$\hat{v}_{i,k}\hat{d}_{i,k}\Delta t=\hat{d}_{i,k}^2-(\boldsymbol{p}_{k-1}-\boldsymbol{a}_i)^{\mathrm{T}}(\boldsymbol{p}_k-\boldsymbol{a}_i) \tag{5.60}$$

整理后可得:

$$(\boldsymbol{p}_{k-1}-\boldsymbol{a}_i)^{\mathrm{T}}\boldsymbol{p}_k=\hat{d}_{i,k}^2-\hat{v}_{i,k}\hat{d}_i\Delta t+(\boldsymbol{p}_{k-1}-\boldsymbol{a}_i)^{\mathrm{T}}\boldsymbol{a}_i \tag{5.61}$$

进而可得:

$$\begin{cases}\boldsymbol{p}_k^{\mathrm{T}}\boldsymbol{p}_k-2\boldsymbol{a}_i^{\mathrm{T}}\boldsymbol{p}_k=\hat{d}_i^2+\boldsymbol{a}_i^{\mathrm{T}}\boldsymbol{a}_i\\(\boldsymbol{p}_{k-1}-\boldsymbol{a}_i)^{\mathrm{T}}\boldsymbol{p}_k=\hat{d}_i^2-\hat{v}_{i,k}\hat{d}_{i,k}\Delta t+(\boldsymbol{p}_{k-1}-\boldsymbol{a}_i)^{\mathrm{T}}\boldsymbol{a}_i\end{cases} \tag{5.62}$$

可通过某种标准选取某一信标节点作参考,以通过消元的方法消除非线性项 $\boldsymbol{p}_{k-1}^{\mathrm{T}}\boldsymbol{p}_{k-1}$,将其他距离估计分式减去参考信号分式。方程组的总维度为 $2N-1$,表示为:

$$\begin{cases}2\ (\boldsymbol{a}_r-\boldsymbol{a}_i)^{\mathrm{T}}\boldsymbol{p}_k=\hat{d}_{i,k}^2-\hat{d}_{r,k}^2+\boldsymbol{a}_i^{\mathrm{T}}\boldsymbol{a}_i-\boldsymbol{a}_r^{\mathrm{T}}\boldsymbol{a}_r\\(\boldsymbol{p}_{k-1}-\boldsymbol{a}_i)^{\mathrm{T}}\boldsymbol{p}_k=\hat{d}_i^2-\hat{v}_{i,k}\hat{d}_{i,k}\Delta t+(\boldsymbol{p}_{k-1}-\boldsymbol{a}_i)^{\mathrm{T}}\boldsymbol{a}_i\end{cases} \tag{5.63}$$

式中,$i=1,2,\cdots,N$,$i\neq r$。选取的参考信标节点 r 的方法直接影响定位精度。有多种选取方式,可以遍历选取所有信标节点,可以选取所有信标节点的平均距离作为虚拟参考点,也可以选取距离估计最小的信标节点作为参考节点。

在声音定位技术中,距离估计更小说明信噪比更高,理论上比更远的点准确。因此,第三种参考节点选择方式更准确,即:

$$r=\arg\min_i\{\hat{d}_{i,k}\} \tag{5.64}$$

那么,可将该方程组表示为:

$$\boldsymbol{A}\hat{\boldsymbol{p}}_k=\hat{b} \tag{5.65}$$

其中,$\boldsymbol{A}$ 为 $(2N-1)\times 2$ 维矩阵,$\hat{b}$ 为 $2N-1$ 维列向量,分别表示为:

$$\boldsymbol{A}=\begin{bmatrix}2\,(\boldsymbol{a}_1-\boldsymbol{a}_r)^{\mathrm{T}}\\2\,(\boldsymbol{a}_2-\boldsymbol{a}_r)^{\mathrm{T}}\\\vdots\\2\,(\boldsymbol{a}_M-\boldsymbol{a}_r)^{\mathrm{T}}\\(\boldsymbol{p}_{k-1}-\boldsymbol{a}_1)^{\mathrm{T}}\\(\boldsymbol{p}_{k-1}-\boldsymbol{a}_2)^{\mathrm{T}}\\\vdots\\(\boldsymbol{p}_{k-1}-\boldsymbol{a}_N)^{\mathrm{T}}\end{bmatrix},\ \hat{b}=\begin{bmatrix}\hat{d}_{r,k}^2-\hat{d}_{1,k}^2+\boldsymbol{a}_1^{\mathrm{T}}\boldsymbol{a}_1-\boldsymbol{a}_r^{\mathrm{T}}\boldsymbol{a}_r\\\hat{d}_{r,k}^2-\hat{d}_{2,k}^2+\boldsymbol{a}_2^{\mathrm{T}}\boldsymbol{a}_2-\boldsymbol{a}_r^{\mathrm{T}}\boldsymbol{a}_r\\\vdots\\\hat{d}_{r,k}^2-\hat{d}_{M,k}^2+\boldsymbol{a}_M^{\mathrm{T}}\boldsymbol{a}_M-\boldsymbol{a}_r^{\mathrm{T}}\boldsymbol{a}_r\\\hat{d}_{1,k}^2-\hat{v}_{1,k}\hat{d}_{1,k}\Delta t+(\boldsymbol{p}_{k-1}-\boldsymbol{a}_1)^{\mathrm{T}}\cdot\boldsymbol{a}_1\\\hat{d}_{2,k}^2-\hat{v}_{2,k}\hat{d}_{2,k}\Delta t+(\boldsymbol{p}_{k-1}-\boldsymbol{a}_2)^{\mathrm{T}}\cdot\boldsymbol{a}_2\\\vdots\\\hat{d}_{N,k}^2-\hat{v}_{N,k}\hat{d}_{N,k}\Delta t+(\boldsymbol{p}_{k-1}-\boldsymbol{a}_N)^{\mathrm{T}}\cdot\boldsymbol{a}_N\end{bmatrix} \tag{5.66}$$

而 $M=1,2,\cdots,N$，且 $M\neq r$。那么，最小二乘的解析解为：

$$\hat{\boldsymbol{p}}_k=(\boldsymbol{A}^{\mathrm{T}}\boldsymbol{A})^{-1}\boldsymbol{A}\hat{\boldsymbol{b}} \tag{5.67}$$

从维度上可以看出，与传统的测距的定位算法对比，求解目标位置所需要的 LOS 信标节点从 $N\geqslant 3$ 降为 $N\geqslant 2$。在强遮挡室内环境、信标节点部署数量较少的定位问题中应用广泛。

最大似然估计的解可以实现较高的定位精度，然而最大似然估计的定位计算量较大，尤其是在基于 TOA 及 FOA 的同时估计计算复杂度较高。最小二乘法的解精度较低，除最大似然估计和最小二乘法的常规解法外，滤波算法被广泛地应用于目标跟踪、定位等领域，在多源传感器融合定位技术中的应用也非常广泛。滤波算法利用观测数据对估计数据进行更正，克服偶然误差效果较好，提升了定位和导航系统的动态性能。

5.3.5　基于粒子滤波的融合算法

对于基于 TOA 的定位系统而言，在二维平面内布置了 m 个信标节点，其坐标为 $\{\boldsymbol{a}_1,\boldsymbol{a}_2,\cdots,\boldsymbol{a}_m\}$，其中 $\boldsymbol{a}_i=(a_{x,i},a_{y,i})^{\mathrm{T}}$，目标的位置记作 $\boldsymbol{p}_k=(x_k,y_k)^{\mathrm{T}}$。那么在第 k 时刻，目标的运动状态为 $\boldsymbol{X}_k=[x_k,y_k]^{\mathrm{T}}=\boldsymbol{p}_k$。与此同时，目标运动的状态空间方程为：

$$\begin{cases}\boldsymbol{X}_k=\boldsymbol{F}_k\boldsymbol{X}_{k-1}+\boldsymbol{w}_k\\\boldsymbol{Y}_k=h(\boldsymbol{X}_k)+\boldsymbol{n}_k\end{cases} \tag{5.68}$$

式中，$\boldsymbol{X}_{k-1}$ 是系统状态向量，$\boldsymbol{F}_k$ 是状态转移矩阵，$h(\cdot)$ 为系统输出函数，$\boldsymbol{Y}_k$ 为系统观测量。该过程是一阶马尔可夫过程，即用 $k-1$ 时刻的运动状态 $\boldsymbol{X}_{k-1}$ 去估计 k 时刻的运动状态 $\boldsymbol{X}_k$。其中各参数为：

$$\boldsymbol{Y}_k=\begin{bmatrix}d_1\\d_2\\\vdots\\d_m\end{bmatrix},\ h(\boldsymbol{X}_k)=\begin{cases}\|\boldsymbol{p}_k-\boldsymbol{a}_1\|_2\\\|\boldsymbol{p}_k-\boldsymbol{a}_2\|_2\\\vdots\\\|\boldsymbol{p}_k-\boldsymbol{a}_m\|_2\end{cases} \tag{5.69}$$

状态转移矩阵表示为：

$$\boldsymbol{F}_k=\begin{bmatrix}1&0&\Delta t&0\\0&1&0&\Delta t\\0&0&1&0\\0&0&0&1\end{bmatrix} \tag{5.70}$$

$\boldsymbol{w}_k$ 为预测过程噪声，$\boldsymbol{n}_k$ 为观测过程噪声，其分布可表示如下：

$$\boldsymbol{w}_k \sim N(0,\boldsymbol{Q}),\ \boldsymbol{n}_k \sim N(0,\boldsymbol{R}) \tag{5.71}$$

其中

$$\boldsymbol{Q} = \mathrm{diag}\{\sigma_x^2, \sigma_y^2\},\ \boldsymbol{R} = \mathrm{diag}\{\sigma_{d,1}^2, \sigma_{d,2}^2\} \tag{5.72}$$

可以看出，状态预测方程是线性的，而状态更新方程则具有较高的非线性。在工程中，由于传感器测量的误差会引起误差累积，为了提高精度，需要选用较好的估计方法。任何测量系统都涉及真值、被测值和滤波值，我们都知道真值是绝对存在的，但却无法获得；测量值是我们用某种工具或方法测量的值，但是与真值相比有误差；而滤波值就是经过滤波处理优化后的值，滤波处理的目的是减少噪声的干扰，使滤波结果接近真值。

粒子滤波是基于蒙特卡罗采样和贝叶斯思想的滤波算法。其实现方法是采用一组概率密度函数上带有权值的随机样本来逼近随机变量的系统概率密度函数。根据贝叶斯规则，用量测值 $\{\boldsymbol{Y}_k, \boldsymbol{Y}_{k-1}, \cdots, \boldsymbol{Y}_1\}$ 估计待测参数 $\boldsymbol{X}_k$，并对粒子集进行适当加权。为了防止粒子退化，引入了后验密度 $p(\boldsymbol{X}_k|\boldsymbol{Y}_k)$ 对例子进行重采样。重采样算法依据观测值对粒子滤波器进行优化，给予更准确的粒子更高的权值，以解决已知的粒子贫瘠和依赖问题，可达到最小方差估计。

目标的运动速度记作 $\boldsymbol{v}_k = (v_{x,k}, v_{y,k})^{\mathrm{T}}$。通过观察状态方程可以看到，在式子中，将运动状态中目标的运动速度 $\boldsymbol{v}_k$ 视为不可观测信息。很显然，如果能观测到目标的运动速度信息，能够有效提高目标的定位精度。因此，可以基于粒子滤波方法融合目标的距离与相对运动速度信息，即 TOA 及 FOA 信息，以实现对目标的高精度定位。同时可以发现，该算法可实现短距离的单信标节点定位。

粒子滤波适用所有非线性问题，在非线性非高斯情况下依旧适用，因此，在工程中适用性非常广。浙江大学的黄逸帆[23]在室内无遮挡环境下提出了声音定位技术和 PDR 的粒子滤波算法，以及声音定位技术 TDOA 和 PDR 的粒子滤波算法，剔除了误差较大的声音信号点，提高了定位精度。同年，王雅菲等人[24]提出了在 PDR 和 TDOA 融合算法中加入地图信息，进一步提高了定位精度。相对来说，粒子滤波的适用性更广，不受线性高斯问题的限制，也可以达到接近较高的估计精度。如上所述，由于目标运动速度可观测，将速度 v_k 引入状态方程式，状态参量为 $\boldsymbol{X}_k = [x_k, y_k, v_{x,k}, v_{y,k}]^{\mathrm{T}}$。进而可将(5.69)量测值 $\boldsymbol{Y}_k$ 和 $h(\cdot)$ 改写为：

$$\boldsymbol{Y}_k = \begin{bmatrix} d_1 \\ d_2 \\ \vdots \\ d_m \\ v_1 \\ v_2 \\ \vdots \\ v_m \end{bmatrix},\ h(\boldsymbol{X}_k) = \begin{cases} \|\boldsymbol{p}_k - \boldsymbol{a}_1\|_2 \\ \|\boldsymbol{p}_k - \boldsymbol{a}_2\|_2 \\ \vdots \\ \|\boldsymbol{p}_k - \boldsymbol{a}_m\|_2 \\ \dfrac{\boldsymbol{v}_k^{\mathrm{T}}(\boldsymbol{p}_k - \boldsymbol{a}_1)}{\|\boldsymbol{p}_k - \boldsymbol{a}_1\|_2} \\ \dfrac{\boldsymbol{v}_k^{\mathrm{T}}(\boldsymbol{p}_k - \boldsymbol{a}_2)}{\|\boldsymbol{p}_k - \boldsymbol{a}_2\|_2} \\ \vdots \\ \dfrac{\boldsymbol{v}_k^{\mathrm{T}}(\boldsymbol{p}_k - \boldsymbol{a}_2)}{\|\boldsymbol{p}_k - \boldsymbol{a}_m\|_2} \end{cases} \tag{5.73}$$

相应地，改写观测过程噪声 $\boldsymbol{n}_k$，$\boldsymbol{n}_k \sim N(0,R)$，其中：

$$R = \operatorname{diag}\{\sigma_{d,1}^2,\sigma_{d,2}^2,\cdots,\sigma_{d,m}^2,\sigma_{v,1}^2,\sigma_{v,2}^2,\cdots,\sigma_{v,m}^2\} \tag{5.74}$$

基于序列重要性采样(sequential importance sampling，SIS)的基本粒子滤波算法方法是选取先验概率密度为重要性密度函数来更新粒子权重。采用随机样本的状态分布和权值共同模拟了目标位置或状态的先验概率密度函数，以此将贝叶斯估计中的积分问题转换为求和运算的问题。但是 SIS 算法的缺点是粒子退化问题，为了避免粒子退化问题，需要在得到样本和权重之后对粒子重采样，便可得到基于序列重要性重采样的粒子滤波算法。

基于序列重要性重采样的粒子滤波算法的方法是根据观测量 $\boldsymbol{Y}_k$ 更新粒子 $\boldsymbol{X}_0$ 的权重和位置，在重采样中根据更新后的粒子来近似模拟对目标状态的后验概率密度。基于序列重要性重采样的粒子滤波算法步骤描述如下：

(1)设定初值。粒子集 $\boldsymbol{X}_0$ 可随机取，也可由先验概率密度可得，设：

$$\boldsymbol{X}_0 \sim N(0,\boldsymbol{Q}) \tag{5.75}$$

其中：

$$\boldsymbol{Q} = \operatorname{diag}\{\sigma_x^2,\sigma_y^2,\sigma_{vx}^2,\sigma_{vy}^2\} \tag{5.76}$$

(2)生成 $\boldsymbol{X}_0$ 的粒子。设 n 为粒子集的粒子数量，粒子集数量 n 越大，那么粒子集的估计精度就越高，但是计算越复杂。生成初始粒子集，记作 $\{\boldsymbol{X}_0^{(1)},\boldsymbol{X}_0^{(2)},\cdots,\boldsymbol{X}_0^{(n)}\}$。

(3)生成粒子权重。粒子总数量为 n，其中每个粒子的权值：

$$w_0^{(i)} = 1/n \tag{5.77}$$

(4)预测。根据预测方程，使用 $\{\boldsymbol{X}_{k-1}^{(j)}\}_{j=1}^n$ 根据先验分布 $p(\boldsymbol{X}_k \mid \boldsymbol{X}_{k-1})$ 进行预测，获得粒子集的更新集合 $\{\widetilde{\boldsymbol{X}}_k^{(j)}\}_{j=1}^n$。

(5)更新。基于权值更新后的粒子集 $\{\widetilde{\boldsymbol{X}}_k^{(j)}\}_{j=1}^n$ 模拟位置或状态观测值 $\boldsymbol{Y}_k$，求解距离集 $\{d_k^{(j)}\}_{j=1}^m$ 和速度集 $\{v_k^{(j)}\}_{j=1}^m$，由下式求解：

$$\begin{cases} d_{i,k}^{(j)} = \| \widetilde{\boldsymbol{X}}_k^{(j)} - \boldsymbol{a}_i \|_2 \\ v_{i,k}^{(j)} = \dfrac{(\widetilde{\boldsymbol{X}}_k^{(j)} - \hat{\boldsymbol{X}}_{k-1})^{\mathrm{T}}(\widetilde{\boldsymbol{X}}_k^{(j)} - \boldsymbol{a}_i)}{\| \widetilde{\boldsymbol{X}}_k^{(j)} - \boldsymbol{a}_i \|_2} \end{cases} \tag{5.78}$$

(6)更新权重。设 $\{w_{k-1}^{(j)}\}_{j=1}^n$ 为第 $k-1$ 时刻粒子的权集，k 时刻粒子权集 $\{\widetilde{w}_k^{(j)}\}_{j=1}^n$ 可通过假设 $w_{k-1}^{(j)} = 1/n$ 进行更新，表达为：

$$\begin{aligned} w_k^{(j)} &= w_{k-1}^{(j)} p\{\boldsymbol{Y}_k \mid \widetilde{\boldsymbol{X}}_k^{(j)}\} \\ &= A\exp\left\{-\frac{1}{2\sigma_{d,k}^2}\sum_{i=1}^N \rho_{i,k}^2(\hat{d}_{i,k} - \hat{d}_{i,k}^{(j)})^2 - \frac{1}{2\sigma_{v,k}^2}\sum_{i=1}^N \rho_{i,k}^2(\hat{v}_{i,k} - \hat{v}_{i,k}^{(j)})^2\right\} \\ &= \frac{w_k^{(j)}}{\sum_{j=1}^n w_k^{(j)}} \end{aligned} \tag{5.79}$$

其中：

$$A = \frac{1}{(\sqrt{2\pi})^n \sigma_{d,k}^n \sigma_{v,k}^n} \tag{5.80}$$

(7)重采样。重采样是防止粒子退化的关键步骤,由权值集 $\{w_k^{(j)}\}_{j=1}^n$ 对粒子集 $\{\widetilde{\boldsymbol{X}}_k^{(j)}, \widetilde{w}_k^{(j)}\}_{j=1}^n$ 进行重新采样,表示为 $\{\boldsymbol{X}_k^{(j)}, w_k^{(j)}\}_{j=1}^n$,而权重可表示为:

$$w_k^{(j)} = 1/n \tag{5.81}$$

(8)输出。根据 $\{\boldsymbol{X}_k^{(j)}, w_k^{(j)}\}_{j=1}^n$ 计算 $\hat{\boldsymbol{X}}_k$,其可以表示为:

$$\hat{\boldsymbol{X}}_k = \sum_{j=1}^n \boldsymbol{X}_k^{(j)} w_k^{(j)} \tag{5.82}$$

5.4 基于多信息融合的单信标节点定位方法

由于声音定位系统在仅存1个LOS信标节点情况下的定位性能较差,为了提高单信标节点情况下的声音定位技术定位性能,本节给出了基于多源传感器融合的单信标节点定位方法。在室内环境单信标节点定位情况下,定位信息不够,难以获得唯一的定位结果。多种传感器信息融合可以提供更丰富的定位信息,从而在单信标节点情况下实现更高精度的动态目标定位。依据室内可以获得的Wi-Fi、蓝牙、UWB、SLAM、惯性导航等信息,即声音定位技术与多信息融合的定位方法。通过融合既可以降低强遮挡对声音技术的精度影响,也可以解决其他传感器的限制因素,从而实现更高精度的动态目标定位。

5.4.1 问题描述

基于粒子滤波的TOA及FOA定位方法,需要至少2个LOS量测信息。当仅存在1个LOS量测时,能够在较短更新步内进行定位。由于单个LOS量测情况下,状态更新方程具有“多峰”的特点,误差的传播会使定位系统发散,进而使得系统失效。

随着MEMS的发展,室内定位技术得到了良好的硬件基础,如惯性导航技术获得了低成本的INS。因此,在信标节点部署数量较少的情况下,可以通过融合智能体的INS单元来实现单信标节点的定位。INS通常包含加速度传感器和陀螺仪,能够获得系统自身的运动状态信息,即目标在第 k 时刻的运动速度 $\boldsymbol{v}_k^c$,系统信标节点坐标记作 $\boldsymbol{a}_0$。目标的位置记作 $\boldsymbol{p}_k = (x_k, y_k)^{\mathrm{T}}$,距离估计为 $\hat{\boldsymbol{d}}_k$,相对运动信息估计为 $\hat{\boldsymbol{v}}_k$,位置的最大似然解为:

$$\hat{\boldsymbol{p}}_k = \arg\max_{\boldsymbol{p}_k} p(\hat{\boldsymbol{d}}_k, \hat{\boldsymbol{v}}_k; \boldsymbol{v}_k^c, \boldsymbol{p}_k) \tag{5.83}$$

距离估计和速度估计彼此独立,因此联合概率密度可写作:

$$p(\hat{\boldsymbol{d}}_k, \hat{\boldsymbol{v}}_k; \boldsymbol{v}_k^c, \boldsymbol{p}_k) = p(\hat{\boldsymbol{d}}_k; \hat{\boldsymbol{v}}_k, \boldsymbol{p}_k) p(\hat{\boldsymbol{v}}_k; \boldsymbol{v}_k^c, \boldsymbol{p}_k) \tag{5.84}$$

因此,最大似然解改写为:

$$\hat{\boldsymbol{p}}_k = \arg\min_{\boldsymbol{p}_k} \left\{ \frac{1}{\sigma_d^2} (\hat{\boldsymbol{d}}_k - \| \boldsymbol{p}_k - \boldsymbol{a}_0 \|_2)^2 + \frac{1}{\sigma_v^2} \left(\hat{\boldsymbol{v}}_k - \frac{(\boldsymbol{v}_k^c)^{\mathrm{T}} (\boldsymbol{p}_k - \boldsymbol{a}_0)}{\| \boldsymbol{p}_k - \boldsymbol{a}_0 \|_2} \right)^2 \right\} \tag{5.85}$$

可以看出,由于二次项的存在,当仅有一个LOS量测时,似然函数仍具有“多峰”特性。因此,可以通过网格搜索法来进行求解,并将搜索范围限定在 $\boldsymbol{p}_{k-1}$ 位置附近。尽管该方法能够在一定程度上减轻“多峰”特性对定位结果的影响,但会引入累积误差。

5.4.2　解析解

根据问题描述，可将信标节点到待测目标的距离估计值 $\hat{\boldsymbol{d}}_k$，以及待测目标的运动速度估计值 $\hat{\boldsymbol{v}}_k$ 表示为：

$$\begin{cases} \| \boldsymbol{p}_k - \boldsymbol{a}_0 \|_2 = \hat{\boldsymbol{d}}_k \\ \dfrac{(\boldsymbol{v}_k^c)^{\mathrm{T}} \cdot (\boldsymbol{p}_k - \boldsymbol{a}_0)}{\| \boldsymbol{p}_k - \boldsymbol{a}_0 \|_2} = \hat{\boldsymbol{v}}_k \end{cases} \tag{5.86}$$

将上式改写形式为下式：

$$\begin{cases} (x_k - a_x)^2 + (y_k - a_y)^2 = \hat{\boldsymbol{d}}_k^2 \\ v_x(x_k - a_x) + v_y(y_k - a_y) = \hat{\boldsymbol{d}}_k \hat{\boldsymbol{v}}_k \end{cases} \tag{5.87}$$

可求得其解析解为：

$$\begin{cases} x_k = \dfrac{a_x v_x^2 + a_x v_y^2 + \hat{d}_k v_y \hat{v}_k \pm \sqrt{\hat{d}_k^2 v_x^2 v_y^2 + \hat{d}_k^2 v_y^4 - \hat{d}_k^2 v_y^2 \hat{v}_k^2}}{v_x^2 + v_y^2} \\ y_k = \dfrac{(-a_x v_x - a_y v_y - \hat{d}_k \hat{v}_k)(v_x^2 + v_y^2)\left(a_x v_x^3 + a_x v_x v_y^2 + \hat{d}_k v_x^2 \hat{v}_k \pm v_x \sqrt{\hat{d}_k^2 v_x^2 v_y^2 + \hat{d}_k^2 v_y^4 - \hat{d}_k^2 v_y^2 \hat{v}_k^2}\right)}{v_y(v_x^2 + v_y^2)} \end{cases} \tag{5.88}$$

解析解的优点是计算量较小，但由式(5.88)可知，解析解不唯一。因为物体运动规律且不存在突变，所以可根据上一时刻状态舍弃位置变化较大的解，而判断正确的位置解。但是若在位置的多个解的结果较接近的情况下，则无法分辨正确的位置结果。因此，解析解对误差的抵抗能力较弱。

5.4.3　基于粒子滤波的融合算法

融合速度的单信标节点定位方法主要是采用 INS 输出的速度 $\boldsymbol{v}_k^c = (v_x, v_y)^{\mathrm{T}}$ 和基于 TOA 及 FOA 估计的距离速度估计值 d_k，$v_{0,k}$ 作为量测值，经过粒子滤波估计量测值的误差，并对误差进行校正，进而获得目标的位置 $\boldsymbol{p}_k = (p_{x,k}, p_{y,k})^{\mathrm{T}}$ 与运动速度 $\boldsymbol{v}_k = (v_{x,k}, v_{y,k})^{\mathrm{T}}$。

在滤波中通常采用卡尔曼滤波，但是该状态更新方程依旧有较高的非线性，所以这里采用粒子滤波来进行数据融合。可建立融合速度的导航系统的状态方程，表示如下：

$$\begin{cases} \boldsymbol{X}_k = \boldsymbol{F}_{k-1} \boldsymbol{X}_{k-1} + \boldsymbol{w}_k \\ \boldsymbol{Y}_k = h(\boldsymbol{X}_k) + \boldsymbol{n}_k \end{cases} \tag{5.89}$$

其中，系统状态量 $\boldsymbol{X}_k$ 可表示如下：

$$\boldsymbol{X}_k = \begin{bmatrix} p_{x,k} \\ p_{y,k} \\ v_{x,k} \\ v_{y,k} \end{bmatrix} \tag{5.90}$$

实验量测 $\boldsymbol{Y}_k$ 和测量函数 $h(\boldsymbol{X}_k)$ 可以表示为：

$$\boldsymbol{Y}_k=\begin{bmatrix} d_k \\ v_{0,k} \\ v_x \\ v_y \end{bmatrix},h(\boldsymbol{X}_k)=\begin{cases} \|\boldsymbol{p}_k-\boldsymbol{a}_0\|_2 \\ \dfrac{(v_{x,k},v_{y,k})^{\mathrm{T}}\cdot(\boldsymbol{p}_k-\boldsymbol{a}_0)}{\|\boldsymbol{p}_k-\boldsymbol{a}_0\|_2} \\ v_{x,k} \\ v_{y,k} \end{cases} \tag{5.91}$$

将目标运动状态信息和 TOA 及 FOA 信息作为观测值，并根据观测值更新粒子权重，从而给出根据重要性的粒子重采样方法，优化粒子滤波算法，从而得到较优估计的融合定位结果，减小了误差值较大的量测值的影响。融合速度的单信标节点定位原理框见图 5.15。

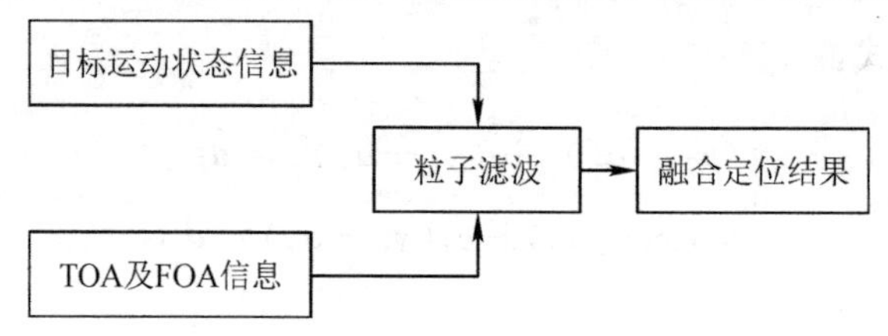

图 5.15 融合速度的单信标节点定位原理框

5.4.4 融合位置的单信标节点定位方法

在室内情况下，声音定位技术的单信标节点问题无法得到唯一解，如果有 SLAM、UWB 等其他传感器则可以获得位置信息，设目标在第 k 时刻的位置 $\boldsymbol{p}_k=(p_{x,k},p_{y,k})^{\mathrm{T}}$ 系统信标节点坐标记作 $\boldsymbol{a}_0=(a_x,a_y)^{\mathrm{T}}$，距离估计为 $\hat{\boldsymbol{d}}_k$，相对运动信息估计为 $\hat{\boldsymbol{v}}_k$，其最大似然解为：

$$\hat{\boldsymbol{p}}_k=\arg\max_{\boldsymbol{p}_k} p(\hat{\boldsymbol{d}}_k,\hat{\boldsymbol{v}}_k;\boldsymbol{p}_k) \tag{5.92}$$

距离估计和速度估计彼此独立，因此：

$$p(\hat{\boldsymbol{d}}_k,\hat{\boldsymbol{v}}_k;\boldsymbol{p}_k)=p(\hat{\boldsymbol{d}}_k;\boldsymbol{p}_k)p(\hat{\boldsymbol{v}}_k;\boldsymbol{p}_k) \tag{5.93}$$

因此，最大似然解改写为：

$$\hat{\boldsymbol{p}}_k=\arg\min_{\boldsymbol{p}_k}\left\{\frac{1}{\sigma_d^2}(\hat{\boldsymbol{d}}_k-\|\boldsymbol{p}_k-\boldsymbol{a}_0\|_2)^2+\frac{1}{\sigma_v^2}\left[\hat{\boldsymbol{v}}_k-\frac{(v_{x,k},v_{y,k})^{\mathrm{T}}\cdot(\boldsymbol{p}_k-\boldsymbol{a}_0)}{\|\boldsymbol{p}_k-\boldsymbol{a}_0\|_2}\right]^2\right\} \tag{5.94}$$

由上式可得，最大似然解计算复杂度较高。可以看出，由于二次项的存在，当仅有一个 LOS 量测时，似然函数仍具有“多峰”特性。

融合位置的单信标节点定位方法主要是采用 SLAM、UWB 等定位的位置 $(x_k,y_k)^{\mathrm{T}}$ 和基于 TOA 及 FOA 估计的距离速度估计值 d_k，$v_{0,k}$ 作为量测值，经过粒子滤波估计量测值的误差，并对误差进行校正，以提高 SLAM、UWB 等系统的定位精度。

该状态更新方程依旧有较高的非线性，所以这里采用粒子滤波来进行数据融合。建立融合位置的导航系统的状态方程，表示如下：

$$\begin{cases} \boldsymbol{X}_k=\boldsymbol{F}_{k-1}\boldsymbol{X}_{k-1}+\boldsymbol{w}_k \\ \boldsymbol{Y}_k=h(\boldsymbol{X}_k)+\boldsymbol{n}_k \end{cases} \tag{5.95}$$

其中，$\boldsymbol{X}_k$ 与式(5.90)相同，而实验量测 $\boldsymbol{Y}_k$ 和测量方程 $h(\boldsymbol{X}_k)$ 可以表示为：

$$\boldsymbol{Y}_k=\begin{bmatrix}x_k\\y_k\\d_k\\v_{0,k}\end{bmatrix},h(\boldsymbol{X}_k)=\begin{cases}p_{x,k}\\p_{y,k}\\\|\boldsymbol{p}_k-\boldsymbol{a}_0\|_2\\\dfrac{(v_{x,k},v_{y,k})^{\mathrm{T}}\cdot(\boldsymbol{p}_k-\boldsymbol{a}_0)}{\|\boldsymbol{p}_k-\boldsymbol{a}_0\|_2}\end{cases}\tag{5.96}$$

将 SLAM 和 UWB 定位结果和 TOA 及 FOA 信息作为观测值，并根据观测值更新粒子权重，从而给出根据重要性的粒子重采样方法，优化粒子滤波算法，从而得到较优估计的融合定位结果。融合位置的单信标节点定位原理框见图 5.16。

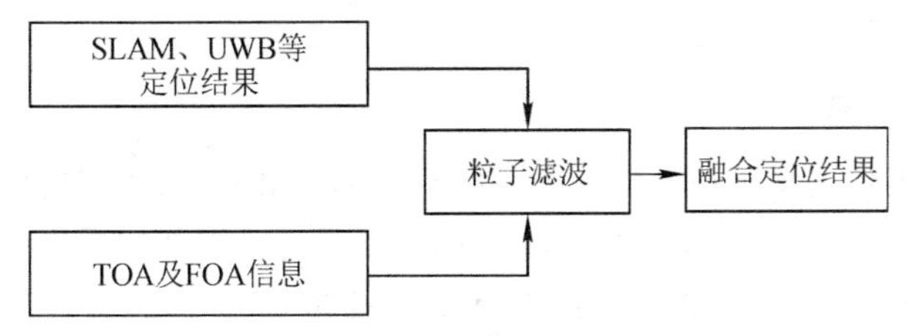

图 5.16　融合位置的单信标节点定位原理框

5.4.5　融合速度及位置的单信标节点定位方法

惯性单元通常不仅包含位置信息，还包括运动状态信息，即目标在第 k 时刻的运动速度 $\boldsymbol{v}_k^c=(v_x,v_y)^{\mathrm{T}}$，位置 $\boldsymbol{p}_k^c=(p_x,p_y)^{\mathrm{T}}$，系统信标节点坐标记作 $\boldsymbol{a}_0=(a_x,a_y)^{\mathrm{T}}$。因此，将融合速度、位置以及基于 TOA 及 FOA 估计的距离速度估计值 d_k，$v_{0,k}$ 作为量测值，进而估计目标的位置 $\boldsymbol{p}_k=(p_{x,k},p_{y,k})^{\mathrm{T}}$ 与运动速度 $\boldsymbol{v}_k=(v_{x,k},v_{y,k})^{\mathrm{T}}$。

该状态更新方程依旧有较高的非线性，所以这里采用粒子滤波来进行数据融合。建立融合运动速度及位置的导航系统的状态方程，表示如下：

$$\begin{cases}\boldsymbol{X}_k=\boldsymbol{F}_{k-1}\boldsymbol{X}_{k-1}+\boldsymbol{w}_k\\\boldsymbol{Y}_k=h(\boldsymbol{X}_k)+\boldsymbol{n}_k\end{cases}\tag{5.97}$$

其中，$\boldsymbol{X}_k$ 与式(5.90)相同，而实验量测 $\boldsymbol{Y}_k$ 和测量方程 $h(\boldsymbol{X}_k)$ 可以表示为：

$$\boldsymbol{Y}_k=\begin{bmatrix}x_k\\y_k\\d_k\\v_{0,k}\\v_x\\v_y\end{bmatrix},h(\boldsymbol{X}_k)=\begin{cases}p_{x,k}\\p_{y,k}\\\|\boldsymbol{p}_k-\boldsymbol{a}_0\|_2\\\dfrac{(v_{x,k},v_{y,k})^{\mathrm{T}}\cdot(\boldsymbol{p}_k-\boldsymbol{a}_0)}{\|\boldsymbol{p}_k-\boldsymbol{a}_0\|_2}\\v_{x,k}\\v_{y,k}\end{cases}\tag{5.98}$$

将惯导定位系统的位置及速度信息、TOA 及 FOA 信息作为观测值，并根据观测值更新粒子权重，从而给出根据重要性的粒子重采样方法，优化粒子滤波算法，从而得到较稳定的融合定位结果。融合速度及位置的单信标节点定位原理框见图 5.17。

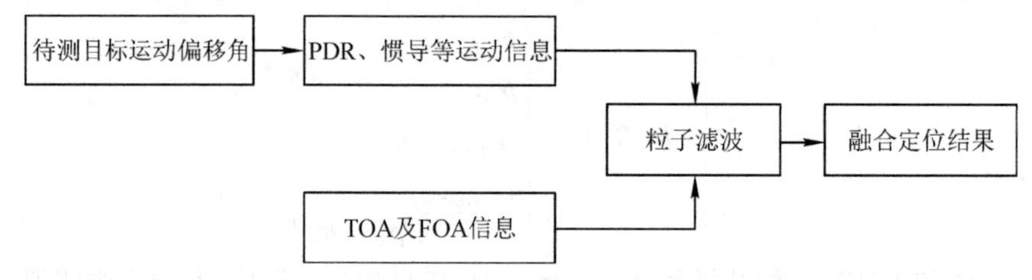

图 5.17　融合速度及位置的单信标节点定位原理框

5.4.6　仿真与分析

5.4.6.1　场景构建

仿真中构建的定位场景见图 5.18，目标从 (11,17) 出发，沿预定的轨迹运动。待测目标在直线段为匀速直线运动，速度 $v=0.5$ m/s，在圆弧段为可近似的看作非匀速直线运动。在图中 3 个信标节点遮挡场景下，3 个声源信标节点的坐标为 {(2,2),(28,2),(2,28)} (m)。在图示的运动轨迹上，待测目标在不同的位置相应的 LOS 量测的数量也在动态变化。在图示情况下，▲代表该位置有 3 个 LOS 信号，意味着这些点为 3 个信标节点定位情况；“□”及“*”分别代表对应位置有 2 个及 1 个 LOS 信号，意味着这些点为双信标节点定位或单信标节点定位情况。

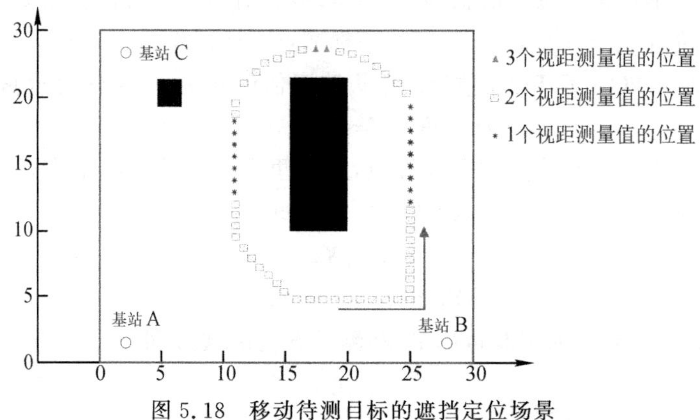

图 5.18　移动待测目标的遮挡定位场景

仿真的前提是已知遮挡情况，并剔除所有路径存在遮挡的量测信号。根据仿真实验要求对信标节点和障碍物的数目进行调整，则相应的 LOS 量测值会发生变化，由此可测试算法在不同信标节点数量情况下定位的性能。由于最大似然估计需要 3 个 LOS 信号方可实现定位，而在移动中某些位置的 LOS 信号数量仅为 1 个或者 2 个时，最大似然估计无法适用。因此，仿真中采用最短的 NLOS 信号来补充最大似然估计所需的信号。

5.4.6.2　实验设计

在 TOA 及 FOA 定位仿真中，首先模拟 3 个 LOS 信标节点的实验场景，并生成了待测目标运动的真值轨迹，标记为实线。接着利用最大似然估计的 TOA 定位算法对待测目标轨迹进行定位，并标记为“*”。然后引入了 FOA 估计，采用 TOA 及 FOA 的定位算法对待测目标轨迹进行定位，并标记为“□”。最后对两种定位方法的性能进行评估和对比，LOS 环境中两类方法的仿真结果对比见图 5.19,根据轨迹可以看出两种定位方法均在 3 个 LOS 情况下能实现良好的定位。

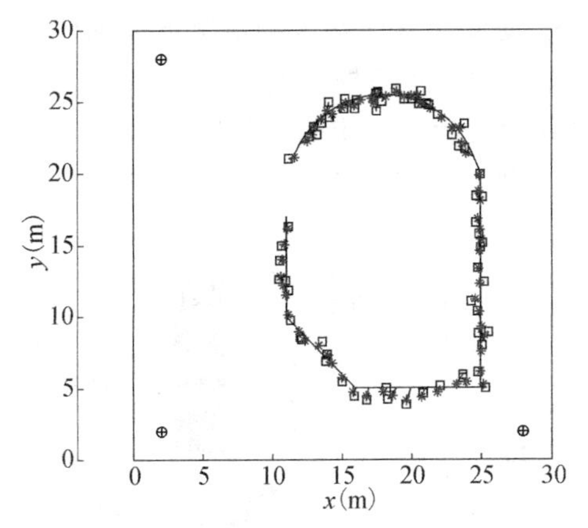

图 5.19　LOS 环境中两类方法的仿真结果对比

LOS 环境下两类方法定位误差的累积分布函数(CDF)对比见图 5.20。由图 5.20 可见,TOA 及 FOA 估计的定位算法在置信概率为 70%的情况下,定位误差在 0.4 m 内。

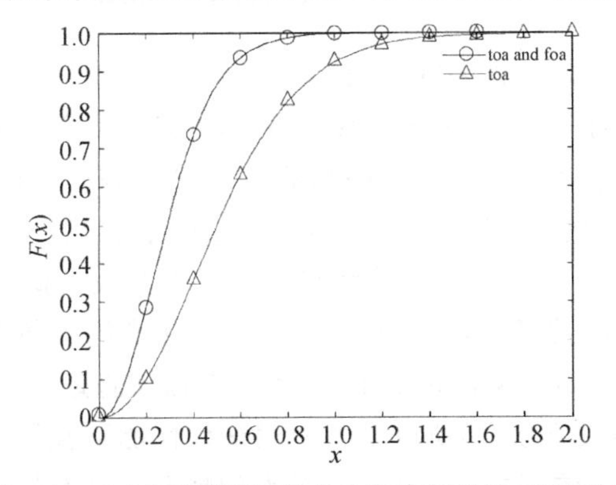

图 5.20　LOS 环境下两类方法定位误差的 CDF 对比

在 2 个以上的 LOS 量测的高斯环境中,理论上最大似然估计的 TOA 定位算法为最优算法,渐进趋近于无偏且无限逼近于 CRLB。然而根据仿真的 CDF 对比可以看出,引入了 FOA 的 TOA 及 FOA 估计的定位方法虽然没有提高定位极限的精度,但总体性能优于最大似然估计的 TOA 定位算法。这是因为最大似然解只基于 TOA 信息,而输入基于 TOA 及 FOA 估计信息的算法可以获得更好的结果。可以看出,信息量增加会带来定位性能优化,所以基于 TOA 及 FOA 的解精度优于 TOA 的解。

5.4.6.3　基于粒子滤波的 TOA 及 FOA 定位仿真

在基于粒子滤波的 TOA 及 FOA 定位仿真中,首先模拟了 3 个信标节点的遮挡场景,并生成了待测目标运动的真值轨迹,标记为实线。然后利用最大似然估计的 TOA 及 FOA 定位算法对待测目标轨迹进行定位,并标记为“ * ”号。接着对已有的 TOA 及 FOA 估计信息采用粒子滤波进行求解,定位结果标记为“□”号。与最大似然估计器相比,本节所介绍的粒子滤波融合定位方法定位结果鲁棒性更高。在有遮挡的 3 个信标节点情况下，两类方法的仿真结果对比见图 5.21。由图 5.21 可见，基于粒子滤波的方法中，目标跟踪问题中待测目标的机动会使定位性能恶化，滤波的方法在该种情况下表现较差。但可看出基于粒子滤波的 TOA 及 FOA 可以实现短距离的单信标节点定位，但该定位方法较依赖 TOA 及 FOA 估计精度，且单信标节点定位结尾处存在一定的累积误差。

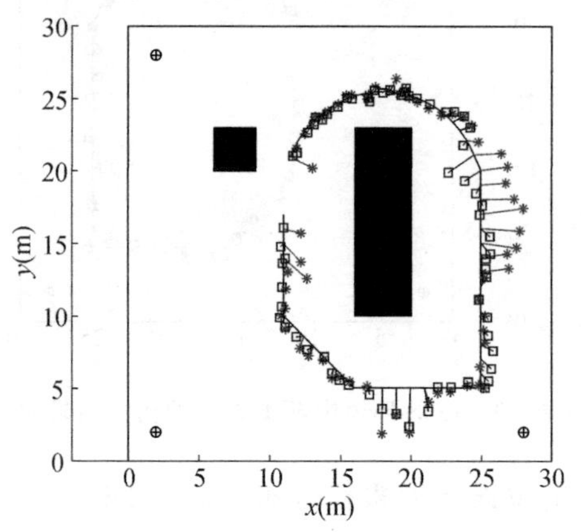

图 5.21　两类方法的仿真结果对比

不同 LOS 测量次数下定位误差的 CDF 见图 5.22、图 5.23。但由于基于最大似然估计的方法，最少需要 2 个信标节点的 LOS 量测。因此，当只有 1 个 LOS 量测时，为了使得最大似然估计仍然能够使用，引入了一个最短距离的 NLOS 量测。由以下 CDF 图可以看出，整体情况来说最大似然估计的 TOA 及 FOA 定位算法性能较优，2 个以上的 LOS 量测情况下，基于粒子滤波的 TOA 及 FOA 定位算法定位性能不及最大似然估计；但是在 1 个 LOS 量测情况下，基于粒子滤波的 TOA 及 FOA 定位算法性能优于最大似然估计。因为，在高斯环境且有 2 个以上的 LOS 量测的情况下，最大似然估计趋近于 CRLB，为最优算法；但在 1 个 LOS 量测时，高斯假设不成立，所以最大似然估计性能不及粒子滤波。因此，基于粒子滤波的 TOA 及 FOA 定位仿真算法在单信标节点的情况下具有较好的定位性能，在强遮挡情况下的室内定位有较好的应用价值。

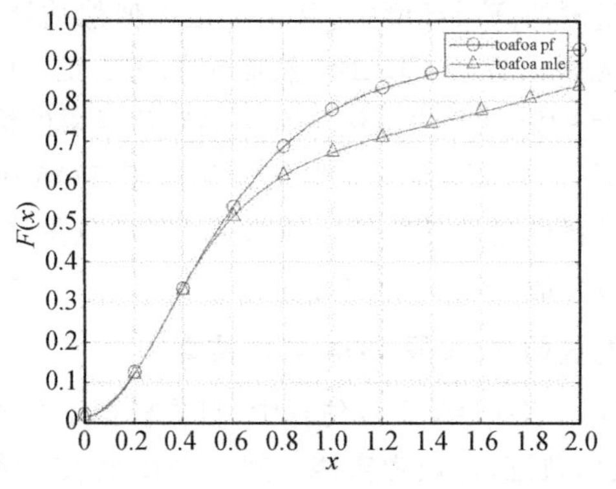

图 5.22　NLOS 环境下两类方法定位结果的 CDF 对比

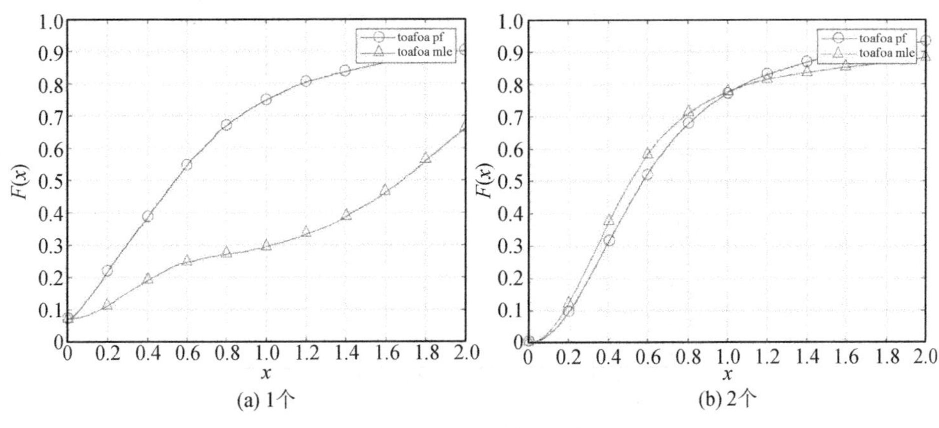

图 5.23　不同 LOS 量测情况下的 CDF 对比

5.4.6.4　融合速度的定位仿真实验

在 Malab 模拟实验场景,并在经典场景的 LOS 或 NLOS 环境中对利用粒子滤波的融合速度的定位算法性能进行评估,并与基于最大似然估计的 TOA 及 FOA 定位方法性能进行对比。

1. 单信标节点定位结果分析

融合运动速度的仿真中首先模拟了单信标节点定位的情况,在室内遮挡严重的情况下,只剩 1 个 LOS 信号的场景生成了待测目标运动的真值轨迹,标记为实线。利用粒子滤波对 TOA 及 FOA 信息和其他传感器的速度信息进行融合求解,生成目标轨迹并标记为"□"。由于极大似然至少需要 2 个 LOS 量测,因此引入了双信标节点遮挡情况下基于 TOA 及 FOA 的极大似然估计结果做对比,并标记为"＊"。单信标节点定位仿真结果对比见图 5.24,"□"轨迹实现了较为稳定的单信标节点定位,但在结尾处存在一定的累积误差。

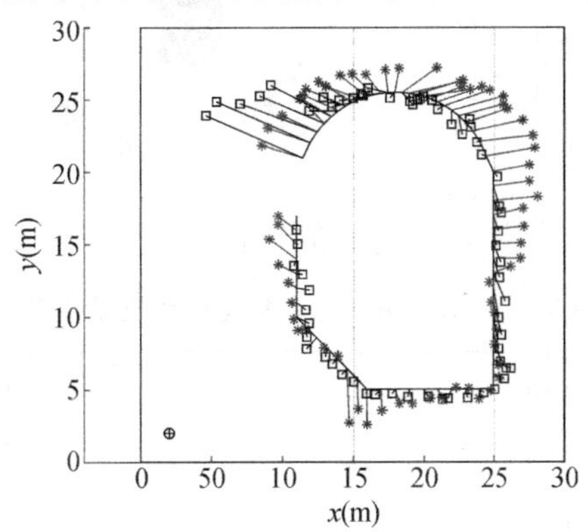

图 5.24　单信标节点定位仿真结果对比

单信标节点融合速度定位误差的 RMS 的 CDF 见图 5.25。基于粒子滤波的融合速度的定位算法在室内单信标节点的误差的均方根为 1.58 m,置信概率为 80%时,定位误差为 2.5 m,置信概率为 44%时,定位误差为 1 m。

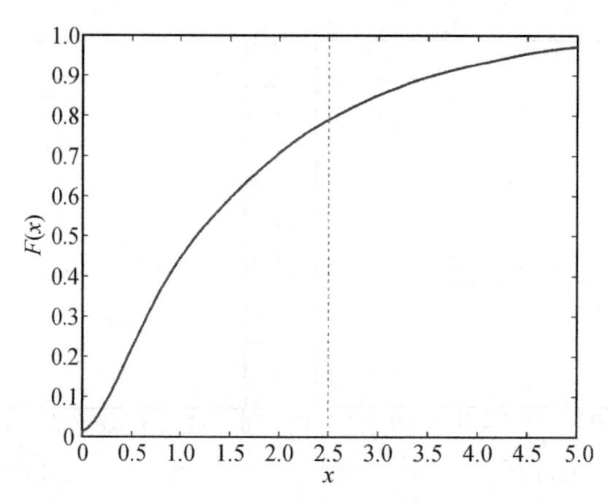

图 5.25　单信标节点融合速度定位的 CDF

2. 双信标节点遮挡场景

融合运动速度的双信标节点定位仿真中，首先模拟了双信标节点有遮挡的场景，并生成了待测目标运动的真值轨迹，标记为实线。利用最大似然估计的 TOA 及 FOA 定位算法对待测目标轨迹进行定位，标记为“＊”。再对已有的 TOA 及 FOA 信息和速度信息，采用融合运动速度的粒子滤波算法对待测目标轨迹进行定位并标记为“□”。最后对两种定位方法性能进行评估和对比。双信标节点遮挡定位仿真结果对比见图 5.26。不同 LOS 测量次数下定位误差与双信标节点遮挡情况下的极大似然估计误差 CDF 对比见图 5.27、图 5.28。

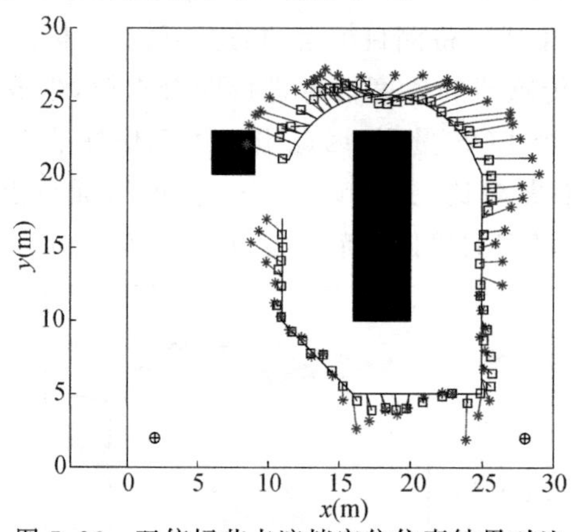

图 5.26　双信标节点遮挡定位仿真结果对比

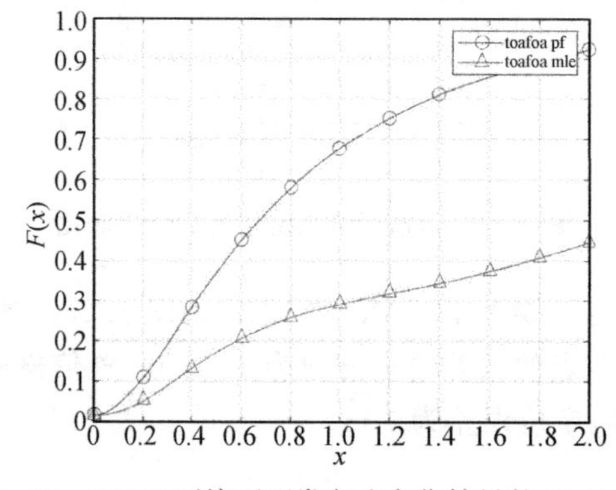

图 5.27　NLOS 环境下两类方法定位结果的 CDF 对比

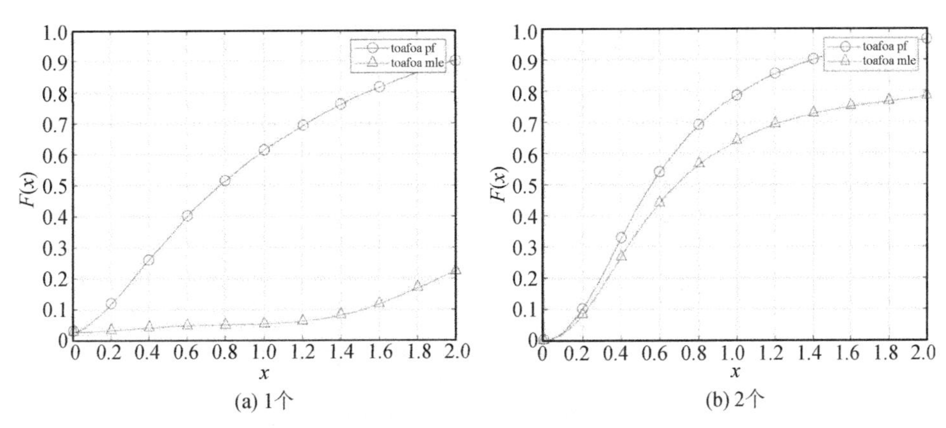

图 5.28　遮挡环境下,不同 LOS 量测情况下的 CDF 对比

由图 5.26 的仿真结果对比可以看出,从初始位置到 135°拐角位置,“□”曲线与真值轨迹较为接近,可见融合运动速度的粒子滤波算法能短时实现单信标节点定位,且融合定位结果对 TOA 及 FOA 估计误差有一定的容忍性。同时,融合速度的粒子滤波算法在单信标节点定位结尾处的累积误差相对于基于粒子滤波的 TOA 及 FOA 定位算法较小,因此融合速度的粒子滤波算法在一定程度上抵抗了累积误差的影响。

由图 5.27、图 5.28 可得,无论是在 1 个 LOS 量测还是 2 个 LOS 量测情况下,融合了运动速度信息的 TOA 及 FOA 定位方法,相较于基于最大似然估计的 TOA 及 FOA 定位方法,均有较好的表现,其单信标节点定位精度得到了较大提升。

3. 单信标节点遮挡场景定位分析

融合运动速度的单信标节点定位仿真实验中,对已有的 TOA 及 FOA 信息和速度信息采用粒子滤波进行求解,采用融合运动速度的定位算法对待测目标轨迹进行定位,并标记为“□”。通过与双信标节点遮挡情况下基于 TOA 及 FOA 的极大似然估计对比,单信标节点遮挡仿真结果对比见图 5.29,可见融合速度的单信标节点定位方法能在较短距离内上实现单信标节点定位,但是圆弧段处的 NLOS 量测区域有一定的累积误差。单信标节点遮挡仿真 CDF 对比见图 5.30。

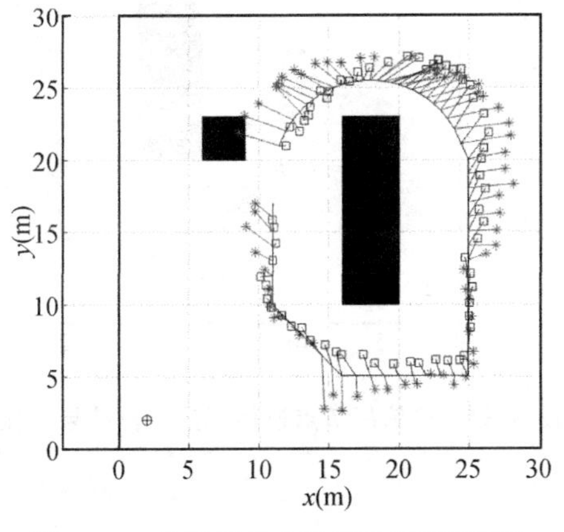

图 5.29　单信标节点遮挡仿真结果对比

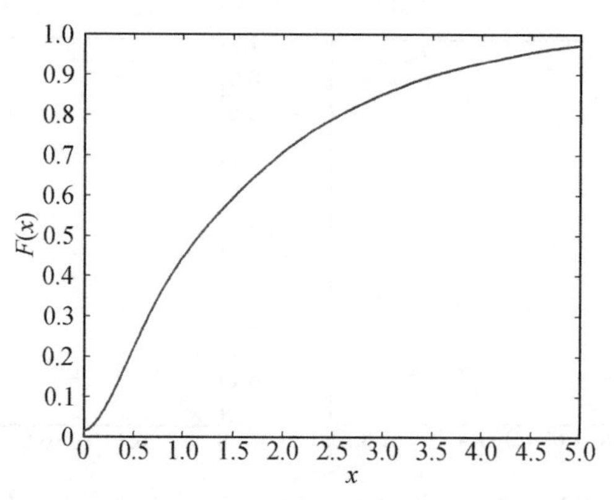

图 5.30　单信标节点遮挡仿真 CDF 对比

由图 5.30 可以看出，融合了速度信息以后，单信标节点在遮挡场景中的定位性能得到了提升，即融合运动速度的粒子滤波算法在单信标节点遮挡场景中的定位性能，优于双信标节点遮挡场景中基于最大似然估计的 TOA 及 FOA 定位性能，且当置信概率为 50%时，定位误差为 1.2 m。

5.4.6.5　融合运动速度及位置的定位仿真实验

融合运动速度及位置的粒子滤波定位仿真中，对已有的 TOA 及 FOA 信息、位置和速度信息采用粒子滤波进行求解，采用融合运动速度及位置的定位算法对待测目标轨迹进行定位，并标记为“□”。通过与双信标节点遮挡情况下基于 TOA 及 FOA 的极大似然估计对比，单信标节点遮挡场景定位结果对比见图 5.31，可见从起始点到直角处的单信标节点定位情况下，融合运动速度及位置的粒子滤波算法能稳定地实现单信标节点定位，且相较于融合速度的粒子滤波算法累积误差较小。单信标节点遮挡场景的定位结果，对比双信标节点遮挡情况下极大似然估计算法的 CDF 对比见图 5.32。

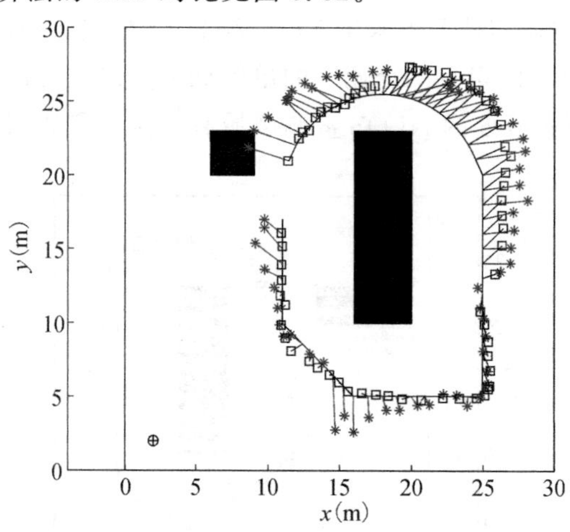

图 5.31　单信标节点遮挡场景定位结果对比

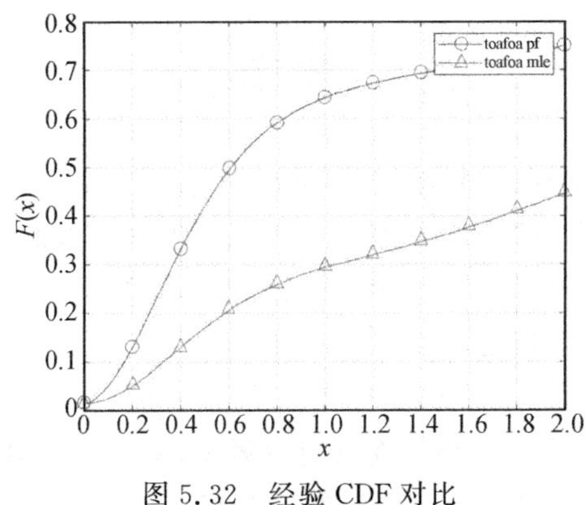

图 5.32　经验 CDF 对比

可以看出，融合运动速度及位置的单信标节点定位方法能稳定地实现较好的单信标节点定位效果。在单信标节点遮挡情况下，置信概率为 50%，定位误差为 0.6 m。

5.4.6.6　实验结论

(1)在 TOA 及 FOA 定位仿真中，TOA 及 FOA 的定位算法优于最大似然估计的 TOA 定位算法，这可以得出信息量增加，会带来定位性能优化。因此，基于距离及速度的估计精度比常规定位方法精度更高。

(2)在基于粒子滤波的 TOA 及 FOA 定位仿真中，TOA 及 FOA 估计基于粒子滤波求解可以在短时间、短距离内实现单信标节点定位，但是由于误差累积较快，不适用于长距离单信标节点定位，且这种算法依赖距离和相对运动速度的量测精度，在 NLOS 情况下，误差进一步增大。

(3)在融合运动速度的定位仿真实验中，TOA 及 FOA 估计融合速度基于粒子滤波求解能够实现单信标节点定位，并具有较好的精度和稳定性。相较于上一个方法，累积误差有所减轻，且对距离和相对速度量测误差有一定的容忍性，能够实现遮挡环境中的单信标节点定位。

(4)在融合运动速度及位置的定位仿真实验中，TOA 及 FOA 估计融合速度及位置基于粒子滤波求解能够有效应对单信标节点遮挡场景中的定位需求，同时提高了如惯导、PDR 等提供位置信息的定位系统的定位精度。

定位结果分析见表 5.1。其中 TOA 及 FOA 估计定位累积误差较大，只能在较短距离进行单信标节点定位，所以只计算了前十个点的定位误差。

表 5.1　置信概率 50%基于粒子滤波的定位精度分析

技术类型	单信标节点	单信标节点遮挡	2 信标节点	3 信标节点
TOA+FOA	0.64 m(10 个点)	0.9 m(10 个点)	1.2 m	0.55 m
TOA+FOA+速度	1.2 m	1.8 m	0.6 m	0.44 m
TOA+FOA+位置+速度	0.53 m	0.6 m	0.4 m	0.37 m

5.5 本章小结

室内环境中存在人员走动、家具遮挡、墙壁反射等复杂的因素，使得传统基于 LOS 环境下的定位算法在 NLOS 环境下，其性能及稳定性急速下降。因此，针对声音室内定位技术在室内 NLOS/LOS 复杂环境中的高精度定位问题，本章介绍了基于识别与剔除的遮挡定位方法，以及基于距离与相对运动速度信息的定位方法。

在基于识别与剔除的遮挡定位方法中，针对静态目标介绍了三种基于 NLOS 识别先验信息的 NLOS 定位策略：基于识别与剔除的定位策略、基于软阈值及硬阈值的后验概率加权最小二乘定位策略。通过实地实验，定位误差基本控制在 50 cm 以下。针对室内移动目标，介绍了基于 NLOS 识别的修正卡尔曼滤波追踪算法和基于 NLOS 后验概率的修正卡尔曼滤波追踪算法。通过实地实验结果表明，该算法在 NLOS 量测多与 LOS 量测时，依旧可以稳定地实现目标追踪。

基于距离与相对运动速度信息的定位方法，主要通过融合距离、相对运动速度信息以及其他物理量参数来提高智能体在 NLOS/LOS 复杂场景中的定位性能。针对室内 LOS 信号较少的情况下，介绍了基于 TOA 及 FOA 估计的粒子滤波算法。该方法是将距离及速度估计结果作为观测值，通过粒子滤波算法实现最小方差估计。基于 TOA 及 FOA 估计的粒子滤波算法在单基站的情况下具有较优的结果，能短时实现单基站定位。仿真结果表明，在单基站情况下，定位估计误差小于 1.2 m 的概率为 80%，小于 0.83 m 的概率为 70%。

进而，在基于 TOA 及 FOA 的定位算法基础上，引出了单基站情况下多源传感器融合的粒子滤波算法，给出了融合速度、融合位置、融合速度及位置的三种粒子滤波融合方法。仿真结果表明，融合速度的粒子滤波算法能在较短距离实现单基站定位；融合位置的粒子滤波算法能在更长的距离实现单基站定位，但是存在一定的累积误差；而融合速度及位置的粒子滤波融合算法可以稳定实现室内单基站定位问题，且累积误差较小，置信概率为 70%时，定位误差为 1.4 m，置信概率为 60%时，定位误差为 0.8 m。利用 Matlab 2019a 在 CPU 为 R5 - 5600H、8G 内存的 PC 上进行运算，单次算法的处理耗时为 12 ms。无论是估计精度还是计算复杂度，该单基站算法在基站部署数量少的遮挡环境中均能够满足面向智能移动终端的室内定位系统要求，具有很好的应用和推广价值。

参考文献

[1] MARANÒ S, GIFFORD W M, WYMEERSCH H, et al. NLOS identification and mitigation for localization based on UWB experimental data[J]. IEEE Journal on Selected Areas in Communications, 2010, 28(7):1026 - 1035.

[2] VENKATESH S, BUEHRER R M. A linear programming approach to NLOS error mitigation in sensor networks[C]//Proceedings of the 5th International Conference on Information Processing in Sensor Networks, 2006: 301 - 308.

[3] JOURDAN D B, ROY N. Optimal sensor placement for agent localization[J]. ACM

Transactions on Sensor Networks (TOSN), 2008, 4(3): 1-40.
[4] DIZDAREVIC V, WITRISAL K. On impact of topology and cost function on LSE position determination in wireless networks[C]//Proc. Workshop on Positioning, Navigation, and Commun(WPNC), 2006: 129-138.
[5] DENIS B, PIERROT J B, ABOU-RJEILY C. Joint distributed synchronization and positioning in UWB ad hoc networks using TOA[J]. IEEE Transactions on Microwave Theory and Techniques, 2006, 54(4): 1896-1911.
[6] KIM W, LEE J G, JEE G I. The interior-point method for an optimal treatment of bias in trilateration location[J]. IEEE Transactions on Vehicular Technology, 2006, 55(4): 1291-1301.
[7] GUVENC I, GEZICI S, WATANABE F, et al. Enhancements to linear least squares localization through reference selection and ML estimation[C]//2008 IEEE Wireless Communications and Networking Conference. IEEE, 2008: 284-289.
[8] WU S, LI J, LIU S. Improved localization algorithms based on reference selection of linear least squares in LOS and NLOS environments[J]. Wireless Personal Communications, 2013, 68: 187-200.
[9] CAFFERY J J. A new approach to the geometry of TOA location[C]//Vehicular Technology Conference Fall 2000. IEEE VTS Fall VTC2000. 52nd Vehicular Technology Conference (Cat. No. 00CH37152). IEEE, 2000, 4: 1943-1949.
[10] GUSTAFSSON F, GUNNARSSON F. Mobile positioning using wireless networks: possibilities and fundamental limitations based on available wireless network measurements[J]. IEEE Signal Processing Magazine, 2005, 22(4): 41-53.
[11] QI Y, KOBAYASHI H, SUDA H. Analysis of wireless geolocation in a non-line-of-sight environment[J]. IEEE Transactions on Wireless Communications, 2006, 5(3): 672-681.
[12] WERNER M. Indoor location-based services: Prerequisites and foundations[M]. Berlin Heidelberg: Springer, 2014.
[13] GEZICI S, SAHINOGLU Z. UWB geolocation techniques for IEEE 802.15.4a personal area networks[J]. MERL Technical Report, 2004:1-10.
[14] PLATT J. Probabilistic outputs for support vector machines and comparisons to regularized likelihood methods[J]. Advances in Large Margin Classifiers, 1999, 10(3): 61-74.
[15]PETUKHOV N, CHUGUNOV A, ZAMOLODCHIKOV V, et al. Synthesis and Experimental Accuracy Assessment of Kalman Filter Algorithm for UWB TOA Local PositioningSystem[C]//2021 3rd International Youth Conference on Radio Electronics, Electrical and Power Engineering (REEPE). IEEE, 2021: 1-4.
[16]ZIHAJEHZADEH S, YOON P K, PARK E J. A magnetometer-free indoor human localization based on loosely coupled IMU/UWB fusion[C]//2015 37th Annual Inter-

national Conference of the IEEE Engineering in Medicine and Biology Society (EMBC). IEEE, 2015: 3141 - 3144.

[17] XU Z, HE D, LI J, et al. Correction method for TOA measurement of target signal based on Kalman Filter[C]//2017 IEEE 2nd Advanced Information Technology, Electronic and Automation Control Conference (IAEAC). IEEE, 2017: 230 - 235.

[18] YANG H, ZHANG R, BORDOY J, et al. Smartphone - based indoor localization system using inertial sensor and acoustic transmitter/receiver[J]. IEEE Sensors Journal, 2016, 16(22): 8051 - 8061.

[19] LI Y, ZHUANG Y, LAN H, et al. A hybrid Wi - Fi/magnetic matching/PDR approach for indoor navigation with smartphone sensors[J]. IEEE Communications Letters, 2015, 20(1): 169 - 172.

[20] LATEGAHN J, MÜLLER M, RÖHRIG C. Robust pedestrian localization in indoor environments with an IMU aided TDOA system[C]//2014 International Conference on Indoor Positioning and Indoor Navigation (IPIN). IEEE, 2014: 465 - 472.

[21] YANG H, LI W, LUO C. Fuzzy adaptive Kalman filter for indoor mobile target positioning with INS/WSN integrated method[J]. Journal of Central South University, 2015, 22(4): 1324 - 1333.

[22] 文祥计. 基于智能手机的声信号室内定位系统研究[D]. 杭州:浙江大学, 2016.

[23] 黄逸帆. 基于声信号与 PDR 的智能手机室内融合定位方法研究[D]. 杭州:浙江大学, 2018.

[24] 王雅菲. 融合 PDR 与地图信息的智能手机声学室内定位技术研究[D]. 杭州:浙江大学, 2019.

第 6 章　基于距离的室内声音指纹定位

室内环境中往往存在较多障碍物，这会导致接收端信号与原发射信号存在较大出入，进而影响室内定位系统的性能。微软室内定位大赛的比赛结果也表明，室内遮挡环境已经成为影响室内定位系统性能的最主要因素[1]。高频声音信号的波长比 Wi－Fi、蓝牙等电磁波更短，更容易受遮挡环境的影响，非视距现象和多径效应给互相关估计带来较大的偏差，这使得依赖互相关方法进行距离估计的定位方法在遮挡情况下表现较差[2,3]。因此，如何克服室内遮挡环境的影响成为基于声音的室内定位方法的最大挑战。指纹定位方法不受信号非视距传播和多径传播的影响，是在遮挡情况下实现高精度定位的最成熟的方法。

因此，可以结合声音定位技术和指纹定位方法，构建基于声音的指纹定位方法，该方法兼具声音的高精度优势和指纹定位的抗遮挡特性，具有广阔的应用前景。

基于特征分布的位置估计方法通过测量待定位点处的信号特征来判断其实际位置坐标。由于不同位置处的信号特征不一样，因此可以通过对待定位区域内的位置坐标和这些位置处的信号特征进行关联，以采集待定位点的信号特征来实现定位。由于这些信号特征像人的指纹一样具有多样性和独特性，因此该方法也称为指纹定位方法。指纹定位方法架构见图 6.1。

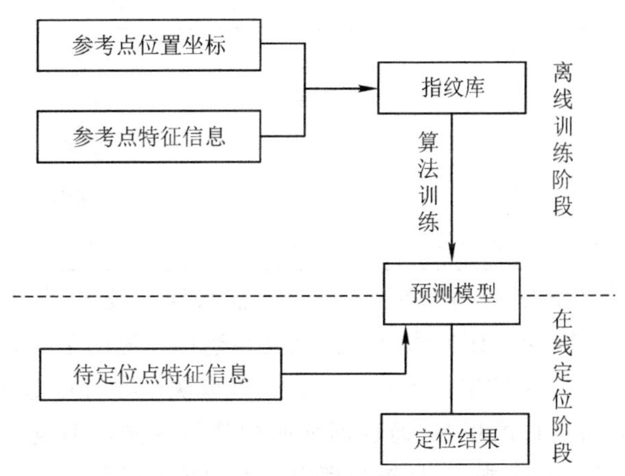

图 6.1　指纹定位方法架构

指纹定位方法分为离线训练阶段和在线定位阶段。离线训练阶段通过采集大量已知位置的参考点处的信号特征构建指纹库，再利用机器学习算法将信号特征与实际位置进行关联，训练位置算法模型，在线定位阶段时，将待定位点的信号特征输入该算法模型中即可得到待定位点位置。

指纹定位方法依赖环境信息建立指纹库，该方法并不要求所采集的信息能精确代表该点到信号节点的距离，但对信息的稳定性和独特性有较高要求。基于信号特征分布的指纹定位方法的研究晚于基于信号 RSSI 的传播模型方法，在 2005 年，V. Otsason[4] 提出了第一个基于 GSM 的精确室内定位系统，依据室内 GSM 强度特征分布情况，利用加权 K 最近邻法(weighted K - nearest neighborhood，WKNN)定位算法在大型多层建筑中达到了 5 m 的平均精度。在定位区域内的建筑布局不发生较大改变的情况下，指纹定位方法具有明显的抗遮挡优势。基于 Wi - Fi 和蓝牙的指纹定位系统精度普遍处于 2 m 左右，较同类型的 RSSI 法有更高的定位精度[5]。

指纹定位方法在基于 Wi - Fi 和蓝牙的室内定位技术中的应用较多，其发展非常迅速，且在实际应用中有很多突破，已经成为在遮挡情况下最可能实现室内高精度定位的方法。毕京学等[6]针对实际应用中人体的朝向导致的 Wi - Fi 信号遮挡，提出了一种结合了方向信息的 Wi - Fi 指纹定位方法，实现了 1.44 m 的平均定位精度，该研究在指纹定位方法的现实应用场景上实现了较大的突破。

虽然指纹定位方法的前期工作量大，但都处于离线阶段，并不耗费在线定位时间。同时该方法具有很强的环境兼容性，理论上可满足所有遮挡环境下的定位需求，且可以通过修改预设参考点的数量来满足不同的定位精度需求，可以在复杂遮挡环境下实现高精度定位。

常见的室内位置估计方法的性能对比见表 6.1。其中，AOA、TOA 和 TDOA 三种方法在理想情况下定位精度高，但抗遮挡能力太差，无法适用于遮挡环境。RSSI 在单一遮挡环境下有一定的抗遮挡能力，但依然无法满足复杂遮挡环境的要求。此外，由于室内的声音环境较为复杂，声音强度信息不稳定，RSSI 法也无法推广至声音定位领域。

表 6.1 常见位置估计方法

位置估计方法	定位精度	时钟同步要求	声技术兼容性	抗遮挡性能
AOA	高	无	兼容	无
TOA	高	高	兼容	无
TDOA	高	低	兼容	无
RSSI	低	无	不兼容	弱
指纹定位方法	取决于布点密度	无	兼容	强

指纹定位方法的结构较其他方法更为复杂，所需采样点较多，前期工作量较大，但并不影响用户的在线定位体验，同时该方法可以抵抗复杂遮挡环境的干扰，在遮挡情况下的定位精度较 RSSI 方法也更高。指纹定位方法的定位精度取决于参考点部署密度，即在定位区域面积一定的情况下，参考点数量越多，通过训练所构建的预测模型也越精确，这意味着指纹定位方法具有极强的场景适应能力，是较为理想的室内位置估计方法。

6.1 声音指纹库构建方法

声音指纹库是实现声音指纹定位的基础，是指纹定位算法的训练集数据，声音指纹特征的类型和精度将会直接影响最终定位性能。确定较优的指纹特征与合适的定位架构的重点，是选择声音指纹库构建及其误差修正方法。

6.1.1 指纹定位方法

目前指纹定位方法中广泛使用的指纹特征是电信号 RSSI 值，国内外基于 RSSI 特征的指纹定位方法研究成果较多，但近年来，基于 RSSI 特征的指纹定位方法已逐步趋近其系统精度上限。2017 年，李军等人[7]提出基于 k 均值聚类算法和随机森林算法（random forest，RF）的 Wi - Fi 室内定位方法，该方法误差在 2 m 以内的概率为 89.1%。2020 年，靳赛州等人[8]基于蓝牙 RSSI，提出一种基于区域优选和加权最近邻的自适应蓝牙指纹定位方法，精度测试结果表明该方法的平均误差为 0.92 m，定位误差均在 2 m 以内，90%的概率下定位精度优于 1.5 m。

基于 RSSI 值的指纹定位方法的定位效果不算理想，定位精度距亚米级依然有较大差距，其关键因素在于电信号的 RSSI 值受外界因素影响大，与设备状态有着密切关联，同时由于反射、衍射和散射等密集的室内多径传播路径，RSSI 值随时间和距离的变化并不稳定，电信号 RSSI 值往往会在其平均值附近波动，这会导致以 RSSI 值为特征的指纹库不具代表性，实际定位中也会因设备 RSSI 值的不稳定而产生定位漂移现象[9,10]。

针对该研究难点，国内外学者提出了很多解决方案，主要分为两类：一是构建具有高鲁棒性的概率分布模型算法，2017 年，Hu Xujian、Wang Hao 等人[11]提出了基于 Wi - Fi 信号强度的概率分布模型并结合贝叶斯匹配算法的定位系统，实现了 2～3 m 的定位精度；二是采用滤波器获取稳定的 RSSI 值，2019 年，Yuan Zhengwu 等人[12]设计了一种组合粒子滤波器（particle filter，PF）算法，并与指纹定位系统中的支持向量机、随机森林、人工神经网络算法结合后进行了性能比较，实验结果表明，该粒子滤波算法提高了定位精度，其中利用随机森林算法结合粒子滤波最后得到了 1.65～1.83 m 的定位精度。上述两种方案都可以优化基于 RSSI 值的指纹定位方法，不过最终效果不佳，依然难以突破米级的定位精度，通过上述两种方案来提升指纹定位精度的研究陷入了瓶颈。

上述研究现状表明，单纯通过改进指纹定位算法来大幅度提高指纹定位精度并不可行，除对指纹定位算法进行改进外，主要还有以下几种方法可以提升指纹定位方法的性能，即增加信号节点数量、增大参考点部署密度、更换指纹特征。信号节点数量决定了指纹库的维度，信号节点的数量越多，指纹库的信息维度也越高，参考点处特征区分就更加明显，定位精度自然会得到提高，但信号节点数量的增加必然会导致在线运算时间的增加和定位成本的上升[13]。增大参考点部署密度在一定范围内可以提高定位精度，但只有当定位系统的定位误差小于相邻参考点间距离的一半时，此时增加参考点密度才对提高定位精度有效，就目前基于 RSSI 的指纹定位方法的研究现状而言，并不能保证其定位精度高于参考点间距的一半，因此，单靠增大参考点部署密度并不能大幅度提高其定位精度。综上所述，选取更合适的指纹特征成为提高指纹定位性能的主要研究方向。

目前电气设备的广泛应用导致电信号的传播所受电磁干扰过多，信号强度值的稳定性差。同时，电信号在空气中的衰减程度远小于声音信号，这本是电信号的优点，不过在指纹定位领域，过小的衰减比导致其在距离上的区分度较低，限制了指纹定位系统的精度。然而，高频声音信号可以避免电磁干扰，易于从总体信号中分离并提取且不被人耳感知，是理想的室内定位媒介。声音信号的接收强度受周围噪声干扰大，这使得 RSSI 法并不能在声音定位领域进行推广。

6.1.1.1　声音指纹特征

在视距情况下，利用 TOA 可以精确测量出声源信号节点到接收端的距离，当有三个以上的固定的声源信号节点时，利用三边定位原理，可以计算出接收端的精确位置。但在室内环境下，由于众多障碍物的存在，导致了声音信号的非视距传播和多径传播，声音传播路径复杂，互相关结果不稳定，且众多反射传播路径都较视距情况下更长，最终的 TOA 估计值会有相对的延迟，无法通过 TOA 或 TDOA 方法实现定位。

虽然在遮挡情况下无法通过 TOA 准确估计距离，但是当声源信号节点和遮挡环境确定的情况下，每一个确定的位置依然会有一个稳定的声音信号到达时间，当有多个声源信号节点时，在该位置处可以获取由多个 TOA 值构成的特征向量，由于不同位置处的 TOA 特征向量不同，因此该特征向量具有唯一性，可以代表其独特的地理位置。

声音的到达时间相对较为稳定，仅与环境布置、声源信号节点和接收端的位置有关，因此，声音的到达时间信息是更为稳定的指纹特征。同时，由于声音的传播速度较慢，声音的到达时间在距离上的区分度更高，这使得基于声音到达时间特征的指纹定位方法具有广阔的研究前景。

声音 TDOA 特征被广泛用于声音指纹定位方法中，TDOA 通过 TOA 相互做差得到，其对声源信号节点和接收端的同步要求更低，通信技术难度较低，因此现有的基于声音的指纹定位方法大多采用了 TDOA 作为指纹特征。2015 年，王月英等人[14]利用声音 TDOA 信息作为指纹特征，在障碍物少的情况下，用 WKNN 指纹定位方法实现了在 90%概率下 0.2 m 的定位误差，不过该方法在障碍物周围的定位不够准确，出现了较大的定位误差。2017 年，王硕朋等人[15]在全视距环境下，建立了基于声音 TDOA 信息的指纹库，利用改进的 K 最邻近算法实现了 25 cm 以内的定位误差。

TOA 特征和 TDOA 特征对比见表 6.2。

表 6.2　TOA 特征和 TDOA 特征对比

特征类型	优点	缺点
TOA	信息维度更高，数据独立性好，抗干扰性强	系统时钟同步要求较高
TDOA	系统时钟同步要求低	误差传播性强，信息维度低

声音 TOA 信息较 TDOA 拥有更高的信息维度，在仅部署两个声源信号节点的情况下，TDOA 的维度过低，无法满足声源信号节点稀疏部署时的定位需求，且由于 TDOA 是通过 TOA 相互做差获得，单个 TOA 值的误差会传播至多个 TDOA 中，TDOA 较 TOA 的稳定性更低。针对复杂遮挡环境构建声音指纹定位方法框架下，指纹特征不需要代表该点的距离信息而只需要代表该点特定的特征分布，指纹特征的稳定性较其准确性更为重要。因此，基于声音 TOA 特征的声音指纹定位算法将具有更高的定位精度，是一种能够在构建遮挡环境下实现亚米级精度定位的方案。

6.1.1.2　声音定位架构

基于声音的定位系统分为主动式定位和被动式定位。其中，主动式定位由待定位点发射声音信号，由已知位置的接收端接收并计算得出位置信息；被动式定位由已知位置的声源信号节点发射声音信号，待定位点接收声音信号并计算出位置信息。

由于定位需要多个声音信号发射端，为防止信号在频率域或时间域上重叠而导致信号干扰，需要对信号在频率或时延上进行设计，以便于区分每个待定位目标的声音信号。目前有两种方法可以实现声音信号的独立传播：一是通过频分复用（frequency division multiplexing，FDM）将声音信号频率区间划分成多个子区间，每一个子区间传输一个频段的声音信号，以实现对不同的声源信号节点信号的区分。由于频率范围的限制和隔离带的频率占用，在实际中为大量的声音信号发射端分配特有的声音频率是不可能的。二是通过时分复用（time - division multiplexing，TDM）将定位系统的更新周期分割成不同的时间片，每一个声源信号节点的信号只在自己的时间片内进行传播。由于声音信号周期和定位周期的限制，并不能对定位周期进行多次分割，因此难以满足大量的声音信号发射端同时进行信号传播的需求。

对于主动式定位架构，待定位点为信号的发射端，当需要同时定位的目标较多时，无论是使用频分复用还是时分复用，都难以满足该架构定位的需求，且由于信号发射端耗能远高于接收端，当移动设备作为发射端时，移动设备的续航能力将大大缩短。同时，在主动式定位架构中，数据的采集端为固定的接收设备，数据的处理端为智能终端，采集端需要配置额外的无线通信系统将数据发送至智能终端，架构复杂，成本较高。因此，主动式定位架构在基于智能终端上的应用并不可行，然而，在被动式定位架构中，声源信号节点的数量一般不超过 4 个，对定位周期进行简单的分割便能实现信号在时域上的独立传播，声源信号设计难度较低。被动式定位架构对待定位目标数量没有限制，且数据的采集端和计算端都是智能终端，其免去了复杂的无线通信系统，且节省了数据传输所耗费的时间。

对于本节应用场景中的定位需求而言，定位系统需要同时为较多数量的智能终端提供实时的位置信息，因此，基于智能终端的室内声音定位系统应采用被动式定位。图 6.2 所示为基于声音的指纹定位系统的方法架构图。

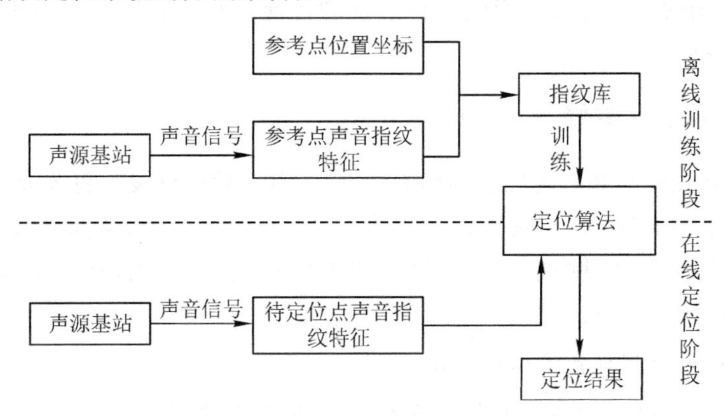

图 6.2　基于声音的指纹定位系统架构

声音指纹定位方法分为离线训练阶段和在线定位阶段两部分。离线训练阶段需要预先在待定位区域选取若干参考点，采集该环境下参考点处的声音指纹特征和位置坐标，将声音指纹特征作为训练集的输入，实际位置坐标作为输出，以机器学习的方法构建指纹定位算法。在线定位阶段再采集待定位点处的声音指纹特征，将采集到的特征值输入训练好的指纹定位算法即可得出待定位点处的估计坐标。

6.1.2 声音 TOA 指纹库

TOA 指纹库是整个指纹定位系统框架的基础，指纹库由两部分组成，一是参考点坐标信息，二是特征信息。每一个参考点坐标都有对应的特征信息。参考点坐标信息一般由二维笛卡尔坐标表示：

$$\left\{\begin{bmatrix}x_1\\y_1\end{bmatrix},\begin{bmatrix}x_2\\y_2\end{bmatrix},\cdots,\begin{bmatrix}x_j\\y_j\end{bmatrix},\cdots,\begin{bmatrix}x_n\\y_n\end{bmatrix}\right\} \tag{6.1}$$

其中，x_j 为第 j 个参考点处的横坐标，y_j 为第 j 个参考点处的纵坐标，n 为参考点的总数量。

声音 TOA 特征信息的维度由声源信号节点数量决定，若在环境内布置 m 个声源信标节点，则声音 TOA 特征为 m 维向量，TOA 特征存储格式如下所示：

$$\left\{\begin{bmatrix}\tau_1^{(1)}\\\tau_1^{(2)}\\\vdots\\\tau_1^{(m)}\end{bmatrix},\begin{bmatrix}\tau_2^{(1)}\\\tau_2^{(2)}\\\vdots\\\tau_2^{(m)}\end{bmatrix},\cdots,\begin{bmatrix}\tau_j^{(1)}\\\tau_j^{(2)}\\\vdots\\\tau_j^{(m)}\end{bmatrix},\cdots,\begin{bmatrix}\tau_n^{(1)}\\\tau_n^{(2)}\\\vdots\\\tau_n^{(m)}\end{bmatrix}\right\} \tag{6.2}$$

其中，$\tau_j^{(i)}$ 为第 j 个参考点处接收到的来自第 i 个声源信号节点的声音 TOA 值。

指纹库建立的具体步骤是：

(1)在定位信号节点及参考点选取阶段，根据定位区域的几何形状、面积大小及定位系统的精度要求，确定信号节点和参考点的数量及具体的位置坐标。

(2)在参考点处特征信息采集阶段，在参考点坐标处进行声音信号信息的采集，将采集到的声音信息输入 TOA 估计算法得出 TOA 特征值，并将 TOA 特征值和该参考点的坐标相结合以构建指纹库。

指纹库中数据的精度将直接影响定位系统的性能，而高精度的 TOA 估计方法是构建 TOA 指纹库的基础。

6.1.3 声音 TOA 误差修正

声音 TOA 值受硬件和环境因素的影响较大，一旦原始硬件发生更改或声音传播速度发生变化，当前测量的 TOA 值可能无法与原先 TOA 指纹库匹配，从而导致定位效果变差。重新构建 TOA 指纹库再训练指纹定位算法的工作量太大，因此，有必要通过修正算法对 TOA 指纹库进行统一更新。

6.1.3.1 硬件延迟导致的误差修正

现代制造业水平已经达到相当高的技术水平，但工业产品的质量仍然无法保证绝对的一致性，同一类型的声源信标节点在响应速度上也会存在微小的差异，虽然在日常生活中这些细微的差异不会影响使用，但在声音定位领域，微秒级的时间延迟也会导致厘米乃至分米级的定位误差。因此，对声源信标节点的硬件(如超声波发生器、检测电路、定时器等)导致的延迟进行校正是十分必要的。

声音 TOA 的测量值 σ 由两部分构成，分别是硬件原因导致的时间延迟 σ_a 和声音在空气

中的传播时间 σ_b，其中 σ_b 为 TOA 的真实值，表示为：

$$\sigma = \sigma_a + \sigma_b = \sigma_a + \frac{s}{v} \tag{6.3}$$

其中，σ_a 为由硬件决定的常数，s 为声信号传播路程，v 为当前环境下声音的传播速度。

取两个无遮挡点 r_1 和 r_2 作为标定点，离声源信号节点的距离记为 s_1 和 s_2，已知通过测量两个标定点的 TOA 值，可以得到方程组：

$$\begin{cases} \sigma_1 = \sigma_a + \dfrac{s_1}{v} \\ \sigma_2 = \sigma_a + \dfrac{s_2}{v} \end{cases} \tag{6.4}$$

进而可以解出 σ_a 和 v，再由 $\sigma - \sigma_a$ 即可得到 σ_b。

6.1.3.2　环境变化导致的误差修正

基于声音在空气中的传播特性，声音传播速度受到大气温度、湿度、压强的影响，根据声学理论可知，在理想的空气下，声音的传播速度为：

$$v = 331.45\sqrt{\left(1 + \frac{T}{273.15}\right)\left(1 + \frac{0.32P_w}{P}\right)} \tag{6.5}$$

式中，T 为气体温度，P_w 为相对湿度与对应温度饱和蒸汽压的乘积，P 为当地大气压强。由于我国国土广袤，气候复杂，以北京 1981—2010 年气候为例，其年度最低温度低至 −17 ℃，年度最高温度可达 42 ℃，温差达 59 ℃；同时，北京年度空气湿度最低为 42%，最高为 71%；年度最高气压为 102.42 kPa，最低气压为 99.98 kPa，这使得温度、湿度和气压变化对 TOA 值的影响不容忽视。

当空气中声音传播速度变化时：

$$\sigma_b^{new} = \frac{\sigma_b v}{v^{new}} \tag{6.6}$$

公式中未知数为比例系数 $\frac{v}{v^{new}}$，在新环境下取一个无遮挡点 r_1 作为标定点，测得新环境下的标定点 r_1 的 TOA 值 $\sigma_{r_1}^{new}$，同时在指纹库中可知标定点 r_1 先前的 TOA 值 σ_{r_1}，此时：

$$\frac{v}{v^{new}} = \frac{\sigma_{r_1}^{new}}{\sigma_{r_1}} \tag{6.7}$$

解出 $\frac{v}{v^{new}}$ 后，再通过对原 TOA 指纹库的 σ_b 进行批量计算可以得到 σ_b^{new}，实现 TOA 指纹库的误差修正，增加了指纹库的稳定性，减少了指纹库维护和更新的工作量。

6.2　声音指纹定位算法

更换指纹特征和改进指纹定位算法往往需要同步进行，由于不同的指纹特征具有不同的数理特性，在更换指纹特征时，需要针对性地研究一套适合该特征的指纹定位算法，以凸显该特征的优越性，实现最优的定位效果。在指纹定位方法的发展过程中涌现出许多典型算法，这些算法具有其独特的优势，主要包括基于加权 K 最近邻法、基于贝叶斯概率的方法以及基于神经网络的方法。

6.2.1　基于 WKNN 的声音指纹定位算法

WKNN 是一种逻辑较为简单和清晰的指纹定位算法。首先，需要计算出待定位点处指纹特征到所有参考点处指纹特征之间的距离。然后，选取距离最小的 K 个参考点，以距离越小、权重越大的原则对该 K 个参考点设计权重系数。最后，将该 K 个参考点的实际坐标与其权重系数相乘后累加即可得到待定位点坐标。

WKNN 算法架构见图 6.3。

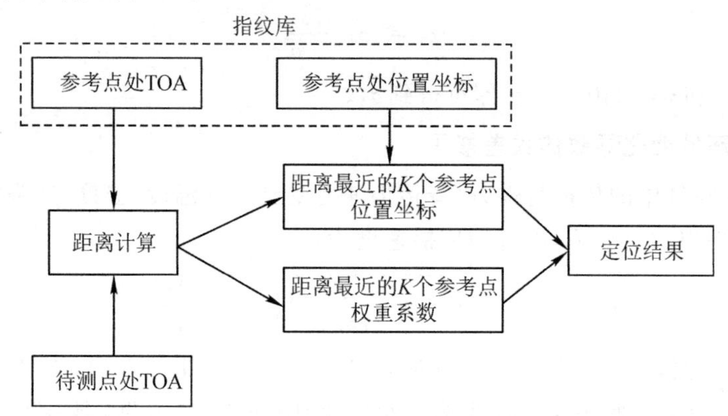

图 6.3　WKNN 算法架构

WKNN 算法中的距离计算公式为：

$$d_j = \sqrt[q]{\sum_{i=1}^{m} (\tau^{(i)} - \tau_j^{(i)})^q} \tag{6.8}$$

其中，d_j 代表目标点特征与第 j 个参考点特征的距离；τ^i 代表待定位点接收到来自第 i 个信标节点的 TOA 特征值；q 为距离系数，一般采用 $q=2$，此时 d_j 表示欧几里得距离。

依据距离由小到大对参考点进行排序，选取距离最小的前 K 个参考点，依据距离越小、权重越大的原则，对该 K 个参考点分配权重，具体权重公式如下：

$$w_k = \frac{\dfrac{1}{d_k + \varepsilon}}{\displaystyle\sum_{k=1}^{K} \frac{1}{d_k + \varepsilon}} \tag{6.9}$$

w_k 为排序后第 k 近邻参考点权重，所有权重系数之和为 1。参考点的权重系数 w 越大，则表示待定位点的实际位置越接近该参考点，对待定位点的位置估计就更依赖该参考点的坐标。K 为选取距离最近参考点的数量，其取值与参考点布置方式有关，对于矩形排列布置，K 值一般取 4；ε 是一个无穷小的常数，作用在于使除数不等于零。

将这 K 个参考点的位置坐标分别乘以其权重后累加起来的结果即为待定位点的最终位置坐标，坐标结果用公式表示为：

$$(\hat{x}, \hat{y}) = \sum_{k=1}^{K} w_k (x_k, y_k) \tag{6.10}$$

其中，$(\hat{x}, \hat{y})$ 为待定位点坐标的预测结果；(x_k, y_k) 为按距离由小到大排序后，指纹库中距

离第 k 小的参考点的位置坐标。

WKNN 算法是最典型也是最早被提出的指纹定位算法，国内外也有大量的相关研究成果。吴虹等人[16]提出了一种基于调频(frequency modulation，FM)、地面数字多媒体广播(digital terrestrial multimedia broadcast，DTMB)信号 RSSI 特征的室内位置指纹匹配定位算法，该算法在 90%的概率下，定位误差在 2.3 m 以内。Cui X 等人[17]提出了一种基于偏峰度正态性检验构造高精度 RSSI 指纹库，并结合 KNN 定位算法和卡尔曼滤波优化路径的定位导航方法。然而，WKNN 算法需要对区域内多点进行在线欧氏距离计算，当定位区域较大且采样点较多时，其在线运算量较大，实时性较差。此外，WKNN 算法以单次测量值作为参考点处的特征值，其可靠性较低，对指纹库数据误差的抵抗能力较弱，因此当指纹库数据精度较低时，定位系统的鲁棒性也较差。

6.2.2　基于贝叶斯概率的声音指纹定位算法

虽然声音信号 TOA 值可以通过广义互相关得出较为精确的值，但由于电子元件的响应延迟、不确定的测量误差以及环境噪音的影响，TOA 值往往会在一定的区间内波动，且大致呈现高斯分布。WKNN 定位算法利用参考点某一时刻的 TOA 测量值构建指纹库，因此参考点 TOA 的误差对指纹库的稳定性影响较大。

贝叶斯概率算法(Bayesian probability)在离线阶段构建每一个参考点的 TOA 值高斯分布模型，将待定位点 TOA 值代入各个参考点处的高斯分布模型中，可以得到待定位点属于每一个参考点的概率，获取概率最大的几个参考点处坐标，并根据概率越大、权重越大的原则设计权重系数，将上述几个参考点的实际坐标与其权重系数相乘后累加，即可得到待定位点的位置坐标。由于贝叶斯概率算法中使用参考点处 TOA 概率分布特性参数作为指纹库，更符合实际场景下 TOA 值的波动规律，因此，定位的稳定性得到了较大的提升。

Bayes 算法架构见图 6.4。

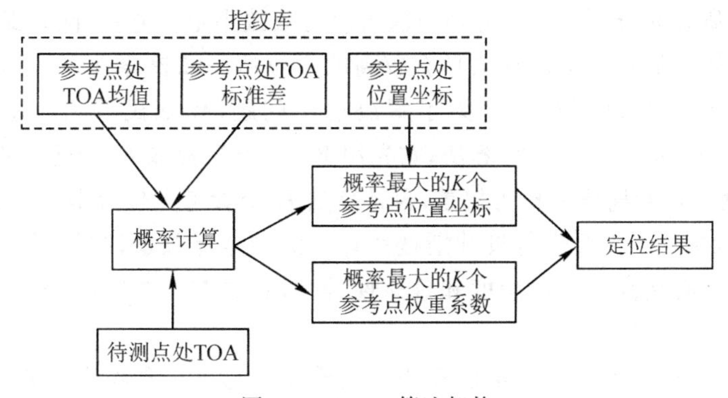

图 6.4　Bayes 算法架构

TOA 特征的高斯分布情况依据参考点特征均值 μ 和特征标准差 σ 生成，因此，指纹库分两部分，分别由均值 μ 和标准差 σ 构成，其中 μ 和 σ 的计算公式如公式(6.11)和(6.12)。

$$\mu_j^{(i)} = \frac{1}{N}\sum_{k=1}^{N}\tau_{jk}^{(i)} \tag{6.11}$$

$$\sigma_j^{(i)} = \sqrt{\frac{1}{N}\sum_{k=1}^{N}(\tau_{jk}^{(i)} - \mu_j^{(i)})^2} \tag{6.12}$$

其中，$\tau_{jk}^{(i)}$ 代表第 j 个参考点处的第 i 个特征的第 k 个数据，N 代表该参考点数据库数据数量，$\mu_j^{(i)}$ 代表第 j 个参考点处的第 i 个特征的平均值，$\sigma_j^{(i)}$ 代表第 j 个参考点处第 i 个特征的标准差。

在线阶段通过公式(6.13)计算待定位点第 i 个 TOA 特征在参考点 r_j 处的分布概率，由于 m 个 TOA 特征值的测量过程相互独立，因此可将 m 个 TOA 分布概率相乘即可得出待定位点位于参考点 r_j 处的最终概率 $p(\tau|r_j)$，表示为：

$$p(\tau|r_j) = \prod_{i=1}^{m}\frac{1}{\sqrt{2\pi}\sigma_j^{(i)}}\exp\left\{-\frac{(\tau^{(i)} - \mu_j^{(i)})^2}{2(\sigma_j^{(i)})^2}\right\} \tag{6.13}$$

对概率 p 由大到小对坐标进行排序，获取 p 最大的 K 个参考点作为最有可能出现的坐标，并依据各参考点分布概率对这 K 个参考点设计权重值，各点权重值之和为 1 且与该点概率成正比，权重公式表示为：

$$w_k = \frac{p_k}{\sum_{k=1}^{K} p_k} \tag{6.14}$$

给这 K 个参考点的坐标乘以其权重，将相加后的结果作为待定位点最终实际位置的估计值，待定位点坐标表示为：

$$(\hat{x}, \hat{y}) = \sum_{k=1}^{K} w_k (x_k, y_k) \tag{6.15}$$

刘奔等人[18]设计的基于蓝牙 RSSI 值的定位系统，通过贝叶斯算法计算待测点的距离分布情况，融合多个距离分布概率后，确定最大概率处的位置为待测点位置，最终实现平均精度为 1.04 m，标准差为 0.51 m。该算法不但具有较高的定位精度，且误差方差较小，有较高的鲁棒性。该研究充分证明了贝叶斯方法可以有效减小定位方差，同时提高了定位精度。

基于贝叶斯概率的指纹定位算法具有较高的定位精度和鲁棒性，但是它的在线运算量比 WKNN 大，导致计算耗时较长。为了解决这一问题，杨如民等人[19]提出了一种基于 Wi-Fi信号接收强度的贝叶斯优化算法，它先用 KNN 算法提取 K 个近似参考点，将目标点在 K 个参考点处的贝叶斯概率作为权重，再计算这 K 个参考点位置坐标的加权和即为目标位置，从而极大地减少了需要进行贝叶斯概率计算的参考点数量，减轻了在线运算压力，并且通过实验验证具有更高的定位精度和鲁棒性，同时算法在在线阶段的运行时间也有大幅减少。

然而，基于贝叶斯概率的指纹定位算法的关键在于每一个参考点处要有大量的数据作为概率支撑，只有当数据库足够大时，才能较准确地统计出该参考点的高斯分布特性，且基于贝叶斯概率算法的指纹库需要同时构建 TOA 均值库和 TOA 标准差库，因此，该算法前期采集参考点 TOA 特征和构建指纹库的工作量较大。

6.2.3 基于神经网络的声音指纹定位算法

指纹定位方法的计算量主要体现在离线训练阶段和在线定位阶段。WKNN 和贝叶斯概率算法的计算量主要体现在在线定位阶段，当指纹库中参考点较多时，会对定位的实时性产生影响。人工神经网络(artificial neural network，ANN)算法的计算量主要集中在离线训练阶段，在线定位阶段计算量远小于 WKNN 及贝叶斯概率算法，因此，人工神经网络算法可以减少在线定位耗时，从而获得更好的实时性表现。

反向传播神经网络(back propagation neural network，BPNN)是应用最广泛和最有效的人工神经网络模型之一。基于反向传播神经网络的指纹定位方法将指纹库中每个参考点的特征信息作为输入，将对应的位置坐标作为期望，通过调整权值和偏置来不断减少输出与期望之间的误差，直到最终的输出结果接近期望，保存网络的权值和偏置，以实现指纹定位。在定位过程中，只需将待定位点处采集到的特征信息输入算法，即可得到待定位处的坐标预测值。

反向传播神经网络架构见图 6.5。

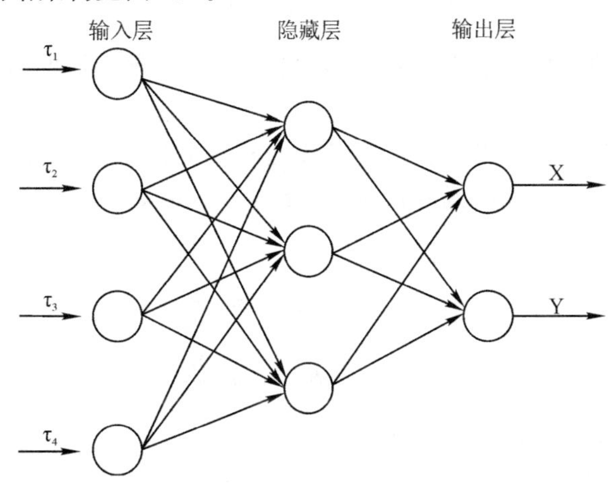

图 6.5　反向传播神经网络架构

反向传播神经网络的预测能力主要是靠隐藏层层数、每层隐藏层的神经元数量及每个神经元的权重 ω 及偏置 b 决定的，而隐藏层层数及每层神经元的数量需要由训练者在网络训练之前进行确定，因此，训练神经网络的最终目的是为了确定每个神经元的权重 ω 及偏置 b。

以最简易的三层反向传播神经网络为例，各层网络神经元的权重及偏置求解步骤如下。

(1)初始化神经网络：设置隐藏层层数，假设为 1 层，设置输入层、隐藏层和输出层神经元个数，假设输入层神经元数量为 N_i、隐藏层神经元数量为 N_h、输出层神经元数量为 N_o，设置激活函数类型，随机生成每个神经元的初始权重和偏置，并设置学习步长 η 和迭代次数 f。

(2)输入层计算：将输入层记为 $I^{(0)}$，其第 i 个神经元数据记为 $I_i^{(0)}$，即给定的第 i 个 TOA 数据 x_i。

(3)隐藏层计算：将隐藏层记为 $I^{(1)}$，隐藏层第 j 个神经元的输入 $I_j^{(1)}$ 表示为：

$$I_j^{(1)} = \sum_{i=1}^{h} \omega_{ij}^{(1)} x_i + b_j^{(1)} \tag{6.16}$$

式中，x_i 代表输入层的第 i 个神经元数据，$\omega_{ij}^{(1)}$ 为 x_i 到 $I_j^{(1)}$ 的权重系数，$b_j^{(1)}$ 为隐藏层中第 j 个神经元的偏置系数。$O_j^{(1)}$ 代表隐藏层第 j 个神经元的输出，有：

$$O_j^{(1)} = f_1(I_j^{(1)}) \tag{6.17}$$

f_1 为隐藏层的非线性激活函数，用于将神经网络模型非线性化。

(4)输出层计算：网络输出层第 k 个神经元的输入 $I_k^{(2)}$ 表示为：

$$I_k^{(2)} = \sum_{j=1}^{m} \omega_{jk}^{(2)} O_j^{(1)} + b_k^{(2)} \tag{6.18}$$

则神经网络输出层的输出 $O_k^{(2)}$ 计算公式为：

$$O_k^{(2)} = f_2(I_k^{(2)}) \tag{6.19}$$

其中，$\omega_{jk}^{(2)}$ 为 $O_j^{(1)}$ 到 $I_k^{(2)}$ 的权重系数，$b_k^{(2)}$ 为隐藏层中第 k 个神经元的偏置系数，f_2 为输出层的非线性激活函数，用于将神经网络模型非线性化。

(5)误差计算：将理论最终期望输出记为 O。期望和预测结果之间通过损失函数来进行误差评估，一般采用均方误差来表示：

$$e = \frac{1}{2}\sum_{k=1}^{n}(O_k - O_k^{(2)})^2 \tag{6.20}$$

式中，O_k 代表输出层的第 k 个神经元的期望输出，$O_k^{(2)}$ 代表输出层的第 k 个神经元的实际输出。

(6)反向传播：输出层计算出误差 e 后，需要进行反向传播，其目的是利用反向求导的链式法则来获取神经网络各层神经元的权重、偏置与误差的关系，一般采用梯度下降法，可以得到优化方程：

$$\begin{cases} \omega_{jk}^{(2)\ new} = \omega_{jk}^{(2)} - \eta \dfrac{\partial e}{\partial \omega_{jk}^{(2)}} \\ b_k^{(2)\ new} = b_k^{(2)} - \eta \dfrac{\partial e}{\partial b_k^{(2)}} \end{cases} \tag{6.21}$$

其中，η 为学习步长，由链式求导法则可知：

$$\begin{cases} \dfrac{\partial e}{\partial \omega_{jk}^{(2)}} = \dfrac{\partial e}{\partial I_k^{(2)}} \dfrac{\partial I_k^{(2)}}{\partial \omega_{jk}^{(2)}} \\ \dfrac{\partial e}{\partial b_k^{(2)}} = \dfrac{\partial e}{\partial I_k^{(2)}} \dfrac{\partial I_k^{(2)}}{\partial b_k^{(2)}} \end{cases} \tag{6.22}$$

其中，$\dfrac{\partial e}{\partial I_k^{(2)}}$ 为共有部分，为输出层第 k 个神经元的局部梯度，记为 $\delta_k^{(2)}$，同时，由链式求导法则可知：

$$\frac{\partial e}{\partial I_k^{(2)}} = \frac{\partial e}{\partial O_k^{(2)}} \frac{\partial O_k^{(2)}}{\partial I_k^{(2)}} \tag{6.23}$$

依据式(6.19)与式(6.20)可得：

$$\frac{\partial O_k^{(2)}}{\partial I_k^{(2)}} = f'_2(I_k^{(2)}) \tag{6.24}$$

$$\frac{\partial e}{\partial O_k^{(2)}} = \frac{\partial}{\partial O_k^{(2)}}\left[\frac{1}{2}\sum_{k=1}^{n}(O_k - O_k^{(2)})^2\right] = O_k^{(2)} - O_k \tag{6.25}$$

于是可得局部梯度 $\delta_k^{(2)}$ 为：

$$\delta_k^{(2)} = \frac{\partial e}{\partial I_k^{(2)}} = (O_k^{(2)} - O_k) f'_2(I_k^{(2)}) \tag{6.26}$$

依据式(6.25)可得：

$$\begin{cases} \dfrac{\partial I_k^{(2)}}{\partial \omega_{jk}^{(2)}} = \dfrac{\partial}{\partial \omega_{jk}^{(2)}}(\sum_{j=1}^{m} \omega_{jk}^{(2)} O_j^{(1)} + b_k^{(2)}) = O_j^{(1)} \\ \dfrac{\partial I_k^{(2)}}{\partial b_k^{(2)}} = \dfrac{\partial}{\partial b_k^{(2)}}(\sum_{j=1}^{m} \omega_{jk}^{(2)} O_j^{(1)} + b_k^{(2)}) = 1 \end{cases} \tag{6.27}$$

因此，综合式(6.21)、式(6.22)、式(6.26)、式(6.27)可得：

$$\begin{cases} \omega_{jk}^{(2)\ new} = \omega_{jk}^{(2)} - \eta \delta_k^{(2)} O_j^{(1)} \\ b_k^{(2)\ new} = b_k^{(2)} - \eta \delta_k^{(2)} \\ \delta_k^{(2)} = \dfrac{\partial e}{\partial I_k^{(2)}} = (O_k^{(2)} - O_k) f'_2(I_k^{(2)}) \end{cases} \tag{6.28}$$

同理可得：

$$\begin{cases} \omega_{ij}^{(1)\ new} = \omega_{ij}^{(1)} - \eta \dfrac{\partial e}{\partial \omega_{ij}^{(1)}} \\ b_j^{(1)\ new} = b_j^{(1)} - \eta \dfrac{\partial e}{\partial b_j^{(1)}} \end{cases} \tag{6.29}$$

$$\begin{cases} \dfrac{\partial e}{\partial \omega_{ij}^{(1)}} = \dfrac{\partial e}{\partial I_j^{(1)}} \dfrac{\partial I_j^{(1)}}{\partial \omega_{ij}^{(1)}} \\ \dfrac{\partial e}{\partial b_j^{(1)}} = \dfrac{\partial e}{\partial I_j^{(1)}} \dfrac{\partial I_j^{(1)}}{\partial b_j^{(1)}} \end{cases} \tag{6.30}$$

$\dfrac{\partial e}{\partial I_j^{(1)}}$ 为共有部分，为隐藏层第 j 个神经元的局部梯度，记为 $\delta_j^{(1)}$，则有：

$$\frac{\partial e}{\partial I_j^{(1)}} = \frac{\partial e}{\partial O_j^{(1)}} \frac{\partial O_j^{(1)}}{\partial I_j^{(1)}} \tag{6.31}$$

依据式(6.17)与式(6.18)可得：

$$\frac{\partial O_j^{(1)}}{\partial I_j^{(1)}} = f'_1(I_j^{(1)}) \tag{6.32}$$

$$\frac{\partial e}{\partial O_j^{(1)}} = \sum_{k=1}^{n} \frac{\partial e}{\partial I_k^{(2)}} \frac{\partial I_k^{(2)}}{\partial O_j^{(1)}} = \sum_{k=1}^{n} \delta_k^{(2)} \omega_k^{(2)} \tag{6.33}$$

于是可得局部梯度 $\delta_j^{(1)}$ 为：

$$\delta_j^{(1)} = \frac{\partial e}{\partial I_j^{(1)}} = f'_1(I_j^{(1)}) \sum_{k=1}^{\mathrm{n}} \delta_k^{(2)} \omega_k^{(2)} \tag{6.34}$$

由式(6.16)可得：

$$\begin{cases} \dfrac{\partial I_j^{(1)}}{\partial \omega_{ij}^{(1)}} = \dfrac{\partial}{\partial \omega_{ij}^{(1)}}(\sum_{i=1}^{h} \omega_{ij}^{(1)} x_i + b_k^{(1)}) = x_i \\ \dfrac{\partial I_j^{(1)}}{\partial b_j^{(1)}} = \dfrac{\partial}{\partial b_j^{(1)}}(\sum_{i=1}^{h} \omega_{ij}^{(1)} x_i + b_k^{(1)}) = 1 \end{cases} \tag{6.35}$$

综合式(6.29)、式(6.30)、式(6.34)、式(6.35)可得：

$$\begin{cases} \omega_{ij}^{(1)\ new} = \omega_{ij}^{(1)} - \eta x_i \delta_j^{(1)} \\ b_j^{(1)\ new} = b_j^{(1)} - \eta \delta_j^{(1)} \\ \delta_j^{(1)} = f'_1(I_j^{(1)}) \sum_{k=1}^{n} \delta_k^{(2)} \omega_k^{(2)} \end{cases} \tag{6.36}$$

如果存在多层隐藏层，通过推理不难得出：

$$\begin{cases} \omega_{ij}^{(l)\ new} = \omega_{ij}^{(l)} - \eta O_i^{(l-1)} \delta_j^{(l)} \\ b_j^{(l)\ new} = b_j^{(l)} - \eta \delta_j^{(l)} \\ \delta_j^{(l)} = f'_l(I_j^{(l)}) \sum_{k=1}^{n} \delta_k^{(l+1)} \omega_k^{(l+1)} \end{cases} \tag{6.37}$$

以公式(6.37)调整网络中的权重和偏置，调整后的权重和偏置将使得误差 e 降低，不断重复该过程直到误差 e 降低到预设值以下，此时神经网络的训练便完成了。

然而，反向传播神经网络算法也存在收敛速度慢、网络容易被困在局部最小值、缺乏确定网络初始权值和阈值而导致的稳定性差等缺点。为了避免神经网络算法的局部优化，C. Wang等人[20]提出了一种粒子群优化算法(particle swarm optimization，PSO)来对神经网络进行优化，以高斯滤波后的 RFID 信号的 RSSI 值为特征训练 PSO－BPNN，较传统的神经网络算法，其在精度、鲁棒性和收敛速度方面有更好的表现。

人工神经网络算法的优势在于将大量的运算放于离线训练阶段，缩短在线阶段运行时长，提高了计算效率。但指纹库数据的特点是存在大量的相似数据，同时数据类别较少，类别少而数据量多的输入容易导致神经网络的过拟合，这会导致该网络对训练集数据预测非常准确，但对新的输入数据预测效果较差。此外，神经网络定位算法的性能依赖于训练阶段，而神经网络的初始训练存在大量的随机权重和偏置，即使是以同一个指纹库作为训练集，训练出的神经网络也不相同，这使得人工神经网络的性能有一定的不可靠性，需要设置一个验证集用于算法优化，但这无疑加大了该定位算法的复杂度。

6.2.4 声音指纹定位方法比较

将基于声音 TOA 特征的 WKNN 定位方法记作 TOA－WKNN，将基于声音 TOA 特征的反向传播人工神经网络定位方法记作 TOA－BPNN，将基于声音 TOA 特征的 Bayes 概率定位方法记作 TOA－Bayes。三种定位方法对比见表 6.3。

表 6.3 典型声音指纹定位算法比较

算法类型	优点	缺点
TOA－WKNN	采样次数少，工作量小	在线计算量大，鲁棒性差
TOA－Bayes	鲁棒性较好	在线计算量大，采样次数多，构建指纹库的工作量大
TOA－BPNN	在线计算量小，实时性高	容易过拟合，鲁棒性差

由表 6.3 可知，TOA－WKNN、TOA－BPNN、TOA－Bayes 等定位方法各有优势和不足，实际应用中应根据具体的应用场景和精度要求选择合适的指纹定位方法。

6.3 基于集成学习的声音指纹定位算法

典型指纹定位算法存在计算时间较长、前期工作量大、容易出现过拟合等问题，大多数室内指纹定位算法也只是在这些基础上优化和改进，难以解决单一学习器本身的缺陷。因此，基于集成学习的方法应运而生，通过结合合适的集成学习方法和基学习器，构建基于声音指纹定位算法，以提升基于声音 TOA 特征的指纹定位算法的精度和鲁棒性。

6.3.1　集成学习

集成学习是一种机器学习方法，通过结合多个“弱学习器”形成一个“强学习器”，以获得比单个学习器更好的预测结果。它不仅可以实现确定性算法的精确性，还可以实现概率性算法的鲁棒性。通过加入样本和特征属性的扰动，集成学习可以有效提高学习器的泛化能力，从而避免学习器过度拟合。

以法国数学家 Nicolas de Condorcet 建立的 Condorcet 陪审团定理为例，该定理指出，如果每个陪审员判断准确的概率大于 0.5，当有无数个陪审员投票判决时，最终投票判决的结果准确率将无穷逼近 1。该定理有两个限制性假设，即投票应该相互独立，并且只应该有两种可能的结果，如果这些条件成立，即使陪审团成员的判断仅比随机投票略好，但只要陪审团人数足够多，就可以得出正确的结论，这是将集成学习用于分类预测结果的典型案例。另一个例子是英国统计学家和博学家 Sir Francis Galton 参加牲畜博览会时发现的人群的集成学习现象，游客提交了他们对牛的重量的猜测结果，Galton 观察到，虽然没有一个游客能成功地猜测出这头牛的真实重量，但所有猜测的平均值非常接近这个值[21]，这是将集成学习用于回归预测结果的典型案例。

集成学习是一种有效的机器学习方法，它将多个基学习器结合起来，以提高机器学习的准确性和稳定性。集成学习的一般结构是：首先根据训练集数据训练出多个基学习器，然后将测试集输入后得到每个基学习器的预测结果，最后采用某种方法将这些预测结果结合起来，即可得到集成学习的最终结果。如果集成学习中只包含同种类型的基学习器，这样的集成是同质集成；如果集成学习中包含不同类型的基学习器，那么这样的集成是异质集成[22]。一般情况下，由于不同的基学习器训练方式不同，异质集成的算法架构较为复杂，因此一般会采用最优的基学习器来进行同质集成学习。

为了集成学习的最终效果，基学习器需要具备多样性、独立性、贡献性和聚合性等特点：多样性指每个基学习器需要有自己的独特性，能产生独特的预测结果；独立性指单个基学习器的预测结果不受其他基学习器的影响；贡献性指单个基学习器应该有较为成熟的逻辑，使得个体预测结果比无规律随机预测更能贴近真实结果；聚合性指应该存在某种符合逻辑的方法，可以将基学习器的预测结果结合起来，形成一个综合的最终决定。

集成学习的优势在于：不同的基学习器表现出不同的归纳偏差，若这些偏差引起的误差不相关，则集成后的学习器将相互补偿彼此的误差，从而使得最终结果总体误差减少；较为简单的基学习器可以有效避免由于过于复杂的架构而导致的过拟合现象；集成学习结果是由概率统计规律得出的结果，其具有更小的方差，该结果更具代表性也更稳定。

随机森林算法是集成学习算法的典型代表，它通过选取不同的样本集并随机选取不同的特征属性，以此训练不同的决策树，最后结合多个决策树的结果生成最终预测。然而，由于声音 TOA 特征数量只有四维，为了保证定位的精度，至少需要保证学习器的输入有两个维度信息，特征属性扰动程度较低。当声源信号节点较少时，待定位区域的声音 TOA 特征数量可能降为两个，此时随机森林算法的属性扰动消失，因此无法适用于声源信号节点稀疏部署时的定位系统中。

根据基学习器的生成方式，目前的集成学习方法大致可分为两大类：基于串行生成基学习器的 Boosting 和基于并行生成基学习器的 Bagging。Boosting 算法通过迭代的方式构建基学习器，而 Bagging 算法则是同时生成多个基学习器，最后结合多个基学习器的结果生成最终预测结果。

6.3.1.1 Boosting

Boosting 中基学习器的差异性是通过改变训练集中每个样例的权重来实现的。其基本逻辑是：通过提高训练集中那些在前一轮学习结果较差的样例的数量，减小训练集中前一轮学习结果较好的样例的数量，来使得基学习器对学习结果较差的样例有较好的分类效果。最终组合时将精确度高的分类器分配更高的权值，精确度较低的分类器分配较低的权值，加权后求和即可得到最终预测结果。Boosting 方法架构见图 6.6。

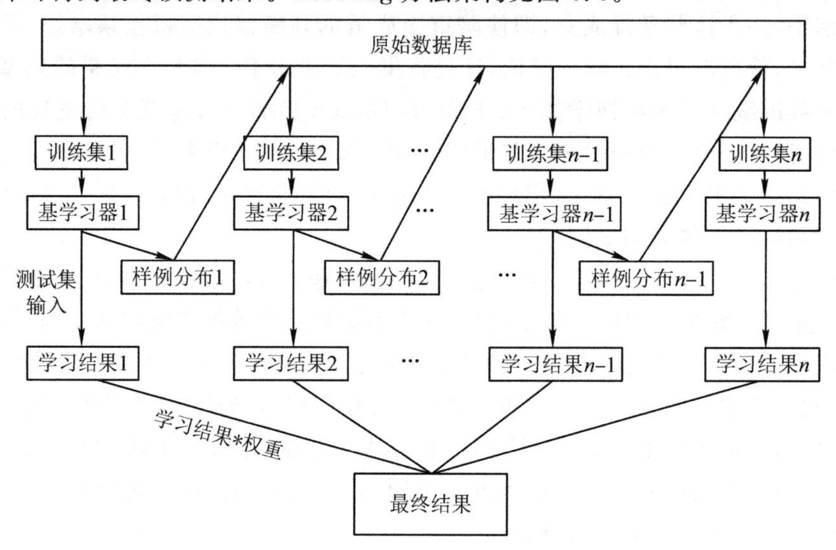

图 6.6　Boosting 方法架构

Boosting 的具体流程见图 6.7。

(1)形成初始训练器：先从原始训练集训练出一个基学习器。

(2)获取新训练集中样例的分布权重：若该基学习器整体精确度低于预设的精确度 α，则放弃当前基学习器并依据当前分布重新进行训练集采样，再次训练该基学习器后进行该流程。若该基学习器整体精确度高于 α，则获取该基学习器对训练集中每一个样例的预测精确度 α_i，为了提高学习器对失败样例的学习能力，依据精确度 α_i 对样例赋予权重、赋予精确度高的样例较小的权重、精确度低的样例较大的权重。

(3)根据样例权重获取新训练集：依据样例权重对训练集中的样例进行重采样，权重大的采样次数多，权重小的采样次数少，以此改变训练集的样例分布。

(4)重复训练：将调整后的训练集用于训练下一个基学习器，如此重复进行，直至基学习器数目达到规定数量 t。

(5)加权集成：最终将这些基学习器进行加权结合，其中权重与各个基学习器的精确度成正比，基学习器的精确度越高其分配的权重越大。

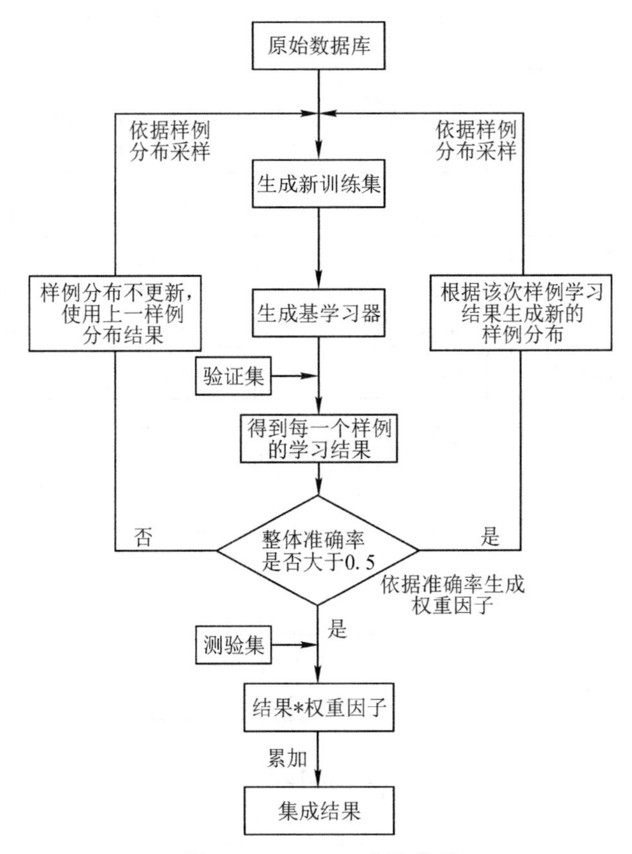

图6.7　Boosting方法流程

Boosting方法的特点：需要额外设置一个验证集用以计算基学习器对训练集中样例的分类准确度及整体表现。Boosting算法在对连续值的回归预测中，样例的预测精度的计算较离散值更复杂，此时Boosting算法中关于样例权重的计算量较大，同时在Boosting的多次串行运算中，每个基学习器都需要对该验证集进行分类，这会导致离线训练阶段时间较长，但并不影响该算法在线定位的实时性。

Boosting算法的优势：淘汰了精确度在预设精确度以下的基学习器，保证了每一个基学习器都具有较高的性能，所以Boosting算法具有较高的理论精度。但Boosting方法的最大缺点在于其串行框架会导致误差的扩大传播，当训练集中存在错误样例时(即使初始训练集中的错误样例相当少)，其预测的准确率是极低的，这导致针对该样例的学习权重将会加大，接下来的训练集样本中出现更多的错误样例，而通过该含有大量错误样例的训练集训练得到的基学习器是明显不可靠的，这使得Boosting算法对原始训练集的准确度要求过高，极大限制了该算法的实际应用。

6.3.1.2　Bagging

Bagging的基本原理是随机采样，其主要思路是通过在原始数据库中进行有放回的多次采样来获取不同的训练集，以此来训练出不同的基学习器，最后集成各个基学习器的学习结果获取最终预测结果[23]。Bagging方法架构见图6.8。

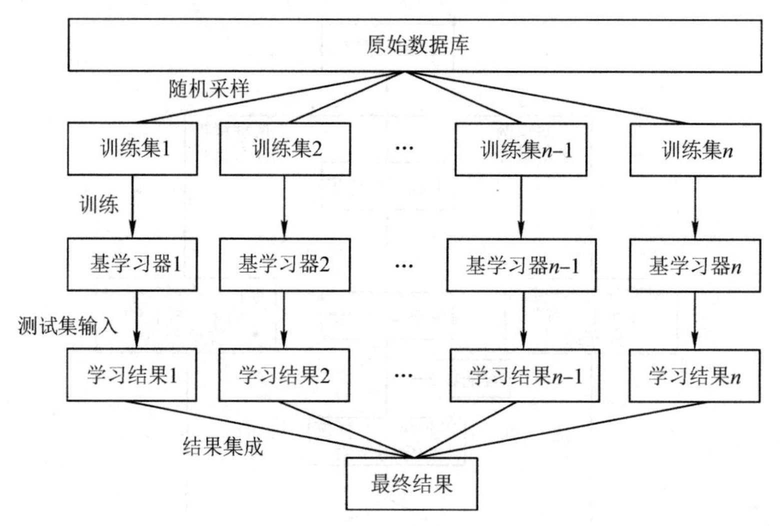

图 6.8　Bagging 方法架构

Bagging 的具体流程见图 6.9。

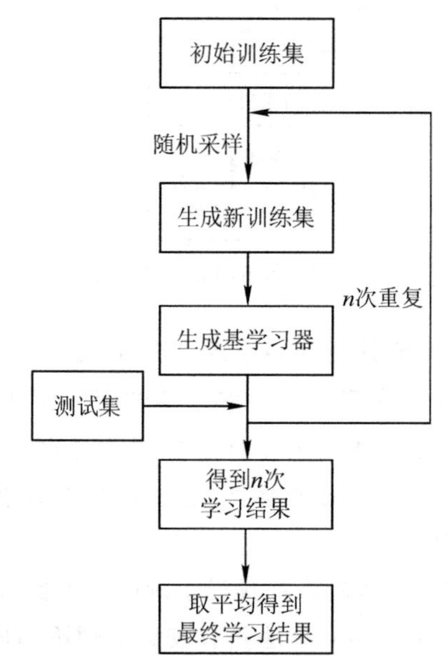

图 6.9　Bagging 方法流程

(1)形成训练样本:给定包含 m 个样例的原始数据库,先随机取出 n 个样例放入训练集中,形成一个包含 n 个样例的训练集。

(2)重复采样:把取出的所有样例放回原始数据库中,使得下次采样时该样例仍有可能被选中,这样经过 k 次随机采样操作,可采样出 k 个含 n 个样例的训练集,有的样例在训练集中多次出现,有的则从未出现。

(3)并行生成基学习器:基于每个训练集训练出一个基学习器, k 个训练集则生成 k 个基学习器。

(4)结果集成:将这些基学习器的训练结果进行结合,由于基学习器的训练数据是平等随机生成的，其训练结果权重一样，Bagging 对每个学习器得出的预测结果使用简单平均法即可得出最终结果。

Bagging 是通过改变每个基学习器的训练数据来实现基学习器的多样性和独立性，其优势在于可以充分利用大型的训练集数据库，生成大量的相互独立的基学习器，通过结合多个基学习器的结果，极大降低了结果方差，具有极高的鲁棒性，更重要的是，可以防止单个学习器过于复杂而导致的过拟合。

丁子璇等人[24]利用改进的 KGMM 混合滤波算法实现更高精度的距离估计模型，结合 Bagging 和 KNN，提出了基于 Bagging－KNN 的室内定位算法。该方法使用强度距离公式计算目标点距蓝牙信标的距离，随机获取 K 个蓝牙信标组合，再利用三点定位解出 K 个位置并加权 KNN 计算，用 Bagging 重复操作再取平均，降低了原来定位结果的方差和误差，最终实现定位误差约为 7.35 cm，具有较高的鲁棒性和精确性，这充分说明了 Bagging 方法可以有效提高学习器的鲁棒性和精度。

不过上述研究属于基于传播模型的指纹定位方法，仅适用于在室内环境单一的情况，面对复杂的遮挡情况无法获取准确的信号传播模型。如果将 KNN 算法应用于基于环境特征的指纹定位方法中，由于参考点众多，导致指纹库的规模较大，需要进行大量距离及权重的浮点运算，且运算量集中于在线阶段，多次进行 KNN 算法会导致计算耗时较长，定位的实时性较低。因此，针对指纹定位，集成学习需要选取更合适的基学习器。

6.3.1.3　集成学习方法对比

Boosting 和 Bagging 都是通过离线训练多个预测模型，通过结合多个预测模型的预测结果来实现最终的高精度预测。由于 Boosting 和 Bagging 方法的预测模型训练阶段并不会影响到定位的实时性，当两种方法的基学习器类型和数量一致时，两者的在线计算量是一样的，因此实时性是一样的。不过由于训练集采样方式和结果集成方式不同，导致其各自有不同的特点，Boosting 和 Bagging 的优缺点对比见表 6.4。

表 6.4　Boosting 和 Bagging 对比

集成方法	优点	缺点
Boosting	基学习器经过筛选，基学习器准确率较高	架构较复杂，抵抗错误样本的能力较差
Bagging	抵抗错误样本的能力强，架构简单，鲁棒性较 Boosting 更高	基学习器的准确率不如 Boosting

针对指纹定位领域，由于参考点数量较多，且采样次数较多，错误数据的产生是在所难免的。虽然错误样例占整体样例的比例相当的低，但由于 Boosting 的算法特性，随着迭代次数增加，Boosting 方法的训练集样本中的错误样例比例将越来越高，也更容易由于错误样例导致的误差累积放大。同时，Boosting 方法中要对基学习器的准确率进行评估，这需要额外设置一个验证环节，如果验证集中存在错误样例，也会导致验证集对基学习器准确率的评估不可靠。Bagging 方法通过随机采样采集样本集，错误样例并不会被针对性的采集，每个样本集中错误样例比例始终保持在较低的水平，Bagging 方法相较 Boosting 方法具有更好的抵抗错误样例的能力，因此，Bagging 方法训练出的基学习器依然具有较高的准确率。同时，目前实证研究也表明加权平均并不优于简单平均[25]。综上所述，Bagging 方法较 Boosting

方法更适合于指纹定位算法。

6.3.2 基于集成决策树的声音指纹定位算法

Bagging 需要的基学习器数量较多,这要求单个基学习器的在线计算量小,才能满足基于集成学习的定位系统的实时性要求,而决策树(decision tree)算法构造简单,在线运算量少,成为 Bagging 方法理想的基学习器之一。

决策树是一种逻辑较为简单的监督学习方法,其基本原理是通过给定一堆已知标签的样例,将样例的特征作为分类依据,将样例的标签作为类别,设计一套分类评价标准,将样例分类表现最佳时的分类依据保存,即可训练出一个可以预测未知样例所带标签的决策树模型。

决策树按照基本功能分为分类树(classification tree)和回归树(regression tree)。其中分类树输出的预测标签是离散的,其输出必然是输入样本集中已有的标签类型,例如性别分类、物种分类等。回归树输出的预测标签是连续的,其输出结果可能是输入样本集中任意几个标签的融合结果,如成绩预测、价格预测等。决策树按分类原理可以分为基于信息增益的决策树、基于信息增益率的决策树、基于基尼指数的决策树,其典型代表分别为 ID3 决策树算法、C4.5 决策树算法和分类与回归树(classification and regression tree,CART)算法。这三种算法随时代发展相继被提出,除划分原理不同外,其适用场景也有差别,表 6.5 为这三种典型的决策树算法对比。

表 6.5 决策树算法比较

算法	支持模型	树结构	连续值处理	缺失值处理	剪枝处理	特征选择
ID3	分类模型	多叉树	不支持	不支持	不支持	信息增益
C4.5	分类模型	多叉树	支持	支持	支持	信息增益率
CART	分类/回归模型	二叉树	支持	支持	支持	基尼指数

由于采用声音 TOA 特征为输入特征,显然,TOA 作为时间类型属于连续型特征,而室内定位算法的最终目的是要得到具体的位置坐标,因此室内位置坐标的预测属于回归预测。根据表 6.5,只有 CART 决策树可以处理连续型的 TOA 特征并构建回归模型,因此,可选用 CART 决策树作为集成学习的基学习器。

CART 是一种目前较为成熟和先进的决策树算法,既可以用于分类预测,也可以用于回归预测,因此能够满足基于声音 TOA 特征的指纹定位系统的定位要求。CART 决策树的框架见图 6.10,它的最大特点是二叉树结构,这使得 CART 的逻辑更加简单,其运算量也比多叉树分类更小,因此更适合作为集成学习的基学习器,具有更高的实时性。

基于 TOA 特征的 CART 回归树算法可以用来预测指纹定位点的横坐标和纵坐标,因为指纹特征的横坐标 x 和纵坐标 y 都是连续性的。为此,可以分别以横坐标 x 和纵坐标 y 为标签构建两套决策树算法,以分别预测待定位点的横坐标和纵坐标。下面是基于 TOA 特征的 CART 回归树算法的流程:首先,根据给定的训练集,构建决策树。然后,根据决策树对待定位点的横坐标或纵坐标进行预测。最后,得到预测结果。

TOA 特征离散化:对每一个连续特征的取值分别进行排序,对相邻特征值取其中间值

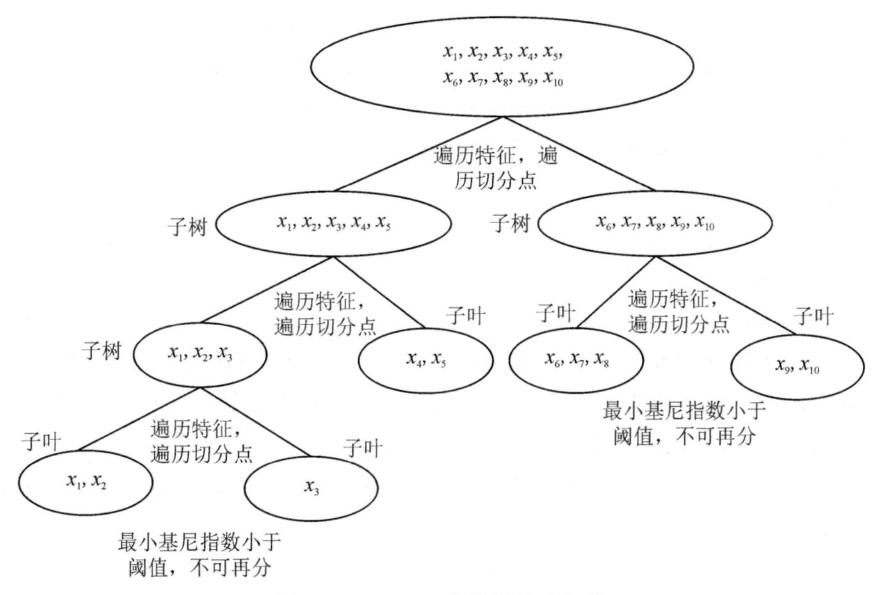

图 6.10　CART 决策树算法架构

作为分割点。假设 TOA 指纹库中来自声源信号节点 1、2、3、4 的 TOA 集合分别记为 T_1、T_2、T_3、T_4，其分别有 m_1、m_2、m_3、m_4 种连续型数据取值，对 T_i（$i=1,2,3,4$）中的 TOA 数据从小到大排列，m_i 个数值就有 m_i-1 个切分点，可以推出 4 个 TOA 则共有 $m_1+m_2+m_3+m_4-4$ 个切分点。

二叉树分类：根据每个切分点把输入数据分成两类，将分类后的数据集按照划分点分为左子树和右子树，然后计算每个划分情况下对应的基尼指数，基尼指数的计算方法为：求出每一个分类结果的左子树和右子树的残差平方，并将左子树和右子树的残差平方相加，以最后的残差平方和作为连续型属性标签的基尼指数。由于横坐标 x、纵坐标 y 都为连续性标签，残差平方和计算公式如下：

$$RS=\sum_{i=1}^{m_1}(y_1^i-\overline{y}_1)^2+\sum_{i=1}^{m_2}(y_2^i-\overline{y}_2)^2 \tag{6.38}$$

其中，y_1^i 和 y_2^i 分别表示左子树和右子树中第 i 个样例的纵坐标，m_1 和 m_2 分别表示左子树和右子树的样例数量，$\overline{y}_1$ 和 $\overline{y}_2$ 分别表示左子树和右子树中样例的纵坐标 y 的平均值。

若最小基尼指数大于阈值，则以生成了最小基尼指数的切分点为分类依据生成左子树和右子树；若最小基尼指数小于阈值，则子树不再划分，生成左子叶和右子叶。经过若干次二叉树分类，保留每一次二叉树分类时的切分点，当所有子树不可分时生成子叶，即可以获得 CART 决策树模型。由于预测结果为连续值，属于回归预测，对于 CART 的回归计算，采用将所归属的子叶中所有样本的坐标均值作为回归的预测值，则有：

$$lable=\frac{1}{m}\sum_{y\in D}y_i \tag{6.39}$$

其中 m 表示子叶 D 中的样例数量。

由于决策树算法简单易构，其计算复杂度远低于其他定位算法，可以满足集成学习对基学习器的要求，国内外对集成决策树在室内定位领域也有一些相关研究。2015 年，

D. Sánchez- Rodríguez 等人[26]提出了基于 Boosting 的集成决策树的预测模型，利用手机内置的方向传感器测得的方向信息和 Wi - Fi 接收器测得的 RSSI 值作为指纹特征，依据 Boosting 方法从指纹库中串行生成多组训练集训练多个 C4.5 决策树，依据训练集中样例的分类准确率构建新训练集样例分布权重，并依据训练集的整体分类准确率给每个决策树分配权重。该研究通过实验证明基于 Boosting 方法的集成决策树方法计算效率极高，该算法定位平均耗时约为 21 μs，比其他定位算法快 1000 多倍，平均定位精度为 2.1 m，精度较其他的指纹定位算法更高，且具有极小的定位方差。

不过，该研究为了避免额外设置验证集而导致采集数据过多、训练时间过长的问题，用训练集中每个样例的分类准确率代替该决策树对每个样例的实际分类准确率，同时用训练集的整体分类准确率代替该决策树整体的分类准确率，但决策树对训练集的准确性并不能代表该决策树的实际性能，因此无论是利用训练集中样例的分类结果来生成新训练集中样例的分布情况，还是利用训练集整体的分类准确性来计算该决策树的权重因子，其结果都是不完全可靠的。

尽管存在一些问题，但上述研究充分证明了集成决策树算法在室内定位领域具有很高的精度和鲁棒性，且具备高效的定位实时性。同时，针对上述研究的缺点和不足，本节采用更优的 Bagging 方法作为集成方法，并使用更先进的 CART 决策树作为基学习器，构建基于 Bagging 的集成决策树算法。本节将基于 Bagging 的集成决策树算法记为 DTB(decision tree with Bagging)，结合更稳定的声音 TOA 特征，将基于声音 TOA 特征的 Bagging 集成决策树定位方法记作 TOA - DTB。

6.3.3 基于集成神经网络的声音指纹定位算法

人工神经网络作为机器学习中的典型算法，在众多领域有着广泛应用。21 世纪以来，随着集成学习的兴起，关于集成神经网络的研究迎来了高潮。虽然人工神经网络计算量较大，但计算量集中于离线训练阶段，在线定位阶段的计算量较小。虽然集成神经网络的离线训练时间相当巨大，但依然可以满足定位的实时性要求。因此，人工神经网络也具备作为集成学习的基学习器的条件。

本章第 6.2.3 节对 BPNN 的结构和算法流程进行了详细介绍，BPNN 的优点在于算法的在线计算量较小，但鲁棒性较差，同时容易出现过拟合。BPNN 在线计算量较小，这使得其具备大规模集成学习的前提条件。由于 Bagging 方法随机性的采样，使得训练集中样本差异性较大，不易产生过拟合的神经网络模型。同时即使由于样本集的误差导致某些神经网络模型的预测效果较差，或某个待定位点处偶然性的定位失误，集成学习也可以通过大量较高精度的预测来稀释该误差，有效提高最终定位的鲁棒性。

蒋芸等人[27]针对分类学习提出了基于 Bagging 的集成神经网络分类算法，同时构建了基于 Bagging 的集成 C4.5 决策树算法，利用 UCI 标准机器学习库中的数据对两者进行了性能实验。两者的实验结果表明，基于 Bagging 的集成神经网络算法较基于 Bagging 的集成决策树算法有更高的分类准确度，该架构能够有效地提高分类准确率，同时具有较好的泛化能力以及较快的执行速度。

上述研究充分证明了基于 Bagging 的集成神经网络算法在模式识别领域具有较高的准

确性，通过分析指纹定位方法架构的特点和室内定位算法的实际要求，采用集成神经网络算法作为指纹定位算法来实现位置坐标的预测是可行的。反向传播神经网络算法较决策树算法拥有更多的误差反馈，因此具有更强的学习能力，无论是在分类还是在回归中，都较决策树算法有更高的准确性，因此基于 Bagging 的集成神经网络算法理论上会较基于 Bagging 的集成决策树算法具有更高的准确率。将基于 Bagging 的集成神经网络定位算法记为 NTB (neural network with Bagging)，结合更稳定的声音 TOA 特征，并将基于声音 TOA 特征的 Bagging 集成神经网络定位方法记作 TOA - NTB。

6.4　性能测试及结果分析

6.4.1　测试目的

(1)探究最佳指纹定位算法。采用统一的 TOA 特征指纹库和统一的测试点 TOA 数据，利用 python 语言编写算法模型，通过对比 WKNN、贝叶斯概率、BPNN、集成决策树算法和集成神经网络算法的表现，确定最佳定位算法。

(2)探究最佳声音指纹特征。采集 TOA 特征指纹库后，依据 TOA 计算出 TDOA 并构建 TDOA 指纹库，分别用 TOA 和 TDOA 作为指纹库，以上一实验中定位表现最优的算法作为该实验的指纹定位算法，对基于两种不同声音特征的定位方法进行性能对比，确定最佳声音指纹特征。

(3)探究声源信号节点稀疏部署时的声音指纹定位方法性能。选用实验一中性能最好的指纹定位方法，在仅采用少量声源信号节点的情况下对该定位方法进行测试，来模拟声源信号节点稀疏部署时的情况，以探究其在实际应用场景下的定位性能。

6.4.2　实验框架设计

基于声音传播特性、声音指纹定位方法特点和定位系统的现实要求，需要对基于声音 TOA 特征的指纹定位实验进行进一步设计。

(1)定位架构：考虑到室内多目标定位需求，同时为了简化系统架构，本实验采用被动式定位架构。

(2)定位区域：考虑到目前室内大多为矩形布局，本节实验确定定位区域为矩形；考虑到声音信号在室内传播的最远距离不超过 30 m，本实验采用的室内矩形定位区域的对角线长度应小于 30 m。

(3)声源信号节点数量及位置：考虑到要尽可能扩大室内区域的定位范围，尽可能减小各点的定位精度差异性，同时尽可能减少所需的声源信号节点数量，保证定位区域内声源信号节点的最优布局，本实验选用 4 个声源信号节点并将其分别布置于矩形的 4 个顶点。

(4)信号区分方法：由 4 个固定的声源信号节点发射近超声声音信号，为保证接收端能准确区分 4 个声源信号节点的声音信号并获取对应的 4 个 TOA 特征，本节采用时间延迟将 4 个声音信号错开。考虑到双曲调频信号的周期为 0.05 s，复合信号周期为 0.1 s，同时为能较明显地分割 4 个信号，并考虑声音信号在 30 m 距离的往返传播时间不会超过 0.2 s，防止声音信号回音干扰,因此本实验采用的时间延迟为 0.2 s。

(5)同步周期　由于本实验采用声音 TOA 作为指纹特征,TOA 测量需要声源信号节点和接收端时间同步,因此需要额外的同步设备,同步设备采用射频信号与声源信号节点和接收端通讯,同步周期应大于接收端接收一次完整信号的时间。由于有 4 个声源信号节点,且声源信号节点之间时间延迟为 0.2 s,因此接收端接收一次完整信号需要 0.8 s,为便于指纹库中数据量的确定,本实验设定同步周期为 1 s。

确定基于声音 TOA 特征的指纹定位系统的具体实验参数见表 6.6。

表 6.6　定位系统主要参数

实验信息	类别/数值
定位架构	被动式定位
定位区域形状	矩形
声源信号节点数量	4 个
声源信号节点时间延迟	0.2 s
同步周期	1 s

6.4.3　实验场景与设备

为对本章所介绍的声音指纹定位方法的性能进行评估,本节将在实际遮挡场景中对五种指纹定位方法进行实验测试。实验场景见图 6.11,实验选择较为空旷的室内环境来模拟实际应用场景,同时该大厅为校园内部一教学楼大厅中的承重柱表示室内遮挡物。该实验场景大厅总长约 16 m,总宽约 8 m。为突出遮挡情况影响,选择遮挡较为严重的承重柱周边区域作为定位区域,定位区域长约 10 m,宽约 6 m。

图 6.11　实验场景照片

实验的布点示意图见图 6.12。首先,选取定位区域外围的 4 个角作为声源信号节点部署点,分别记作 B1～B4,声源信号节点和录音设备的放置高度均为 150 cm。其次,在定位区域内按矩形排列的方式选取了 120 个参考点来构建 TOA 指纹库,参考点的选取见图 6.12 中“+”点处,参考点间距约为 70 cm。最后,在承重柱附近区域选取了 17 个测试点用来评估最终的定位性能,测试点选取见图 6.12 中的实线轨迹。

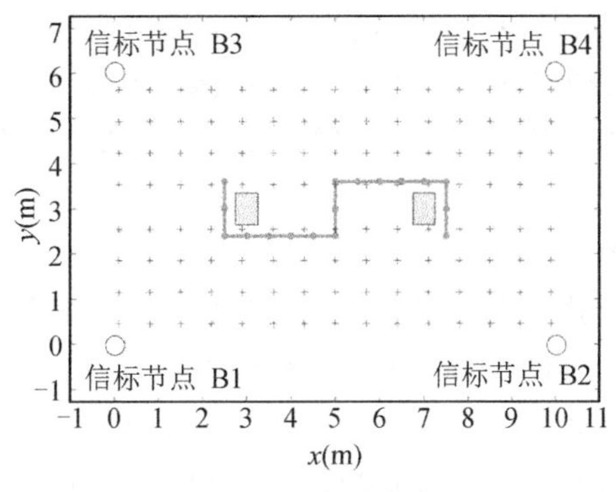

图 6.12　实验方案

实验所用的设备为实验室自主开发，见图 6.13。各信号节点与麦克风之间通过远距离无线电（long range radio，Lora）实现无线同步，各硬件的射频同步模块的控制芯片为 STM32F410，录音设备使用的主控芯片为 STM32F407，声源信号节点的主控芯片为 STM32F103。由于电信号的传播速度远远快于声音信号，因此由射频同步信号导致的时间同步误差可以忽略不计。由于定位周期为 1 s，实验过程中的同步设备开启频率为 1 Hz。本次实验所使用的复合 HFM 信号参数见表 6.7。

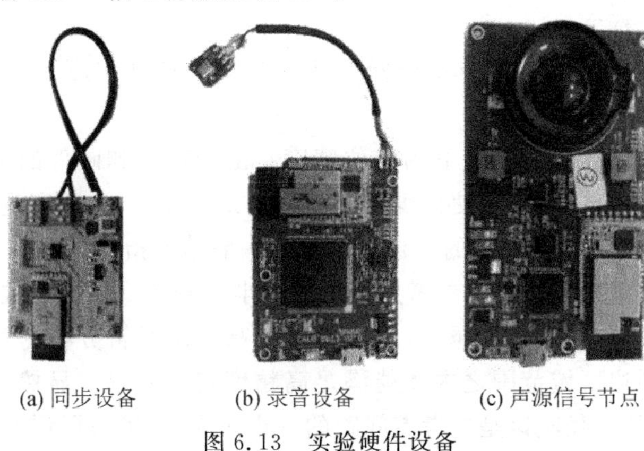

(a) 同步设备　(b) 录音设备　(c) 声源信号节点

图 6.13　实验硬件设备

表 6.7　复合 HFM 信号参数

参数	定义	数值
f_s	采样率	48000 Hz
T	信号时域带宽	0.05 s
f_L^1	$r_1(t)$ 成分最低频率	16555 Hz
f_H^1	$r_1(t)$ 成分最高频率	18555 Hz
f_L^2	$r_2(t)$ 成分最低频率	19555 Hz
f_L^2	$r_2(t)$ 成分最高频率	21555 Hz

测试中使用的 TOA－DTB 和 TOA－NTB 中的基学习器数量定为 30，每个基学习器的训练集中的样本数量为 500。测试中使用的 TOA－BPNN 和 TOA－NTB 方法中的反向传

播神经网络具体结构为:输入层神经元数量为 4,中间隐藏层层数为 3 层,各隐藏层神经元数量分别为 32、16、16,输出层神经元数量为 2,非线性激活函数为 relu 函数,学习率为 0.0001,迭代次数为 2000 次。TOA - WKNN 和 TOA - Bayes 方法中的 K 取 4。

6.4.4 实验结果分析

该项实验使用全部 4 个声源信号节点,采集 120 个参考点处来自 4 个信号节点的声音 TOA 特征,建立四维的声音 TOA 指纹库。对本章所介绍的 TOA - WKNN、TOA - Bayes、TOA - BPNN、TOA - DTB 和 TOA - NTB 的性能进行对比。

为防止偶然性结果的影响,本实验对测试点处进行多次定位实验,取平均定位结果代表其在该点的最终定位坐标。图 6.14 所示为 TOA - WKNN、TOA - Bayes、TOA - BPNN、TOA - DTB 和 TOA - NTB 在测试点处的定位结果。为对上述 5 种定位方法的定位性能进行对比分析,利用 17 个测试点处采集的 510 个 TOA 特征数据,对上述指纹定位方法重复进行 510 次定位试验,定位误差的 CDF 统计结果见图 6.15。

同时为了更客观、更具体地对上述定位方法的定位性能进行评价,确定定位系统的评价指标如下。

(1)综合指标:平均定位精度。平均定位精度代表了定位方法的整体表现,是定位领域最常用的综合评价指标之一。

(2)鲁棒性指标:标准差。标准差指标反映了数据的离散程度。定位误差的标准差越小,则定位系统的鲁棒性越高。

(3)一般精度指标:较大置信度下的定位精度。由于环境和硬件的不确定影响,采集到的指纹信息可能出现偶然性错误,使得少量测试数据误差较大,为更客观地评价定位方法的定位精度,本节采用 80%置信度下的定位精度作为一般精度指标。

(4)高精度指标:误差小于相邻参考点间距的一半的概率。指纹定位方法的定位精度往往与布点密度成正相关,布点密度越大,定位精度越高。从逻辑分析的角度而言,预测坐标只有在真实坐标的周边区域范围之内才能满足高精度定位要求。显然,为了使区域不产生重叠,这个区域范围的半径应该是参考点间距的一半。因此,可采用误差在 35 cm 以内的概率作为评价高精度定位性能的指标。

由表 6.8 可以看出,在使用 4 个声源信号节点的情况下,5 种基于声音 TOA 特征的指纹定位方法都具备亚米级精度的定位性能。其中 TOA - DTB 定位方法在其他 4 种指标上均有最优表现,且相对于其他方法有明显优势。因此,该实验表明了 TOA - DTB 定位方法是上述基于距离的声音指纹定位技术的最佳定位方法。

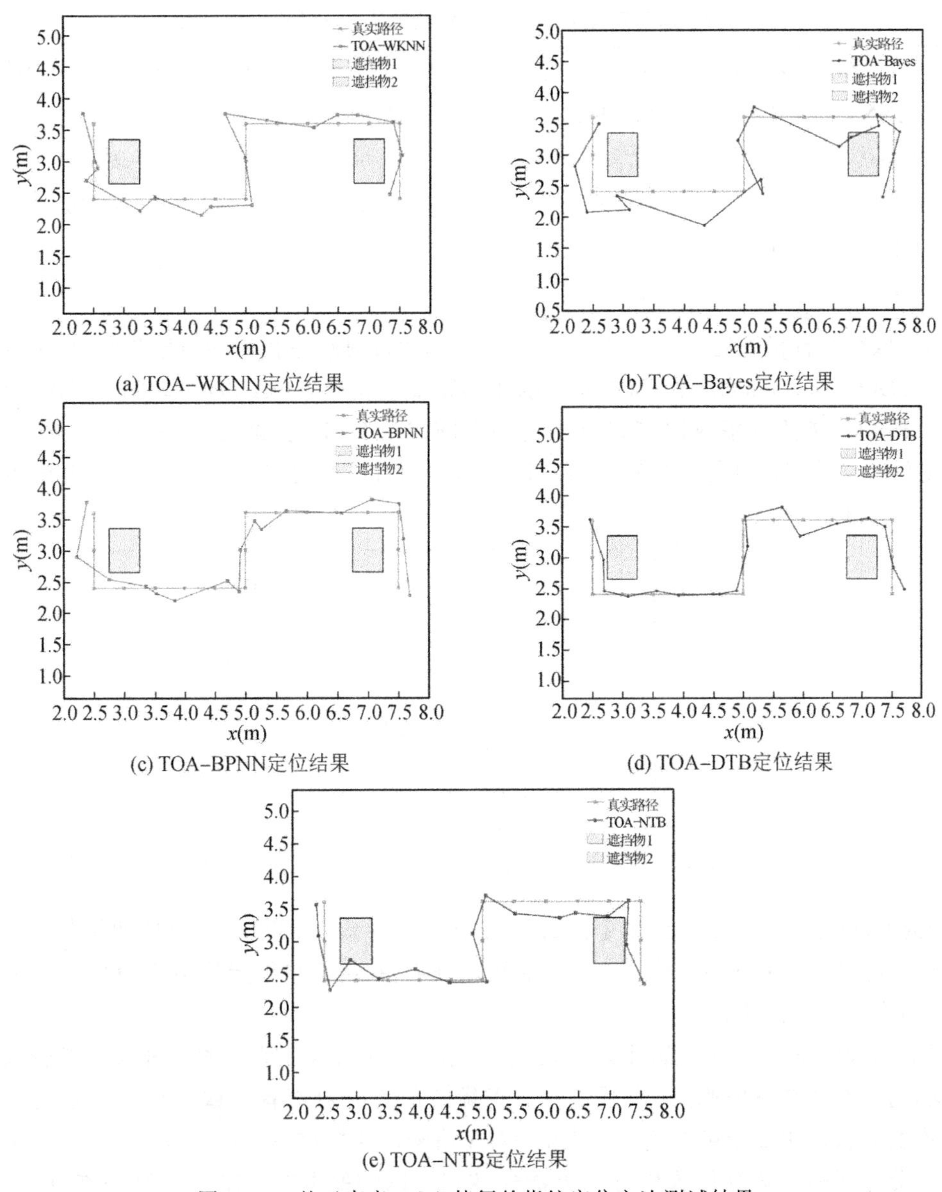

(a) TOA-WKNN定位结果

(b) TOA-Bayes定位结果

(c) TOA-BPNN定位结果

(d) TOA-DTB定位结果

(e) TOA-NTB定位结果

图 6.14　基于声音 TOA 特征的指纹定位方法测试结果

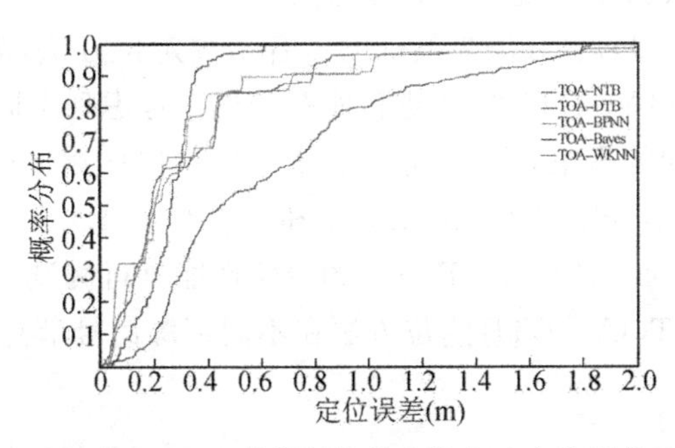

图 6.15　基于声音 TOA 特征的指纹定位方法定位误差 CDF 对比

表 6.8 基于声音 TOA 特征的指纹定位方法性能指标对比

定位方法	平均精度(cm)	标准差(cm)	80%置信度下的定位精度(cm)	误差在 35 cm 以内的概率
TOA - WKNN	33.35	44.34	42.94	67.45%
TOA - Bayes	64.21	49.40	95.04	40.20%
TOA - BPNN	34.56	43.99	38.86	77.25%
TOA - DTB	24.21	11.31	31.80	87.45%
TOA - NTB	32.73	34.95	43.68	64.90%

为了探究声音指纹定位方法的最佳指纹特征,通过对顺序相邻的信号节点的 TOA 值做差得出 TDOA 值,以 TOA 和 TDOA 分别作为特征值构建 TOA 指纹库和 TDOA 指纹库。将基于 TDOA 特征的集成决策树方法记为 TDOA - DTB,测试 TDOA - DTB 及 TOA - DTB 定位方法的定位性能并进行分析对比,TOA - DTB 架构与 TDOA - DTB 架构的 CDF 对比结果见图 6.16。

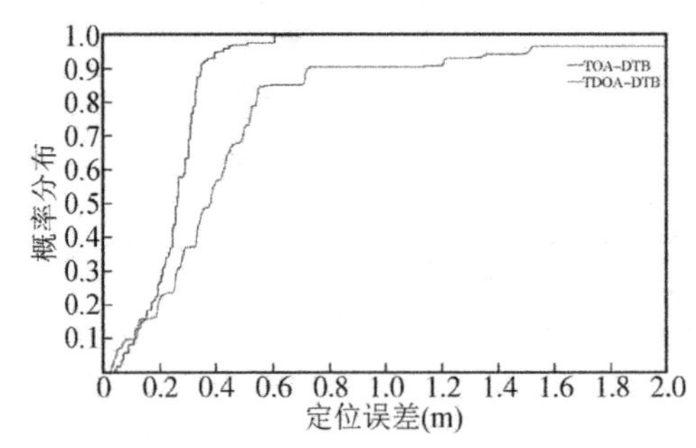

图 6.16 TOA - DTB 与 TDOA - DTB 误差 CDF 对比

由此 CDF 图可以看出,在 4 个声源信号节点的场景下,TOA - DTB 架构较 TDOA - DTB 有更高的定位精度和鲁棒性。该实验可以证明,在声音指纹定位中,TOA 较 TDOA 更适合作为声音指纹特征。

考虑到大型室内空间的面积较大,尽可能地降低声源信号节点的部署数量有较大的经济意义,为了在存在室内遮挡、声源信号节点稀疏部署时对声音指纹定位方法进行性能评估,本次实验仅使用 2 个声源信号节点的 TOA 值来建立指纹库。由于只存在 2 个声源信号节点,因此基于距离解算位置坐标的方法失效,且 TDOA 指纹库维度只有一维,以 TDOA 为特征的指纹定位算法失去了实现定位的可能性。

实验一已证明 TOA - DTB 方法为最优的声音指纹定位方法,因此,在声源信号节点稀疏部署的场景中,仅对 TOA - DTB 方法进行实验测试。考虑到不同的声源信号节点位置可能会对定位结果产生不同的影响,因此,选取 2 个不同位置的声源信号节点进行组合,本节分别将图 6.12 中的声源信号节点 B1 和 B2、B1 和 B3、B2 和 B3 进行组合,构建对应的 TOA 指纹库,并基于该指纹库对 TOA - DTB 方法的定位性能进行测试。实验对 510 个测试集数据的误差结果进行分析,TOA - DTB 定位方法在不同声源信号节点组合情况下的定位误差 CDF 见图 6.17。

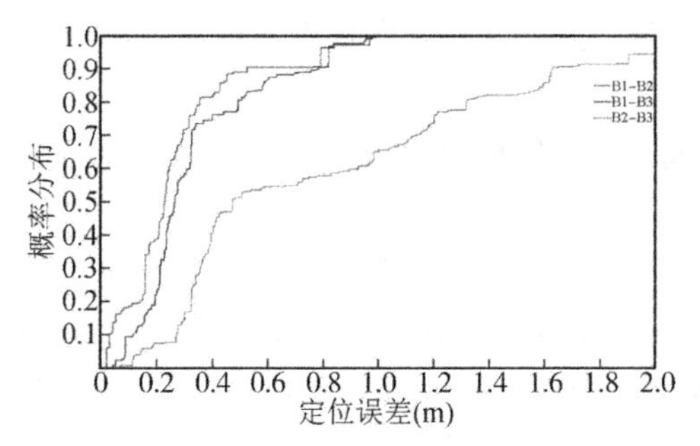

图 6.17　2 个信号节点场景的定位误差 CDF 对比

由图 6.17 中可知，在仅部署 2 个声源信号节点的情况下，B1 和 B2、B1 和 B3 的信号节点组合都能较好地实现亚米级定位，其中 B1 和 B2 信号节点组合具有最佳的定位性能，其平均定位误差为 27.59 cm，且定位误差 100％小于 1 m，其中 90％的概率误差在 52 cm 以内，有 80％的概率误差在 35 cm 以内。因此可以证明，基于 TOA－DTB 指纹定位方法，能够在室内遮挡的情况下，使用少量声源信号节点实现高精度的位置估计。

6.5　本章小结

指纹定位方法不受信号非视距传播和多径传播的影响，是在遮挡情况下实现高精度定位的最成熟的方法。因此，本章结合声音定位技术和指纹定位方法，构建基于声音的指纹定位方法，使其兼具声音的高精度优势和指纹定位的抗遮挡特性，以此来解决室内复杂遮挡环境中的定位问题。

本章首先分析了将 TOA 作为指纹特征的可行性。TOA 相对于 TDOA 有更高维度的指纹信息和更强的抗干扰能力，用声音信号 TOA 代替 TDOA 作为声音指纹特征，并通过实验表明以 TOA 为特征的指纹定位方法较 TDOA 具有更好的定位性能。采用可抵抗多普勒效应的复合 HFM 信号构建 TOA 指纹库，同时针对硬件改变和温度变化导致的声音 TOA 值误差进行了分析，介绍了声音 TOA 指纹库的误差修正方法。

其次，本章构建了高精度和高鲁棒性的声音指纹定位方法。将声音 TOA 特征分别和 WKNN 算法、Bayes 概率算法和 BPNN 算法相结合，引入了 TOA－WKNN、TOA－Bayes 和 TOA－BPNN 三种指纹定位方法。结合集成学习的思想，介绍了基于 Bagging 的集成决策树指纹定位算法和基于 Bagging 的集成神经网络指纹定位算法，并将声音 TOA 特征和上述两种集成算法结合，构建了 TOA－DTB 和 TOA－NTB 定位方法。实验表明，TOA－DTB 具有最佳的定位性能，在定位精度和鲁棒性上有了较大提升。

参考文献

[1] MICROSOFT. Microsoft indoor localization and competition IPSN 2018[EB/OL]. (2018－04－12)[2023－03－02]. https://www.microsoft.com/en－us/research/event/microsoft－indoor－localization－competition－ipsn－2018/.

[2] 闫大禹，宋伟，王旭丹，等. 国内室内定位技术发展现状综述[J]. 导航定位学报，2019，7(04)：5 - 12.

[3] 裴凌，刘东辉，钱久超. 室内定位技术与应用综述[J]. 导航定位与授时，2017，4(03)：1 - 10.

[4] OTSASON V，VARSHAVSKY A，LAMARCA A，et al. Accurate GSM indoor localization[C]//UbiComp 2005：Ubiquitous Computing：7th International Conference，UbiComp 2005，Tokyo，Japan，September 11 - 14，2005. Proceedings 7. Berlin Heidelberg：Springer，2005：141 - 158.

[5] 高伟，侯聪毅，许万旸，等. 室内导航定位技术研究进展与展望[J]. 导航定位学报，2019，7(1)：10 - 17.

[6] 毕京学，汪云甲，曹鸿基，等. 一种基于全向指纹库的 Wi - Fi 室内定位方法[J]. 测绘学报，2018(02)：25 - 29.

[7] 李军，何星，蔡云泽，等. 基于 *K* - means 和 Random Forest 的 Wi - Fi 室内定位方法[J]. 控制工程，2017，24(04)：787 - 792.

[8] 靳赛州，陈国良，张超，等. 一种基于区域优选的自适应蓝牙指纹定位算法[J]. 测绘科学，2020，45(08)：51 - 56.

[9] KAEMARUNGSI K，KRISHNAMURTHY P. Analysis of WLAN's received signal strength indication for indoor location fingerprinting[J]. Pervasive and Mobile Computing，2012，8(2)：292 - 316.

[10] YANG S，DESSAI P，VERMA M，et al. FreeLoc：Calibration - free crowd sourced indoor localization[C]//2013 Proceedings IEEE INFOCOM. IEEE，2013：2481 - 2489.

[11] HU X J，WANG H. Wi - Fi indoor location optimization method based on position fingerprint algorithm[C]//2017 International Conference on Smart Grid and Electrical Automation (ICSGEA). IEEE，2017：585 - 588.

[12] YUAN Z，ZHANG X，ZHOU P，et al. Research on indoor position fingerprint location based on machine learning combined particle filter[C]//2019 2nd International Conference on Safety Produce Informatization (IICSPI). IEEE，2019：456 - 459.

[13] 张磊，张德，胡志新，等. 室内强遮挡环境下基于近超声的位置指纹定位方法[J]. 传感器与微系统，2021，40(08)：57 - 60，64.

[14] 王月英. 基于声音位置指纹的室内声源定位方法研究[D]. 天津：河北工业大学，2015.

[15] 王硕朋，杨鹏，孙昊. 基于声音位置指纹的室内声源定位方法[J]. 北京工业大学学报，2017，43(02)：224 - 229.

[16] 吴虹，王国萍，彭鸿钊，等. 一种基于 KNN 的室内位置指纹定位算法[J]. 南开大学学报(自然科学版)，2020，53(06)：5 - 9.

[17] CUI X，WANG M，LI J，et al. Indoor Wi - Fi positioning algorithm based on location fingerprint[J]. Mobile Networks and Applications，2021，26：146 - 155.

[18] 刘奔，马昌忠，金俊超，等. 基于 RSSI 测距的贝叶斯概率定位算法[J]. 合肥工业大学学报(自然科学版),2021,44(10):1413 - 1419.

[19] 杨如民，陈敏，余成波. 基于贝叶斯概率优化的 Wi - Fi 室内定位算法[J]. 计算机应用与软件,2021,38(02):97 - 102，144.

[20] WANG C，WU F，SHI Z，et al. Indoor positioning technique by combining RFID and particle swarm optimization - based back propagation neural network[J]. Optik，2016，127(17)：6839 - 6849.

[21] KAZMAIER J，VAN VUUREN J H. The power of ensemble learning in sentiment analysis[J]. Expert Systems with Applications，2022，187：115819.

[22] 周志华. 机器学习[M]. 北京：清华大学出版社，2016.

[23] ZUO W，YANG W，HU Z，et al. Acoustic fingerprint based smart mobiles indoor localization under dense NLOS environment[C]//2021 IEEE International Conference on Signal Processing, Communications and Computing (ICSPCC). IEEE，2021：1 - 6.

[24] 丁子璇. 基于蓝牙 5.0 Beacon 的室内定位技术研究[D]. 南京:东南大学，2020.

[25] ZHOU Z H. Ensemble Methods：Foundations and Algorithms[M]. London：CRC Press，Taylor & Francis Group，2012.

[26] SÁNCHEZ - RODRÍGUEZ D，HERNÁNDEZ - MORERA P，QUINTEIRO J M，et al. A low complexity system based on multiple weighted decision trees for indoor localization[J]. Sensors，2015，15(6)：14809 - 14829.

[27] 蒋芸，陈娜，明利特，等. 基于 Bagging 的概率神经网络集成分类算法[J]. 计算机科学，2013，40(05)：242 - 246.

第7章　室内地图精细构建

地图自其起源之始，就是用来记载环境信息及可达路径的。路径引导，即导航，又是基于位置的服务系统的重要组成部分。它基于自身定位信息及地图中的路径信息，为用户规划出一条最为合理的路径，帮助用户能够在较少的时间内以较短的行走距离到达目的地。地图及其相关应用已经成为信息时代的基础服务之一。在室外环境，借助卫星遥感与全球定位技术，数字地图在十多年来得到了迅猛发展。Google 地图、百度地图、高德地图等数字地图给日常出行带来了诸多便利。然而，在室内，由于空间及结构变得越来越庞大及复杂，通过路标指示等方式已经无法为用户准确指示行走路径。作为导航等应用的支撑技术，室内地图的构建与发展伴随着室内定位技术的进步以及相关应用需求的增加，在近几年逐步得到重视。各大传统地图供应商也对室内地图的构建进行尝试，并取得了一定的发展成果。

微软公司于 2010 年率先在其旗下的必应地图中加入了少数几个商场及机场的室内地图，开启了室内地图应用的尝试。次年，Google 公司发布具有室内地图服务的 Android 版 Google 地图 6.0，可实现室内外地图的无缝连接。Google Indoor Map 地图已经在美国和日本采集了超过 1000 个商场和机场的室内场景[1]。紧跟两大巨头的步伐，国内也在室内地图的构建和服务上投入了巨大人力和物力。上海图聚公司最早在国内开展室内地图数据的采集与生成，并在早期为百度地图和高德地图提供室内地图的相关数据服务。百度地图与高德地图也于 2012 年开始为用户提供部分商场和机场的室内地图服务。此后，国内出现了众多专注于室内地图采集与开发的公司，如“点道”室内地图、“寻鹿”App、“蜂鸟”地图等。相较于室外地图构建，室内地图的构建无论是学术研究还是实际应用，都处于起步阶段。

室内地图主要由室内行人路径网络和信息标记构成，是室内导航与应用的支撑性技术。路径网络为路径规划和行人导航提供基础性的数据支撑。信息标记则帮助用户对环境进行辨识，如物体形状、房间名称、标志物信息等。如何快速、自动、高效且低成本地构建室内地图，是室内定位技术发展与推广的技术瓶颈之一。与室外地图不同的是，室内空间是动态变化的，且其变动的频率较高。当商场调整布局、商家改变装修风格、公共空间增加装饰物体等情况发生时，室内地图会发生较大变化。即便只是移动了沙发，室内地图若不及时更新，那么在为用户导航时，会由于所规划的路径与现实场景不匹配而给用户带来困扰。根据问题 6，如何利用现有设备实现快速且自动地室内地图动态构建，是室内定位领域当前所面临的现实性问题，且给室内定位技术的应用和推广提出了巨大挑战。

通过分析当前基于激光 SLAM 技术、机器视觉 SLAM 以及基于 MCS 的室内地图构建方法，可以发现：①获取采集者或参与者的位置信息是所有方法的前提，以建立和匹配所采集的地图信息“碎片”间的联系；②通过激光点云、场景图像、采集终端或参与者的加速度信息来对室内路径网络进行识别和统计；③基于激光点云或图像信息，可以获得室内环境的部分信息标记，如桌子、沙发、装饰物等。在室内场景中实现精细的地图构建，当前仅有基于激光和机器视觉的 SLAM 能够胜任，其他低成本的构建方法仅能实现室内地图的二值构建。当前尚没有一个可以实现室内精细地图的低成本构建方法，因此为解决室内动态变化场景所需的低成本、自动且快速的精细地图构建，本章考虑基于声音室内定位系统，实现室内地图的精细构建。

对于基于声技术的室内定位技术而言，首先，高精度的位置信息是所有参与者天然所能提供的信息。其次，由于定位精度可靠性较高，因此可以很方便地获取室内路径网络。最后，声波的易遮挡和反射现象，使其获得了类似于激光点云和图像信息能够对室内部分环境信息进行标记的能力。比如，某些区域声信号是视距传输，而参与者的路径网络无法覆盖，则证明该处为低矮的内饰物体等。因此，本章面向基于声技术的室内定位与导航系统，结合位置信息与声信号非视距信息，基于移动群体感知设计室内地图的快速动态构建方法，以建立室内路径网络、建筑结构及内饰物布局，为用户导航提供基础性的数据支撑。

7.1 室内地图

与传统地图相比，如图 7.1 所示，一般室内区域可分为三种，分别为“白色”的可达区域、“灰色”的内饰物区域以及“黑色”的结构体区域。其中可达区域为行人或移动机器人可以通过的区域，在该区域内可进行导航应用的路径规划。相对应地，“灰色”的内饰物区域由于行人和机器人不可直接通过该区域，因此不可在此区域内进行路径规划。结构体区域如墙体结构及大型物体等内行人和机器人不可通过。如何在该场景中标记出这三类区域，即是室内地图的构建过程。

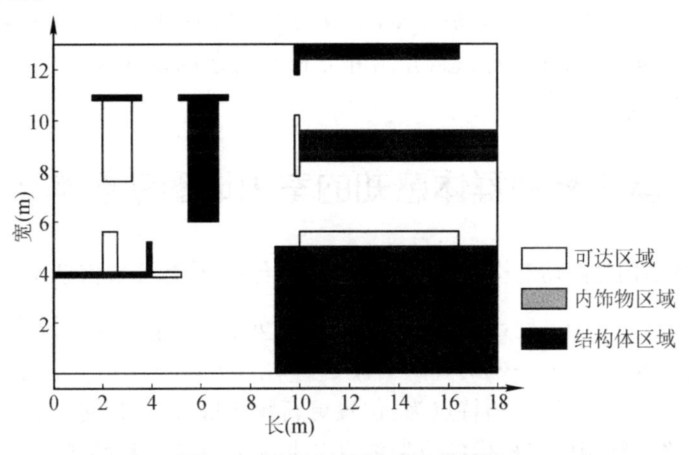

图 7.1 室内地图构建场景描述

室内地图的建模模型通常分为矢量模型[2]和栅格模型[3]，分别对应矢量地图与栅格地图。图 7.2(a)所示为地图的二维矢量模型表现形式，其使用直线和曲线来表达图形，常见的图形元素包括点、线、矩形、多边形、圆和弧线等。矢量模型能够精确描述地图元素的实体，以及实体间的拓扑关系，具有较低的冗余度和较小的存储空间。然而，对于室内复杂空间和复杂的实体则需要较多的特征点进行描述，且对该实体进行数学表达式的模拟就变得较为困难。

图 7.2(b)所示为室内地图的栅格模型表示方法，通过将室内区域划分成均匀的网格来存储地图元素实体的信息。每个网格的值可以是离散的整型数据，用于指示类别，抑或是连续的浮点型，用于表示栅格元素被填充的程度。与矢量地图相比，栅格地图数据结构简单且存储量较小，因此便于应用过程中的计算及信息整合。

但是，通过对比图 7.2(a)与图 7.2(b)可以发现，栅格地图表达地图元素实体的精确度要低于矢量地图，其精度取决于栅格的大小，这就是图像处理领域著名的图像锯齿现象(image aliasing)。若要精确表达实体，则需要较为精细的栅格，这会极大地增加数据的存储量和计算量。

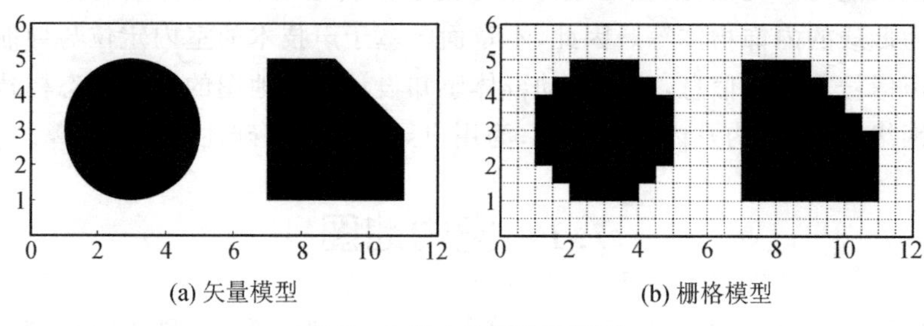

图 7.2　室内地图构建模型

在实际应用过程中，地图元素实体的表达精度并不会给用户体验带来质的变化，而当前主流室内地图供应商，如微软、Google、百度与高德等公司所提供的室内地图也大都是以栅格模型来进行建立的。在面向基于声技术的室内定位技术场景中，可以获得智能移动终端的位置信息，以及在该位置上各距离量测的非视距信息。如何在这两类信息的基础上，对室内地图进行动态构建以获得室内栅格地图，就成为本章所面临的主要问题和挑战。因此，本章基于位置及距离量测的非视距信息，介绍并分析在复杂的室内场景中实现室内地图的快速动态构建的方法。

7.2　基于移动群体感知的室内地图动态构建方法

面向声技术的室内地图动态构建的数据信息基础包括：信标位置信息 $\boldsymbol{a}_i=[a_{x,i},a_{y,i}]^{\mathrm{T}}$、智能移动终端位置信息集 $\{\hat{\boldsymbol{p}}_1,\hat{\boldsymbol{p}}_2,\cdots,\hat{\boldsymbol{p}}_k,\cdots\}$，$\hat{\boldsymbol{p}}_k=[\hat{p}_{x,k},\hat{p}_{y,k}]^{\mathrm{T}}$，以及该位置到各信标距离量测的非视距信息集 $\{\tilde{\omega}_1,\tilde{\omega}_2,\cdots,\tilde{\omega}_k,\cdots\}$，$\tilde{\omega}_k=[\tilde{\omega}_{1,k},\tilde{\omega}_{2,k},\cdots,\tilde{\omega}_{N,k}]^{\mathrm{T}}$。与其他定位技术相比，基于声技术的室内定位系统的特点为：位置更新频率低，但单次定位精度高，这也就意味着参与者的智能移动终端所能提供的位置信息及非视距信息可靠性较高。可靠的室内位置信息可以很方便地构建室内路径网络，而可靠的非视距信息可以提供室内离散位置点相对于信标的遮挡和视距信息，能够有效对室内的部分环境信息进行标记。因此，本节基于移动群体感知技术收集参与者所持智能移动终端的位置信息及距离量测的非视距信息，介绍一种新的室内地图动态构建方法 iMapDo(indoor map dynamic construction)来对复杂的室内空间的三类元素实体进行标记，建立室内二维平面地图。

由于可达区域、结构体区域及内饰物区域在构建过程中的优先级不同，所介绍的 iMapDo 方法包含两个部分，即基于后验概率模型地图构建方法和基于模板的地图构建方法。基于后验概率模型的地图构建方法以位置信息为基础，而基于模板的地图构建方法则以非视距信息为基础。由于可达区域及结构体区域优先级最高，所要求的构建准确度也最高，此两类区域的构建使用基于后验概率模型的地图构建方法来进行保守地估计和推断，以提高地图构建的鲁棒性和抵抗异常位置点的能力。然而，构建内饰物区域需要尽可能提高其构建速度，并能够准确区分出结构体区域及内饰物区域，此时非视距信息能够为该区域的判别提供信息支持，因此使用基于模板的地图构建方法来对该区域进行构建。下面进行详细阐述。

7.2.1　室内地图的栅格矩阵模型

本章的主要任务是建立室内二维平面栅格地图，所能掌握的先验信息包括区域的大小，以及各信标节点的绝对坐标。因此，基于信标节点所建立的坐标系，将室内平面划分成大小相等且为正方形的栅格，建立栅格矩阵 $\boldsymbol{M}$，表示为：

$$\boldsymbol{M} = \begin{bmatrix} g_{1,1} & g_{1,2} & \cdots & g_{1,m} \\ g_{2,1} & g_{2,2} & \cdots & g_{2,m} \\ \vdots & \vdots & \vdots & \vdots \\ g_{n,1} & g_{n,2} & \cdots & g_{n,m} \end{bmatrix} \tag{7.1}$$

其中 m 和 n 分别表示了栅格矩阵的维度。类比于图像处理领域中的像素(pixel)，每个栅格都是栅格矩阵 $\boldsymbol{M}$ 的一个元素，记作 $g_{i,j}$，$i = 1,2,\cdots,m$，$j = 1,2,\cdots,n$。同时，栅格元素的边长为 $g_s(m)$。如果室内平面尺寸为 $X_s \times Y_s(\mathrm{m})$，那么栅格矩阵的维度 $m = X_s/g_s$，$n = Y_s/g_s$。那么，对于室内平面地图的构建，即是对栅格矩阵 $\boldsymbol{M}$ 中每个元素值的确定。基于后验概率模型进行描述，元素 $g_{i,j}$ 为可达区域时的概率为 1，即 $p\{g_{i,j} = 1\} \in [0,1]$。为了便于图形显示并降低存储空间，将栅格地图作为灰度图片，对应栅格元素的概率值转化为整型的灰度值 $G_{i,j}$，那么：

$$G_{i,j} = \lfloor 255 \cdot p\{g_{i,j} = 1\} \rfloor \tag{7.2}$$

其中 $\lfloor \cdot \rfloor$ 为向下取整函数，$G_{i,j}$ 的取值范围为 $[0,255]$ 且为整型。从式(7.2)中可以看出，当 $G_{i,j}$ 越靠近 255 时，栅格元素为可达区域的可能性越高，反之为结构体区域的可能性越高；当越靠近中间态 128 时，为内饰物区域的可能性越高。

理想情况下，基于移动群体感知技术对图 7.1 中所示的三类区域进行判断的方法，以及其主要信息来源见表 7.1。可达区域用于标记行人路径网络，其最主要的特点是路径可达，因此在该区域内会出现较多参与者智能移动终端所提供的位置信息，位置信息也就成了主要的信息来源，视距、非视距的量测信息在判断时用于信息补充。内饰物区域多为可以与人或智能移动终端互动的物体，行人和机器人有一定概率停留或穿越该区域，因此对于该区域的判断以位置信息以及非视距信息中的视距信息为主。结构体区域通常体积较大，行人或机器人无法穿越和停留，因此在该区域内不可能存在位置信息，且该区域内各点到各信标的路径为非视距状态，对于该区域的判断则主要依赖非视距信息，位置信息作为信息补充。

表 7.1 地图区域类型的判断方法及其主要信息来源

区域类别	判断方法	主要信息来源
可达区域	域内存在位置信息且各点到信标的路径为视距或非视距	位置
内饰物区域	域内可能存在位置信息且到信标的路径为视距	位置及非视距信息
结构体区域	域内不存在位置信息且各点到信标的路径为非视距	非视距信息

由于室内导航以路径规划和导引为其主要任务，因此对于室内地图中三类区域的构建，其相对优先级和精确度要求的关系为：可达区域≥结构体区域＞内饰物区域。可达区域是路径规划的信息基础，要求其尽可能准确，如果出现路径错误和不合理现象，会给用户体验带来巨大影响，因此具有最高优先级。结构体区域则是用户辨识区域与位置的重要室内信息标记，若与现实不匹配，则会给用户带来较大困扰，因此具有较高优先级。内饰物区域用于辅助用户辨识区域和位置，尽管路径规划和室内导航对该区域的精度具有一定的容忍度，但准确辨识出该区域类型对于提升用户体验度也是至关重要的。这也就要求所设计的室内地图动态构建方法，对于结构体区域能够保守地估计结构体外形，并能够有效修复可达区域及结构体区域中的异常点。

7.2.2 基于后验概率模型的地图构建方法

地图元素实体中的可达区域与结构体区域是传统室内地图构建所关注的问题。由于区分可达区域与其他区域主要依赖于位置信息，即通过参与者智能移动终端所采集到的位置信息 $\hat{\boldsymbol{p}}_k$ 对区域进行判断。在没有其他信息的条件下，仅能依靠位置信息进行可达与不可达的二值判断，因此基于后验概率模型地图构建方法可对可达区域与结构体区域进行构建，所获得的室内栅格地图记为 $\boldsymbol{M}_p$。此时的内饰物区域被归类为结构体区域。基于式(7.2)，室内栅格地图的构建问题为确定栅格矩阵 $\boldsymbol{M}$ 中每个栅格的概率值，并将最终计算结果存储在 $\boldsymbol{M}_p$ 中。在没有场景先验信息的条件下，可以认为每个栅格元素为可达区域或结构体区域的概率相等且相互独立，即 $p\{g_{i,j}=1\}=p\{g_{i,j}=0\}$，对应地将此两类事件简化表达为 $p\{g_{i,j}\}=p\{\overline{g}_{i,j}\}$。

当某个参与者的智能移动终端报告了一位置 $\hat{\boldsymbol{p}}_k$，并落在了栅格元素 $g_{\hat{\boldsymbol{p}}_k}$ 内，其下标索引 $\{I_k, I_l\}$ 的计算为：

$$\begin{cases} I_k=\left[\dfrac{\hat{p}_{x,k}}{g_s}\right]+\operatorname{sign}\left(\operatorname{mod}\left(\dfrac{\hat{p}_{x,k}}{g_s}\right)\right) \\ I_l=\left[\dfrac{\hat{p}_{y,k}}{g_s}\right]+\operatorname{sign}\left(\operatorname{mod}\left(\dfrac{\hat{p}_{y,k}}{g_s}\right)\right) \end{cases} \tag{7.3}$$

其中的 sign(·) 及 mod(·) 分别为符号函数及求余函数。那么当栅格元素 $g_{\hat{\boldsymbol{p}}_k}$ 为可达区域时，栅格元素 $g_{i,j}$ 为可达区域的后验概率模型为：

$$\begin{aligned} p\{g_{i,j} \mid g_{\hat{\boldsymbol{p}}_k}\} &= \frac{p\{g_{\hat{\boldsymbol{p}}_k} \mid g_{i,j}\}p\{g_{i,j}\}}{p\{g_{\hat{\boldsymbol{p}}_k} \mid g_{i,j}\}p\{g_{i,j}\}+p\{g_{\hat{\boldsymbol{p}}_k} \mid \overline{g}_{i,j}\}p\{\overline{g}_{i,j}\}} \\ &= \frac{p\{g_{\hat{\boldsymbol{p}}_k} \mid g_{i,j}\}}{p\{g_{\hat{\boldsymbol{p}}_k} \mid g_{i,j}\}+p\{g_{\hat{\boldsymbol{p}}_k} \mid \overline{g}_{i,j}\}} \end{aligned} \tag{7.4}$$

若要得到 $p\{g_{i,j}|g_{\hat{p}_k}\}$ 的值，需要首先获得先验概率 $p\{g_{\hat{p}_k}|g_{i,j}\}$ 及 $p\{g_{\hat{p}_k}|\overline{g}_{i,j}\}$ 的值。两类先验概率分别解释为当栅格元素 $g_{i,j}$ 为可达区域和结构体区域时，参与者所报告的位置信息 $\hat{\boldsymbol{p}}_k$ 所在栅格 $g_{\hat{p}_k}$ 也为可达区域的概率。考虑行人及机器人的行为模式，以正态分布来表征该先验概率为：

$$p\{g_{\hat{p}_k}|g_{i,j}\}=\frac{1}{\sqrt{2\pi\sigma^2}}\exp\left\{-\frac{[(i-I_k)^2+(j-I_l)^2]g_s}{2\sigma^2}\right\} \tag{7.5}$$

其中，σ 的大小决定了算法对位置量测的置信程度，栅格中心距离则决定了概率大小。一般情况下，选择 $\sigma=0.4$，当 $g_{\hat{p}_k}$ 与 $g_{i,j}$ 为同一个栅格元素时，该栅格元素为可达区域的概率为 0.99。当两个栅格的中心距相距 20 cm 时，概率为 0.88；相距 50 cm 时，概率下降为 0.45。同时，由于在缺乏室内环境先验信息的条件下，使得对于单点信息 $g_{\hat{p}_k}$ 与栅格元素 $g_{i,j}$，确认彼此栅格元素性质所拥有的信息量是对等的，从直观上可以得到 $p\{g_{i,j}|g_{\hat{p}_k}\}=p\{g_{\hat{p}_k}|g_{i,j}\}$。因此得到 $p\{g_{\hat{p}_k}|\overline{g}_{i,j}\}=1-p\{g_{\hat{p}_k}|g_{i,j}\}$。

对于位置信息集 $\{\hat{\boldsymbol{p}}_1,\hat{\boldsymbol{p}}_2,\cdots,\hat{\boldsymbol{p}}_k\}$，其位置信息的获取彼此独立，那么基于该位置信息集来计算 $p\{g_{i,j}\}$，即：

$$\begin{aligned}p\{g_{i,j}|\hat{\boldsymbol{p}}_1,\hat{\boldsymbol{p}}_2,\cdots,\hat{\boldsymbol{p}}_k\}&=\frac{p\{\hat{\boldsymbol{p}}_1,\hat{\boldsymbol{p}}_2,\cdots,\hat{\boldsymbol{p}}_k|g_{i,j}\}}{p\{\hat{\boldsymbol{p}}_1,\hat{\boldsymbol{p}}_2,\cdots,\hat{\boldsymbol{p}}_k|g_{i,j}\}+p\{\hat{\boldsymbol{p}}_1,\hat{\boldsymbol{p}}_2,\cdots,\hat{\boldsymbol{p}}_k|\overline{g}_{i,j}\}}\\&=\frac{\prod_{q=1}^{k}p\{\hat{\boldsymbol{p}}_q|g_{i,j}\}}{\prod_{q=1}^{k}p\{\hat{\boldsymbol{p}}_q|g_{i,j}\}+\prod_{q=1}^{k}(1-p\{\hat{\boldsymbol{p}}_q|g_{i,j}\})}\end{aligned} \tag{7.6}$$

因此，当位置信息集随着时间而元素数量增加时，基于该式即可对室内地图的可达区域与结构体区域进行动态构建。由于该方法仅使用了位置信息，将计算结果存储至 $\boldsymbol{M}_p$，即 $\boldsymbol{M}_p=\boldsymbol{M}$。影响所构建地图准确性的主要因素是位置信息集中所收集到的异常位置点。当异常位置信息发生在可达区域内时，由于属性相同，其对于所构建地图的整体不造成影响。当异常位置信息出现在结构体区域内时，由于两类属性完全相反，会极大地破坏地图的完整性，因此需要极力避免，这也就要求地图构建算法具有一定的鲁棒性。

从式(7.5)可以得到，当栅格 $g_{\hat{p}_k}$ 与 $g_{i,j}$ 距离较远时，已无法为彼此提供区域推断所需的信息。因此，对 $g_{i,j}$ 栅格的属性进行推断时，将参与计算的位置信息从全集缩减到与其栅格中心距离最近的 2 个位置进行计算。基于此，该算法就具有了如下优点。

(1)鲁棒性较强：对异常位置信息具有较强的抵抗能力。一般情况下，对地图构建起到影响的异常位置点会远离位置信息集中的其他成员，并深入结构体区域内部，形成数个"孤点"。由于对栅格元素 $g_{i,j}$ 属性的推断仅选择了距离其最近的 2 个位置信息，该"孤点"会由于距离较远而被"遗弃"，进而不会对地图的构建造成影响。

(2)计算量小：与利用位置信息全集对栅格元素 $g_{i,j}$ 属性进行推断相比，参与计算的位置信息越少，其计算量也越小。小的计算量，有利于地图的实时在线更新，这也大大提高了算法对环境的适应能力。

如图 7.3(a)所示，黑色区域为结构体区域，白色区域为可达区域，以 $g_s=0.2$ cm 建立栅格矩阵。位置信息集中共有 10 个元素，其中结构体内标记的 $\hat{p}_7 = [4.5, 0.5]^{\mathrm{T}}$ 为异常位置信息点。该点深入结构体区域内部，若将所在栅格元素属性认定为可达区域，则会破坏结构体的完整性。由于该点与其他位置信息点的位置较远，因此在对栅格矩阵各元素的属性进行推断时会被“遗弃”。对于该点所在栅格的属性进行推断时，会因为所参与计算的另外一位置点距离较远，而大大降低该点为可达区域的可能性。如图 7.3(b)所示为图 7.3 (a)场景基于位置信息所得到的栅格 $\boldsymbol{M}_p$，$\hat{\boldsymbol{p}}_7$ 所对应的栅格元素灰度值 $G_{3,23} = 12$，也即该栅格元素的属性被认定为可达区域的概率仅为 0.0471，从而有效地抑制了该异常点对栅格矩阵元素值的影响。

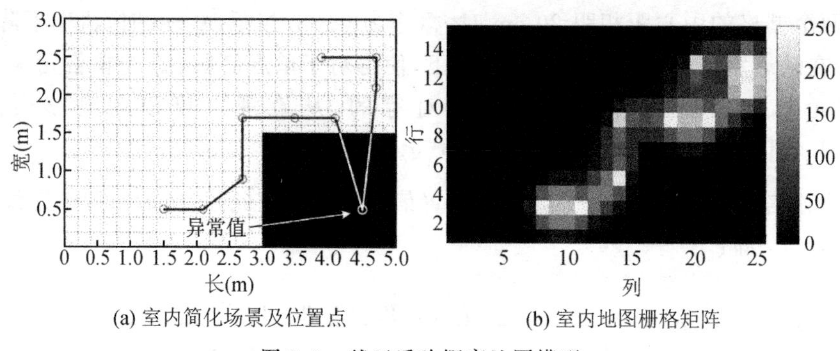

(a) 室内简化场景及位置点　　(b) 室内地图栅格矩阵

图 7.3　基于后验概率地图模型

7.2.3　基于模板的地图构建方法

对地图元素实体中装饰物区域及结构体区域的判定，主要依赖于非视距信息集 $\{\bar{\omega}_1, \bar{\omega}_2, \cdots, \bar{\omega}_k\}$ 对该区域进行构建。依据非视距信息的先验概率模型，可以采用与式(7.4)相似的方式来建立后验概率模型，对 $g_{i,j}$ 的灰度值进行计算。然而各非视距信息所对应的位置点及信标点的距离长度随机，难以用一个简单且有效的概率模型进行描述，同时该区域内出现位置信息的概率较低，因此，iMapDo 使用基于模板的地图构建方法，来对内饰物区域及结构体区域进行快速构建，并将基于非视距信息所获得室内栅格地图记作 M_t。该思想来源于图像处理领域，由于本章所使用的栅格矩阵可以看作一种数字图像，因此通过设计合适的模板及计算规则，可以大大提高地图构建的准确性和速度。

对于参与者智能移动终端所报告的位置信息 $\hat{\boldsymbol{p}}_k$，其到信标节点 $\boldsymbol{a}_i$ 路径上的距离量测非视距信息为 $\bar{\omega}_{i,k}$，栅格元素 $g_{i,j}$ 为处在 $\hat{\boldsymbol{p}}_k$ 与 $\boldsymbol{a}_i$ 之间连线上的一个栅格元素。同时，记 $\hat{\boldsymbol{p}}_k$ 所在栅格元素 $g_{k,l}$ 的灰度值为 $G_{k,l}$，下面给出栅格元素 $g_{i,j}$ 及其周围 8 个栅格元素灰度值的计算方法，所影响栅格元素的分布如图 7.4(a)中的黑框内所示。计算结果将影响以栅格元素 $g_{i,j}$ 为中心的 3×3 的矩阵元素，而计算所需的元素为以 $g_{i,j}$ 为中心的 5×5 矩阵内的 17 个元素。栅格元素 $g_{i,j}$ 及与其边接的 4 个栅格元素的灰度值，采用累积模板对其灰度值直接进行累加。与其点接的 4 个顶点栅格元素，则采用空间滤波模板进行计算。

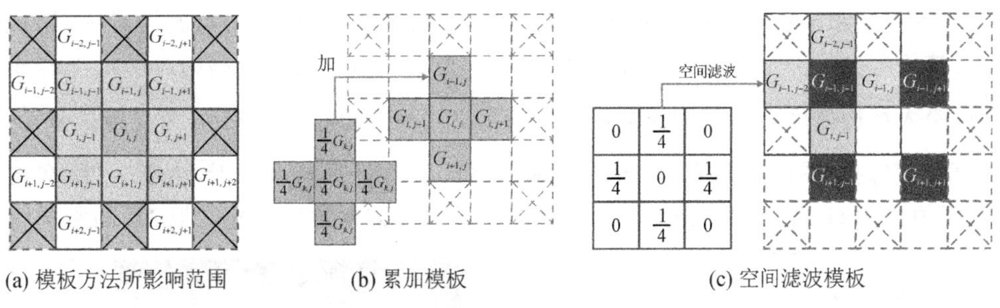

图 7.4　模板方法图形化展示

虽然无法准确建立 $g_{i,j}$ 为内饰物区域的后验概率模型，但非视距信息 $\bar{\omega}_{i,k}$ 的可靠性对栅格元素实体属性的推断依然非常重要，应尽量找到与其可靠性信息相一致的其他信息进行补充。根据第 4 章可以了解到，遮挡现象会给定位误差带来巨大影响，即增大异常位置点出现的概率，这也就说明非视距信息的可靠性与位置信息的可靠性是一致的。因此，基于栅格元素 $g_{k,l}$ 的灰度值 $G_{k,l}$ 可以将栅格元素 $g_{i,j}$ 的属性推断与非视距信息 $\bar{\omega}_{i,k}$ 的可靠性建立联系。设计加性模板矩阵 $\boldsymbol{W}_s$ 为：

$$\boldsymbol{W}_s = \begin{bmatrix} 0 & \frac{1}{4} & 0 \\ \frac{1}{4} & \frac{1}{2} & \frac{1}{4} \\ 0 & \frac{1}{4} & 0 \end{bmatrix} G_{k,l} \tag{7.7}$$

记以栅格元素 $g_{i,j}$ 为中心的 3×3 矩阵为 $\boldsymbol{M}_{i,j}$，则 $g_{i,j}$ 及与其边接的 4 个栅格元素的灰度值为 $\boldsymbol{M}_{i,j}=\boldsymbol{M}_{i,j}+\boldsymbol{W}_s$。需说明的是，等式右侧为各栅格元素的原始灰度值，等式左侧为更新后的灰度值。与 $g_{i,j}$ 点接的 4 个顶点栅格元素灰度值的计算方法为空间滤波，所使用的模板为 $\boldsymbol{W}_f$：

$$\boldsymbol{W}_f = \begin{bmatrix} 0 & \frac{1}{4} & 0 \\ \frac{1}{4} & 0 & \frac{1}{4} \\ 0 & \frac{1}{4} & 0 \end{bmatrix} \tag{7.8}$$

以 $g_{i,j}$ 的点接元素 $g_{i-1,j-1}$ 的灰度值计算为例，以其为中心的 3×3 矩阵为 $\boldsymbol{M}_{i-1,j-1}$，则

$$G_{i-1,j-1}=\sum_{s=i-2}^{i}\sum_{t=j-2}^{j}W_f(s,t)G_{i+s,j+t} \tag{7.9}$$

基于模板的地图构建方法中的累积模板在多个异常值叠加累积下将大大提高结构体区域内的栅格元素被判定为内饰物区域的可能性。为了避免此类情况发生，应提高地图构建稳定性，在每次栅格矩阵元素更新后，要对其元素灰度值进行规整，即：

$$G_{i,j}=\begin{cases} 0 & G_{i,j}<64 \\ 64 & 64\leqslant G_{i,j}<128 \\ 128 & G_{i,j}\geqslant 128 \end{cases} \tag{7.10}$$

并将最终计算结果转存至栅格矩阵 $\boldsymbol{M}_t$，即 $\boldsymbol{M}_p = \boldsymbol{M}$。在图 7.5(a)所示的场景中，添加一个 Beacon，其位置为 $\boldsymbol{a}_1 = [0.3, 2.7]^{\mathrm{T}}$，并假设 10 个所有的位置信息量测相对于 $\boldsymbol{a}_1$ 为视距。也就是说，深入结构体区域内部的异常点 $\hat{\boldsymbol{p}}_7 = [4.5, 0.5]^{\mathrm{T}}$ 相对于 Beacon 为视距。基于 10 个位置信息对室内地图进行构建，其结果见图 7.5(b)。从计算结果来看，由于 $\hat{\boldsymbol{p}}_7$ 所在的栅格元素灰度值仅为 $G_{3,23} = 12$，因此极大地削弱了该异常点对地图构建结果 $\boldsymbol{M}_t$ 的影响。

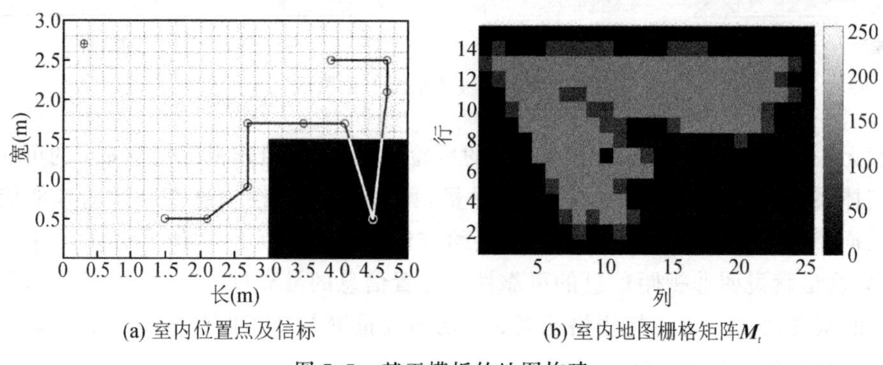

(a) 室内位置点及信标　　(b) 室内地图栅格矩阵$\boldsymbol{M}_t$

图 7.5　基于模板的地图构建

综上，通过基于后验概率模型及模板的地图构建方法，分别获得了基于位置信息的室内栅格矩阵 $\boldsymbol{M}_p$，以及基于非视距信息的 $\boldsymbol{M}_t$。栅格矩阵 $\boldsymbol{M}_p$ 主要用于区分可达区域与结构体区域，而 $\boldsymbol{M}_t$ 则主要用于区分结构体区域与内饰物区域，两类栅格矩阵的维度相同。按照三类区域的优先级，室内地图动态构建方法 iMapDo 的最终输出结果 $\boldsymbol{M}$ 为 $\arg\max\{\boldsymbol{M}_p, \boldsymbol{M}_t\}$，即 $\boldsymbol{M}$ 元素的灰度值为 $\boldsymbol{M}_p$ 与 $\boldsymbol{M}_t$ 对位元素灰度值中的较大者。如图 7.6 所示为基于 iMapDo 方法的室内地图构建结果展示，通过在图 7.6(a)所示的场景中添加 4 个信标，并将位置信息的点扩展至 19 个，来模拟某个参与者携带智能移动终端绕场景一周，基于 iMapDo 方法来对室内地图进行构建，所得结果见图 7.6(b)。可以看出，基于位置信息及非视距信息所设计的 iMapDo 方法，仅需少量的信息即可对室内的基础场景实现快速且准确的构建。

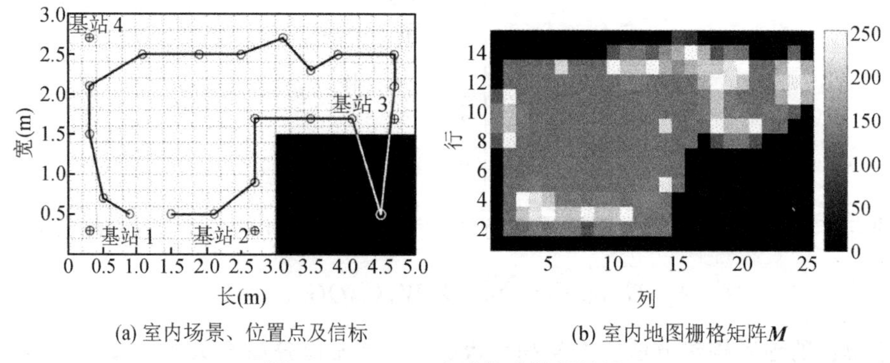

(a) 室内场景、位置点及信标　　(b) 室内地图栅格矩阵$\boldsymbol{M}$

图 7.6　iMapDo 方法构建结果展示

7.2.4　移动群体感知的参与者选择策略

基于移动群体感知系统的信息收集方法，其信息收集终端节点分布广泛且数量巨大，因此能够在短时间内实现大规模的信息收集，但参与者的易招募性也意味着单个信息可靠性的下降。

以智能手机为例，在收集参与者的位置信息集及非视距信息集时，其信息的可靠性与参与者的使用状态有关。比如，当参与者将手机放置在包里或口袋中或放置在杂物堆中时，由于声音穿透力较弱，使得在这种状态下所采集的位置信息及非视距信息均存在巨大干扰；抑或是当参与者所处环境存在较强有色噪声或脉冲噪声时，两类信息的可靠性也会相应降低。在这种情况下，如果不对参与者进行选择，会引入较多无用和错误的信息，对地图构建的结果造成影响。

在 k 时刻，从第 i 个参与者的智能移动终端中所能收集到的信息包括：位置信息 $\hat{\boldsymbol{p}}_{i,k}$、非视距信息 $\bar{\omega}_{i,k}$ 及声信号强度 $A_{i,k}$。在 iMapDo 方法中，基于非视距信息对内饰物区域及结构体区域进行判别时，对栅格元素的实体属性的推断是通过位置信息的可靠性与非视距信息的可靠性建立起了联系，因此对于移动群体感知的参与者选择策略，就转化成了对参与者所报告位置信息可靠性的判别。下面针对各个物理量进行讨论。

7.2.4.1　位置信息可靠性判别

通常可以认为，在短时间内，参与者的运动距离是线性变化的，因此，可以追溯参与者 2 s内的位置信息，计算其运动距离 s，有 $s_{i,k}=\|\hat{\boldsymbol{p}}_{i,k}-\hat{\boldsymbol{p}}_{i,k-1}\|_2$ 以及 $s_{i,k-1}=\|\hat{\boldsymbol{p}}_{i,k-1}-\hat{\boldsymbol{p}}_{i,k-2}\|_2$。那么，参与者在短时间内运动距离差值为 $\Delta s_{i,k}=s_{i,k}-s_{i,k-1}$，而 $\Delta s_{i,k}$ 值越大，k 时刻的位置信息 $\hat{\boldsymbol{p}}_{i,k}$ 越不可靠。这是因为 $\Delta s_{i,k}$ 值较大时，参与者可能处在急停与急走的运动状态转换阶段，或是距离量测不可靠的情况下。在运动状态转换阶段，第 2 章高精度时延估计方法具有一定抗多普勒频移的能力，不会对位置信息的可靠性造成影响。然而，当距离量测不可靠造成 $\Delta s_{i,k}$ 值较大时，参与者所报告的位置信息的可靠性会急剧下降。单一地从 $\Delta s_{i,k}$ 的值无法对此两类情况进行区分。相对地，$\Delta s_{i,k}$ 值越小，代表参与者的运动状态较为稳定，或距离量测可靠性较高，在这两类情况下，k 时刻的位置信息 $\hat{\boldsymbol{p}}_{i,k}$ 的可靠性均较高。因此，需要尽可能地选择 $\Delta s_{i,k}$ 值较小的参与者所报告的位置信息。

7.2.4.2　基于非视距信息的可靠性判别

在 k 时刻所采集的非视距信息 $\bar{\omega}_{i,k}$ 中，又包含了两类信息：在该位置能够接收到的信号数量及视距量测的数量。所收到的信号数量也是参与者与信标能够建立距离量测关系的数量 N_a，该值越大则意味着对该位置进行估计时所能够使用的信息量越大，位置信息也就越准确。同样，视距量测数量 n 越大，则位置估计越准确。因此，对于两类数量比值 $Y_{i,k}^n=n/N_a$，其值越大，意味着参与者所处的状态或环境越好，距离量测的可靠性越高，位置估计时可用的信息量越大。因此，与 $\Delta s_{i,k}$ 不同，$Y_{i,k}^n$ 的值越大，参与者所报告的位置信息可靠性越高。

7.2.4.3　基于声信号强度的位置信息可靠性判别

声信号强度的大小取决于参与者距离各信标之间的距离以及信噪比。通常情况下，信标所发射的声信号强度是固定且相等的，并记参与者的智能手机距离信标为 1 m 时的声信号强度为 A_0。声信号强度越大，意味着距离信标越近，信噪比越高，距离量测越可靠，因此所获得的位置估计结果越可靠。反之则越低。因此，将声信号强度进行归一化得到 $Y_{i,k}^A=A_{i,k}/A_0$，要尽可能地选择 $Y_{i,k}^A$ 值较小的参与者所报告的位置信息。

基于上述分析，对在 k 时刻第 i 个参与者的智能移动终端所采集到的信息可靠性因子 $C_{i,k}$ 进行计算，表示为：

$$C_{i,k} = \mathrm{mean}\left[\frac{1}{\Delta s_{i,k}}, Y_{i,k}^{n}, Y_{i,k}^{A}\right] \tag{7.11}$$

对于参与者所报告的信息，当其可靠性因子 $C_{i,k} \geqslant C_{\mathrm{thd}}$ 时，参与室内地图的构建，通常情况下可选择 $C_{thd} = 0.5$。

7.3　实验及结果分析

测试所使用的实际场景、行走方式、信标节点的布设位置与第 4 章相同，室内平面图见图 7.1。参与者所使用的设备包括华为 Honor 4 手机以及第 3 章中图 3.20 所示的定制设备。测试场景包括单个参与者使用定制设备，以及 5 个参与者使用两类设备的场景来对算法性能进行评估。在获得参与者所上传的位置信息及非视距信息后，基于 iMapDo 方法对室内场景的三类区域进行判别，实现室内地图的动态构建。

为了尽可能避免行为方式对测试结果的影响，在实验过程中，参与者不具备实验目的及实验方式等信息，并告知参与者尽量在场景内随机走动。参与者所持设备每秒钟向服务器上传一次位置信息、非视距信息及声信号强度。所选用的参与者信息可靠性因子阈值 $C_{thd} = 0.5$。图 7.7 所示为单个参与者场景下的地图构建结果展示。在开始测试的 10 分钟内，结构体区域及可达区域的重构精度显示在图 7.8 中。从测试结果可以看出，基于位置信息与非视距信息，iMapDo 方法可以实现结构体区域的快速构建。图 7.8(a)所示为结构体区域构建准确率随测试时间的变化曲线。在测试开始后，仅 1 分钟即可重构出 83%的结构体区域，经过 5 分钟即可获得 96%的重构精度。相较于结构体区域，可达区域及内饰物区域之间的划分则需要更多的位置信息。随着测试时间的增加，此两类区域的构建准确率也会逐渐增加。

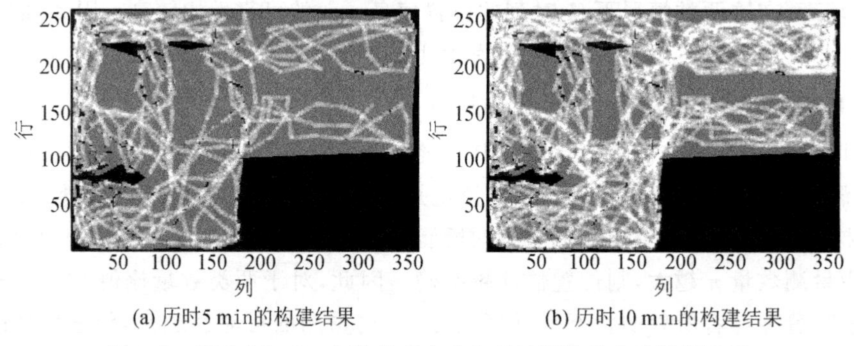

(a) 历时5 min的构建结果　　(b) 历时10 min的构建结果

图 7.7　基于 iMapDo 方法的单个参与者地图构建实验结果展示

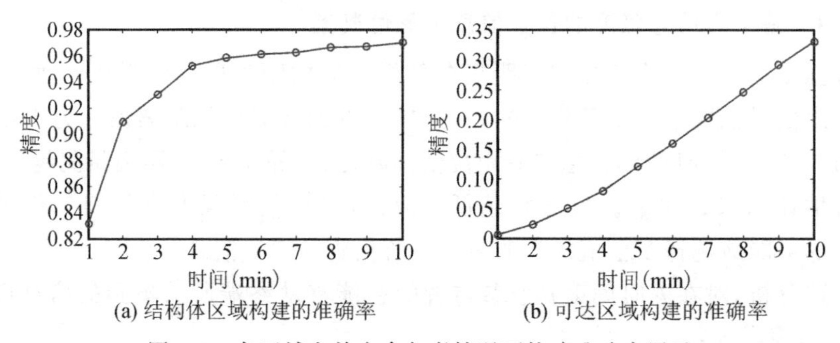

(a) 结构体区域构建的准确率　　(b) 可达区域构建的准确率

图 7.8　各区域在单个参与者情况下构建准确率展示

在多参与者场景中，共有 5 位参与者，其中 3 位手持定制设备，1 位手持智能手机，1 位为手推车。基于该分配，来尽可能多地模拟不同类型参与者场景。图 7.9 所示为多参与者场景下的地图构建结果展示。在开始测试的 20 min 内，三类区域的重构精度显示在图 7.10 中。从测试结果可以看出，与单参与者测试场景相同，基于位置信息与非视距信息，iMapDo 方法可以实现结构体区域的快速构建。图 7.10(c)所示为结构体区域构建准确率随测试时间的变化曲线。在测试开始后的 2 min 即可重构出 94％的结构体区域，经过 12 min 即可获得 98％的重构精度。开始测试 10 min，可达区域的重构精度超过 80％，内饰物区域的重构精度为 78％，见图 7.10(a)、(b)；在 20 min 时，可选区域和内饰物区域分别获得了 93％和 96％的重构精度。

室内地图的重构结果见图 7.9(c)。从结果可以看出：所重构地图能够准确区分出区域内的可达区域、内饰物区域及结构体区域。对室内定位与导航最为关键的结构体区域，基于 iMapDo 方法可以实现快速而准确的重构。因此，与其他基于移动群体感知的低成本构建方法仅能实现室内二值地图的构建相比，本章所介绍的基于移动群体感知的室内地图动态构建方法——iMapDo，可以实现对室内三类区域的快速重构，所构建地图的信息更为完善，因此能够有效应对室内动态变化场景给室内地图构建及室内导航的应用所带来的挑战。

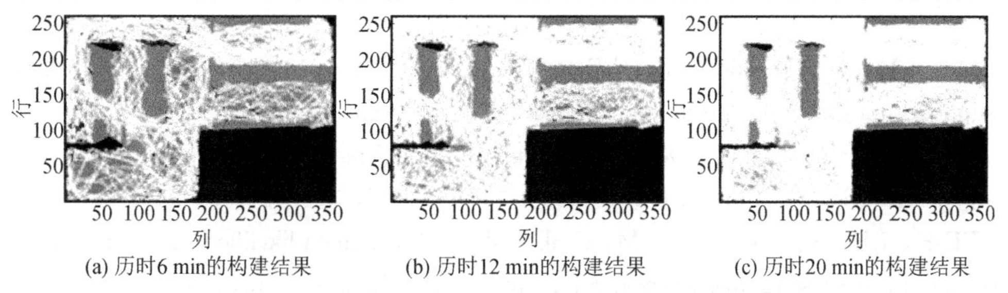

(a) 历时6 min的构建结果　(b) 历时12 min的构建结果　(c) 历时20 min的构建结果

图 7.9　基于 iMapDo 方法的多参与者地图构建实验结果展示

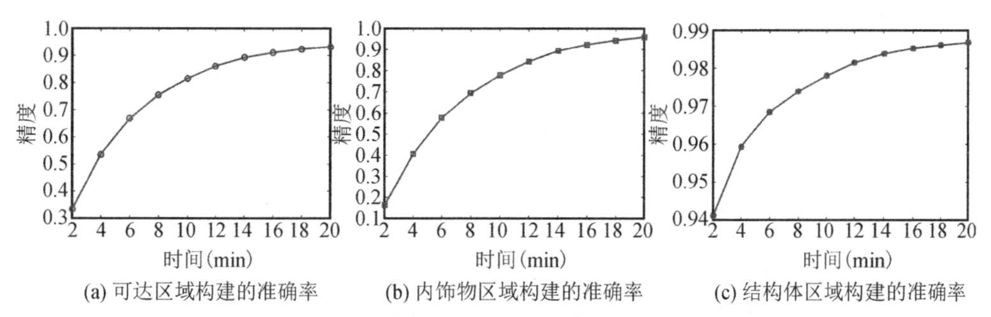

(a) 可达区域构建的准确率　(b) 内饰物区域构建的准确率　(c) 结构体区域构建的准确率

图 7.10　各区域在多参与者情况下构建准确率展示

7.4　本章小结

由于室内地图主要由室内行人路径网络和信息标记构成，是室内导航与应用的支撑性技术，因此本章介绍了基于移动群体感知技术的构建方法 iMapDo。该方法面向基于声技术的室内定位与导航系统，结合位置信息与声信号非视距信息来对室内地图的可达区域、内饰物区域及结构体区域的三种类型地图元素实体进行快速动态构建，以建立室内路径网络及信息标记，为用户导航提供基础性的数据支撑。本章首先对室内地图的构建问题进行分析，阐述了室内地图三种区域类型的构建优先级。在栅格地图的基础上，本章详细描述了iMapDo方法的两种地图构建方法：基于后验概率模型的地图构建方法，以及一种基于模板的地图构建方法。随后，针对移动群体感知参与者的选择策略，引入了一种参与者信息可靠性因子计算方法，对移动群体感知的参与者所报告信息的可靠性进行评估，为参与者选择提供方法和策略。最后，对两种设备的两类场景进行了实际实验和测试，结果表明，针对本章所使用的13 m×18 m的复杂办公室场景，无论是单人场景还是多人场景，仅需1 min即可重构出83%的结构体区域，经过5 min即可获得96%的重构精度，而对于可达区域及内饰物区域也能够在20 min后分别获得93%及96%的重构精度。因此，与其他基于移动群体感知的低成本构建方法仅能实现室内二值地图的构建相比，本章所介绍的iMapDo方法能够在实际场景中对室内地图的可达区域、内饰物区域以及结构体区域实现快速构建，所构建地图的信息更为完善，构建速度更快。

参考文献

[1] GOOGLE. Google indoor maps[EB/OL]. (2011-04-01)[2023-03-02]. https://support.google.com/ginm/answer/1685872? hl=en.

[2] WANG X, PULLAR D. Describing dynamic modeling for landscapes with vector map algebra in GIS[J]. Computers & Geosciences, 2005, 31(8): 956-967.

[3] LEE K, LEE S J, KÖLSCH M, et al. Enhanced maximum likelihood grid map with reprocessing incorrect sonar measurements[J]. Autonomous Robots, 2013, 35: 123-141.

第8章　信标节点布局优化

在室内复杂环境中，由于建筑物、家具以及人员的随意走动，遮挡现象极易发生。遮挡现象往往会给 Range-based 的定位系统中距离的量测引入一个较大的正偏差，这极大地削弱了系统的定位精度和稳定性。在实际应用和推广中，如何提高遮挡环境下系统的定位性能，降低系统的应用成本，是该领域的主要研究热点。现阶段，改善遮挡环境对室内定位系统的影响主要有两类解决途径：①研究更好的 NLOS 定位算法[1]；②增加信标节点的部署密度[2]。但是，前者会提高计算复杂度，后者则会增加定位系统整体的成本。

对于 Range-based 的定位系统，如果能够在不增加定位系统应用成本的前提下，通过改善定位系统中信标节点布局的方式，不但能够获得较高的定位精度，对于某些复杂多变的室内环境，还能提高定位系统的覆盖率，增加系统的稳定性。因此需要针对基于 Range-based 的定位系统，通过改变信标节点在定位空间中的布局，找到复杂室内环境下的最优信标节点布局方式，提高室内定位系统的定位性能，扩大室内定位系统的适用场景。

在实际应用场景中，用于定位的信标节点布局方式对室内定位系统性能的影响可以类比于 GPS 中卫星布局对系统定位性能的影响，该系统由至少 24 颗卫星组成，而这些卫星均匀分布在 6 个轨道平面，这样就可以保证全球每个位置于任何时刻至少有 4 颗 LOS 的定位卫星[3]，此时就可以实现对用户接收机的定位与导航。实际上，为了提高定位的精度可靠性，无论是北斗定位系统还是 GPS，都有超过 24 颗卫星。室内定位系统中的信标节点布局问题同样如此，合理的布置信标节点不但可以提高有效区域的覆盖率，还能降低定位误差，增加系统稳定性。解决室内复杂遮挡环境下的信标节点布局优化问题具有以下研究意义。

(1)由于 Range-based 的定位系统具有较好的定位精度，通过优化定位信标节点布局的方式，能实现在不增加系统应用成本的前提下进一步提高该类定位系统的定位精度，以满足对定位精度要求更高的新型室内定位场景，有利于进一步扩大室内定位系统的应用范围。

(2)随着室内定位系统的应用与发展，其应用场景更趋向于多遮挡、高复杂性方向，在这类定位场景中，NLOS 现象成为限制定位系统定位性能的一个主要因素。通过合理布置定位信标节点，不但可以降低 NLOS 现象对定位精度的影响，还能提高有效定位区域的覆盖率。相比于通过增加信标节点部署密度以提高有效定位区域覆盖率的方法，通过研究优化信标节点布局的方式不但能够得到更好的定位效果，还能节省定位系统的布设成本，有利于室内定位系统的推广。

(3)对于某些人员监控、安防或环境监测的特殊室内定位系统的应用场景，除要求一定的定位精度与有效定位区域覆盖率外，为了保证某些区域内待定位目标的定位成功率，还会对室内定位系统的定位稳定性做出一定要求。通过合理布置信标节点的方式，也能提高定位区域内的平均 LOS 信标节点数量，有利于提高定位稳定性，减少定位失败的概率。因此，对室内定位系统中信标节点布局进行优化有利于推动室内定位技术在现实场景中的应用和发展。

可以看出，室内定位已经涵盖了人们日常生活中的各个方面，如在军事侦察、人员追踪、环境监测、物流运输、通信服务等领域都得到了广泛的应用，这些领域的需求大多都基于获取目标的位置信息，而获取目标的位置信息离不开各种各样的定位技术与定位算法的支撑。现如今对于提高室内定位系统精度与稳定性的研究重点仍是放在提高定位技术的精度与改进定位算法上，对于通过合理的布置信标节点以提高系统定位性能的相关研究则较少。对于信标节点的布局方式大多采用经验布局，这类布局方式受定位环境的影响较大。由于室内定位系统应用场景的规模与复杂程度日益提高，经验布局方式有时不能满足定位精度与定位覆盖率的需求，此时常用的做法是增加信标节点的布置密度，这无疑会增大定位系统的应用成本。因此，无论是从提高定位系统精度与稳定性的方面考虑，还是从降低系统应用成本的方面考虑，合理布置定位信标节点都十分必要。

8.1　信标节点布局优化简介

8.1.1　问题描述

在基于 Range - based 的定位系统中，多边定位(如三边定位)是最常用也是最基础的位置估计算法之一。现以三边定位算法为例介绍基于 TOA 的系统架构中信标节点布局方式对于定位系统的定位精度及覆盖率的影响。三边定位的基本原理见图 8.1。

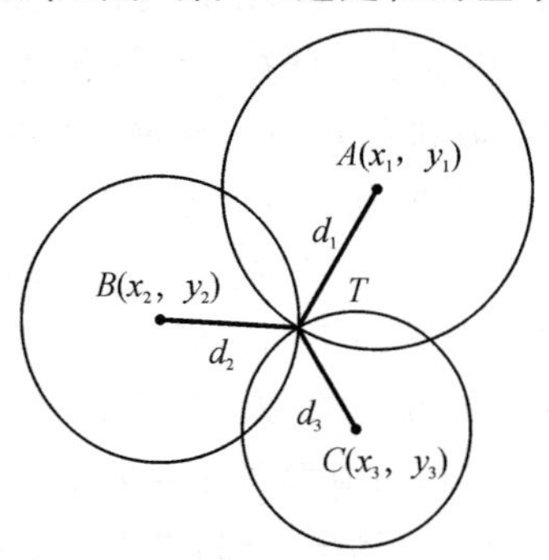

图 8.1　理想三边定位示意图

其中 T 为待测节点，A、B、C 为三个定位信标节点，其坐标分别为 $\{\boldsymbol{a}_1, \boldsymbol{a}_2, \boldsymbol{a}_3\}$，$\boldsymbol{a}_i = (x_i, y_i)$。$d_1$、$d_2$、$d_3$ 为基于 TOA 测距方式下所测得的三个信标节点到待测节点 T 间的距离。理想条件下，由 TOA 原理可得 $d_i = v \cdot t_i$，其中 v 与 t_i 分别为测量信号的传播速度与传播时间。此时，待测节点 T 的位置可表示为以三个信标节点为圆心、其 TOA 测距值为半径的三个圆的交点。由于节点 T 到节点 A、B、C 的距离已经测得为 d_1、d_2、d_3，且节点 A、B、C 的位置坐标已知，由式(8.1)就能得到待测节点的坐标估计值 $(\hat{x}, \hat{y})$。

$$\begin{cases} \sqrt{(\hat{x}-x_1)^2+(\hat{y}-y_1)^2}=d_1 \\ \sqrt{(\hat{x}-x_2)^2+(\hat{y}-y_2)^2}=d_2 \\ \sqrt{(\hat{x}-x_3)^2+(\hat{y}-y_3)^2}=d_3 \end{cases} \tag{8.1}$$

整理上式可得待测节点 T 的坐标为：

$$\begin{pmatrix}\hat{x}\\ \hat{y}\end{pmatrix}=\begin{pmatrix}2(x_1-x_3)2(y_1-y_3)\\ 2(x_2-x_3)2(y_2-y_3)\end{pmatrix}^{-1}\begin{pmatrix}x_1^2-x_3^2+y_1^2-y_3^2+d_3^2-d_1^2\\ x_2^2-x_3^2+y_2^2-y_3^2+d_3^2-d_2^2\end{pmatrix} \tag{8.2}$$

图 8.1 为理想情况下的三边定位，但在实际的定位环境中，由于多种因素的影响，实际的距离测量值 $\hat{d}_i=v\cdot(t_i+\Delta t_i)=d_i+\Delta d_i$，$\Delta d_i$ 为测距的误差值，其值为受环境与系统自身因素所影响的一个随机变量。所以三边定位的实际情况见图 8.2。

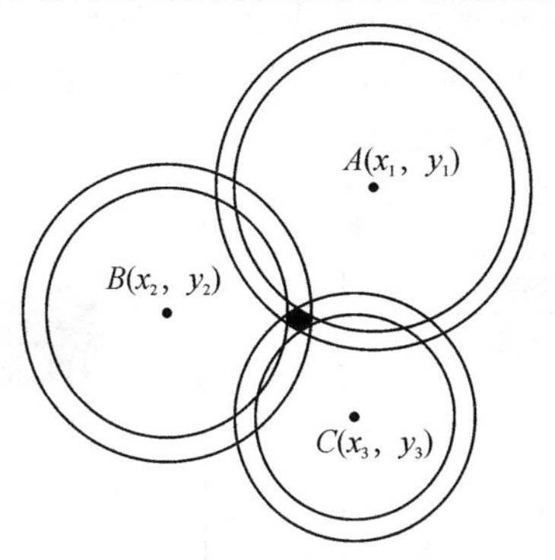

图 8.2　三边定位的实际情况

由图 8.2 可看出实际情况下，实际基于 TOA 的距离测量值会以较大的概率落在以实际距离半径两倍测距误差为环宽的圆环内。圆环所交的阴影区域就为待测节点的位置估计区域，该区域面积越小、范围越集中、表示对待测节点的位置估计越准确，越接近于真实位置。由此也可看出，在测距误差与定位算法相同的条件下，待测节点的位置估计误差与信标节点的布局有直接关系。

考虑信标节点布局方式对定位误差的影响，如图 8.3 所示，有三种不同的几何形状（待测节点与两个信标节点构成不同形状的三角形），在相同的测距误差下，不同的信标节点布局方式其误差区域（阴影所示）也不同。

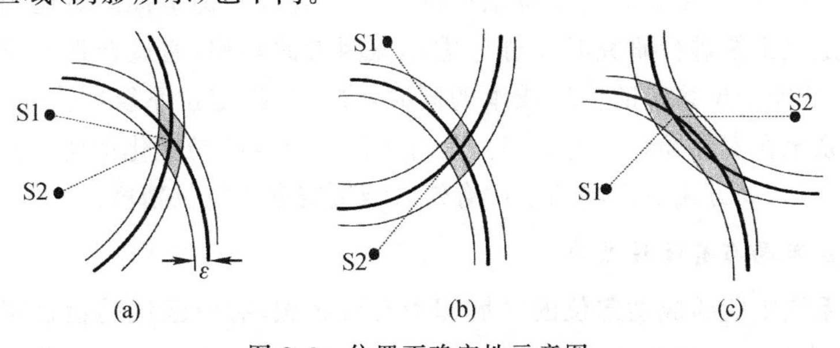

图 8.3　位置不确定性示意图

从图 8.3(c)可以看出当信标节点与待测节点位置趋于同一条线上时，所引起的定位误差较大。当两个定位信标节点位置趋于重合，如图 8.3(a)所示，定位误差区域也会增大。因此，在提高测距精度的条件下，通过合理布置信标节点的位置也能起到提高定位精度的作用。

另外，信标节点的布局同样影响着定位系统能够成功定位空间的覆盖率。由于室内定位环境的复杂多变性，定位空间中难免会出现遮挡物从而造成 NLOS 现象的出现，从式(8.2)可看出对基于 TOA 架构的定位系统而言，要想成功定位待测节点，至少要有三个或三个以上 LOS 的信标节点。对于一些多遮挡物的定位空间就难免会出现定位死区，即不能成功的区域，常用的解决方法是通过增加信标节点的数量来提高定位区域的覆盖率，但该方法会额外增加定位系统的应用成本，且性价比不高。在定位系统信标节点数量不变的条件下，可以通过优化现有信标节点布局的方式来提高定位系统的覆盖率。

图 8.4 中的阴影区域为 LOS 信标节点少于三个区域，该区域为不能成功定位的区域。由图 8.4 的(a)到(b)可发现改变信标节点的布局可以有效减少阴影区域面积，这就说明信标节点的布局方式也影响着定位系统的覆盖率。

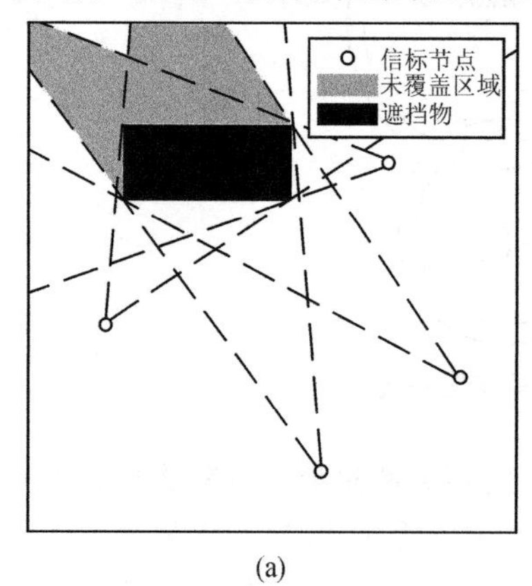

(a)

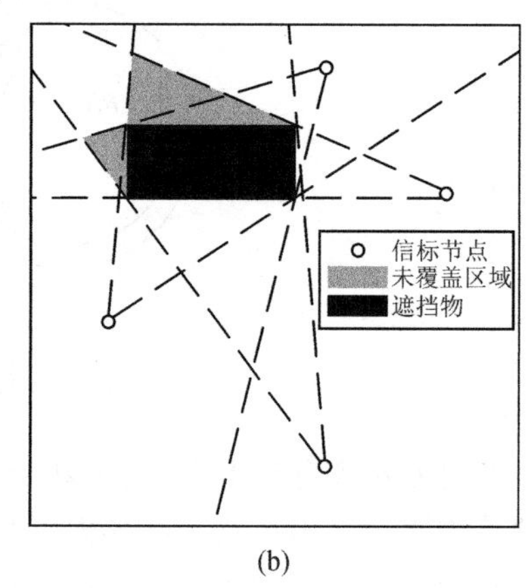

(b)

图 8.4　遮挡环境下的覆盖率

8.1.2　信标节点布局优化问题的国内外研究现状

由于室内定位环境的复杂多遮挡性，在室内定位技术领域目前还没有一种被广泛接受的解决方案，在今后的几年里室内定位领域的主要研究方向仍是提高定位精度与定位稳定性。在对室内定位系统进行研究时充分考虑环境因素的影响，通过合理布置定位信标节点的方法，可以在兼顾定位系统的应用成本的同时，进一步提定位系统的高定位精度，有利于推动室内定位系统在实际场景中的应用。现对于信标节点布局优化的研究主要集中于两方面，即由信标节点布局方式所影响的定位有效区域覆盖率与定位精度。

1. 信标节点布局与有效覆盖率

室内定位系统中能够成功定位的区域即为有效区域，有效区域的覆盖率影响定位系统的定位稳定性，定位环境越复杂，有效区域的覆盖率会越低。对于不同的室内定位算法所要求的最小 LOS 信标节点的数量是不同的，一些室内定位算法，如基于指纹的和基于近邻节点的定位算法,要求至少有一个信标节点能覆盖到待测节点,因此其信标节点的布局更倾向于均匀分散的布局方式。其他一些常用的定位算法,如基于三边定位、三角定位或双曲线定位算法,至少需要两个或更多的 LOS 信标节点才能实现对待测节点的定位。还有一些定位算法,如基于多维标度分析 MDS、半正定规划 SDP 和 Hop－based[4]等定位算法,可以在很少甚至没有信标节点(0 覆盖)的情况下工作,这些算法的信标节点最优分布主要依赖于定位环境。

当前针对信标节点覆盖率的布局优化研究问题主要集中在 WSN 领域,文献[5]以狭长通道环境中最优信标节布局方式为研究内容,提出了基于权重与有效覆盖率的信标节点布局优化方法。文献[6]研究了简单无遮挡环境下信标节点布局覆盖率问题,提出一种能自适应性调整运行参数的粒子群算法,能实现对随机信标节点布局的覆盖率进行快速优化。文献[7]以传感器网络中信标节点布局覆盖率为优化目标,提出一种并行和紧凑方案混合的改进授粉算法。但这些基于覆盖率的信标节点布局方法都是研究如何使得整体有效覆盖区域最大化,一般会要求每处定位区域内至少有一个信标节点能覆盖到。由于室内定位环境的复杂性越来越高,对于定位系统的定位稳定性就有了更高的要求,因此在某些区域内,单个信标节点的覆盖情况就不能满足系统稳定性的要求,并且这些信标节点布局优化方式只以有效覆盖率为目标而没有同时考虑由信标节点布局方式所引起的定位精度的问题。

2. 信标节点布局与定位精度

对于由信标节点布局方式所影响的系统定位误差的研究,常用的优化信标节点布局方式以提高定位精度的方法主要为搜索法。其中最直观的搜索算法是:分割定位区间为均匀排列的点阵集合 N,再从 N 中选取 M 个点为信标节点的布设位置,对 C_N^M 种组合计算每种布局下的定位误差,从中选择误差值最小的布局作为信标节点的布设位置。但这种穷举算法每次需要计算 $N \cdot C_N^M$ 次才能找出最佳的节点布局方式,即使待定的信标节点数量为 3,其计算所需的时间复杂度也为 $O(N^4)$。因此,鉴于这种直接搜索的穷举算法计算时间复杂度高,通常对于定位节点布局的优化问题多采用随机搜索算法。

在关于优化信标节点布局方式以提高定位精度的方法研究上,有许多专家学者都做出了贡献。文献[8]分析了给定信标节点布局下基于线性最小二乘定位算法的误差界。通过比较任意两个位置之间的最大误差,限制位置搜索以最小化最大误差,给出了寻找节点最优布局的一种迭代搜索算法 $\max L-\min E$。这种方法对于简单规则环境下的信标节点最优布局搜索有较好的收敛性,对于复杂的室内定位环境还有改进的空间。文献[9]提出了定位误差的简化算法与近似函数,通过对定位环境的分割与近似,提高了随机搜索算法的性能,可以在可接受的时间成本内找到信标节点的次最优分布。但这种方法给出的信标节点分布为次优分布。文献[10]研究了 DOA 定位算法下三个信标节点的最优放置问题,给出了最优信标放置问题的解析解。但这种解析解的给出只适用于没有遮挡物存在的规则环境下。利用粒子群优化算法,文献[11]和[12]给出了 TDOA 和 FDOA 定位算法下的最优参考节点的配置策略。最优布局的给出都是在一定信标节点数量的前提下,不考虑遮挡物与覆盖率的问题。文献[13]提出了一种车辆自组网中车辆定位的最优路边单元布置方法。该方法以 GDOP 为基准以衡量 RSU 布局引起的定位精度,通过 APSO 算法找出最优布局。这种方法考虑到节点布局所引起的覆盖率问题,但由于其主要用于道路环境下的车辆定位,因此不考虑遮挡引起的 NLOS 现象。文献[14]以三维环境下节点布局的 GDOP 为优化目标,用混整数线性规划(MILP)方法最小化所需信标总数并找到其对应的最优分布。该方法限制信标节点位置位于三维定位空间的表面,没有考虑室内三维定位环境中存在遮挡物。

8.1.3 存在问题

综合上述关于信标节点布局问题的研究现状,可以看出对于室内定位系统中的信标节点布局优化问题的相关研究还存在以下问题。

(1)如今对于室内定位环境中的信标节点布局优化问题的相关研究还停留在只考虑优化单一方面的定位性能,如定位精度、定位覆盖率或定位稳定性,最优信标节点布局的评价标准也只针对其中的某一方面,缺乏对信标节点布局性能统一且综合的评价标准。

(2)大多信标节点布局优化问题的研究都是针对规则的定位环境,对于定位环境复杂且存在遮挡的室内环境缺乏系统性研究。另外,所给出的优化方法对定位系统性能的分析与证明存在不足,没有考虑由信标节点的覆盖情况所引起的定位系统稳定性的问题,也缺乏对定位误差与覆盖率同时进行优化的这种多目标优化情况的分析。

(3)关于解决信标节点布局优化问题的方法多采用随机搜索算法,由于室内环境的复杂多遮挡性使得信标节点布局优化问题的目标函数在目标空间中呈现出非线性不连续多峰值的特性,且峰值多在目标函数的"陡峭"之处,这就使得现有的关于信标节点布局优化算法对于该种环境下的最优布局问题收敛能力差,算法容易陷入局部最优解的附近,使最终得到的信标节点布局为次优布局,没有最大化提升室内定位系统的定位性能。

总体来看,对于信标节点布局优化问题的优化目标而言,主要分为两类,即覆盖率与定位精度。因这两类优化目标往往是互相冲突的两个方面,所以现如今解决关于信标节点布局优化问题主要从其中一个目标出发,并且所给出的最优信标节点布局方式都是基于简单无遮挡的定位环境,没有考虑复杂环境下的最优信标节点布局方式。

8.2 信标节点布局对定位系统性能的影响

最近十几年在关于室内定位系统的研究与应用中,定位精度一直都是专家学者所关注与研究的重点,相关研究与贡献基本都侧重于减小测距技术本身的定位误差或改进定位算法以提高定位精度。但室内定位系统的信标节点布局方式也是影响系统定位精度的一个重要因素,除此之外,信标节点布局方式还对有效定位区域的覆盖率与系统的定位稳定性有一定影响。现对由信标节点布局方式所影响的定位系统性能指标做以下论述。

8.2.1 信标节点布局与几何精度因子

在雷达、声呐和卫星定位系统[15-17]中,几何精度因子(geometrical dilution of precision, GDOP)是评价由卫星或信标节点在定位空间的布局方式而产生定位误差的一个重要参数[18]。它代表测距误差造成的待测节点与信标节点间距离矢量的放大因子。在定位系统中,GDOP 参数本质上可以被认为是线性化最小二乘(least square,LS)方法估计误差的协方差。GDOP 值反比于待定节点到参与定位的信标节点之间方向向量所构成的几何体体积,因此,GDOP 值越小,表示定位系统的定位精度越高[19]。定位误差的均方根为 σ_l,测量

误差均方根为 σ_R，则 GDOP 可表示为：

$$\mathrm{GDOP}=\frac{\sigma_l}{\sigma_R} \tag{8.3}$$

对于二维平面内的定位系统，定位误差的均方根 $\sigma_l=\sqrt{\sigma_x^2+\sigma_y^2}$，三维空间中定位误差的均方根 $\sigma_l=\sqrt{\sigma_x^2+\sigma_y^2+\sigma_z^2}$，其中 σ_x^2、σ_y^2、σ_z^2 分别为 x、y、z 方向上定位误差的方差。不同的定位系统架构，其定位误差不同，GDOP 值的表达公式与影响因素也有所不同。下面分别分析基于 TOA、TDOA 与 DOA 系统架构中 GDOP 的表达公式。

8.2.1.1　基于 TOA 架构的 GDOP

室内定位空间中信标节点布局多为二维平面内的布局方式，因此以二维定位空间中单个目标节点的 TOA 定位算法为例，假设定位空间为高斯环境，参与定位的信标节点数量为 M，每个信标节点的位置可以表示为 $\boldsymbol{a}_i=(x_i,y_i)\in\mathbb{R}^2$，$(i=1,2,\cdots,M)$，$\boldsymbol{p}_0=(x_0,y_0)\in\mathbb{R}^2$ 表示待定位节点的实际位置。待测节点 $\boldsymbol{p}_0$ 到信标节点 $\boldsymbol{a}_i$ 的 TOA 实际测量值为 τ'_i，有：

$$\tau'_i=\tau_i+\Delta\tau_i \tag{8.4}$$

其中，τ_i 为 TOA 的理论测量值，$\tau_i=d_i/c$，d_i 表示待测节点 $\boldsymbol{p}_0$ 到信标节点 $\boldsymbol{a}_i$ 的实际欧式距离，c 为测量信号的传播速度；$\Delta\tau_i$ 为在环境信道噪声、时钟同步误差等因素共同影响下的时延估计误差，可被看作独立同分布的高斯误差，$\Delta t_i\sim N(0,\sigma_t^2)$。

则在 TOA 测距算法下，$\boldsymbol{p}_0$ 到 $\boldsymbol{a}_i$ 的距离估计 $\hat{d}_i$ 为：

$$\hat{d}_i=d_i+c\Delta\tau_i=\sqrt{(x_i-x_0)^2+(y_i-y_0)^2}+c\Delta\tau_i \tag{8.5}$$

待测节点的位置估计问题就是找到 $\boldsymbol{p}_0$ 的坐标估计值 $\hat{\boldsymbol{p}}_0$。信标节点到待测节点的真实距离为 $\boldsymbol{d}=[d_1,\cdots,d_m]^{\mathrm{T}}$，则 TOA 测量值 $\Gamma=[\tau'_1,\cdots,\tau'_m]^{\mathrm{T}}$ 的混合概率密度函数可表示为：

$$f(\Gamma|\boldsymbol{d})=\frac{1}{(2\pi)^{m/2}\,|\boldsymbol{Q}|^{1/2}}\exp\left\{-\frac{1}{2}\left(\Gamma-\frac{\boldsymbol{d}}{c}\right)^{\mathrm{T}}\boldsymbol{Q}^{-1}\left(\Gamma-\frac{\boldsymbol{d}}{c}\right)\right\} \tag{8.6}$$

其中 $\boldsymbol{Q}=\sigma_t^2\begin{bmatrix}1 & 0 & \cdots & 0\\ 0 & 1 & \cdots & 0\\ \vdots & \vdots & & \vdots\\ 0 & 0 & \cdots & 1\end{bmatrix}_{m\times m}$ 表示误差 $\Delta\tau_i$ 的协方差矩阵，由此可得其 Fisher 信息矩阵为：

$$I(\boldsymbol{d})=-E\left(\left(\frac{\partial\ln(f(\Gamma|\boldsymbol{d}))}{\partial\boldsymbol{d}}\right)\left(\frac{\partial\ln(f(\Gamma|\boldsymbol{d}))}{\partial\boldsymbol{d}}\right)^{\mathrm{T}}\right)=\boldsymbol{H}^{\mathrm{T}}\boldsymbol{Q}^{-1}\boldsymbol{H} \tag{8.7}$$

其中，$\boldsymbol{H}$ 为对所有 TOA 测量值偏微分的雅可比(Jacobi)矩阵。

通常以定位误差的克拉美罗下界衡量定位算法所能达到的定位性能，因此，在 TOA 定位算法下，待测节点位置估计的定位误差可表示为：

$$\sigma_{CRLB}^2=tr(I(\boldsymbol{d})^{-1})=tr((\boldsymbol{H}^{\mathrm{T}}\boldsymbol{Q}^{-1}\boldsymbol{H})^{-1}) \tag{8.8}$$

式中 $tr(\cdot)$ 为迹运算符。综上所述，在高斯环境下基于 TOA 架构的定位算法其定位误差均方根可表示为 $\sigma_l=\sigma_{CRLB}$，距离测量的误差均方根 $\sigma_R=c\sigma_t$，因此其 GDOP 可表示如下：

$$\mathrm{GDOP}_{TOA}=\frac{\sqrt{tr((\boldsymbol{H}^{\mathrm{T}}\boldsymbol{Q}^{-1}\boldsymbol{H})^{-1})}}{c\sigma_t}=\sqrt{tr(\boldsymbol{H}\boldsymbol{H}^{\mathrm{T}})^{-1}} \tag{8.9}$$

8.2.1.2 基于 TDOA 架构的 GDOP

基于 TDOA 的定位算法原理，首先需要测量待测节点到两个信标节点的信号到达时间之差，其次由信号的传播速度给出两个信标节点之间的距离差，最后基于圆锥双曲线的性质可知，由两组不共线的信标节点为交点得到两组双曲线，其所相交的位置就为待测节点的估计位置，见图 8.5。

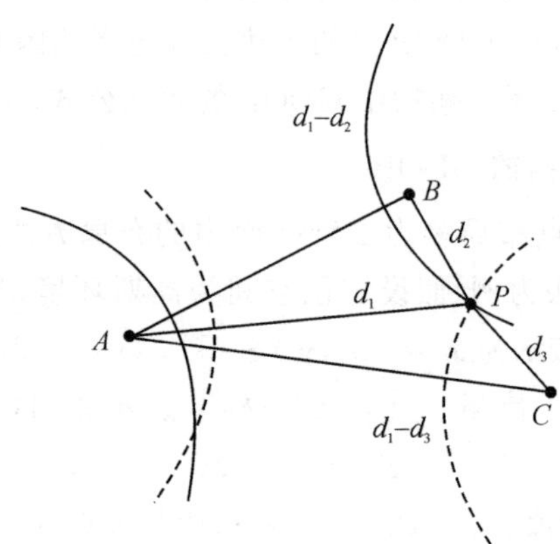

图 8.5 TDOA 定位方法原理

其中 P 为待测节点，A、B 与 C 为三个定位信标节点。基于圆锥双曲线的性质，节点 P 在以 A、B 为焦点、距离差为 Δd_{21}（$\Delta d_{21}=d_2-d_1$）的双曲线上，同时 P 也位于以 A、C 为焦点、Δd_{31}（$\Delta d_{31}=d_3-d_1$）为距离差的双曲线上。由此可得，待测节点 P 的位置即为曲线的交点位置。由式(8.10)即可求解出理想条件下待测节点 P 的坐标，即：

$$\begin{cases}\sqrt{(x_0-x_2)^2+(y_0-y_2)^2}-\sqrt{(x_0-x_1)^2+(y_0-y_1)^2}=d_{21}\\ \sqrt{(x_0-x_3)^2+(y_0-y_3)^2}-\sqrt{(x_0-x_1)^2+(y_0-y_1)^2}=d_{31}\end{cases}\tag{8.10}$$

实际情况下，TDOA 测量值总会与实际距离差有所偏差。目前有两种广泛使用的 TDOA 估计方法：一种是互相关方法[20]，它计算从待测节点到信标节点的两个信号之间的互相关值。该方法在多径环境下效果不佳，不适合室内定位。另一种方法[21]首先根据待测节点的本地时间估计待测节点和信标节点之间的 TOA 距离估计值，然后，假设所有信标节点都是同步的，计算两种 TOA 距离估计的差值。该方法是室内定位的常用方法，以此为基础建立了 TDOA 误差模型。

二维高斯定位环境内信标节点 $\boldsymbol{a}_i$ 到待测节点 $\boldsymbol{p}_0$ 的估计距离 $\hat{d}_i$ 可以表示为：

$$\hat{d}_i=d_i+\Delta d_i=\|\boldsymbol{p}_0-\boldsymbol{a}_i\|+b_i+\Delta d_i,\ i=1,\cdots,M\tag{8.11}$$

式中 $\|\cdot\|$ 表示求 2 范数；b_i 表示两节点间由 NLOS 传播现象所引起的正偏差；Δd_i 是高斯变量，其数学期望为 0，方差为 σ_R^2。对于 LOS 定位环境，$b_i=0$，则两个信标节点 $\boldsymbol{a}_i$ 与 $\boldsymbol{a}_j$ 间的距离差可表示为：

$$\hat{d}_{ij}=\hat{d}_i-\hat{d}_j=d_i-d_j+\Delta d_{ij}\tag{8.12}$$

其中，$\Delta d_{ij}=\Delta d_i-\Delta d_j$ 是服从均值为 0、方差为 $2\sigma_R^2$ 的高斯变量。对于固定的 M 个信标节点，有 $M(M-1)/2$ 种距离差，但其中只有 $M-1$ 种是独立同分布的，其他的可以由这 $M-1$

种表示出来。以第一个信标节点为中心信标节点，则 $\Delta d_{i1}=\Delta d_i-\Delta d_1$，$i=2,\cdots,M$ 可近似为泰勒级数展开，忽略一阶以上的项，则有：

$$\mathrm{d}\Delta d_{i1}=\left(\frac{x_0-x_i}{d_i}-\frac{x_0-x_1}{d_1}\right)\mathrm{d}x+\left(\frac{x_0-x_i}{d_i}-\frac{x_0-x_1}{d_1}\right)\mathrm{d}y \tag{8.13}$$

因此，实际情况下待测节点的定位误差可由式(8.14)给出。

$$\boldsymbol{R}=\boldsymbol{HX} \tag{8.14}$$

其中，$\boldsymbol{X}=\begin{bmatrix}\mathrm{d}x\\ \mathrm{d}y\end{bmatrix}$ 为定位误差，$\boldsymbol{H}=\begin{bmatrix}\frac{x-x_2}{r_2}-\frac{x-x_1}{r_1} & \frac{y-y_2}{r_2}-\frac{y-y_1}{r_1}\\ \vdots & \vdots\\ \frac{x-x_M}{r_M}-\frac{x-x_1}{r_1} & \frac{y-y_M}{r_M}-\frac{y-y_1}{r_1}\end{bmatrix}_{(M-1)\times 2}$ 为测距误差雅可比矩阵，$\boldsymbol{R}=\begin{bmatrix}\mathrm{d}\Delta r_{21}\\ \mathrm{d}\Delta r_{31}\\ \vdots\\ \mathrm{d}\Delta r_{M1}\end{bmatrix}_{(M-1)\times 1}$ 为距离测量误差。对待测节点进行无偏估计定位估计时，位置估计误差的方差可由其克拉美罗下界(CRLB)式(8.15)确定。

$$\sigma_{CRLB}^2=tr\left(\left(\boldsymbol{H}^{\mathrm{T}}\boldsymbol{Q}^{-1}\boldsymbol{H}\right)^{-1}\right) \tag{8.15}$$

其中，$\boldsymbol{Q}$ 为距离测量误差 Δd_{i1} 的协方差矩阵，由于 $\Delta d_{i1}=\Delta d_i-\Delta d_1$ 对每个 Δd_{i1} 均存在 Δd_1，因此各距离测量误差之间并不是相互独立的，此时 $\boldsymbol{Q}$ 可表示为：

$$\boldsymbol{Q}=\begin{bmatrix}\mathrm{cov}(\Delta r_{21},\Delta r_{21}) & \cdots & \mathrm{cov}(\Delta r_{21},\Delta r_{M1})\\ \vdots & \vdots & \vdots\\ \mathrm{cov}(\Delta r_{M1},\Delta r_{21}) & \cdots & \mathrm{cov}(\Delta r_{M1},\Delta r_{M1})\end{bmatrix}=\sigma_R^2\begin{bmatrix}2 & 1 & \cdots & 1\\ 1 & 2 & \cdots & 1\\ \vdots & \vdots & \vdots & \vdots\\ 1 & 1 & \cdots & 2\end{bmatrix}_{(M-1)\times(M-1)} \tag{8.16}$$

由此可计算出基于 TDOA 架构的 GDOP 为：

$$\mathrm{GDOP}_{TDOA}=\frac{\sqrt{tr\left(\left(\boldsymbol{H}^{\mathrm{T}}\boldsymbol{Q}^{-1}\boldsymbol{H}\right)^{-1}\right)}}{\sigma_R} \tag{8.17}$$

8.2.1.3　基于 DOA 架构的 GDOP

以二维定位空间中两个信标节点的定位为例，基于 DOA 架构的定位算法原理见图 8.6。

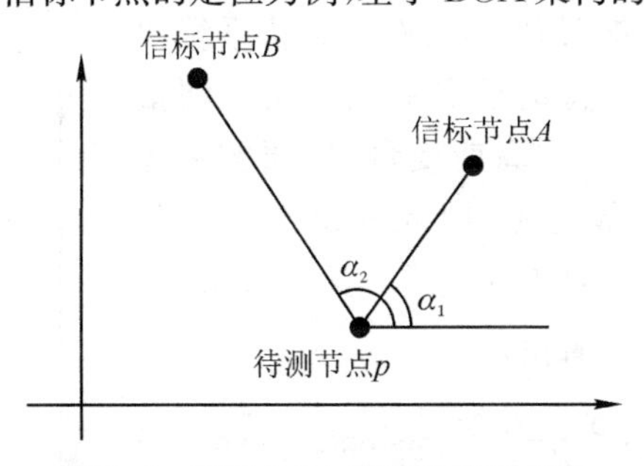

图 8.6　基于 DOA 架构的定位原理

图中 A 与 B 两个信标节点于定位空间中的位置已知分别为 (x_1, x_2)、(x_2, y_2)，以待测节点 p 为基准分别测出到两个信标节点 A、B 的到达角度 α_1 与 α_2，由式(8.18)可解出待测节点 p 的坐标 (x_0, y_0)：

$$\begin{cases} \tan\alpha_1 = \dfrac{y_0 - y_1}{x_0 - x_1} \\ \tan\alpha_2 = \dfrac{y_0 - y_2}{x_0 - x_2} \end{cases} \tag{8.18}$$

DOA 定位算法原理简单，但实际在测量信标节点与待测节点间的到达角往往会存在一定误差，这会使 DOA 定位算法有一定的定位误差，因此，要减小定位误差，可以通过提高测量角度的天线阵列的分辨率，但这样会增大定位系统的应用成本。除此之外，基于 DOA 架构的定位系统其定位误差也与信标节点的布局位置有关。如图 8.7 所示，对同一个待测节点而言，两种不同的信标节点布置方式其定位误差范围也有所不同。因此，对基于 DOA 架构的定位系统而言，也可以通过改善信标节点布局的方式来减小定位误差。

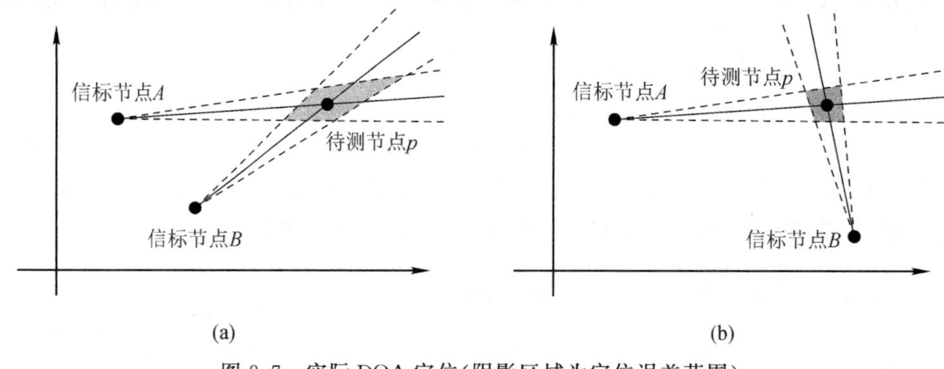

图 8.7　实际 DOA 定位(阴影区域为定位误差范围)

现就信标节点布局对 DOA 定位系统的定位精度做一下分析。由于 DOA 定位算法在强遮挡环境下也会受到 NLOS 现象的极大影响，因此假设定位空间为二维 LOS 高斯环境，对 DOA 架构中由信标节点布局方式引起的定位误差也以 GDOP 衡量。在 LOS 环境下，TOA 定位系统中布置有 M 个坐标已知的信标节点 a_i，假设待测节点 p_0 的实际坐标为 (x_0, y_0)，信标节点与待测节点的实际到达角度值为 $(\alpha_1, \cdots, \alpha_M)$，信标节点到待测节点间的距离为 d_i，信标节点与待测节点之间的关系见图 8.8。

与 TOA 架构的定位系统类似，在 DOA 定位系统架构下，其所测量的信标节点与待测节点的到达角度测量误差也可以认为是独立同分布的高斯变量，按照实际经验可知，测量误差的均值一般为零，因此其协方差矩阵 $\boldsymbol{Q} = \sigma_R^2 \boldsymbol{I}$，其中 $\boldsymbol{I}$ 为 $M \times M$ 的单位矩阵，其 GDOP $= \sqrt{tr\ (\boldsymbol{H}^{\mathrm{T}}\boldsymbol{H})^{-1}}$。从图 8.8 可以看出：

$$\frac{x - x_i}{d_i} = -\cos\alpha_i,\ \frac{y - y_i}{d_i} = -\sin\alpha_i \tag{8.19}$$

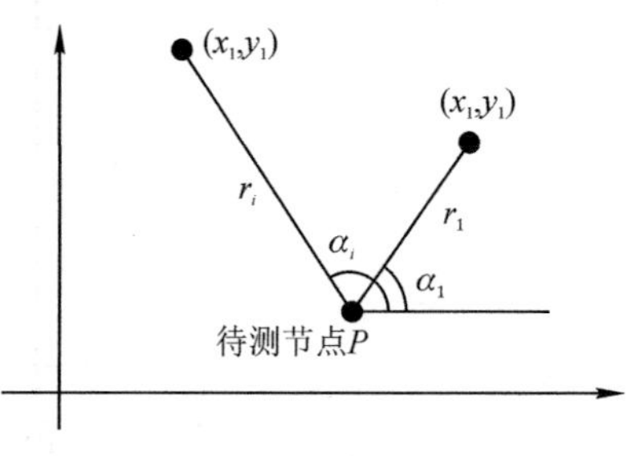

图 8.8　信标节点与目标之间的关系

所以协方差矩阵 $\boldsymbol{H}$ 可以表示为：

$$\boldsymbol{H}_{AOA}=\begin{bmatrix}\dfrac{\sin\alpha_1}{d_1} & -\dfrac{\cos\alpha_1}{d_1}\\ \dfrac{\sin\alpha_2}{d_2} & -\dfrac{\cos\alpha_2}{d_2}\\ \vdots & \vdots\\ \dfrac{\sin\alpha_M}{d_M} & -\dfrac{\cos\alpha_M}{d_M}\end{bmatrix} \tag{8.20}$$

由此可得矩阵 $\boldsymbol{H}^{\mathrm{T}}$ 与 $\boldsymbol{H}$ 的乘积为：

$$\boldsymbol{H}^{\mathrm{T}}\boldsymbol{H}=\begin{bmatrix}\sum_{i=1}^{M}\dfrac{\sin^2\alpha_i}{d_i^2} & \sum_{i=1}^{M}\dfrac{-\sin\alpha_i\cos\alpha_i}{d_i^2}\\ \sum_{i=1}^{M}\dfrac{-\sin\alpha_i\cos\alpha_i}{d_i^2} & \sum_{i=1}^{M}\dfrac{\cos^2\alpha_i}{d_i^2}\end{bmatrix} \tag{8.21}$$

基于所给出的矩阵 $\boldsymbol{H}^{\mathrm{T}}\boldsymbol{H}$ 的实际表达式，可证明该矩阵的逆矩阵是存在的。因此，对于 2×2 矩阵，其逆矩阵的迹可表示为：

$$tr\ (\boldsymbol{H}^{\mathrm{T}}\boldsymbol{H})^{-1}=\frac{tr\,(\boldsymbol{H}^{\mathrm{T}}\boldsymbol{H})}{|\boldsymbol{H}^{\mathrm{T}}\boldsymbol{H}|} \tag{8.22}$$

由公式(8.21)可得矩阵 $\boldsymbol{H}^{\mathrm{T}}\boldsymbol{H}$ 的迹与其对应行列式的值为：

$$tr\,(\boldsymbol{H}^{\mathrm{T}}\boldsymbol{H})=\sum_{i=1}^{M}\frac{1}{d_i^2} \tag{8.23}$$

$$|\boldsymbol{H}^{\mathrm{T}}\boldsymbol{H}|=\sum_{i=1}^{M-1}\sum_{j=i+1}^{M}\frac{1}{d_i^2}\frac{1}{d_j^2}\sin^2(\alpha_j-\alpha_i) \tag{8.24}$$

因此可得基于 DOA 架构的定位系统的 GDOP 值为：

$$\mathrm{GDOP}_{AOA}=\frac{\left(\sum_{i=1}^{M}\dfrac{1}{d_i^2}\right)^{\frac{1}{2}}}{\left(\sum_{i=1}^{M-1}\sum_{j=i+1}^{M}\dfrac{1}{d_i^2}\dfrac{1}{d_j^2}\sin^2(\alpha_j-\alpha_i)\right)^{\frac{1}{2}}} \tag{8.25}$$

8.2.2　信标节点布局与 K-覆盖

由于室内定位空间的复杂多样性，在对待测节点进行位置估计时难免会出现 NLOS 现象。对基于 Range-based 的室内定位系统而言，待测节点的定位依赖于其能够接收到的 LOS 信标节点信息，并且要想成功定位 LOS 信标节点，其数量也不能小于一定值。即使对于能够成功定位的待测节点，所接收到 LOS 信标节点的数量越多，定位误差越小，位置估计结果越稳定。这类似于在复杂环境下的警戒雷达的部署问题，通常在一般警戒区域内要求有一台雷达能够探测定位到该区域内的未知目标就能满足警戒需求；但对于某些重点警戒防控区域，为了目标识别定位的准确性与稳定性，要求该区域内出现的目标至少有 $K(K>1)$ 台不被遮挡且在有效监测范围内的雷达。

引用无线传感器网络中 K-覆盖的概念[22]，若室内定位空间中某些区域上的未知节点能成功接收到 LOS 信标节点的数量为 K，则该区域可表示为 K-覆盖区域。对于室内定位系统内的某些区域而言，会因多种因素要实现在该区域上的 K-覆盖，或 K-覆盖区域对整个定位区域要达到某种比例以上，而影响这些覆盖性能的一个关键因素就是信标节点于定位区域上的位置部署情况。K-覆盖的现实意义就是对不同定位环境下的某些区域进行重点定位与监测。

K-覆盖是影响复杂室内定位环境下定位系统的另一个性能指标。无遮挡环境下单个信标节点的有效测距范围可以被看作以信标节点为圆心、最大测距长度 r 为半径的圆，对遮挡环境下的K-覆盖率则可由公式(8.26)描述。

$$F_K = \frac{A_k}{A} \tag{8.26}$$

其中 A_k 为有效LOS信标节点数为 K 的定位区域面积，A 为定位区域总面积。通常实际情况中对K-覆盖率进行描述时会对定位区域进行离散化，以K-覆盖的待测节点数 N_k 近似衡量对应面积。若定位区域离散化后总的节点数为 N，则K-覆盖率也可由下式获得：

$$F_K = \frac{N_k}{N} \tag{8.27}$$

8.2.3 信标节点布局性能的评估标准

对于简单LOS环境下的室内定位系统，通常以定位空间离散化后的节点为待测节点，并取待测节点的平均GDOP作为信标节点布局性能的评价标准。因为这种评价标准不考虑NLOS现象与K-覆盖率问题，所以该评价标准不适用于结构复杂多遮挡的室内NLOS环境。考虑到室内定位环境的复杂多样性，兼顾定位精度与K-覆盖问题，给出新的信标节点布局性能的评估标准。

假设空间离散化后的节点数为 N，信标节点布局为 $\boldsymbol{a} = \{\boldsymbol{a}_i \mid i = 1,2,\cdots,m\}$。首先考虑NLOS环境下能成功定位的待测节点，基于GDOP给出信标节点布局的优化目标之一：

$$F_G(\boldsymbol{P}) = \frac{1}{f} \cdot \sum_{i=k}^{m} \left(\frac{\sum_{n=1}^{N_i} G_n^i}{A_i} + \sqrt{D(\boldsymbol{G}^i)} \right) \tag{8.28}$$

其中，m 为所布置信标节点的总数；N_i 为 i-覆盖区域内待测节点的总数；$\boldsymbol{G}^i = \{G_n^i \mid n = 1,2,\cdots,N_i\}$ 为 i-覆盖区域内所有待测节点的GDOP值的集合，$D(\cdot)$ 表示对其求方差；$\sum_{n=1}^{N_i} G_n^i$ 为对应 i-覆盖的待测节点的GDOP之和；A_i 为 i-覆盖区域面积，可用 N_i 近似代替；f 为归一化系数，不同的定位架构，f 的取值不同，如TOA与DOA架构，$f = m-1$，TDOA架构，$f = m-2$；因为只有当待测节点能成功定位时才给出其参与定位的信标节点布局的GDOP值，因此 k 为能成功定位的最小LOS信标节点数，对于TOA与DOA架构，$k = 2$，而对于TDOA架构，$k = 3$。

对于定位区域内某些不能成功定位的待测节点（即TOA与DOA架构下的0-覆盖与1-覆盖区域，TDOA架构下的0-覆盖、1-覆盖、2-覆盖区域），以其所占总定位区域的总比值作为优化目标之一，即：

$$F_A(\boldsymbol{P}) = 100 \cdot \frac{\sum_{i=1}^{k} A_i}{A} \tag{8.29}$$

以上两个优化目标都是 NLOS 环境下信标节点布局问题所关注的重点，且对两个优化目标而言，其值越小，信标节点布局越优。因此，基于线性加权法，可以将两个所需优化的目标函数转化为单一的优化目标函数，其目标函数的具体表达如下式所示：

$$F(\boldsymbol{P}) = \omega_0 \cdot F_G(\boldsymbol{P}) + \omega_1 \cdot F_A(\boldsymbol{P}) \tag{8.30}$$

式中 ω_0 与 ω_1 为两个优化目标的权重系数，满足 $\omega_0 + \omega_1 = 1$。不同定位系统的 ω_i 可根据实际对定位精度和稳定性的不同需求进行选择。由此信标节点优化问题描述为：

$$\hat{\boldsymbol{P}} = \min_{\boldsymbol{P} \in \mathbb{R}^2} F(\boldsymbol{P}) \tag{8.31}$$

上式表示，二维定位空间 $\mathbb{R}^2$ 中使得目标函数取值最小的信标节点布局方式即为该定位环境下的最优布局方式 $\hat{\boldsymbol{P}}$。该方法同时考虑 K-覆盖区域（$m \geqslant K \geqslant k$）的平均 GDOP 与成功定位区域的覆盖率，对每类 K-覆盖区域的比值未做具体要求。对于一些特殊的定位场景，还会对某类 K-覆盖区域的比值做出具体要求，下面给出满足该要求的优化目标。

$$F_K(\boldsymbol{P}) = \sum_{i=k}^{m} \frac{f_i}{A_i} \left(\frac{\sum_{n=1}^{N_i} G_n^i}{A_i} \right) \tag{8.32}$$

式中 $f_i\ (i = k, k+1, \cdots, m)$ 为对应 i-覆盖区域的权重系数，满足 $\sum_{i=k}^{m} f_i = 1$。f_i 与对应 i-覆盖区域面积正相关，通过改变 f_i 的比值可控制 K-覆盖区域的占比。由此可给出另一种优化目标函数：

$$F(\boldsymbol{P}) = \omega_0 \cdot F_K(\boldsymbol{P}) + \omega_1 \cdot F_A(\boldsymbol{P}) \tag{8.33}$$

8.3　信标节点布局优化算法

对于信标节点布局优化问题，可描述为在目标空间内根据实际定位需求找出一组信标节点布局使得目标函数达到最优。对于任意有界的定位目标空间 M，可以认为 M 是由无限定位节点集 IS 所组成的，在给定定位算法与布局优化目标的前提下，寻找最优信标节点布局 P 即为从节点集 IS 中挑选一组能使目标函数达到最优的节点集作为信标节点的部署位置。这种信标节点布局问题已被证明是一种 NP-hard（non-deterministic polynomial-hard）问题[23]。

对于信标节点布局问题，若采用枚举法找最优信标节点布局，不但算法时间复杂度大、效率低下，且有可能会造成时间崩溃，因此多采用随机搜索法寻找其最优布局。粒子群算法 PSO 是一种基于简化生物社会模型的随机搜索算法，相较于其他随机搜索算法有着收敛速度快、寻优性能好的优点。但是对于搜寻信标节点最优布局的这类高维非线性目标优化问题，如何避免粒子群算法过早收敛到局部最优解是粒子群算法面临的一个挑战。因此，本章针对复杂室内遮挡环境下信标节点的最优布局问题，考虑粒子群的初始布局、算法的前期搜索与后期收敛三个方面，介绍改进的粒子群优化算法。

8.3.1 标准粒子群算法

8.3.1.1 粒子群算法描述

粒子群算法是现代优化算法中群智能优化算法的一种，群智能优化算法是一类通过单一个体间的信息共享与合作从而促进整个种群共同发展的一类算法，该特点在粒子群算法中也深有体现。粒子群算法最早是由 J. Kennedy 与 R. C. Eberhart[24] 研究鸟群的生物习性后提出的，该算法是一种元启发式(meta - heuristic)全局优化算法，适合求解最优解为多维目标空间中的某一点的问题。粒子群算法的灵感来自鸟群和鱼群在捕食或迁徙过程中信息共享的群体社会行为，这种行为能够使得鸟群在陌生复杂的环境下快速寻找到食物密集的地方。由此启发得出的粒子群算法的核心思想也是个体与群体之间的信息共享。

在粒子群算法中，粒子群中每个粒子都可以代表具体优化问题在可行域中的一个解，通过粒子群中每个个体间的“合作”与“竞争”，最终找到优化问题的一个最优解。由 J. Kennedy 与 R. C. Eberhart 提出的粒子群算法的具体实施过程可以表示为：由 n 个粒子组成的粒子群 $\boldsymbol{P}_s = \{\boldsymbol{X}_i \mid i = 1,2,\cdots,n\}$ 在 D 维可行搜索空间 $\mathbb{R}^D$ 中运动，第 i 个粒子在经过前 k 步运动之后所处的位置可表示为 $\boldsymbol{X}_i^{(k)} = (x_{i,1}^{(k)}, x_{i,2}^{(k)}, \cdots, x_{i,D}^{(k)})$。各个粒子通过记录下自身前 k 步的最好的位置 $\boldsymbol{l}_i^{(k)} = (l_{i,1}^{(k)}, l_{i,2}^{(k)}, \cdots, l_{i,D}^{(k)})$，并将其分享给群体内所有的粒子，由此就可获得此时种群内每个个体的最优位置集合 $\boldsymbol{L}^{(k)} = \{\boldsymbol{l}_i^{(k)} \mid i = 1,2,\cdots,n\}$。通过对位置集合 $\boldsymbol{L}^{(k)}$ 中所有位置进行对比就可得出此时整个群体的最优位置 $\boldsymbol{g}^{(k)} = (g_1^{(k)}, g_2^{(k)}, \cdots, g_D^{(k)})$，最后各个粒子根据上一步的运动速度与所处位置、自身的最优位置 $\boldsymbol{l}_i^{(k)}$ 与整个种群的最优位置 $\boldsymbol{g}^{(k)}$ 就能决定粒子自身下一步所处的位置。种群内各个粒子 i 的位置 $\boldsymbol{X}_i^{(k)}$ 与运动速度 $\boldsymbol{v}_i^{(k)} = (v_{i,1}^{(k)}, v_{i,2}^{(k)}, \cdots, v_{i,D}^{(k)})$ 的更新由式(8.34)和式(8.35)决定：

$$v_{i,j}^{(k+1)} = v_{i,j}^{(k)} + c_1\xi^{(k)}(l_{i,j}^{(k)} - x_{i,j}^{(k)}) + c_2\eta^{(k)}(g_j^{(k)} - x_{i,j}^{(k)}) \tag{8.34}$$

$$x_{i,j}^{(k+1)} = x_{i,j}^{(k)} + v_{i,j}^{(k+1)} \tag{8.35}$$

式中 c_1、c_2 为加速度常数，也称“认知系数”和“社会系数”，它们调节着粒子在其历史最优方向与全局最优方向上的运动倾向性，通常的取值范围为 $0 \leqslant c_1, c_2 \leqslant 4$；$\xi^{(k)}$ 与 $\eta^{(k)}$ 为[0,1]内的等概率确定的一个随机数，所以粒子群的“社会因素”和个体粒子的“认知因素”都会对粒子的运动速度产生随机影响。

上述粒子群算法被称为基本粒子群算法，该算法粒子的位置更新由三项决定，前一项保证算法的全局搜索能力，即在原有速度的方向上继续运行的能力，也被称为算法的探索能力；后两项决定了算法的局部收敛能力，即在历史最优与全局最优附近进一步找寻更优解的能力，也被称为算法的开发能力。在对基本粒子群算法进行实验时，Y. Shi 和 R. Eberhart[25] 为了在全局搜索和局部收敛之间取得平衡，对粒子的速度更新公式做出了一定的改进，改进后的速度更新公式如式(8.36)所示，该方法由于在之后对实际问题的分析过程中具有较好效果，因此被多数学者称为标准粒子群算法。

$$v_{i,j}^{(k+1)} = wv_{i,j}^{(k)} + c_1\xi^{(k)}(l_{i,j}^{(k)} - x_{i,j}^{(k)}) + c_2\eta^{(k)}(g_j^{(k)} - x_{i,j}^{(k)}) \tag{8.36}$$

式中 w 为惯性权重，从上述公式中可以看出 w 值越大，代表算法的全局搜索或开发能力就越强。对于多数应用到粒子群算法的实际优化问题，通常希望算法在迭代运行的前期探索与开发的能力较强，在算法收敛的后期则希望提高其局部开发能力，以使粒子群快速运行到所优化问题的实际最优解附近。通常采用动态变化的惯性权重 w 来平衡全局搜索与局部收敛两个方面，使用最多的为线性递减的惯性权重，表达式如下：

$$w = w_{max} - \frac{(w_{max} - w_{min}) \cdot k}{k_{max}} \tag{8.37}$$

式中，w_{max} 和 w_{min} 分别代表最大与最小的惯性权重值；k 表示当前粒子群中每个粒子的迭代运动次数，k_{max} 为最大运动次数。通常设置 w_{max} 为 0.9，保证前期较好的搜索能力，w_{min} 设置为 0.4，保证后期的收敛能力[26]。

8.3.1.2 算法的基本流程

在粒子群算法中，以适应度函数 $Fit(\boldsymbol{X})$ 描述实际待优化的问题，粒子群中的每个粒子为适应度函数可行域中的一个解，通过粒子间的合作与竞争找到可行域中的最优解，其过程如下所述。

步骤 1：首先在 D 维可行域中，随机给定整体数量为 n 的初始粒子群，其中 $\boldsymbol{X}_i^{(0)}$ 代表各个粒子开始迭代运动前的最初位置，$\boldsymbol{v}_i^{(0)}$ 代表其各个粒子的最初运动速度。

步骤 2：以种群内各个粒子当前时刻所处的位置作为优化目标函数的一个特定解，就可得出其适应度值 $Fit(\boldsymbol{X}_i^{(k)})$。

步骤 3：对当前每个粒子的 $Fit(\boldsymbol{X}_i^{(k)})$ 与其在 k 步之前所搜寻到的最优 $Fit(\boldsymbol{l}_i^{(k)})$ 进行对比，若当前位置 $\boldsymbol{X}_i^{(k)}$ 优于位置 $\boldsymbol{l}_i^{(k)}$，则以当前粒子的位置 $\boldsymbol{X}_i^{(k)}$ 作为下一步的 $\boldsymbol{l}_i^{(k+1)}$，否则不对 $\boldsymbol{l}_i^{(k)}$ 做出改变。

步骤 4：找出当前时刻群体中的最优粒子的位置，若其优于 k 步之前群体搜寻到的 $\boldsymbol{g}^{(k)}$，则以其代表下一次粒子运动的 $\boldsymbol{g}^{(k+1)}$，否则不对其进行改变。

步骤 5：按照式(8.35)与式(8.36)对当前粒子群中所有粒子的位置与速度进行迭代更新，并按照实际问题的边界条件对更新后的位置与速度进行限制。

步骤 6：若满足预先设置好的结束条件，则输出最优粒子的位置作为优化问题的最终解，其适应度值就代表目标函数的最优值，若不满足结束条件则返回步骤 2 进行新一轮的迭代运动。结束条件一般设为限制最大搜索步数为 k_{max}、k_d 步内的最小迭代步长差 ΔFit 或最小适应度值 Fit_{min}。

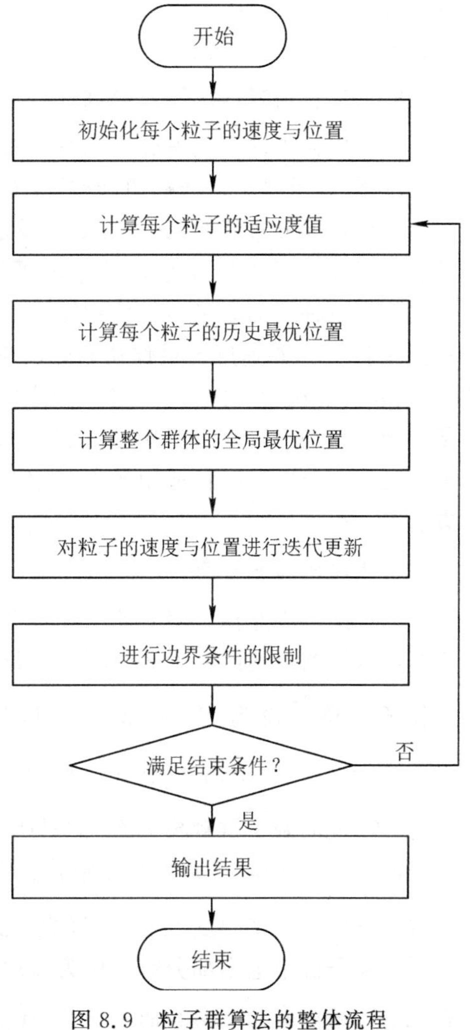

图 8.9 粒子群算法的整体流程

粒子群算法的整体流程可见图 8.9。

8.3.2 改进粒子群优化算法

在粒子群算法中，有多个因素影响算法在优化给定问题时的搜索性能与效率，包括粒子群的规模、粒子群的初始化策略、粒子的最大运行速度、加速度常数或边界条件的设置。在处理不同的实际问题中，这些参数所产生的影响也各有不同，因此在解决实际的优化问题时，需要结合所述问题的特点合理设计算法的结构与参数。

对基于粒子群算法解决信标节点布局优化问题，每种信标节点布局方式为一个粒子，若所布设的信标节点数量为 N，则每个粒子的维度为 $N \times 3$ 维。相较于简单室内环境下的定位任务，完成复杂遮挡环境下的定位任务会要求布置更多的信标节点，这无疑会进一步提高粒子搜索空间的维度，降低算法的稳定性。对于高维优化问题，粒子群算法的“早熟”成为一个主要的待解决问题。因此，本节通过对粒子群算法的初始布局方式、前期搜索过程与后期收敛过程三个方面的分析，介绍一种适用于解决复杂室内遮挡环境下的信标节点布局优化问题的改进粒子群优化算法。

8.3.2.1 初始粒子群分布的改进

在利用粒子群算法解决信标节点布局优化问题时，首先需要生成一定规模的初始粒子群，其中较为重要的是选择初始粒子(即初始信标节点布局)的数量、初始运动速度与初始的信标节点布局分布情况，这些参数的设定影响算法后续的收敛性能。对于粒子群规模而言，虽然粒子数取值越大，算法的搜索范围越大，越容易收敛于全局最优解，但多数优化问题粒子群算法对种群的数量不是特别敏感，一般粒子数取值为 20～50，超过 50 对算法性能的影响会减弱[27]。在速度的最佳初始化策略的选择上，一般将初始速度设置为一个较小的随机数，由粒子的位置迭代公式可知，探索能力可以由粒子初始位置的选择来保证[28]。对于粒子的初始布局而言[29]，使其尽可能均匀地分布于搜索空间更有利于算法搜索到全局最优解。对此本节给出一种适用于复杂遮挡环境下信标节点布局优化问题的初始粒子群布局方法。

1. 生成候选粒子群

以室内二维遮挡环境下的信标节点布局问题为例，假设给定室内定位空间为 M，排除掉遮挡区域后的可达区域为 $\boldsymbol{\theta}$，在其内部布设的定位信标节点数量为 N，输入粒子群算法的初始粒子规模预设为 S。首先在 $\boldsymbol{\theta}$ 区域内随机生成 $\breve{S}$ $(\breve{S} \gg S)$ 种信标节点布局 $\breve{\boldsymbol{P}} = \{\breve{\boldsymbol{X}}_i \mid i = 1,2,\cdots,\breve{S}\}$，其中每种布局为 $\breve{\boldsymbol{X}}_i = \{\boldsymbol{x}_{i,j} \mid j = 1,2,\cdots,N\}$，$\boldsymbol{x}_{i,j} = (x_{i,j}, y_{i,j})^{\mathrm{T}}$，$\boldsymbol{x}_{i,j} \in \boldsymbol{\theta}$，此时粒子群规模为 $\breve{S}$。此时所生成的粒子群 $\breve{\boldsymbol{P}}$ 规模庞大，可认为其能基本覆盖到搜索空间的各个角落，若以此粒子群作为算法的初始粒子群，虽能极大地提高最终结果收敛于全局最优解的概率，也会因粒子群规模庞大导致出现算法时间复杂度大的问题，因此要以 $\breve{\boldsymbol{P}}$ 为候选粒子群中选出部分粒子作为算法的初始粒子群。考虑到算法初始粒子群中相似粒子较多时会降低算法的收敛能力，因此从候选粒子群 $\breve{\boldsymbol{P}}$ 中去掉差异性较小的粒子，保留部分差异性较大的粒子作为初始粒子群。

对于信标节点布局优化问题，粒子的差异性一方面表现为粒子间的几何距离即构成粒子的信标节点的位置距离之和,见图 8.10(a)。对于同种布局方式会由于信标节点排序不同而产生多个粒子,这些粒子在信标节点布局问题中属于同种粒子,粒子间的几何距离为零,因此计算粒子间的几何距离时要去除由于信标节点排序不同而引起的几何距离差。另一方面,除了几何距离之外,粒子的差异性也与信标节点布局所围成的多边形的面积有关,见图 8.10(b)。由此按照这两种不同的方法对候选粒子群进行两次筛选,就能保证剩余粒子的多样性。

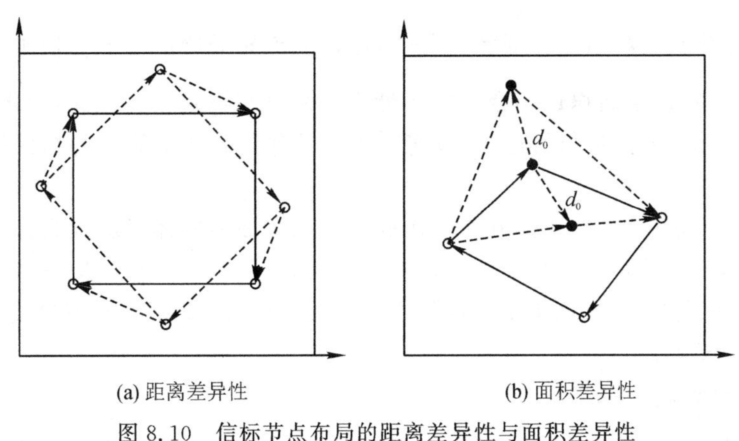

(a) 距离差异性　　(b) 面积差异性

图 8.10　信标节点布局的距离差异性与面积差异性

2. 按照几何距离进行初步筛选

首先是对候选粒子群 $\breve{\boldsymbol{P}}$ 按照粒子间的几何距离进行初步筛选。对于信标节点布局问题,粒子间的几何距离可描述为:两种布局相互转化时信标节点移动的最小距离和。以第 i 个粒子 $\breve{\boldsymbol{X}}_i$ 为参考粒子,求出候选粒子群 $\breve{\boldsymbol{P}}$ 中参考粒子 $\breve{\boldsymbol{X}}_i$ 与粒子 $\breve{\boldsymbol{X}}_i$ 的几何距离 $\breve{D}_{i,j}$。由于每个粒子由 N 个信标节点的位置坐标组成,则一个粒子有 A_N^N 种排列方式,以 $A(\breve{\boldsymbol{X}}_i,N)$ 表示粒子 $\breve{\boldsymbol{X}}_i$ 中 N 个元素的任意排列情况,粒子间的几何距离可表示为:

$$\breve{D}_{i,j}=\min_{A_N^N}\{\|\breve{\boldsymbol{X}}_i-A(\breve{\boldsymbol{X}}_j,N)\|_2\}\tag{8.38}$$

求出所有粒子的相对 $\breve{\boldsymbol{X}}_i$ 的几何距离 $\breve{D}_{i,j}$ 后,按照几何距离 $\breve{D}_{i,j}$ 的大小对候选粒子群 $\breve{\boldsymbol{P}}$ 进行排序,以采样间隔 T_r 对排好序的粒子群进行重新采样,得到包含粒子个数为 $[\breve{S}/T_r]$ 的新粒子群 $\breve{\boldsymbol{P}}_r$。

3. 按照多边形面积进行筛选

对于几何距离相同的两组粒子,也有可能因所围成的几何图形面积不同而存在差异性。因此,在基于粒子的几何距离对初始候选粒子群进行重采样,得到的新粒子群 $\breve{\boldsymbol{P}}_r$ 后,还需要求出每个粒子中所有信标节点所围成的多边形面积 S_i,再以此为依据对粒子群 $\breve{\boldsymbol{P}}_r$ 重新排序与采样。对于平面内任意 N 边形,其面积可表示为:

$$S(X)=\frac{1}{2}\sum_{i=1}^{N}(x_iy_{i+1}-x_{i+1}y_i)\tag{8.39}$$

其中，$(x_i, y_i)^{\mathrm{T}}$ 为 N 边形的节点坐标，当 $i=N$ 时，$(x_{N+1}, y_{N+1})^{\mathrm{T}}=(x_1, y_1)^{\mathrm{T}}$。该公式所求面积为按照节点先后顺序依次连线所构成的几何图形的面积，因此要求节点排序要能正确构成 N 边形。对于粒子群 $\breve{\boldsymbol{P}}_r$ 内的任意粒子 $\breve{\boldsymbol{X}}_i$，不能保证所有粒子的信标节点排序都能正确构成 N 边形，因此考虑到信标节点的排序问题，给出任意粒子 $\breve{\boldsymbol{X}}_i$ 的面积公式如下：

$$S_i=\max_{A_N^N}\{S(A(\breve{\boldsymbol{X}}_i, N))\} \tag{8.40}$$

结合实际的定位信标节点布局经验，虽然信标节点布局所围图形面积越大并不代表该布局的定位效果越好，但面积过小会极大降低定位精度与覆盖率。因此，当求出 $\breve{\boldsymbol{P}}_r$ 内所有粒子的面积并以降序对其进行排序后，取前 S 个粒子作为粒子群算法的初始粒子群 $\boldsymbol{P}^{(0)}=\{\boldsymbol{X}_i^{(0)} \mid i=1,2,\cdots,S\}$。

对于室内三维定位场景，信标节点所构成的三维多面体的体积就成为筛选标准。由于任意多面体的体积计算是一项复杂而耗时的工作，因此可改为计算由信标节点所构成的三维多面体在 xy 平面和 xz 平面上所形成的投影图形的总面积，最后，选取总面积最大的 S 个粒子作为初始粒子群。

4. 初始粒子群选取流程

对于信标节点布局优化问题，在给定室内定位空间 M、可达区域 $\boldsymbol{\theta}$、定位信标节点数量 N 与初始粒子群的规模 S 后，初始粒子群 $\boldsymbol{P}^{(0)}=\{\boldsymbol{X}_i^{(0)} \mid i=1,2,\cdots,S\}$ 的确定过程如下所述。

步骤 1：在可行域 $\boldsymbol{\theta}$ 内随机生成 $\breve{S}$ 种信标节点布局作为候选粒子群 $\breve{\boldsymbol{P}}=\{\breve{\boldsymbol{X}}_i \mid i=1,2,\cdots,\breve{S}\}$。

步骤 2：由式(8.38)确定候选粒子群 $\breve{\boldsymbol{P}}$ 内粒子间的几何距离并对其进行排序，给出采样间隔 T_r，对排好序的粒子群进行重新采样，得到包含粒子个数为 $[\breve{S}/T_r]$ 的粒子群 $\breve{\boldsymbol{P}}_r$。

步骤 3：由式(8.40)计算粒子群 $\breve{\boldsymbol{P}}_r$ 内粒子的面积并按照面积的降序对其进行排序，取前 S 个粒子作为粒子群算法的初始粒子群 $\boldsymbol{P}^{(0)}=\{\boldsymbol{X}_i^{(0)} \mid i=1,2,\cdots,S\}$。

整体流程可见图 8.11。

5. 初始布局效果对比

传统的初始粒子群在可行域中随机给定，这种方法在低维搜索空间能达到较好的均匀分布效果，但对信标节点布局优化这类高维问题则效果有限。通过筛选重采样给出的初始粒子群分布，能在搜索空间中达到更好的分布效果，更有利于后期粒子群算法的收敛能力。以简单室内遮挡环境下布置 4 个定位信标节点的优化问题为例，对比分析两种初始粒子群的生成方法。

图 8.12 为两种方法生成 20 个初始粒子即 20 种信标节点布局方式的效果图，图 8.12(a)为不加限制随机生成的初始粒子群，图 8.12(b)为经过重采样与筛选后的初始粒子群。通过对比可以明显看出，加了筛选重采样后的初始粒子群分布明显优于不加限制随机生成的初始粒子群。

8.3.2.2 算法的前期搜索能力

相比于其他随机搜索算法，粒子群算法有着收敛速度快、高效并行搜索的特点，但这往

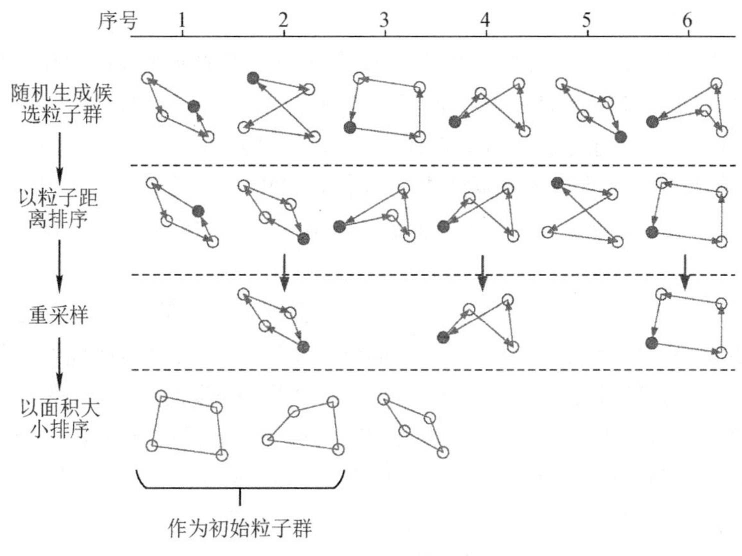

图 8.11 初始粒子群选取流程

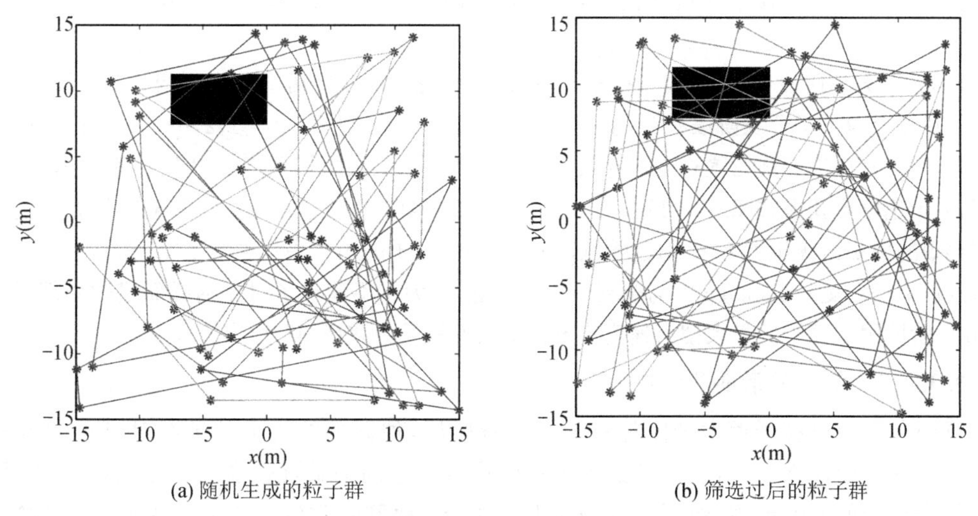

图 8.12 两种初始粒子群

往也会导致算法过早的收敛于局部最优的现象，因为如果早期粒子群搜索到一个相对较好的次优解决方案，粒子群很容易在它周围停滞不前，失去继续探索的能力[30]。尤其是在处理高维多峰问题时，会极易出现“早熟”的现象。对于遮挡环境下信标节点布局优化问题，因室内遮挡物的存在使得搜索空间被拦截分段，所以这种布局优化问题的适应度函数多为非线性不连续的多峰函数，并且多数峰谷存在“陡峭”“狭长”的特点，这就使得粒子不易搜索到达全局最优位置。

对此，笔者希望粒子群算法在搜索初期保持足够的活跃度，能够探索更多的区域，避免其过早地收敛于局部最优解。因此，需要对标准粒子群算法的前期搜索架构进行改进，以用于复杂遮挡环境下的信标节点布局优化问题。引用吸引-排斥粒子群算法（ARPSO）[31]中粒子吸引与排斥的概念，对粒子群算法中粒子的前期搜索过程进行改进，并重新划分为粒子探索阶段与粒子开发阶段。

(1)粒子探索阶段:此阶段为算法的初始搜索阶段。在此阶段,希望粒子能够具有更强的随机搜索能力,因此对粒子的运动状态随机地赋予“吸引子”与“排斥子”属性。当粒子被赋予排斥的属性时,粒子趋向于往局部收敛位置的反方向运动。当粒子被赋予吸引属性时,此时粒子的运动规律与标准粒子群算法中的运动规律相同。假设此阶段的最大迭代搜索步数为 k_{pr},在 $0 < k \leqslant k_{pr}$ 期间,粒子的位置更新公式为式(8.35),速度更新公式改写为:

$$v_{i,j}^{(k+1)} = wv_{i,j}^{(k)} + dir\left[c_1\xi^{(k)}(l_{i,j}^{(k)} - x_{i,j}^{(k)}) + c_2\eta^{(k)}(g_j^{(k)} - x_{i,j}^{(k)})\right] \tag{8.41}$$

式中 dir 为符号变量,当 $dir = 1$ 时,公式(8.41)与标准粒子群算法的速度更新公式一致;当 $dir = -1$ 时,反转粒子局部收敛的趋势。在此阶段引入一个较短的迭代搜索周期 $k_l \ll k_{pr}$,每个搜索周期内 dir 被随机等概率地赋予 -1 或 1。为了进一步提高粒子的随机探索能力,在每个搜索周期内随机地将粒子 $\boldsymbol{X}_i$ 的个体历史最优解 $\boldsymbol{l}_i^{(k)}$ 作为其余任意粒子 $\boldsymbol{X}_j$ 的全局最优解 $\boldsymbol{g}_j^{(k)}$ 与粒子 $\boldsymbol{X}_h$ 的个体历史最优解 $\boldsymbol{l}_h^{(k)}$,$\boldsymbol{X}_i,\boldsymbol{X}_j,\boldsymbol{X}_h \in \boldsymbol{P}$,即表示每个粒子对应的 $\boldsymbol{l}_i^{(k)}$ 与 $\boldsymbol{g}_j^{(k)}$ 可以从种群内所有粒子共享的集合 $\boldsymbol{L}^{(k)} = \{\boldsymbol{l}_i^{(k)} \mid i = 1,2,\cdots,S\}$ 中随机匹配,该过程可表示为:

$$\boldsymbol{l}_i^{(k)} = rand\{\boldsymbol{L}^{(k)}\},\ \boldsymbol{g}_i^{(k)} = rand\{\boldsymbol{L}^{(k)}\} \tag{8.42}$$

为了保证此阶段粒子的搜索能力,在此阶段内惯性权重 w 取常数并限制粒子的最大搜索速度为 $\boldsymbol{v}_{pr\max}$。

(2)粒子开发阶段:在经过粒子探索阶段后,每个粒子都在经历了较为广阔的空间探索过程,本阶段对每个粒子于开发阶段找到的历史最优位置 $\boldsymbol{L}^{(k)} = \{\boldsymbol{l}_i^{(k)} \mid i = 1,2,\cdots,S\}$ 进行更进一步的开发,以使其历史最优位置趋近局部最优位置。此阶段的最大搜索步数为 k_{pi},在 $k_{pr} < k \leqslant k_{pi}$ 期间,粒子速度更新由式(8.41)决定,其中取 $dir = 1$;本阶段的初始粒子位置 $\boldsymbol{X}_i^{(k_{pr}+1)}$ 在其前一阶段搜寻到的历史最优位置 $\boldsymbol{l}_i^{(k_{pr})}$ 附近随机选取;以每个粒子的历史最优位置 $\boldsymbol{l}_i^{(k-1)}$ 作为下一步速度更新过程中的历史最优位置 $\boldsymbol{l}_i^{(k)}$ 与全局最优位置 $\boldsymbol{g}_i^{(k)}$。为了不使粒子过于活跃而错过局部最优位置,在此阶段限制粒子的最大搜索速度为 $\boldsymbol{v}_{pi\max}$,惯性权重由式(8.37)给出。

8.3.2.3 算法的后期收敛能力

算法在经历过粒子探索阶段与粒子开发阶段后,种群内的每个粒子都对可行的探索空间进行了深度的探索,其所搜寻到的历史最优位置接近局部最优位置。但是,这两个阶段着重于粒子自身的搜索能力,粒子间没有信息的共享,种群的收敛能力差。因此,增加群开发阶段、群探索阶段与群收敛阶段以提高算法的后期收敛能力。

(1)群开发阶段:此阶段可以看为典型的粒子群算法的运行阶段。在此阶段,种群内每个粒子离开其个体历史最优位置,被吸引到全局最优位置,并开发两个最佳位置之间的路径。此阶段的最大搜索步数为 k_{si},在 $k_{pi} < k \leqslant k_{si}$ 期间,粒子速度更新公式(8.41)中取 $dir = 1$,初始粒子位置 $\boldsymbol{X}_i^{(k_{pi}+1)} = \boldsymbol{l}_i^{(k_{pi})}$,此时粒子群内所有粒子的 $\boldsymbol{g}_i^{(k)} = best(\boldsymbol{L}^{(k)} = \{\boldsymbol{l}_i^{(k)} \mid i = 1,2,\cdots,S\})$。为了保证算法在此阶段的收敛能力,取线性递减的惯性权重并限制最大搜索速度为 $\boldsymbol{v}_{si\max}$。

(2)群探索阶段:在经历过一定程度的群开发阶段后,粒子群已基本收敛于所搜索到的最优位置附近。为了降低此位置为非理想最优位置的概率,在此阶段赋予粒子群一定的局部探索能力。此阶段的最大搜索步数为 k_{sr},在 $k_{si} < k \leqslant k_{sr}$ 期间,将全局最优解属性随机设定为“排斥子”或“吸引子”,以降低收敛的局部最优解的概率。此时在一个搜索周期 k_l 内,粒子速度更新公式(8.41)中 $dir = \{+1, -1\}$,历史最优位置 $\boldsymbol{l}_i^{(k)} = \boldsymbol{g}_i^{(k)}$,取较小的常数为此

阶段的惯性权重并限制最大搜索速度为 $\boldsymbol{v}_{sr\max}$。此阶段提高了粒子群的局部探索能力，能很好地避免全局最优解陷入局部最优位置。

(3)群收敛阶段：最后，在 $k_{sr} < k \leqslant k_{\max}$ 的群收敛阶段，粒子的位置与速度更新公式与标准粒子群算法一致，每个粒子的初始位置 $\boldsymbol{x}_i^{(k_{sr}+1)}$ 取群探索阶段的粒子历史最优位置 $\boldsymbol{l}_i^{(k_{sr})}$，为了保证结果快速收敛于全局最优位置，惯性权重取为式(8.37)。

通过这种改进的后期搜索结构，不但可以提高算法的后期收敛能力，也能降低结果收敛于局部最优位置的概率，一定程度上避免算法出现早熟收敛的风险。

8.3.2.4　改进粒子群优化算法流程

基于室内复杂环境下的信标节点布局优化问题的改进粒子群优化算法流程如下。

步骤 1：给出室内定位空间 M、可达区域 $\boldsymbol{\theta}$、定位信标节点数量 N 与粒子群的规模 S。初始离散化区域 $\boldsymbol{\theta}$ 为 $\boldsymbol{B} = \{\boldsymbol{b}_i \mid i = 1,2,\cdots,\breve{n}\}$，其中 $\boldsymbol{b}_i = [x_i, y_i, z_i]^{\mathrm{T}}$。粒子的最大迭代运行次数设置为 $k_{\max}$，并给出 k_{pr}、k_{pi}、k_{si}、k_{sr}、$w_{\max}$ 和 $w_{\min}$。基于对粒子几何距离与面积重采样的方法给出初始粒子群 $\boldsymbol{P}^{(0)} = \{\boldsymbol{X}_i^{(0)} \mid i = 1,2,\cdots,S\}$。随机生成初始速度 $\boldsymbol{V}^{(0)} = \{\boldsymbol{v}_i^{(0)} \mid i = 1,2,\cdots,S\}$，并限制最大搜索速度在 $\boldsymbol{v}_{\max}$ 以内。以所介绍的目标函数式(8.30)为算法的适应度函数 $F(\boldsymbol{X})$。粒子的速度与位置更新公式分别为式(8.41)与式(8.35)。

步骤 2：当 $0 < k \leqslant k_{pr}$ 时为粒子探索阶段，此阶段首先计算每个粒子的适应度值 $F(\boldsymbol{X}_i^{(k)})$，并给出前 k 步的历史最优位置 $\boldsymbol{l}_i^{(k)} = \min\limits_{\boldsymbol{X}}\{F(\boldsymbol{X}_i^{(j)}) \mid j = 0,1,\cdots,k\}$。给出此阶段的惯性权重 $w^{(k)}$、最大速度 $\boldsymbol{v}_{pr\max}$ 与搜索周期 k_l，每个搜索周期内 $dir = \{+1, -1\}$，$\boldsymbol{l}_i^{(k)}$ 与 $\boldsymbol{g}_j^{(k)}$ 由公式(8.42)给出。

步骤 3：在 $k_{pr} < k \leqslant k_{pi}$ 粒子开发阶段，给出随机扰动 $\Delta\boldsymbol{V}$，初始粒子位置 $\boldsymbol{X}_i^{(k_{pr}+1)}$ 取为 $\boldsymbol{l}_i^{(k_{pr})} + \Delta\boldsymbol{V}$，随机生成此阶段的初始迭代速度 $\boldsymbol{V}^{(k_{pr})}$ 以消除上一阶段的影响。给出前 k 步的历史最优位置 $\boldsymbol{l}_i^{(k)}$ 作为全局最优位置 $\boldsymbol{g}_i^{(k)}$，速度更新公式中 dir 取值为 1，惯性权重 $w^{(k)}$ 由式(8.37)给出。

步骤 4：在 $k_{pi} < k \leqslant k_{si}$ 群开发阶段，以 $\boldsymbol{l}_i^{(k_{pi})}$ 作为此阶段初始粒子位置 $\boldsymbol{X}_i^{(k_{pi}+1)}$，并生成初始迭代速度 $\boldsymbol{V}^{(k_{pi})}$。此阶段粒子间共享其个体最优位置 $\boldsymbol{L}^{(k)} = \{\boldsymbol{l}_i^{(k)} \mid i = 1,2,\cdots,S\}$，由此给出全局最优位置 $\boldsymbol{g}_i^{(k)} = \min\limits_{\boldsymbol{l}}(\boldsymbol{L}^{(k)})$。以上一阶段类似，速度更新公式中 dir 取值为 1，惯性权重 $w^{(k)}$ 由式(8.37)给出。

步骤 5：在 $k_{si} < k \leqslant k_{sr}$ 群探索阶段，以 $\boldsymbol{g}_i^{(k_{si})}$ 作为此阶段初始粒子位置 $\boldsymbol{X}_i^{(k_{si}+1)}$，并生成初始迭代速度 $\boldsymbol{V}^{(k_{si})}$。在此阶段以粒子的全局最优位置 $\boldsymbol{g}_i^{(k)}$ 表示历史最优位置 $\boldsymbol{l}_i^{(k)}$。给出此阶段的最大搜索速度 $\boldsymbol{v}_{sr\max}$ 与搜索周期 k_l，每个搜索周期内 $dir = \{+1, -1\}$。

步骤 6：在 $k_{sr} < k \leqslant k_{\max}$ 的群收敛阶段，以 $\boldsymbol{l}_i^{(k_{sr})}$ 作为此阶段粒子的初始位置 $\boldsymbol{x}_i^{(k_{sr}+1)}$。此阶段 dir 恒为 1，惯性权重 $w^{(k)}$ 由式(8.37)给出。可看出此阶段与标准粒子群中的位置速度更新阶段一致。

步骤 7：若在第 k 步迭代过程中，满足终止条件，则输出 $\boldsymbol{g}^{(k)}$ 为信标节点布局优化问题的最优布局。此算法的终止准则有三种：① $k > k_{\max}$，表示限制最大迭代搜索步数。② $F(\boldsymbol{g}^{(k)}) < F_{th}$，表示以可接受的最优布局方式的适应度值为终止条件。③ $\sum\limits_{i=0}^{T} \left| F(\boldsymbol{g}^{(k-i)}) - F(\boldsymbol{g}^{(k-i-1)}) \right| < \delta f$，表示

以 T 内可接受的最小适应度值的变化量作为终止条件。

8.3.3 算法性能比较

以 30 m×30 m 简单室内遮挡环境下基于 TOA 架构的四个信标节点布局优化问题为例，分别以标准粒子群优化算法与本章所介绍的改进算法对相同遮挡环境下的信标节点布局问题进行求解，再对两种算法的优化过程进行对比分析，以验证本章所介绍的改进方法的运算性能。

两种粒子群算法的适应度函数都选式(8.30)，其中取 $\omega_0 = \omega_1 = 0.5$，粒子群规模 $S = 10$，最大迭代步数 $k_{\max} = 400$，取 $w_{\max} = 0.9$，$w_{\min} = 0.4$。对于改进粒子群算法，取 $\breve{S} = 100$，$T_r = 2$，$k_{pr} = 100$，$k_{pi} = 150$，$k_{si} = 200$，$k_{sr} = 250$。两种方算法的迭代搜索过程对比见图 8.13。

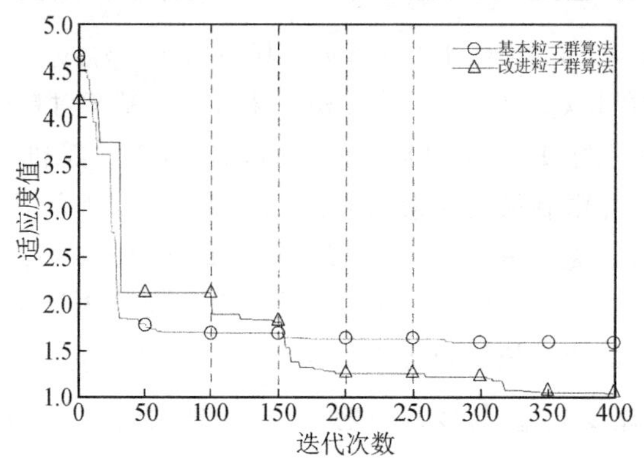

图 8.13 两种算法的性能对比

由图 8.13 可看出，在粒子探索与粒子开发的前期全局搜索阶段，对于改进粒子群算法，粒子处于高度活跃状态，有很强的全局搜索能力，能很好地跳出局部最优解不被其束缚。对于标准粒子群算法，在此阶段其算法在可行空间中的搜索能力相对较差，这就使得算法的解很容易被吸引到局部最优解附近。在群探索、群开发与群收敛的后期结果收敛阶段，此时对于标准粒子群算法，由于惯性权重值的下降，该算法已经基本陷入局部最优解的附近。对于改进后的算法，由于算法前期具有较强的搜索能力，使得粒子群能探索更多的可行空间，这极大地避免了算法落入局部最优解的情况。总体来说，改进的粒子群算法更适合于解决信标节点布局优化问题。

8.4 遮挡环境下单目标优化信标节点布局

8.4.1 简单遮挡环境下仿真分析

基于改进的粒子群算法，对室内 30 m×30 m 遮挡环境下四个信标节点最优布局问题进行仿真分析。对于改进粒子群算法，其中的参数分别预设为：候选粒子群规模 $\breve{S} = 100$，采样间隔 $T_r = 2$，初始粒子群规模 $S = 10$，粒子探索阶段最大步数 $k_{pr} = 100$，搜索周期 $k_l = 5$，最大搜索速度 $v_{\max} = 3$，粒子开发阶段最大步数 $k_{pi} = 150$，群开发阶段最大步数 $k_{si} = 200$，群

探索阶段最大步数 $k_{sr}=250$，群收敛阶段最大步数 $k_{max}=400$，最大惯性权重 $w_{max}=0.9$，最小惯性权重 $w_{min}=0.4$，加速度常数 $c_1=c_2=2$。

下面分别对该环境下基于 TOA 架构、TDOA 架构与 DOA 架构的定位系统最优信标节点布局方式进行仿真，并分析式(8.33)中的两个权重系数的不同取值对优化目标造成的影响。

8.4.1.1　基于 TOA 架构的最优布局

首先以无遮挡环境下基于 TOA 架构的信标节点最优布局问题为例，验证改进粒子群算法的可靠性。以 0.5 m 的间距对定位空间进行网格划分，每个网格顶点被视为空间离散化后的未知节点、未知节点集。由于此时定位空间中没有遮挡物的存在，因此以未知节点集的 GDOP 均值为优化目标，通过改进粒子群算法给出无遮挡环境下的最优信标节点布局，见图 8.14。

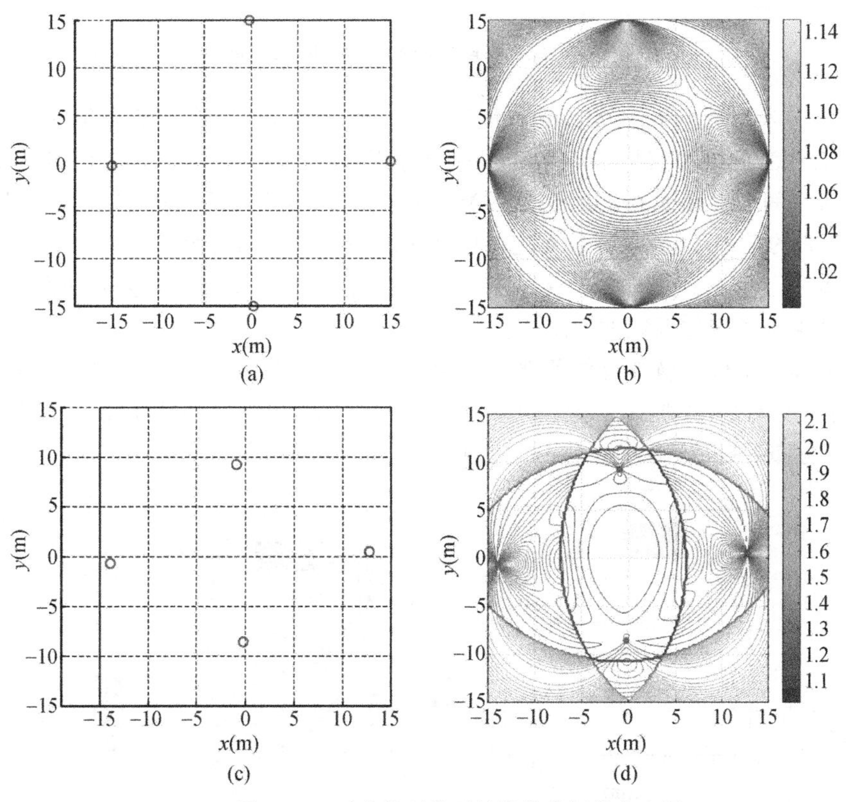

图 8.14　无遮挡环境下的最优信标节点布局

当不对单个信标节点的有效测距范围进行限制时，其最优信标节点布局形状与对应的 GDOP 分布等高线见图 8.14(a)、(b)。可以看出，当定位空间无遮挡物为全 LOS 场景时，最优信标节点布局的几何形状接近于正四边形，这与文献[13]的分析结果相似。然而，实际的室内定位系统中定位信标节点有定位距离的限制，当限制单个信标节点的有效测距半径为 20 m 以内时，则该种情况下的最优信标节点布局形状与 GDOP 分布等高线见图 8.14(c)、(d)。可以看出，加入距离限制后，最优信标节点布局的几何形状会向中心收缩，该结果与实际经验相符合。

当在定位空间中放置有 5 m×7 m 的遮挡物时，若仅以未知节点集的 GDOP 平均值为优化目标，并限制信标节点有效测距范围为 20 m 时，可给出此条件下的最优信标节点布局方式与其对应的 GDOP 分布等高线见图 8.15(a)、(b)。

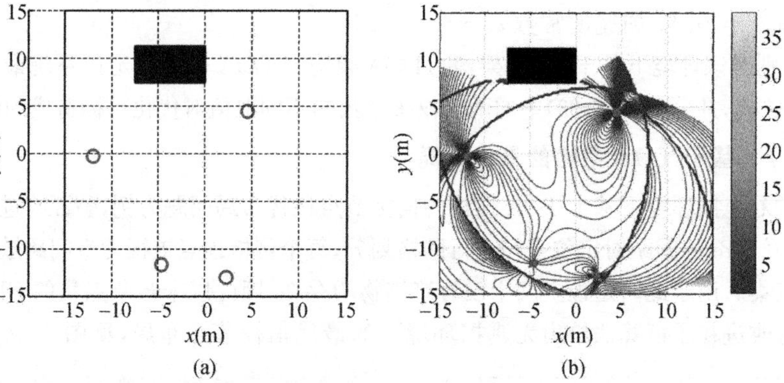

(a)　　(b)

图 8.15　TOA 架构下基于 GDOP 均值的最优布局

图 8.14(c)中未知节点集的 GDOP 均值为 1.26，图 8.15(a)中未知节点集的 GDOP 均值为 1.18，结合两者的最优信标节点布局图进行分析，若以未知节点集的平均 GDOP 为优化目标，当定位空间中存在遮挡物时会通过减小有效定位面积以降低平均 GDOP 值，为了追求平均 GDOP 的最小值，会选择放弃定位空间中的一些角落和缝隙。图 8.15(a)中 0 -覆盖率与 1 -覆盖率之和为定位失败区域，比例高达 23.11%，这种布局方式会遗漏许多未覆盖的区域，极大地损害了定位系统的稳定性。

因此，在同样的定位环境与定位条件下，以本章所介绍的目标函数式(8.30)作为改进后粒子算法的适应度函数，并取式(8.30)中 $w_0 = w_1 = 0.5$，此时可给出最优信标节点布局及对应的 GDOP 分布等高线，见图 8.16(a)、(b)。

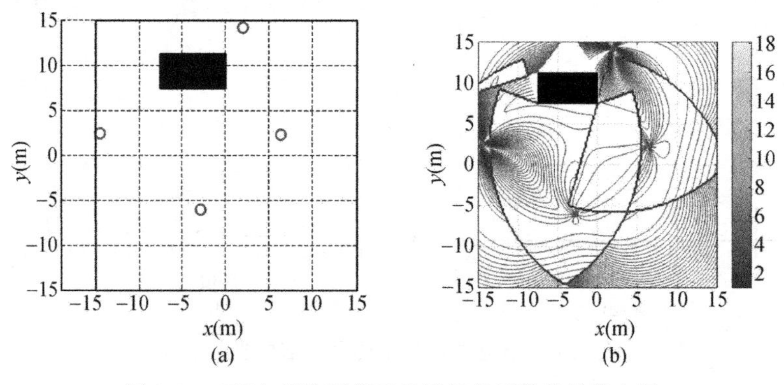

图 8.16　TOA 架构下基于改进目标函数的最优布局

与图 8.15(a)中的最优布局方式相比，基于本章所介绍的改进优化目标所得到的最优布局〔图 8.16(a)所示〕有关 K -覆盖率的问题得到了很大的改善。其中，2 -覆盖率、3 -覆盖率与 4 -覆盖率分别为 43.53%、43.89%、10.60%，定位失败区域比例(0 -覆盖率与 1 -覆盖率之和)由 23.11%降至 1.98%。此时在该最优信标节点布局下，未知节点集的 GDOP 均值为 1.47，适应度值为 1.77。由此可见，本章所介绍的优化目标函数在兼顾定位系统的定位精度前提下，有利于提高定位系统的稳定性。

8.4.1.2 基于 TDOA 架构的最优布局

与上述分析基于 TOA 架构所设置的环境一致，现对同一环境下基于 TDOA 架构的信标节点布局方式进行优化分析。基于相同参数下的改进粒子群算法并限制单个信标节点的覆盖半径为 20 m，以未知节点集的 GDOP 均值和目标函数式(8.30)分别作为信标节点布局的优化目标，给出两种不同优化目标下的最优信标节点布局并对其进行对比分析。首先给出以 GDOP 均值为优化目标的最优信标节点布局方式，结果见图 8.17。

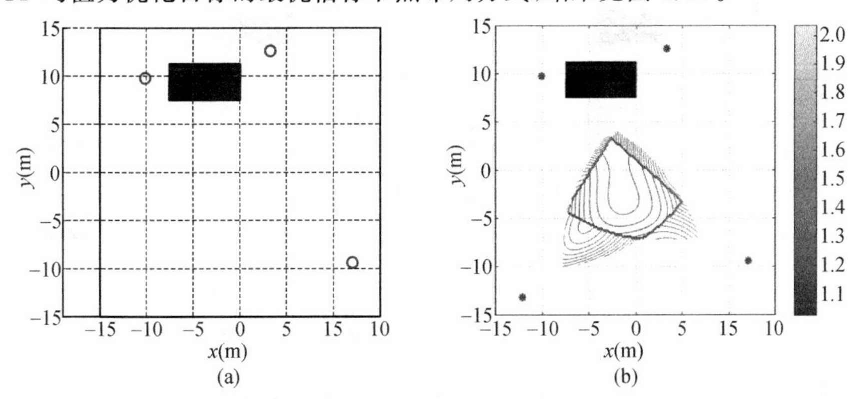

图 8.17 TDOA 架构下基于 GDOP 均值的最优布局

图 8.17(a)与图 8.17(b)为以 GDOP 均值为优化目标的最优信标节点布局方式与其 GDOP 等高线图，该布局方式下的未知节点 GDOP 均值为 1.11，而定位失败区域即 0 -覆盖与 2 -覆盖之和占比高达 86.28%，可看出该最优布局是以牺牲定位覆盖率来提高定位精度的。当以改进目标函数式(8.30)为信标节点布局的优化目标时，所给出的最优信标节点布局见图 8.18。

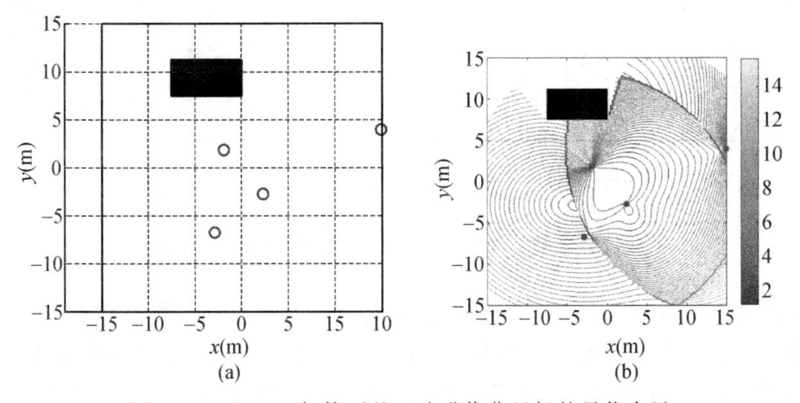

图 8.18 TDOA 架构下基于改进优化目标的最优布局

图 8.18(a)、(b)分别为最优信标节点布局及对应的 GDOP 分布等高线。其中 3 -覆盖率与 4 -覆盖率分别为 46.56%与 43.72%。对比图 8.17 的信标节点布局，该布局的定位失败区域(0 -覆盖率与 2 -覆盖率之和)占比由 86.28%降至 9.71%，GDOP 均值由 1.11 提升至 3.47。对比两种最优信标节点布局，以本章所介绍的改进的目标函数作为 TDOA 架构的信标节点布局问题的优化目标更符合实际的定位需求。

8.4.1.3 基于 DOA 架构的最优布局

基于相同的定位环境并限制单个信标节点的覆盖半径为 20 m，对比分析 DOA 定位架构下 GDOP 均值和目标函数式(8.30)两类不同优化目标的最优信标节点布局。基于相同参数下的改进粒子群算法，首先给出以 GDOP 均值为优化目标的信标节点最优布局，见图 8.19。

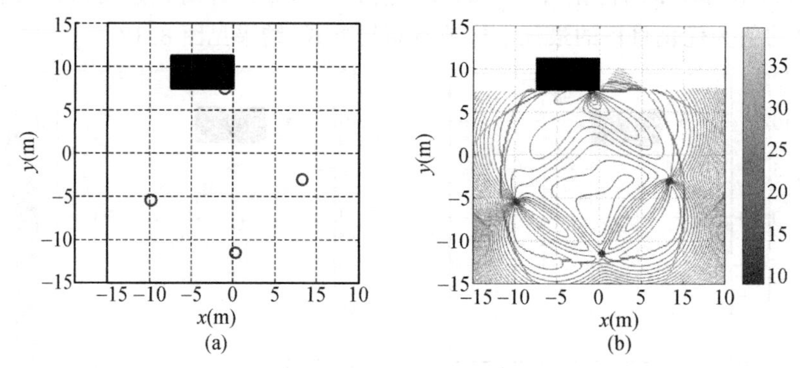

图 8.19 DOA 架构下基于 GDOP 均值的最优布局

图 8.19(a)、(b)分别为最优信标节点布局与对应的 GDOP 分布等高线。该布局方式下的未知节点 GDOP 均值为 13.48，定位失败区域占比为 21.60%。当以改进目标函数式(8.30)为信标节点布局的优化目标时，所给出的最优信标节点布局见图 8.20。

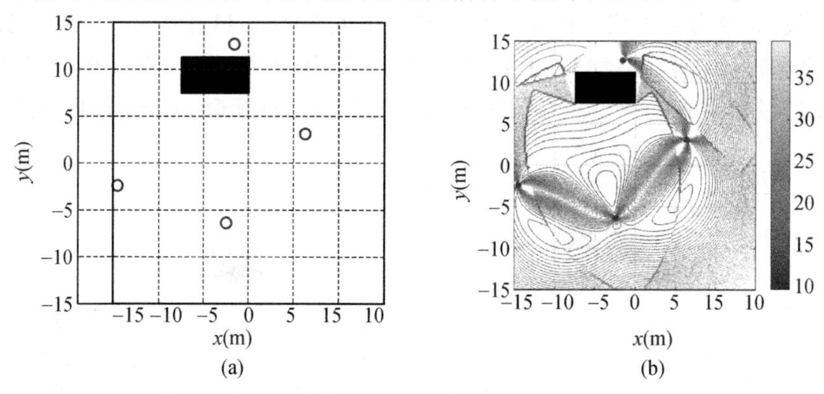

图 8.20 DOA 架构下基于改进优化目标的最优布局

在图 8.20 中的布局方式下，定位系统能够成功的区域占总的可达区域的 97.77%，对应的 2-覆盖率、3-覆盖率、4-覆盖率分别 48.04%、49.73%、0。相比于图 8.19 中的布局方式，定位失败区域占比由 21.60%降至 2.22%，GDOP 均值仅由 13.48 升为 14.41。因此，对于 DOA 架构的最优信标节点布局问题，本章所介绍的改进目标函数更适合作为该问题的优化目标。

8.4.1.4 目标函数参数的影响

在所介绍的目标函数式(8.30)中，ω_0 为定位系统定位精度的权重系数，ω_1 为定位覆盖率的权重系数，两者的取值取决于定位系统的应用场景。不同定位场景中对定位系统的定位精度与成功定位区域的覆盖率的要求不同，此时就可以通过调整 ω_0 与 ω_1 的取值来平衡对两者的需求。下面分析 ω_0 与 ω_1 的取值对式(8.30)中的两类优化目标的影响。

以 TOA 架构的定位系统为例,在相同的室内遮挡定位环境与布局优化算法下,改变目标函数中权重参数 ω_0 与 ω_1 的值,分别得到对应参数下的最优适应度值与两类优化目标的值,见表 8.1。

表 8.1　权重参数对优化目标的影响

项目	$F_G(\boldsymbol{X})$	$F_A(\boldsymbol{X})$	$F(\boldsymbol{X})$
$\omega_0=0.1,\omega_1=0.9$	3.07	0.25	0.53
$\omega_0=0.3,\omega_1=0.7$	2.66	0.45	1.11
$\omega_0=0.5,\omega_1=0.5$	1.44	1.70	1.57
$\omega_0=0.7,\omega_1=0.3$	1.41	1.81	1.53
$\omega_0=0.9,\omega_1=0.1$	1.01	2.28	1.14

由表 8.1 可以发现代表定位精度的优化目标 $F_G(\boldsymbol{X})$ 随着 ω_0 的增加而减小,而 $F_A(\boldsymbol{X})$ 随着 ω_1 的减少而增大。适应度 $F(\boldsymbol{X})$ 在 ω_0 与 ω_1 相接近时达到峰值。仿真结果表明,通过调整 ω_0 与 ω_1 的值,可以控制定位精度和有效定位区域覆盖率两类优化目标的侧重级。对应表 8.1 中 ω_0 与 ω_1 的取值组合,其最优信标节点布局见图 8.21。

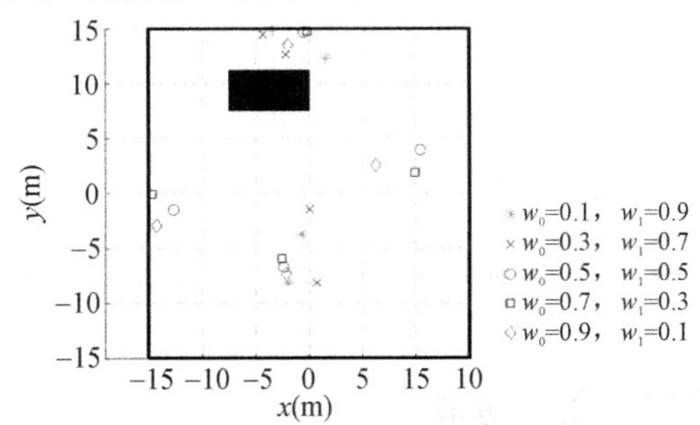

图 8.21　各类参数下的最优信标节点布局

在某些特殊的室内定位场景下,不但要求定位系统具有较高的有效定位区域覆盖率,而且还需要控制 K-覆盖($K \geqslant m$, m 为定位所需的最小 LOS 信标节点的数量)的占比。如对于某些安防系统,因为需要对目标人员进行可靠的定位,降低漏检或错检的概率,此时就要求待定位的目标同时接收到的 LOS 定位信标节点越多越好,即表示 K_{max}-覆盖占比越大越好。对于这类定位情景,以本章所介绍的目标函数式(8.33)作为改进粒子群算法的适应度函数,通过控制对应 i-覆盖区域的权重系数 f_i $(i=k,k+1,\cdots,m)$ 就可以控制 i-覆盖区域在有效定位区域中的占比。

同样以 TOA 架构的定位系统为例,在相同的简单遮挡环境与布局优化算法下,取两个优化目标 $F_K(\boldsymbol{P})$ 与 $F_A(\boldsymbol{P})$ 的权重 $\omega_0=\omega_1=0.5$,分别赋予 $F_K(\boldsymbol{P})$ 中的权重系数 f_i 不同的值,每组权重系数下,对应最优信标节点布局的每类 K-覆盖率($K \geqslant m$)见表 8.2。

表 8.2　权重系数对每类 K -覆盖率的影响

项目	2 -覆盖率	3 -覆盖率	4 -覆盖率
$f_1=0.1, f_2=0.3, f_3=0.6$	42.94%	28.08%	27.11%
$f_1=0.2, f_2=0.3, f_3=0.5$	42.33%	32.26%	23.52%
$f_1=0.3, f_2=0.3, f_3=0.4$	47.54%	31.14%	19.48%
$f_1=0.4, f_2=0.3, f_3=0.3$	49.79%	33.01%	15.39%
$f_1=0.5, f_2=0.3, f_3=0.2$	51.71%	30.17%	16.42%
$f_1=0.6, f_2=0.3, f_3=0.1$	51.73%	34.93%	11.61%

从表 8.2 可以看出，在 $f_1+f_2+f_3=1$ 的条件下，权重系数 $\{f_1, f_2, f_3\}$ 之间的占比与每类 K -覆盖率的占比正相关。因此可以根据不同的定位任务需求，通过适当选取的权重系数 $\{f_1, f_2, f_3\}$ 就能给出适合其定位任务的最优信标节点布局。图 8.22 为对应表 8.2 中权重系数 $\{f_1, f_2, f_3\}$ 取值的信标节点布局。

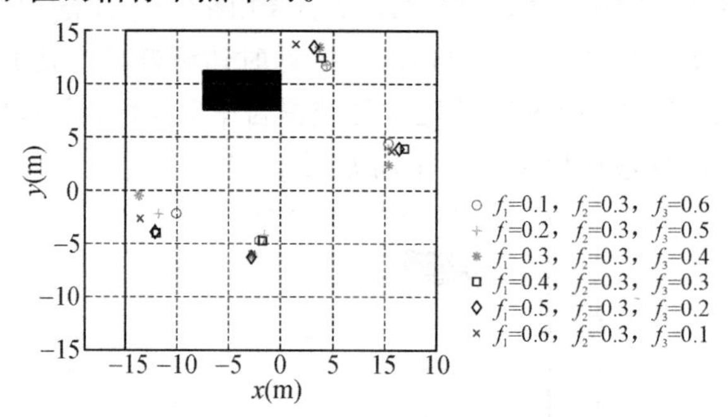

图 8.22　每种权重参数下的最优信标节点布局

8.4.2　复杂遮挡环境下的仿真分析

如前文所述，在室内定位空间，由于遮挡物的存在和信标节点覆盖半径的限制，目标函数式(8.30)为不连续的分段函数，当室内定位环境越复杂、遮挡物越多时，目标函数的不连续程度越大，即表示适应度值变化程度越大，粒子群就越容易被吸引到局部最优解附近。从上一节的仿真结果来看，改进粒子群算法对于简单遮挡环境下的信标节点布局优化问题有良好的稳定性。本节分析改进粒子群算法对复杂遮挡环境下的信标节点布局优化问题优化结果的稳定性。

以基于 TOA 的定位系统架构为例，模拟仿真的复杂室内遮挡环境如图 8.23 所示，定位空间由不规则的边界围成，且两个障碍物的存在进一步加剧了定位环境的复杂程度。考虑到该定位空间的复杂程度，布置的信标节点数量提高为 6 个，单个信标节点的覆盖半径为 20 m。改进粒子群算法的参数设置与简单遮挡环境下的设置相同，优化后的信标节点布局见图 8.23。

在最优信标节点布局下，GDOP 均值为 1.40，优化目标 $F_G(\boldsymbol{X})$ 为 1.09，$F_A(\boldsymbol{X})$ 为 0，适应度值 $F(\boldsymbol{X})$ 为 0.54。信标节点的 2 -覆盖率、3 -覆盖率、4 -覆盖率分别为 19.86%、57.22%、22.92%。定位失败区域的比例为 0。与此同时，没有可以同时接收四个以上视距

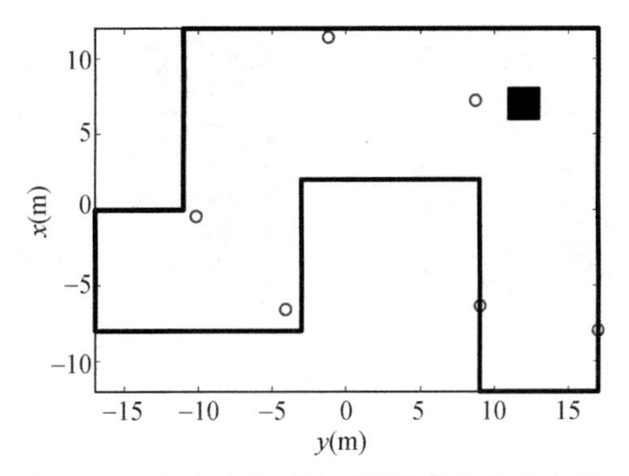

图 8.23　复杂遮挡环境下最优信标节点布局

信标节点信息的区域，即不存在信标节点冗余区域。这也证明了优化后的信标节点布局充分利用了每个信标节点。在实际应用中，成本是限制定位系统应用范围的一个重要因素，而这种最优布局方式能充分利用到每个信标节点，以较少的信标节点数量达到更好的定位效果，从而降低定位系统的应用成本。

从图 8.24 最优信标节点布局的 GDOP 分布等高线图可看出，即使室内定位空间被障碍物分割成不规则的区域，优化后的最优信标节点布局在保证较小的 GDOP 均值的前提下，仍能维持一定的有效定位区域覆盖率，这也代表优化后的信标节点布局更能适用于复杂遮挡环境下的室内定位系统。

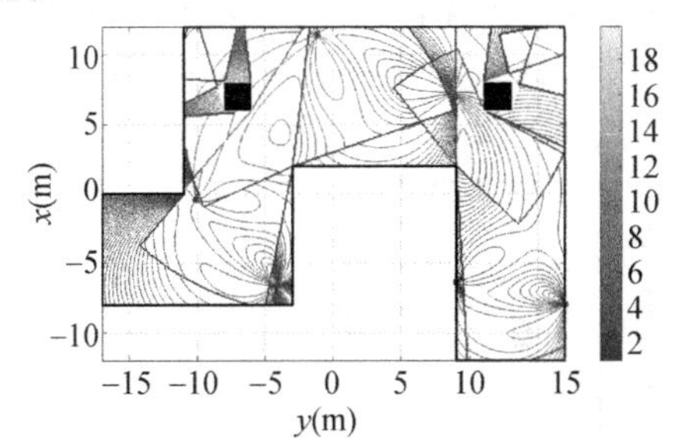

图 8.24　最优信标节点布局的 GDOP 等高线

8.4.3　实验验证

8.4.3.1　实验原理

在实际的室内遮挡环境下，以基于 TOA 架构的定位系统为例，通过实验验证的方法对经验定位信标节点布局与最优信标节点布局的定位性能进行对比分析。实验场地为 9 m×9 m 的半开放大厅，内部区域有两根方柱作为遮挡物。本实验所用的实验场景、定位设备见图 8.25(a)、(b)。

本次定位实验采用的播音器和接收器是专门为基于 TOA 的室内声学定位而设计的，每个播音器的覆盖半径为 30 m。与其他基于 TOA 的定位技术相比，基于声学的定位系统性能更容易受到室内非视距现象的影响，因此选择基于超声波的定位系统，通过比较四个信标节点的经验布局方法与最优布局方法的定位精度，来验证本章所介绍的优化信标节点布局

(a) 实验场景

(b) 播音器与接收器

图 8.25 实验场景与定位设备

方法的有效性与可行性。

在本次实验中，以播音器作为定位信标节点将其放置于指定位置，在定位区域内选择一些固定的测试节点放置接收器。将每个接收器采集到的视距播音器的 TOA 信息基于 Matlab 平台进行距离估计分析，由此得到接收器与视距播音器的距离估计值，最后基于所获得的距离估计值通过最大似然估计法得到接收器的位置估计值。

8.4.3.2 实验过程

首先通过本章所介绍的优化方法对该实际遮挡环境下四个信标节点的布局方式进行优化，其中改进粒子群算法参数设置与本章 8.1 中简单遮挡环境下的算法参数设置相同，同样以式(8.30)作为优化算法的适应度函数，式中的两个权重参数 $\omega_0 = \omega_1 = 0.5$。在上述参数设置下，得到的最优信标节点布局方式见图 8.26。为了更好地对比分析经验布局方式与最优信标节点布局方式的定位性能，选取环绕一根方柱的 28 个固定节点作为测试节点，见图 8.26。

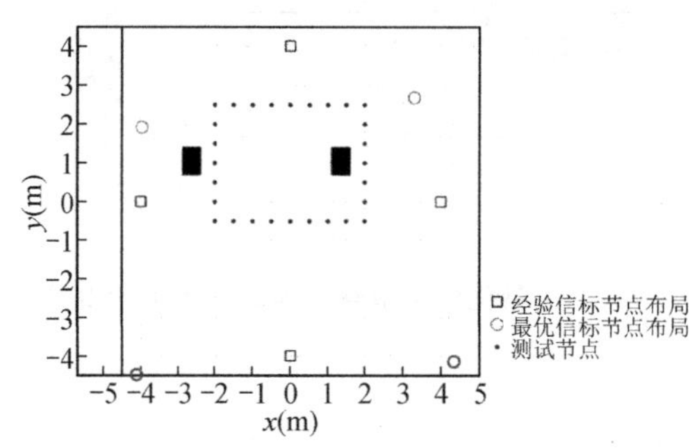

图 8.26 实验场景的建模与两种布局方式

基于改进优化算法得出的最优布局与基于个人经验的经验布局的 GDOP 等高线见图 8.27。仿真结果显示，对于经验信标节点布局，平均 GDOP 为 1.68，最小适应度值为 0.88，无效定位区域的比例为 8.54%。经过布局优化算法优化后得到的最优信标节点布局的平均 GDOP 降至 1.25，最小适应度值为 0.63，并且所有的定位空间都至少能被两个 LOS 信标节点所覆盖。从仿真结果可看出，经过优化后的信标节点布局能显著提高定位系统的定位精度和稳定性。

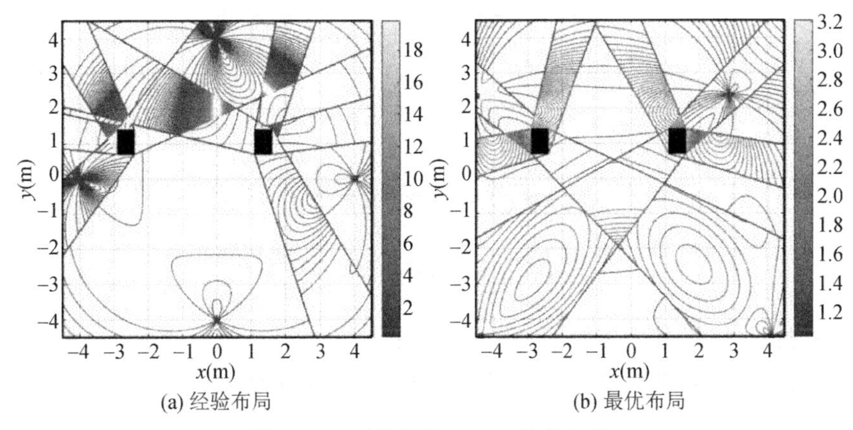

(a) 经验布局　(b) 最优布局

图 8.27　两种布局 GDOP 的等高线

最后，按照上述仿真结果，依次布置最优信标节点布局与经验布局进行实验对比分析。先将 4 组播音器布置于最优信标节点布局位置，测出 28 组测试节点上接收器的位置估计值；再将这些播音器放置于经验信标节点布局位置，通过相同的测试条件得出测试节点的位置估计值。为保证实验结果的有效性，两种布局方式下的播音器与接收器的高度设置都为 1.5 m，定位系统的其他参数也都相同。

8.4.3.3　实验结果分析

基于上述实验步骤，分别得到了经验信标节点布局与最优信标节点布局下测试节点的定位结果，见图 8.28。从图 8.28 中可以直观看出，相比于经验布局方式，最优布局方式下的位置估计误差明显更加稳定。

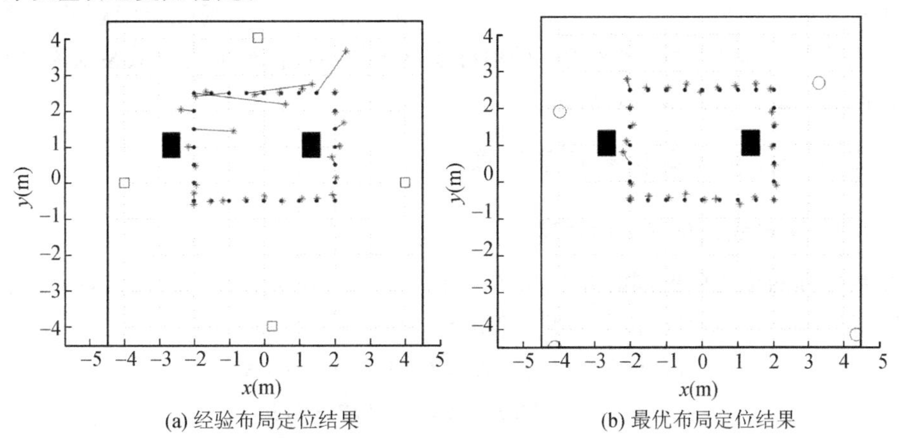

(a) 经验布局定位结果　(b) 最优布局定位结果

图 8.28　定位结果比较

在相同条件下，对每种布局方式的定位实验重复 500 次，统计得到定位误差的累积分布函数 CDF。基于两种信标节点布局方式的定位误差 CDF 见图 8.29。通过比较基于两种信标节点布局方式在特定测试点定位误差的 CDF，就能得出改进后的信标节点布局方式的定位性能。

对于本实验中使用的室内声学定位系统，定位精度从 0.35 m 内的 80％概率提高到 0.24 m 内的 90％概率。可以看出，最优布局整体定位结果相较于经验布局有所提高。信标

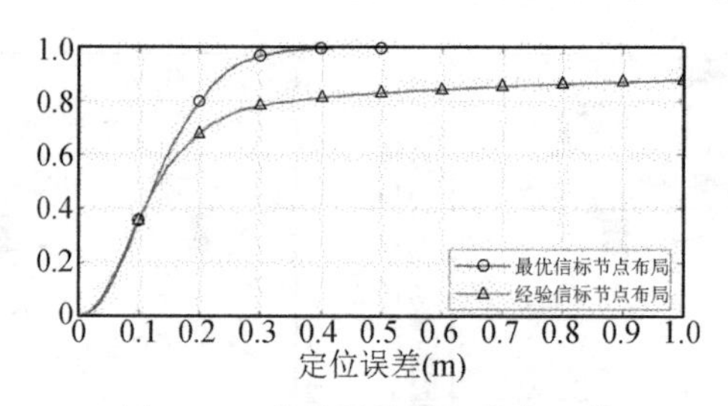

图 8.29　定位误差累积分布函数

节点布局在经过优化后,其定位精度和稳定性均得到了提升。结果表明,通过本章所介绍的方法来优化信标点布局,可显著提高定位系统的精度和稳定性。

8.5　遮挡环境下多目标优化信标节点布局

在解决具体的优化问题时,一般都要求对两个或两个以上的目标同时进行优化处理,这类问题也被叫作多目标优化问题[32]。对于这类问题最简单的处理方法,是利用权重向量对多个优化目标予以加权求和,使其转变为单一优化目标,而后再以单目标优化问题的处理办法对其进行分析处理[33]。但这类多目标优化问题有时会存在几类彼此冲突的目标,优化了其中一种目标后会降低其他几类优化目标的性能。这就要求通过对多种优化目标的优先级加以权衡,得到一个满足要求的解,以此代表这类问题的最优解,但这样无疑会放弃其他可能满足要求的解,而这也是该方法的局限之处。信标节点布局优化问题就是这种典型的存在目标间互相矛盾的多目标优化问题,本章 8.4 将该问题的多个优化目标转化为单一优化目标后再对其进行处理分析,本节则介绍一种适用于信标节点布局优化问题的改进多目标粒子群优化算法,能同时对遮挡环境下的信标节点布局的定位精度与有效覆盖率进行优化,以此给出问题的最优信标节点布局集。

8.5.1　多目标优化与多目标粒子群算法

8.5.1.1　多目标优化问题的描述

大多数实际的优化问题同时存在 M 个优化目标,决策变量为 n 维向量,因此对于这类存在 M 个目标函数的多目标优化问题,可用下式表述:

$$\begin{aligned} &\min F(\boldsymbol{X}) = (f_1(\boldsymbol{X}), f_2(\boldsymbol{X}), \cdots, f_M(\boldsymbol{X})) \\ &\text{s.t.}\quad h_i(\boldsymbol{X}) = 0, i = 1,2,\cdots,P \\ &\qquad g_j(\boldsymbol{X}) \leqslant 0, j = 1,2,\cdots,Q \end{aligned} \tag{8.43}$$

其中,$\boldsymbol{X} = (x_1, x_2, \cdots, x_n) \in \mathbb{R}^n$ 代表优化问题的一个解向量;$f_i(\cdot)$,$i = 1,2,\cdots,M$ 为第 i 个优化目标所抽象而成的目标函数;$h_i(\boldsymbol{X}) = 0$,$i = 1,2,\cdots,P$ 与 $g_j(\boldsymbol{X}) \leqslant 0$,$j = 1,2,\cdots,Q$ 分别为解向量 $\boldsymbol{X}$ 需要遵循的第 i 个等式约束和第 j 个不等式约束。解向量 $\boldsymbol{X}$ 在 n 维空间中的可行域记为解空间,由 Ω 表示,$\Omega \subseteq \mathbb{R}^n$,则 $F(\cdot)$ 代表将解空间 Ω 映射为由目标函数值构成的目标空间 Υ,$\Upsilon \subseteq \mathbb{R}^M$。

多目标优化问题的一个可行解向量 $\boldsymbol{X} \in \Omega$ 对应一个目标函数向量 $F(\boldsymbol{X})$,而由于 $F(\boldsymbol{X})$ 中

多会有彼此矛盾的几类优化目标，因此很难给出一个解向量使公式(8.43)中的每个目标函数都达到最优。对于这种情况，通过权衡每个优化目标给出一组能使每个优化目标尽可能达到最优的非劣解向量。而解向量 $\boldsymbol{X}$ 的优劣性基于其所映射的目标向量 $F(\boldsymbol{X})$ 帕累托(Pareto)支配关系给出[34]。下面引入有关多目标优化问题的相关定义。

Pareto **支配**：若 $\boldsymbol{X}_1$ 与 $\boldsymbol{X}_2$ 分别是某一多目标优化问题的两种解向量，$\boldsymbol{X}_1,\boldsymbol{X}_2\in\Omega$，且 $\boldsymbol{X}_1$ 对应的目标向量 $F(\boldsymbol{X}_1)$ 中任意 $f_i(\boldsymbol{X}_1)$，$i=1,2,\cdots,M$ 都不大于 $\boldsymbol{X}_2$ 对应的 $F(\boldsymbol{X}_2)$ 中任意 $f_i(\boldsymbol{X}_2)$，$i=1,2,\cdots,M$，并且 $F(\boldsymbol{X}_1)$ 中某一个目标函数值必须严格小于 $F(\boldsymbol{X}_2)$ 中的目标函数值，即满足：

$$\begin{aligned}&\forall i\in\{1,2,\cdots,M\}:f_i(\boldsymbol{X}_1)\leqslant f_i(\boldsymbol{X}_2)\\&\exists j\in\{1,2,\cdots,M\}:f_j(\boldsymbol{X}_1)<f_j(\boldsymbol{X}_2)\end{aligned}\tag{8.44}$$

就可称解 $\boldsymbol{X}_1$ Pareto 支配解 $\boldsymbol{X}_2$，记为 $\boldsymbol{X}_1\prec\boldsymbol{X}_2$。

Pareto **最优解**：如果一个解向量 $X^*\in\Omega$，$\boldsymbol{X}^*$ 不被解空间 Ω 内所有的解支配，则称 $\boldsymbol{X}^*$ 为 Ω 中的 Pareto 最优解，也称非支配解或非劣解。

Pareto **最优解集**：当对某一多目标优化问题进行寻优分析时，会搜寻到该问题的多个非支配解，由这些非支配解所构成的集就叫作该问题的 Pareto 最优解集。可表示为：

$$\boldsymbol{P}^*=\{\boldsymbol{X}^*\}=\{\boldsymbol{X}^*\mid\neg\exists\boldsymbol{X}\in\Omega:\boldsymbol{X}\prec\boldsymbol{X}^*\}\tag{8.45}$$

Pareto **前沿**：针对多目标优化问题，在该类问题的可行域中会存在一组最优解集，其在目标空间中的映射即为 Pareto 前沿。可表示为：

$$PF^*=\{F(\boldsymbol{X})\mid\boldsymbol{X}\in\boldsymbol{P}^*\}\tag{8.46}$$

以两目标的优化情况为例，f_1 与 f_2 代表两个需要优化的目标函数，这种情况下可行解的支配关系与 Pareto 前沿见图 8.30。

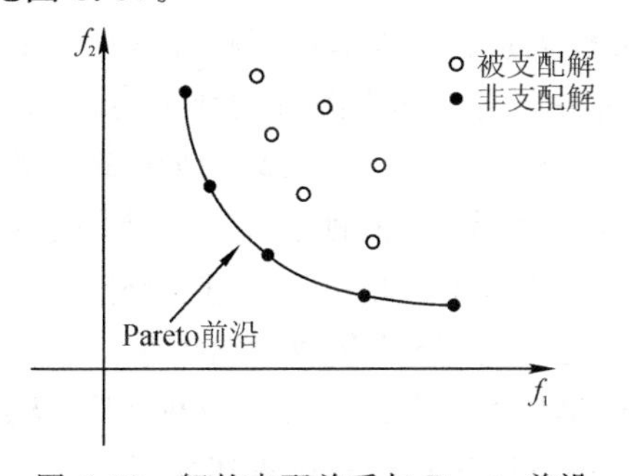

图 8.30 解的支配关系与 Pareto 前沿

图 8.30 中可行解以其在目标空间中的映射所代表，由此可以直观判断出两个解的优劣关系，由最优解所构成的集合即为 Pareto 前沿，这代表可行解中没有能够超越 Pareto 前沿的解。

8.5.1.2 多目标粒子群算法

在多目标优化问题的研究初期，常采用的加权向量和法虽然简单易行，但存在两个固有的问题。首先，对于一些不同数量级下的待优化目标，权重选择存在困难，在寻找一种权衡的解决方案时就会存在偏差。其次，对于某些彼此矛盾的非凸优化目标，采用加权和法就很难得到最优的解决方案。因此，近些年关于多目标优化问题的研究多采用 Pareto 方法，以

Pareto 最优解集代表该类问题的解。Pareto 方法在优化过程中保持解向量中的每个元素是分离的,即表示在优化过程中每个优化目标是相互独立的。由于所研究的实际多目标优化问题越来越趋向于高维度多峰值方向,为了保证求解算法的稳定性与结果的可靠性,通常使用受自然启发的元启发式算法来解决这种优化问题[35]。根据灵感的来源,这类元启发式算法可分为基于进化的、基于种群的和基于物理或化学的[36]。其中,粒子群算法表现出较好的搜索与开发能力,成为处理多目标优化问题的理想选择之一。

最早的多目标粒子群算法(multi - objective particle swarm optimization,MOPSO)由 C. A. C. Coello和 M. S. Lechuga[37]提出,该方法利用外部存档和基于密度的方法来保持解的多样性。此后,基于 Pareto 支配概念,大量的改进 MOPSO 被开发出来,MOPSO 成为多目标优化领域最活跃的研究方向之一。MOPSO 是对 PSO 在多目标优化问题领域的应用,其实现难点有两方面[38]:①粒子速度更新过程中的个体最优位置与全局最优位置的选取;②使得算法输出的最优解集趋近真实 Pareto 前沿并保证解集的多样性。为此,MOPSO 利用粒子间的 Pareto 支配关系,给出粒子在寻优过程中的个体最优解,当两个解互相不支配时,等概率地从两个解中选取一个作为个体的历史最优解。此外,建立一个外部存档,将粒子群在搜索过程中找到的所有非支配解储存在其中,再按照一定规则选取每个粒子的全局最优解。外部存档会预先设置存储的阈值,当所存储的非劣解超过这个值时,会对外部存档进行更新。为了增大外部存档中解的多样性,更新策略一般基于目标空间中的超立方体网格划分。

总体来说,MOPSO 中对算法性能影响最重要的两个方面是外部存档的更新策略与全局最优解的选取方式。首先,MOPSO 的外部存档更新策略中包含两部分——控制器与超立方体网格。控制器决定粒子群所探索到的新非支配解是否应该添加到存档中,其对外部存档的更新依赖于 Pareto 支配关系。当外部存档超过其存储上限时,会生成目标空间的超立方体网格,通过调用每个网格空间中非支配解的数量,找到分布最密的几个网格,随机删除一定数量的相似解。这样不但可以维持外部存档中解的数量,还能保证解的多样性。MOPSO对于全局最优解的选取方式,也依赖于外部存档的超立方体网格。从 Pareto 前沿的本质来说,当目标空间被分割为多个网格区域后,期望外部存档中离散的非支配解应该是在这些网格中均匀分布的,因此,当从外部存档中选择某一解作为全局最优解时,粒子数越少的超立方体网格,选取的概率越大。在选好待定的网格后,从其中任选某个粒子作为全局最优解。综上所述,MOPSO 的算法运行步骤可表述如下。

步骤 1:随机给出满足边界要求的初始粒子群,并初始化粒子速度与外部存档。

步骤 2:计算每个粒子的适应度,基于粒子间的支配关系给出此时种群内的所有非劣解,并将其储存在外部存档中。

步骤 3:通过对粒子此时的位置与其之前时刻的最优位置进行比较,若此时的位置能支配之前时刻的最优位置,则更新该粒子的个体历史最优位置;当两者之间不存在支配关系时,则两者中任选一个作为其历史最优位置。

步骤 4:对外部存档进行更新,去除其中被支配的解并维持解的数量,基于超立方体网格内的粒子密度为每个粒子选取全局最优位置。

步骤 5:基于式(8.36)与式(8.35)对粒子的速度与位置进行更新,并以边界条件对更新后的速度与位置进行限制。

步骤 6:判断是否满足停止迭代的条件,若满足终止条件,则以外部存档中所有的非支配解作为最终结果输出;若不满足终止条件,则返回步骤 2。

MOPSO 的算法运行流程见图 8.31。

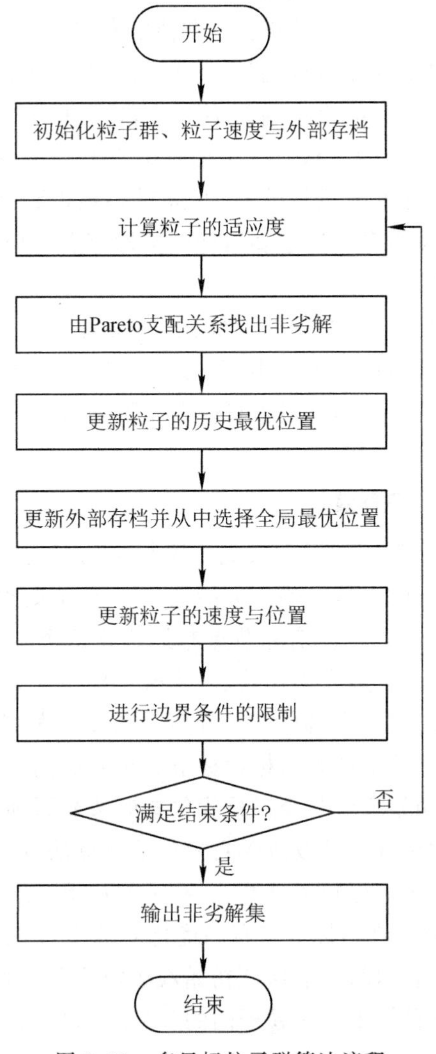

图 8.31　多目标粒子群算法流程

通过上述步骤可看出,多目标粒子群算法(MOPSO)与单目标粒子群算法(PSO)的粒子速度与位置的更新迭代过程相同,主要差异之处就在其历史最优位置与全局最优位置的选取原则上。PSO 只需根据粒子的适应度值就可简单选出历史最优位置与全局最优位置。对于 MOPSO,其历史最优位置与全局最优位置的选取则更加复杂,而这也是影响算法性能的重要因素。

8.5.2　遮挡环境下信标节点布局的多目标优化

8.5.2.1　多目标信标节点布局优化问题

室内定位系统中信标节点布局性能的评价标准有多个,而布局优化问题就是以这些评价标准为优化目标找到一种各项标准都符合预期值的布局方式。单目标的信标节点布局优化就是通过一定方法转换多个优化目标为统一的目标,以此作为唯一的布局优劣性的评价标准。这种多目标转化为单目标的方法通常为加权和法,每个目标的权重一般基于经验取值。对于不同环境下的室内定位系统,所要求信标节点布局的性能标准也有所不同。通常情况下只能给出每个优化目标的权重取值范围,此时要想得到预期的最优信标节点布局方式,就要多次尝试不同的权重组合。通过多目标的信标节点布局优化,就能同时给出多种符合要求的信标节点布局方式。

对于遮挡环境下的多目标信标节点布局优化问题,由于多数室内定位场景下都以定位精度与定位覆盖率作为关注的重点,因此本节以式(8.28)与式(8.29)作为信标节点布局优化问题的两个优化目标 f_1 与 f_2。通过对多目标粒子群算法的改进,给出该问题的最优信标节点布局集。

8.5.2.2　改进多目标粒子群算法

在 MOPSO 算法中,每个粒子的历史最优位置与全局最优位置的选取策略影响着粒子在解空间中的搜索能力,合适的选取策略不但能提高粒子的探索能力,还能提高算法的运行效率。尤其对于遮挡环境下的多目标信标节点布局优化这类较为复杂的问题,这类问题的多个优化目标函数在解空间中都存在不连续、多峰值且易突变等现象,粒子就会很容易陷入一个局部最优位置。除此之外,粒子群的初始布局与外部存档的更新策略也会影响算法的性能。因此,本节基于遮挡环境下的多目标信标节点布局优化问题,通过对 MOPSO 中外部存档的更新策略、粒子群的初始方法与全局最优位置的选取原则进行改进设计,介绍一种适合于多目标信标节点布局优化问题的改进多目标粒子群算法(IMOPSO)。

(1)初始化粒子群:对于多目标粒子群算法,粒子的初始布局越均匀,越有利于算法找到接近于 Pareto 前沿的最优解。在信标节点布局优化问题中,每个粒子代表一种信标节点布局方式,只要降低粒子间的相似性,就能保证初始粒子群在解空间中分布更均匀。本章 8.4 给出了判断粒子多样性的两种标准——粒子间的几何距离与粒子面积。因为粒子面积的大小对优化目标 f_2 有直接影响,为保证最终输出解集的多样性,只以粒子间的几何距离为标准,基于式(8.38)对初始粒子群按照距离进行排序与重采样。

(2)全局最优位置的选取:全局最优位置一般从外部存档中进行选择,为了保证粒子群的探索能力,使得输出的最优解集接近于真实 Pareto 前沿,常用的方法有轮盘赌选取法[39]、基于小生境方法[40]、基于距离拥挤的方法[41]与基于自适应网格法[42]等。本节采用基于自适应网格法的方法,并对其选取全局最优位置的过程进行一定改进。

基于自适应网格法要从外部存档中获得每个粒子的全局最优位置,首先需要获得当前外部存档中所有非支配在目标空间中的边界 ($\min f_1^{(k)}, \max f_1^{(k)}$) 与 ($\min f_2^{(k)}, \max f_2^{(k)}$),给定网格划分数 N,由式(8.38)计算网格的大小并对目标空间进行网格划分。

$$\Delta F_1^{(k)} = \frac{\max f_1^{(k)} - \min f_1^{(k)}}{N}, \Delta F_2^{(k)} = \frac{\max f_2^{(k)} - \min f_2^{(k)}}{N} \tag{8.47}$$

对划分好的每个网格进行编号,获取所有网格内的非支配的个数,见图 8.32。

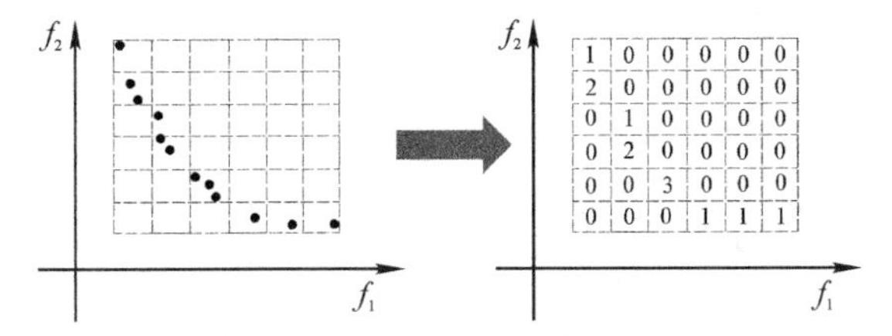

图 8.32　自适应网格的划分与标记

以 $g_i^{(k)}$ 表示第 i 个粒子所在网格内的所有粒子总数,该值越大,代表网格内粒子越多,同时考虑到解的多样性,以式(8.48)给出外部存档中每个粒子被选为全局最优解的概率。

$$p_i^{(k)} = \frac{1}{g_i^{(k)}} \tag{8.48}$$

此时给出判断步数 k_{ag},当迭代步数 k 小于 k_{ag} 时,基于式(8.48)为粒子群中每个粒子选出全局最优位置,此时粒子的探索开发能力较强;当迭代步数 k 大于 k_{ag} 时,粒子群中的所有粒子共用一个全局最优位置,此时粒子具有较强的局部收敛能力。

(3)外部存档的更新策略:外部存档用于存储粒子群算法在迭代运行过程中获得的非支配解,由于算法在整个运行过程中会获得较多的非支配解,因此一般会对外部存档设置一个固定阈值 A_r。当外部存档内的非支配数量达到了规定的最大值时,就会对其进行截断操作,即从中去掉一些非支配解。

为了保证解的多样性,通常会对在目标空间中分布较为密集的非支配进行适当删减。对于信标节点的布局优化问题,解的差异性可通过粒子的几何距离与粒子面积进行判断。因此,当外部存档中的非支配数为 $A^{(k)}$ ($A^{(k)} > A_r$) 时,基于已经划分好的自适应网格,找到粒子分布最密的几个网格,通过比较这些网格内粒子间的几何距离式(8.38)与粒子的面积式(8.40),去掉其中相似性最高的 $|A^{(k)} - A_r|$ 个粒子,保证外部存档中所储存的粒子群的多样性。

8.5.3　仿真分析

8.5.3.1　仿真环境与算法参数

以二维室内简单遮挡环境为例,对基于 TOA 系统架构下的多目标信标节点布局优化问题进行仿真分析,定位空间的大小与遮挡物的布置与第 4 章中简单遮挡环境的参数设置相同。布置的信标节点数为四个,单个信标节点的覆盖半径为 20 m。

对于改进多目标粒子群算法,最大迭代搜索步数 $k_{\max} = 300$;候选粒子群初始粒子群 $\breve{S} = 100$,采样间隔 $T_r = 2$,初始粒子群规模 $S = 50$;外部存档的存储阈值 $A_r = 50$;判断步数 $k_{ag} = 100$;自适应网格的划分数 $N = 10$;取 $w_{\max} = 0.9$,$w_{\min} = 0.4$,$c_1 = c_2 = 2$。以式(8.28)与式(8.29)作为两个优化目标 f_1 与 f_2。

8.5.3.2　结果对比分析

基于上述的仿真环境与算法的参数设置,给出同一环境下的 IMOPSO 与 MOPSO 的

Pareto 前沿,结果见图 8.33。

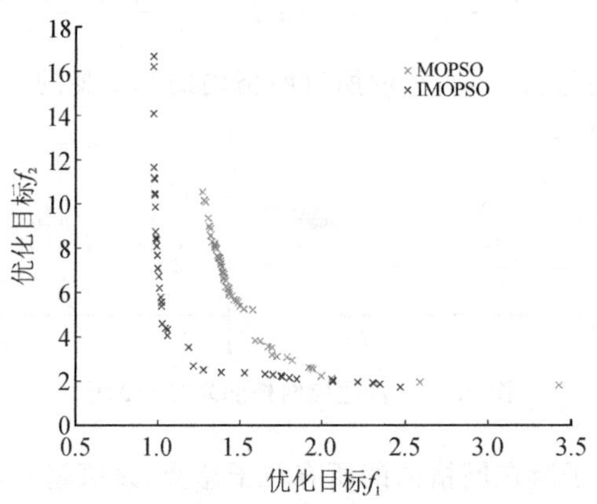

图 8.33 两种算法的 Pareto 前沿

从图 8.33 可看出,基于本章所介绍的 IMOPSO 算法所获得的最优解集在目标空间中的映射更加接近真实的 Pareto 前沿。由此也可以看出,相较于 MOPSO,本章所介绍的 IMOPSO 更适合用于复杂室内环境下的多目标信标节点布局优化问题。按照实际环境下的信标节点布局经验,从 IMOPSO 算法最终输出的非劣解集中选取一个解作为信标节点的最优布局,其布局方式见图 8.34。

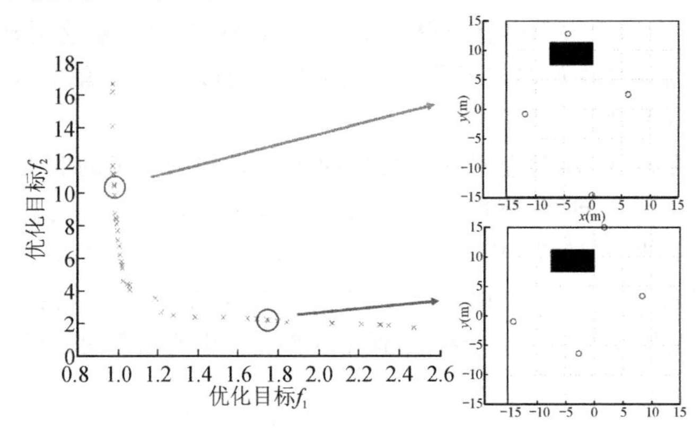

图 8.34 选出合适的信标节点布局

通过对比图 8.34 与图 8.15 中的信标节点布局方式不难发现,从多目标信标节点布局优化的非劣解集中根据个人经验与定位需求选取的布局方案,与预先对两个优化目标做加权求和,再通过单目标信标节点布局优化得到的最优布局方案,在两者定位任务需求与性能侧重都类似的情况下,两种方法所得到的最终布局方案类似。由此也可验证本章所介绍的 IMOPSO 方法的可行性。

从实际优化问题的角度来看,无论是采用单目标优化的方式,还是采用多目标的优化方式,最终都要获得一个具体的最优可行方案。在多目标优化的情况下,最终方案的选取通常会考虑到各方因素而选择一个折中的解决方案。单目标优化也是在平衡各方影响因素后,对多个目标函数做加权和最终得到一个全局最优解。考虑到这一过程,单目标优化问题就可以看作某种特定权衡选择下的多目标优化问题。当然对于单目标优化,除非有可靠的经验评估准则，否则通过这种方法得到的最优解对某些特殊情况来说是高度主观的。

8.6 本章小结

随着室内定位系统应用场景的不断扩大与发展，对于其定位精度与稳定性要求也一再提高。本章基于室内遮挡环境下的 Range－based 定位系统架构，给出了定位锚节点布局性能的几种评估标准，并分析了室内多种遮挡环境下，单目标优化的最优信标节点布局方式与多目标优化的最优信标节点布局方式集。

首先，本章介绍了室内复杂环境下基于 Range－based 定位系统的两类信标节点布局性能的评价标准——GDOP 与 K－覆盖率，分析了基于 TOA、TDOA 与 DOA 系统架构下的 GDOP 表达式，以此为依据给出了信标节点布局优化问题下的多个目标函数与线性加权后的单一目标函数。

其次，介绍了一种单一优化目标下的改进粒子算法。该算法首先对粒子群的初始化方式进行改进，结合具体的信标节点布局优化问题利用粒子的几何距离与每个粒子的面积对候选粒子群进行排序重采样，然后对算法后续的前期搜索阶段与后期收敛阶段的粒子位置更新公式与算法运算流程进行了重新设计。基于该改进的单目标粒子群算法，给出了简单遮挡环境下基于 Range－based 的多种系统架构的最优信标节点布局方式，并给出了实际遮挡环境下信标节点的经验布局与最优布局的定位精度与定位稳定性，结果表明优化后的信标节点布局方式有更高的定位精度与定位稳定性。通过对复杂环境下的信标节点布局优化问题进行仿真分析，表明此方法对于复杂环境下的信标节点布局优化问题也有很强的适用性。

最后，介绍了多目标信标节点布局优化问题的一种改进多目标粒子群算法，此算法对 MOPSO 算法中的粒子群初始化方式、全局最优位置的选取与外部存档的更新方式进行了改进。基于该改进多目标粒子群算法，在相同遮挡环境下，对比分析了改进粒子群算法与 MOPSO 输出的两种最优解集，结果表明该改进粒子群算法输出的最优解集更接近真实 Pareto前沿。

参考文献

[1] CHENG L，LI Y，WANG Y，et al. A triple－filter NLOS localization algorithm based on fuzzy C－means for wireless sensor networks[J]. Sensors，2019，19(5)：1215.

[2] SUN D，LEUNG V C M，QIAN Z，et al. Beacon deployment strategy for guaranteed localization in wireless sensor networks[J]. Wireless Networks，2016，22：1947－1959.

[3] XU G，XU Y，XU G，et al. Applications of GPS theory and algorithms[J]. GPS：Theory，Algorithms and Applications，2016：313－340.

[4] SIVASAKTHISELVAN S，NAGARAJAN V. Localization techniques of wireless sensor networks：A review[C]//2020 International Conference on Communication and Signal Processing (ICCSP). IEEE，2020：1643－1648.

[5] 陈娟，徐蒙，周怡，等. 大坝廊道无线传感器网络节点布局优化[J]. 传感器与微系统，2019(9)：5.

[6] 冯琳，冉晓旻，梅关林，等. 基于自适应粒子群算法的 WSN 节点布局优化[J]. 信息工程大学学报，2015，16(05)：557 - 561.

[7] NGUYEN T T，PAN J S，DAO T K. An improved flower pollination algorithm for optimizing layouts of nodes in wireless sensor network[J]. IEEE Access，2019，7：75985 - 75998.

[8] CHEN Y，FRANCISCO J A，TRAPPE W，et al. A practical approach to landmark deployment for indoor localization[C]//2006 3rd Annual IEEE Communications Society on Sensor and Ad Hoc Communications and Networks. IEEE，2006，1：365 - 373.

[9] YUAN Z，LI W，YANG S. Beacon node placement for minimal localization error [C]//2019 International Conference on Internet of Things (iThings) and IEEE Green Computing and Communications (GreenCom) and IEEE Cyber，Physical and Social Computing (CPSCom) and IEEE Smart Data (SmartData). IEEE，2019：980 - 985.

[10] MCGUIRE J，LAW Y W，CHAHL J，et al. Optimal beacon placement for self - localization using three beacon bearings[J]. Symmetry，2020，13(1)：56.

[11] REN K，SUN Z. Optimum Strategy of Reference Emitter Placement for Dual - Satellite TDOA and FDOA Localization[C]//2018 Eighth International Conference on Instrumentation & Measurement，Computer，Communication and Control (IMCCC). IEEE，2018：474 - 478.

[12] WANG C，SONG B，ZHANG H，et al. Analysis of passive location communication system based on intelligent optimization algorithm[C]//Journal of Physics：Conference Series. IOP Publishing，2019，1325(1)：012147.

[13] ZHANG R，YAN F，XIA W，et al. An optimal roadside unit placement method for vanet localization[C]//GLOBECOM 2017—2017 IEEE Global Communications Conference. IEEE，2017：1 - 6.

[14] 王程民，平殿发，宋斌斌，等. 基于粒子群算法的多机无源定位系统优化布站[J]. 计算机与数字工程，2021，49(03)：487 - 492.

[15] 吴晓军，孙维彤，刘昊文，等. 基于定位误差估计的锚节点布局优化[J]. 工程科学与技术，2018，50(5)：167 - 175.

[16] 李想，洪升，屈思宇，等. 基于 GDOP 的 K 阶覆盖雷达布站优化[J]. 现代雷达，2022，44(10)：7 - 13.

[17] 丁超，戴卫国，王森，等. 基于几何精度稀释的矢量潜标最优布站[J]. 系统工程与电子技术，2021，43(11)：3107 - 3117.

[18] 崔浩猛，王解先，王明华，等. 利用卫星分布概率对 BDS - 3 性能的评估[J]. 武汉大学学报：信息科学版，2021，46(6)：938 - 946.

[19] MORALES - FERRE R，LOHAN E S，FALCO G，et al. GDOP - based analysis of suitability of LEO constellations for future satellite - based positioning[C]//2020

IEEE International Conference on Wireless for Space and Extreme Environments (WiSEE). IEEE，2020：147－152.

[20] LI Y Y，QI G Q，SHENG A D. General analytical formula of GDOP for TOA target localisation[J]. Electronics Letters，2018，54(6)：381－383.

[21] LIM J，PANG H S. Time delay estimation method based on canonical correlation analysis[J]. Circuits，Systems，and Signal Processing，2013，32：2527－2538.

[22] YE R，LIU H. UWB TDOA localization system：Receiver configuration analysis [C]//2010 International Symposium on Signals，Systems and Electronics. IEEE，2010，1：1－4.

[23] 贺春林，赵海军，陈毅红. 基于静态和移动传感器的 WSN 的 k-覆盖研究[J]. 计算机应用研究，2021，38(03)：861－865.

[24] KENNEDY J，EBERHART R. Particle swarm optimization[C]//Proceedings of ICNN'95－International Conference on Neural Networks. IEEE，1995，4：1942－1948.

[25] SHI Y，EBERHART R. A modified particle swarm optimizer[C]//1998 IEEE International Conference on Evolutionary Computation Proceedings. IEEE World Congress on Computational Intelligence (Cat. No. 98TH8360). IEEE，1998：69－73.

[26] TUPPADUNG Y，KURUTACH W. Comparing nonlinear inertia weights and constriction factors in particle swarm optimization[J]. International Journal of Knowledge－based and Intelligent Engineering Systems，2011，15(2)：65－70.

[27] WANG D，TAN D，LIU L. Particle swarm optimization algorithm：an overview[J]. Soft Computing，2018，22：387－408.

[28] ENGELBRECHT A. Particle swarm optimization：Velocity initialization[C]//2012 IEEE Congress on Evolutionary Computation. IEEE，2012：1－8.

[29] MARINI F，WALCZAK B. Particle swarm optimization (PSO). A tutorial[J]. Chemometrics and Intelligent Laboratory Systems，2015，149：153－165.

[30] BANKS A，VINCENT J，ANYAKOHA C. A review of particle swarm optimization. Part I：background and development[J]. Natural Computing，2007，6：467－484.

[31] WANG S，SHEN Z，PENG Y. Hybrid Multi－Population and Adaptive Search Range Strategy With Particle Swarm Optimization for Multimodal Optimization[J]. International Journal of Swarm Intelligence Research (IJSIR)，2021，12(4)：146－168.

[32] 赵舵，唐启超，余志斌. 一种采用改进交叉熵的多目标优化问题求解方法[J]. 西安交通大学学报，2019，53(03)：66－74.

[33] 张晓青，赵克全. 一类鲁棒多目标优化问题的标量化性质[J]. 重庆师范大学学报(自然科学版)，2018，35(02)：16－20.

[34] JIANG S，YANG S. An improved multiobjective optimization evolutionary algorithm based on decomposition for complex Pareto fronts[J]. IEEE Transactions on Cybernetics，2015，46(2)：421－437.

[35] CARBAS S，TOKTAS A，USTUN D. Nature－Inspired Metaheuristic Algorithms

for Engineering Optimization Applications[M]. Singapore: Springer, 2021.

[36] VIRK A K, SINGH K. Solving two - dimensional rectangle packing problem using nature - inspired metaheuristic algorithms[J]. Journal of Industrial Integration and Management, 2018, 3(02): 1850009.

[37] COELLO C A C, LECHUGA M S. MOPSO: A proposal for multiple objective particle swarm optimization[C]//Proceedings of the 2002 Congress on Evolutionary Computation. CEC'02 (Cat. No. 02TH8600). IEEE, 2002, 2: 1051 - 1056.

[38] TANG W, CHEN J, YU C, et al. A new ground - based pseudolite system deployment algorithm based on mopso[J]. Sensors, 2021, 21(16): 5364.

[39] 陈雯祎, 李琪. 一种基于轮盘赌选择的改进遗传算法[J]. 福建电脑, 2016, 32(05): 50 - 51.

[40] 潘庭龙,陈友芹,吴定会,等. 基于小生境混沌粒子群算法的微网群优化调度策略[EB/OL]. (2021 - 05 - 18)[2023 - 03 - 02]. https://zhuanli. tianyancha. com/37a6036ecd0d08398aa33 1d14650773a.

[41] 谢一鸣, 王琳. 基于拥挤距离排序多变异多目标粒子群优化的轨迹规划[J]. 电子技术与软件工程, 2018(01): 137 - 138.

[42] 邹康格, 刘衍民. 基于自适应网格混合机制的多目标粒子群算法[J]. 重庆工商大学学报(自然科学版), 2022, 39(02): 14 - 23.

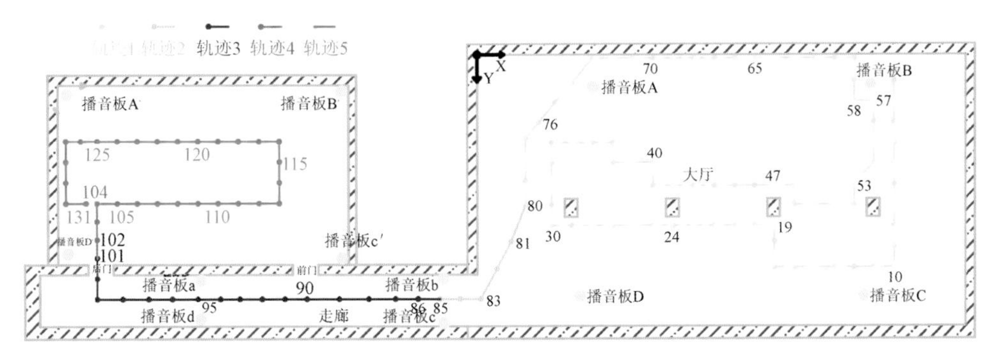

图 4.27　目标移动轨迹

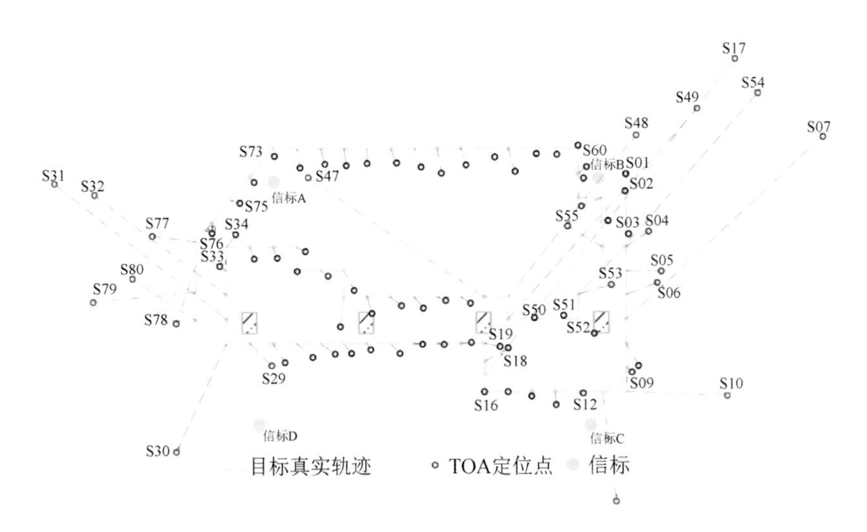

图 4.29　大厅场景未聚类样本定位轨迹

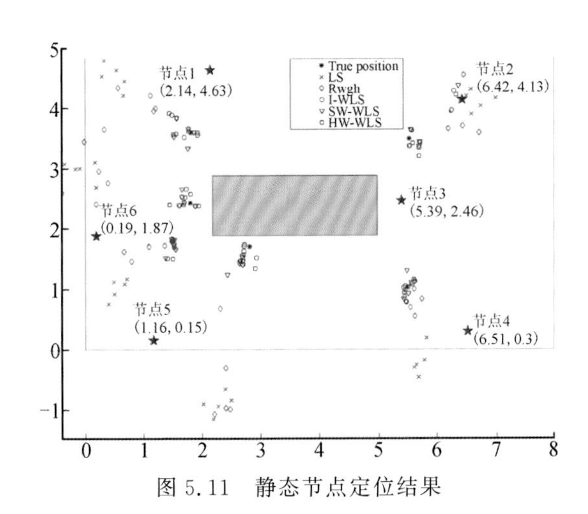

图 5.11　静态节点定位结果

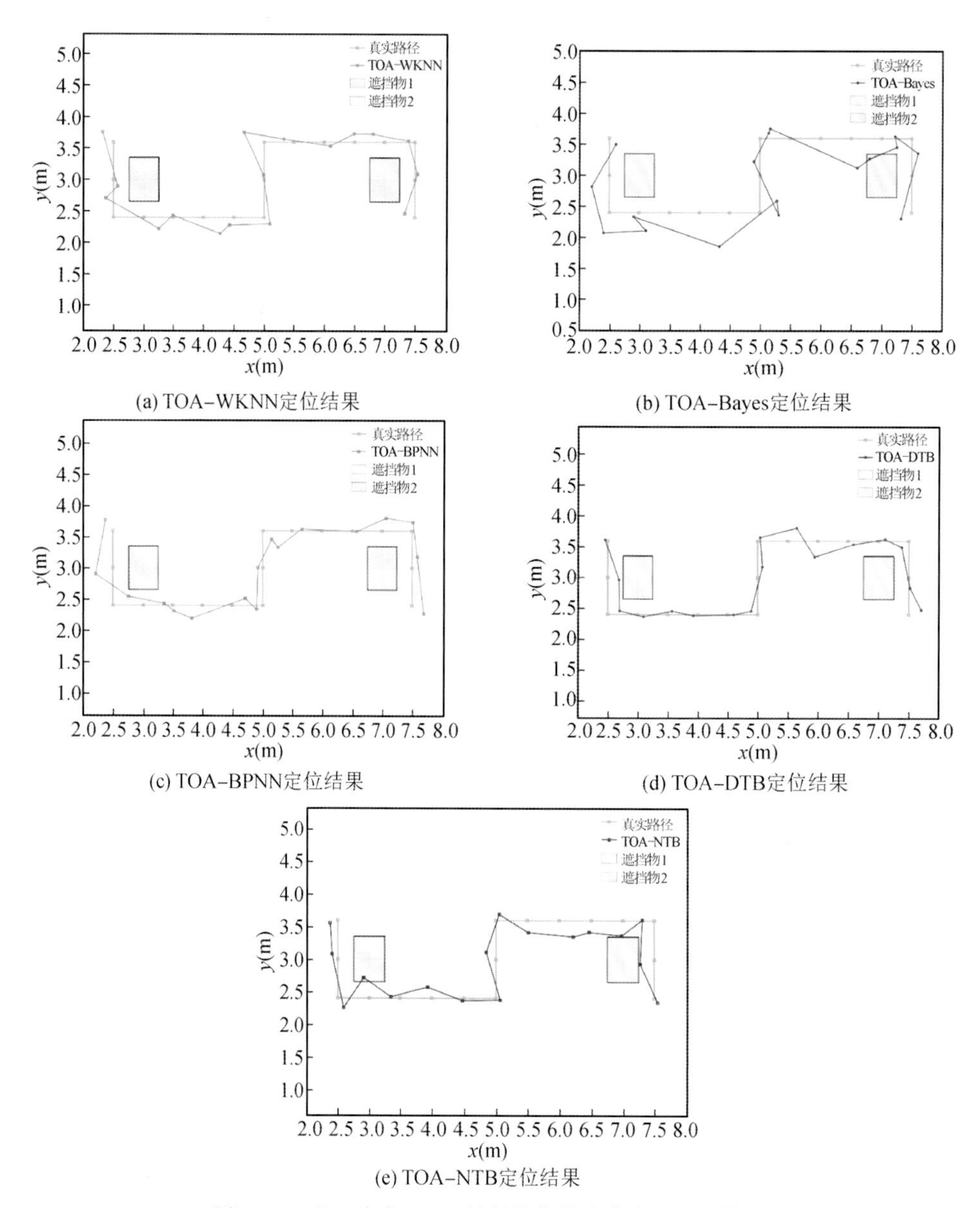

(a) TOA-WKNN定位结果

(b) TOA-Bayes定位结果

(c) TOA-BPNN定位结果

(d) TOA-DTB定位结果

(e) TOA-NTB定位结果

图 6.14　基于声音 TOA 特征的指纹定位方法测试结果